废旧锂离子电池
资源化回收与利用技术

罗绍华　主编

牟文宁　闫绳学　郭　静　副主编

化学工业出版社

·北京·

内容简介

鉴于废旧锂离子电池产生的环境污染和材料回收的潜在价值，推进其综合再利用是实现绿色化学和生态平衡的必由之路。故而，本书全面探讨了废旧锂离子电池的资源化利用，从电池的基本原理、结构特性到回收技术难点，深入分析了电池失效机制，系统介绍了梯次利用、材料再生、电解液和电极的无害化处理技术。同时，对电池回收的经济性、环境影响及政策框架进行了综合评估。

本书适合从事锂离子电池回收、冶金、环保等领域相关科研人员与管理者参考，也可作为相关专业师生的学习参考用书。

图书在版编目（CIP）数据

废旧锂离子电池资源化回收与利用技术 / 罗绍华主编；牟文宁，闫绳学，郭静副主编． -- 北京 ：化学工业出版社，2025. 6． -- ISBN 978-7-122-47780-4

Ⅰ. X760.5

中国国家版本馆 CIP 数据核字第 2025A61R69 号

责任编辑：邢　涛　　　　　　文字编辑：杨凤轩　师明远
责任校对：张茜越　　　　　　装帧设计：韩　飞

出版发行：化学工业出版社
　　　　　（北京市东城区青年湖南街 13 号　邮政编码 100011）
印　　装：中煤（北京）印务有限公司
710mm×1000mm　1/16　印张 28　字数 487 千字
2025 年 8 月北京第 1 版第 1 次印刷

购书咨询：010-64518888　　　　售后服务：010-64518899
网　　址：http://www.cip.com.cn
凡购买本书，如有缺损质量问题，本社销售中心负责调换。

定　　价：138.00 元　　　　　　　　版权所有　违者必究

随着工业的迅猛发展和人民生活水平的提高，人们对能源的消费急剧增加。锂离子电池因具有能量密度大、循环寿命长、无记忆性及自放电率低等优点，被广泛应用于手机、笔记本电脑和数码相机等便携设备中，同时也成为电动汽车与储能领域的动力和储能单元。随着锂离子电池服役量的快速增长，退役后的废旧锂离子电池的数量也急速增加，引发了环境和资源管理的双重挑战。一方面，若处理不当，电池正极的金属离子、负极的碳粉尘、电解质中的强碱和重金属离子，将对大气、水以及土壤造成严重污染和破坏；另一方面，电池含有丰富的锂、钴、镍等有色金属成分，具有极高的资源属性，对其进行资源化回收，不仅能充分利用废旧电池残值，带来可观的经济效益，还可以提高资源的循环利用率。在此背景下，废旧锂离子电池的资源化利用不仅可以缓解目前资源短缺的现状，还可减少其对环境的影响，保障锂离子电池产业稳定健康发展。

废旧锂离子电池的回收和资源化利用是一个复杂的技术过程，涉及电池的分类和拆解、材料的分离和提纯等多个环节。废旧锂离子电池的异质性导致其拆解和分类过程复杂，增加了资源化利用的预处理成本和技术难度，限制了回收效率的进一步提升。我国废旧锂离子电池回收行业正处于上升阶段，在优化回收技术路线的基础上，应进一步完善政策法规和激励机制，建设废旧电池回收闭环网络，逐步形成完善的产业链和商业模式，促进废旧锂离子电池资源利用的市场化和规模化发展。

基于此，本书包括11章，主要展示了废旧锂离子电池资源化利用的全貌，阐述了废旧锂离子电池资源化利用途径、退役电池的梯次利用与安全评估，叙述了电池失效的科学原理及先进的拆解回收技术，覆盖了电池的化学组成、失效机理、回收技术及其环境与经济影响相关内容，还对电池回收的政策环境、经济与市场潜力，以及生命周期评估进行了综述，为实现电池产业的绿色可持续发展提供科学指导和决策支持。编者已有十多年从事电池电化学、冶金物理化学及功能材料的教学、科研和成果转化的丰富经验，团队在废旧锂离子电池回收领域具有大量研究成果与实践经历，利用自身体会并参考了大量国内外相关文献，进行本书的编写。第1、2、9章由郭静等编写，第3、7章由罗绍华等编写，第4～6章由牟文宁等编写，第8、10、11章由闫绳学等编写。全书由罗绍华统一补充修改定稿，参与各章编写相关工作的还有闫欣、黄锐、孙琪、马海涛、王格、刘秋月、田新茹、张文浩、杜宁远、李小龙、陈宇翔、蒙俊劲、黄一帆、何龙岩、张士勋、李猛。本书的研究工作和编写得到了国家自然科学基金（52074069、52274295、52304325和52074069）、河北省自然科学基金（E2021501029、E2023501016）、河北省教育厅科学研究项目（QN2024238）和东北大学秦皇岛分校河北省电介质与电解质功能材料重点实验室绩效补助经费（22567627H）的资助，在此致谢。同时对给予本书启示和参考的文献作者予以致谢。

废旧锂离子电池回收和资源化利用涉及多学科交叉，应用性强，产业化蓬勃发展，新的管理政策不断涌现，受编者水平所限，难免挂一漏万，不妥之处，敬请专家和广大读者批评指正。

罗绍华

2024年夏日于秦皇岛海边

目 录

第 3 章 锂离子电池材料失效研究 074

第6章 生物冶金回收技术 240

第7章　锂离子电池电解液回收与无害化技术　284

第 1 章

废旧锂离子电池
资源化利用概述

▲▲▲▲▲▲▲

1.1 锂离子电池简介

锂离子电池是装在我们日常所用的智能手机和笔记本电脑等设备里的充电式电池。电池的原型发明于 18 世纪末,其后经过二百多年发展至今。锂离子电池是在电池发展过程中诞生的现在最新型电池之一。与其他类型的电池相比,锂离子电池不仅小型轻量化,而且储存的电能高。锂离子电池是由正极、负极、隔膜和电解液等部分组成的蓄电池。它可以利用锂离子可逆地插入/脱出负极材料的晶体结构来充放电。它具有能量密度高、重量轻、寿命长等优点,因此被广泛应用于便携式电子设备、无人机、电动工具、电动汽车等领域。

1.1.1 锂离子电池基本原理与结构

锂离子电池是指能够将锂离子可逆地嵌入和脱出的两种不同化合物作为电池的正、负电极的二次电池系统。如图 1-1 所示,充电过程中,在电池内部的 Li^+ 从正极化合物中提取出来经过电解液和隔膜并嵌入负极的晶格中,此时正极处于欠锂状态,而负极处于富锂状态,在电池外部,电子由正极流入负极,保持电荷平衡。放电过程中,在电池内部的 Li^+ 从负极中移出流经电解液和隔膜并嵌入正极中，此时正极处于富锂状态，负极处于欠锂状态，在电池外部电子由负极流向正极，保持电荷平衡。电子和锂离子的不断迁移，使正、负极进行氧化还原反应完成对电池的充放电工作。以钴酸锂正极、石墨负极系锂离子电池为例：充电时，在外加电场的作用下，正极材料 $LiCoO_2$ 分子中的锂脱离出来，成为带正电荷的锂离子（Li^+），从正极移动到负极，与负极的碳原子发生化学反应，生成 CLi_x，从而"稳定"地嵌入到层状石墨负极中；放电时相反，内部电场转向，Li^+从负极脱嵌，顺电场方向，回到正极，重新成为钴酸锂分子（$LiCoO_2$），这样的工作原理被形象地称为"摇椅电池"工作原理。参与往返嵌入和脱嵌的锂离子越多，锂离子电池可存储的能量越大。

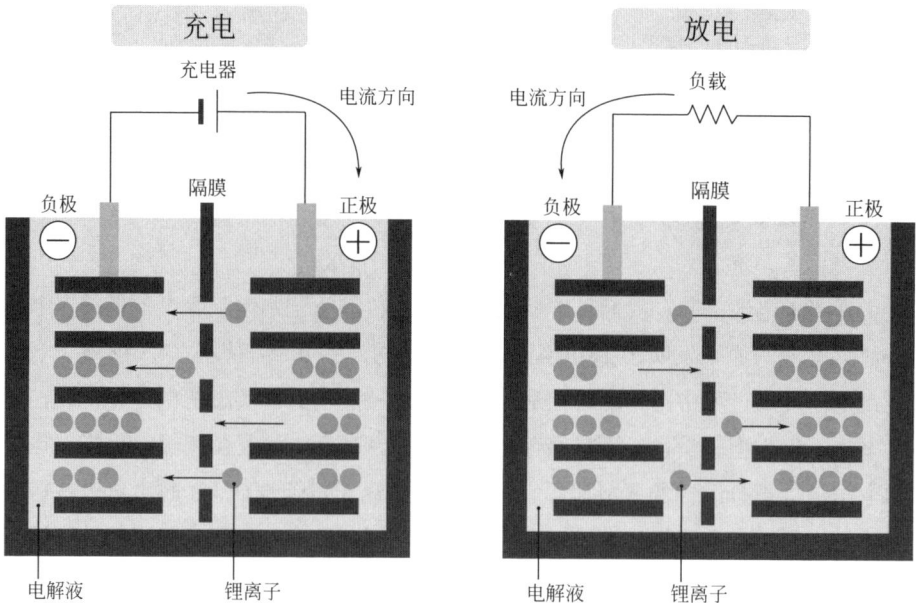

图 1-1　锂离子电池产生电流的工作原理[1]

锂离子电池正极反应：放电时锂离子嵌入，充电时锂离子脱嵌。

锂离子电池充电时：

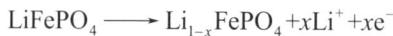

$$LiFePO_4 \longrightarrow Li_{1-x}FePO_4 + xLi^+ + xe^-$$

锂离子电池放电时：

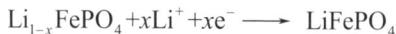

$$Li_{1-x}FePO_4 + xLi^+ + xe^- \longrightarrow LiFePO_4$$

锂离子电池负极反应：放电时锂离子脱嵌，充电时锂离子嵌入。

锂离子电池充电时：

$$xLi^+ + xe^- + 6C \longrightarrow Li_xC_6$$

锂离子电池放电时：

$$Li_xC_6 \longrightarrow xLi^+ + xe^- + 6C$$

锂离子电池电化学反应机理如下。

充电时，锂离子电池正极反应：

$$LiCoO_2 \Longrightarrow Li_{1-x}CoO_2 + xLi^+ + xe^-$$

锂离子电池负极反应：

$$C + xLi^+ + xe^- \Longrightarrow CLi_x$$

锂离子电池放电时发生上述反应的逆反应。

目前电动汽车所采用的锂离子电池主要由电池包构成，电池包由电池模块、电池模块的外壳和电池管理系统组成。电池模块由多个电芯组成，每个电芯包括外壳、正极、负极、隔膜、电解液、正极耳、负极耳和绝缘片。以常见的软包电芯为例，锂离子电池模块电芯的结构如图 1-2 所示。

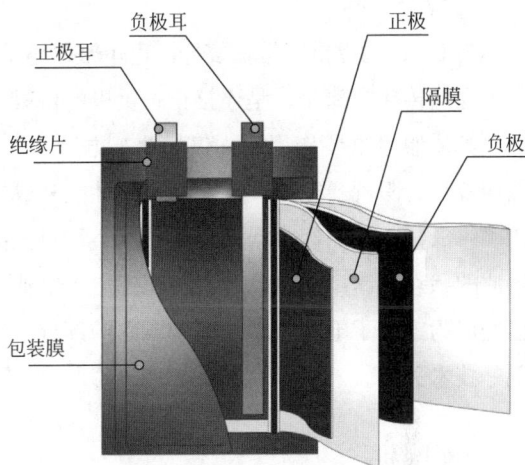

图 1-2　电芯的结构和组成[2]

（1）负极

在充电时发生还原反应，相反在电池放电时发生氧化反应。目前，负极主流技术材料是人造石墨。不过，碳负极储锂容量已经基本达到极限，上升空间有限。长期来看，硅碳复合材料有望成为负极材料的发展方向之一。

（2）正极

在充电时发生氧化反应，相反在电池放电时发生还原反应。锂离子电池的性能在很大程度上取决于正极材料。目前，主流的正极材料包括钴酸锂（$LiCoO_2$）、镍酸锂（$LiNiO_2$）、锰酸锂（$LiMn_2O_4$）、磷酸铁锂（$LiFePO_4$）、锂镍钴铝氧化物

（LiNi$_{1-x-y}$Al$_x$Co$_y$O$_2$，NCA）和层状阴极材料（如镍钴锰酸锂 LiNi$_{1-x-y}$Mn$_x$Co$_y$O$_2$，NCM）。一般来说，正极材料应满足以下几方面的要求：① 拥有较高的嵌入和脱出的锂电位，可以保证较高的电压；② 能够容纳较多的锂，可以保证较高的电池容量；③ 具有稳定的电化学特性；④ 有一定的结构稳定性；⑤ 拥有较高的嵌入和脱出锂的可逆性；⑥ 材料价格便宜；⑦ 制作过程简单。

依照目前的新能源电池装机量来说，正极材料高镍的三元材料镍钴锰酸锂（NCM）和磷酸铁锂（LiFePO$_4$）是主流，随着比亚迪刀片电池技术的推出，磷酸铁锂正极材料大规模出现。由于受新能源汽车补贴更倾向于高续航、高能量密度车型的影响，今后高镍的三元材料仍是正极材料的发展方向[3]。

（3）电解液

为 Li$^+$ 运动提供了运输媒介。电解液是电池的重要组成部分，它在电池的正、负极之间传输锂离子，是连接正、负极的桥梁，并且具有在正、负极界面生成固体电解质膜等重要作用。不仅如此，电解液也被誉为电池的"血液"，影响电池的比容量、阻抗、循环性能、倍率等性能和成本等。对于锂离子电池电解质的作用不可低估。人们经常根据电解质的类型对锂离子电池进行分类。例如，根据电解质的状态，锂离子电池分为液态锂离子电池和固态锂离子电池。目前，电解液已经成为锂离子电池技术中最为成熟的部分，暂不存在技术路线的风险，其添加剂是技术关键。

（4）隔膜

隔膜为锂离子电池中一个重要的组成部分，其功能在于允许锂离子在正、负极之间快速移动，同时防止正、负极直接接触从而有效避免发生短路现象而达到充放电的目的。锂离子电池对隔膜材料有着很高的要求，隔膜材料首先要满足一般化学电源的基本要求，包括：① 有一定的机械强度，保证在电池变形条件下不破裂；② 具有良好的离子穿透性和较薄的厚度，以降低电池阻抗；③ 具有优良的绝缘性，以确保电极间不发生短路；④ 具有良好的安全性能，能够很好地抵抗化学及电化学腐蚀；⑤ 具有良好的浸润性；⑥ 成本低，制作过程简单；⑦ 杂质含量少，性能均匀；⑧ 有特殊的热熔性，当电池发生异常时，隔膜能够在要求的温度条件下熔融，关闭微孔，变成离子绝缘体，使电池断路。目前，锂离子电池的隔膜材料主要是多孔性聚烯烃（聚丙烯隔膜、聚乙烯隔膜以及乙烯与丙烯的共聚物隔膜等），这些材料都具有较高的孔隙率、较低的电阻、较高的抗撕裂强度、较好的抗酸碱能力、良好的弹性及对非质子溶剂的保持能力。

根据包装材料的不同，锂离子电池结构形式主要有三种：圆柱形、方形、软包装结构，方形锂离子电池有塑料外壳和金属外壳两种。

（1）圆柱形锂离子电池

圆柱形锂离子电池（图 1-3）壳体与镍铬动力电池、镍动力电池基本一样，但安全阀有所不同，主要由上盖帽、PTC 过流保护片、防爆半球面铝膜、下底板等组成。下底板与锂离子电池正极极耳焊接连接，是正极片与外部连接的过渡，与防爆半球面铝膜点焊连接。防爆半球面铝膜有两大功能：

① 当锂离子电池内压增大到一定值后，向内凹曲面受力后变成向外凸出，使防爆半球面铝膜与极耳的焊接点拉裂断开，锂离子电池与外电路形成开路，锂离子电池的过充电保护功能开始作用。

图 1-3　圆柱形锂离子电池

② 锂离子电池内压增大，超过防爆半球面铝膜刻痕处受力极限时，防爆半球面铝膜破裂，锂离子电池开启，内部气体从破裂处泄出。圆柱形锂离子电池的外壳一般为镀镍钢，同时作为负极的集流体、正极盖帽一般为铝材质。

PTC 过流保护片主要为高温保护装置，在温度较高的情况下，其内阻迅速增大，使锂离子电池与外电路保持断路状态，当温度降低到一定值后，其内阻又迅速降低，锂离子电池保持通路。装配 PTC 过流保护片虽然增加了一道保护屏障，但锂离子电池内阻会明显增大[4]。

在电动汽车应用中，通常将多个锂离子电池单体并联使用，在这种情况下去掉 PTC 过流保护片是比较合适的。因为多个锂离子电池单体并联应用，每个锂离子电池单体所处的微观环境不同，在使用过程中某些锂离子电池单体温度过高，保护后其他锂离子电池单体上的电流分布更不均匀，使锂离子电池组的不一致性加大，电流过大可能还会造成部分锂离子电池单体损坏，安装 PTC 过流保护片也增大了锂离子电池组应用过程中热量的产生。

圆柱形锂离子电池生产工艺成熟，PACK 成本较低，锂离子电池产品良率以及组成动力电池组的一致性较高。由于圆柱形锂离子电池散热面积大，因此其散热性能优于方形锂离子电池。圆柱形锂离子电池可多种形态组合，利于电动汽车空间的充分布局。但圆柱形锂离子电池一般采用钢壳或铝壳封装，会比较重，比能量相对较低。

随着电动汽车市场的进一步扩大和对续航里程要求的不断提升，整车企业对动力电池在能量密度、制造成本、循环寿命和产品附加属性等方面都提出了更高的要求。在原材料领域尚未获得巨大突破的前提下，适当增大圆柱形锂离子电池的体积以获得更大的电池容量便成为一种可探索的方向。

（2）方形锂离子电池

方形锂离子电池（图1-4）结构与镍氢动力电池的结构基本相同，根据锂离子电池的大小及制作工艺，方形锂离子电池的结构可以是卷绕式或叠片式的。由于锂离子电池活性物质与镍氢动力电池的活性物质相比导电性较差，为提高锂离子电池的性能，锂离子电池的电极很薄，通常为 $100 \sim 200\mu m$。

图1-4　方形锂离子电池

方形硬壳锂离子电池壳体多为铝合金、不锈钢等材料，内部采用卷绕式或叠片式工艺，对电芯的保护作用优于铝塑膜电池（即软包电池），电芯安全性相对圆柱形锂离子电池也有了较大改善。铝壳锂离子电池是在钢壳基础上发展而来的，与钢壳相比，轻重量和安全性高以及由此而来的性能优点，使铝壳成为锂离子电池外壳的主流。锂离子电池的外壳目前还在向高硬度和轻重量的技术方向发展，这将为市场提供技术更加优越的锂离子电池产品。

由于方形锂离子电池可以根据产品的尺寸进行定制化生产，所以市场上有成千上万种型号，而正因为型号太多，所以工艺很难统一，方形锂离子电池在普通的电子产品上使用没有问题，但对于需要多个锂离子电池单体串、并联的电动汽车应用，最好使用标准化生产的圆柱形锂离子电池，这样生产工艺有保证，以后也更容易找到可替换的动力电池。

（3）软包装锂离子电池

软包装锂离子电池的极组结构可以是卷绕式或叠片式的，软包装锂离子电池（图 1-5）所用的关键材料——正极材料、负极材料及隔膜与传统的钢壳、铝壳锂离子电池之间的区别不大，最大的不同之处在于软包装材料（铝塑复合膜），这是软包装锂离子电池中最关键、技术难度最高的材料。软包装材料通常分为三层，即外阻层（一般为尼龙 BOPA 或 PET 构成的外层保护层）、阳透层（中间铝层）和内层（高能多隔层）。软包装锂离子电池采用的包装材料和结构使其拥有一系列优势。

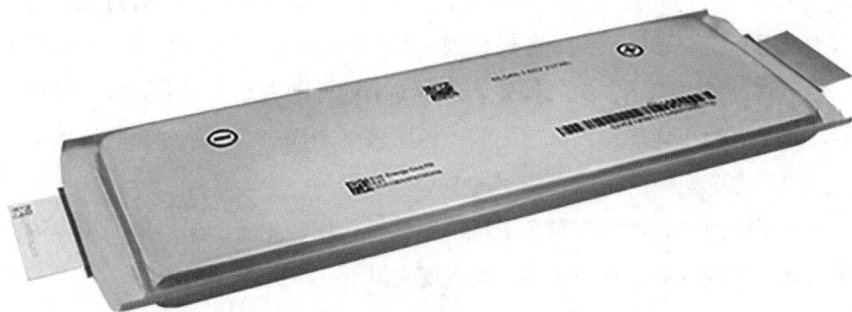

图 1-5　软包装锂离子电池

① 安全性能好。软包装锂离子电池在结构上采用铝塑膜包装，发生安全问题时，软包装锂离子电池一般会鼓气裂开，而不像钢壳或铝壳电芯那样发生爆炸。

② 重量轻。软包装锂离子电池重量轻，较同等容量的钢壳锂离子电池轻

40%，较铝壳锂离子电池轻 20%。

③ 内阻小。软包装锂离子电池内阻小，可以极大地降低锂离子电池的自耗电。

④ 循环性能好。软包装锂离子电池的循环寿命更长，100 次循环衰减比铝壳锂离子电池少 4%～7%。

⑤ 设计灵活。外形可变为任意形状，可以更薄，也可根据客户的需求定制，开发新的电芯型号。

软包装锂离子电池的不足之处是一致性较差，成本较高，容易发生漏液。成本高可通过规模化生产解决，漏液则可以通过提升铝塑膜质量来解决。

总体来说，圆柱形、方形和软包装三种封装类型的锂离子电池各有优势，也各有不足，每种锂离子电池都有自己主导的应用领域，比如，在方形锂离子电池中磷酸铁锂电池较多，而在软包装锂离子电池中三元动力电池更多一些。随着新能源汽车补贴新政策的出台，动力电池的系统能量密度成为一项重要考核指标。比如，补贴新政要求纯电动客车续航里程不低于 200km、动力电池系统能量密度要高于 85W·h/kg、动力电池系统总重量占整车整备重量比例不高于 20%，这些都说明动力电池向着重量更轻、续航里程更高的三元动力电池方向转变。

三元软包装锂离子电池容量较同等尺寸规格的钢壳锂离子电池高 10%～15%、较铝壳锂离子电池高 5%～10%，而重量却比同等容量规格的钢壳锂离子电池和铝壳锂离子电池更轻，因此补贴新政对三元软包装锂离子电池更有利。鉴于软包装锂离子电池的优势，业内专家预计随着动力电池路线的发展，软包装锂离子电池在新能源汽车市场的渗透率将不断提升，未来软包装锂离子电池在各类型动力电池中的占比有望超过 50%。

锂离子电池在新能源汽车领域持续发挥着作用，相比于铅酸电池、镍镉电池和镍氢电池更具优势，它的优势主要表现在以下几个方面：

① 工作电压较高：工作电压一般在 3.6V（如磷酸铁锂电池）左右，有时甚至在 4V 以上（如三元材料电池、锰酸锂电池等），远远高于其他二次电池，这是其突出优点之一。

② 比能量大：虽然碳质材料代替金属锂能使材料的质量比容量和体积比容量下降，但锂离子电池在实际应用中的金属锂一般过量三倍以上，因此，其实际体积比能量并没有明显下降，且明显高于其他二次电池。

③ 自放电率低：锂离子电池化成后，正、负极均被不同程度地钝化，有效

降低电池因内部副反应导致的电量下降。

④ 循环寿命长：锂离子电池通常都有良好的循环寿命，如磷酸铁锂电池在小倍率电流下工作循环寿命在 2000 次以上。并且电池经最初的几次循环后，循环效率接近 100%。

⑤ 无记忆性：锂离子电池电极材料的结构良好，副反应较少，可逆性强，充放电过程中不会产生记忆效应。

⑥ 对环境污染小：锂离子电池中不含铅、镉、汞等有毒有害物质，电池的封闭性良好不易泄漏，不会对环境造成过多污染。

基于上述优点，锂离子电池近年来得到了突飞猛进的发展，性能指标不断提高，负极材料已经由最初的石油焦发展到嵌、脱锂性能更加优异的中间相石墨微球和廉价易得的球状石墨材料；正极材料则由最初的 $LiCoO_2$，发展到最近的磷酸铁锂和三元材料，并正在向更高的能量密度迈进。在此基础上，锂离子电池正在向多样化、低成本、高能量密度和更安全的方向发展。

1.1.2　锂离子电池种类与特性

根据正极所用的金属材料的不同，锂离子电池的分类见表 1-1。最初锂离子电池的正极所用的金属材料是钴。不过钴的产量几乎与锂同样少，它也是稀有金属，制造成本高。因此开始使用廉价且环境负荷小的材料，例如锰、镍、铁等金属[5]。

表1-1　锂离子电池的分类

锂离子电池种类	电压	可放电次数	优缺点
钴系锂离子电池	3.7V	500 ~ 1000	得到广泛普及，成为锂离子标准电池 昂贵，未被用于车载用途
锰系锂离子电池	3.7V	300 ~ 700	安全性高 能快速充电、快速放电
磷酸铁系锂离子电池	3.2V	1000 ~ 2000	廉价且循环寿命（因充放电而老化）、日历寿命（搁置而老化）长 电压比其他锂离子电池低
三元系锂离子电池	3.6V	1000 ~ 2000	电压较高，循环寿命长

（1）钴系锂离子电池（LCO）

正极材料为钴酸锂（$LiCoO_2$）。钴酸锂具有岩盐相、尖晶石结构相及层状结构相三种不同类型的物相结构。层状结构相具有高比容量、良好的循环稳定性等电化学性能，层状结构钴酸锂为六方晶系 α-$NaFeO_2$ 构造类型，空间群为 R-3m，Co 原子与最近的 O 原子以共价键的形式形成 CoO_6 八面体，其中二维 Co-O 层是 CoO_6 八面体以共用侧棱的方式排列而成，Li 与最近的 O 原子以离子键结合成 LiO_6 八面体，Li^+ 与 Co 离子交替排布在氧负离子构成的骨架中，充放电过程中伴随着 CoO_2 层之间 Li^+ 的脱离和嵌入，钴酸锂仍能保持原来的层状结构稳定而不发生坍塌，是钴酸锂得到广泛应用的关键。图 1-6 为钴酸锂层状结构图。因此，可以通过掺杂和包覆的手段提高电池的能量密度。掺杂是将引入的其他元素，掺入材料晶格中，优化体相结构，抑制充放电过程中相变，从而起到改善循环的作用；包覆是在表层或浅层引入其他元素，优化表面界面结构，抑制表面界面副反应，从而起到改善循环的作用。

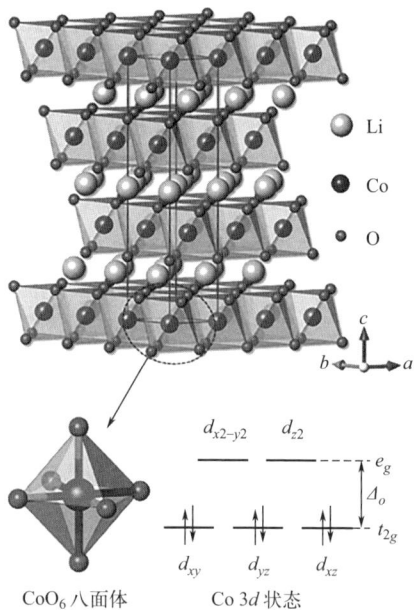

图 1-6　钴酸锂层状结构图[6]

（2）锰系锂离子电池（LMO）

正极材料为锰酸锂（$LiMn_2O_4$）。尖晶石锰酸锂的理论比容量为 148mAh·g^{-1}，实际比容量约为 120mAh·g^{-1}。尖晶石锰酸锂属于立方晶系，空间群为 Fd3m。晶格参数为 0.8245nm，晶体结构示意图如图 1-7 所示。从图中可以看出，氧原子形成立方密集堆积，相应的氧八面体通过共边连接。锂离子和锰离子分别占据氧四面体

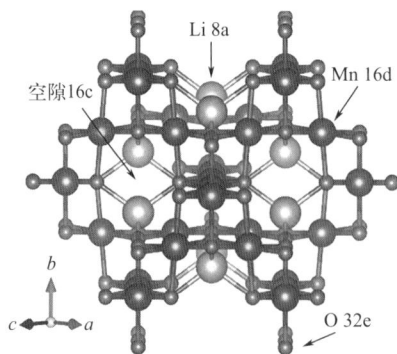

图 1-7　锰酸锂晶体结构示意图[6]

的 8a 和氧八面体的 16d，构成［Mn₂O₄］。这就形成了三维隧道结构，使锂离子更容易扩散，更适合用于大功率电池。

（3）磷酸铁系锂离子电池（LFP）

正极材料为磷酸铁锂（LiFePO₄）。在 LiFePO₄ 的晶体结构（图 1-8）中，氧原子呈六方紧密堆积排列。PO_4^{3-} 四面体和 FeO₆ 八面体构成晶体的空间骨架，Li 和 Fe 占据八面体空隙，而 P 占据四面体空隙，其中 Fe 占据八面体的共角位置，Li 占据八面体的共边位置。FeO₆ 八面体在晶体的 bc 面上相互连接，b 轴方向上的 LiO₆ 八面体结构相互连接成链状结构。1 个 FeO₆ 八面体与 2 个 LiO₆ 八面体和 1 个 PO_4^{3-} 四面体共棱。FeO₆ 共边八面体网络不连续，以致不能形成电子导电；同时，PO_4^{3-} 四面体限制了晶格的体积变化，影响了 Li^+ 的脱嵌和电子扩散，导致 LiFePO₄ 正极材料电子电导率和离子扩散效率极低。LiFePO₄ 电池的理论比容量较高（约为 170mAh/g），放电平台是 3.4V。Li^+ 在正负两极之间往返脱嵌实现充放电，充电时 Li^+ 从正极迁出，经电解液嵌入负极，铁从 Fe^{2+} 变成 Fe^{3+}，发生氧化反应。

（4）三元系锂离子电池（NCA，NCM）

正极材料有两种，即锂镍钴铝氧化物（$LiNi_{1-x-y}Al_xCo_yO_2$，NCA）和镍钴锰酸锂（$LiNi_{1-x-y}Mn_xCo_yO_2$，NCM）。NCA 和 NCM 都具有与 LiCoO₂ 类似的晶体结构（图 1-9），均为层状六方晶系 α-NaFeO₂，空间群为 R-3m，其中锂、过渡金属和氧分别占据 3a、3b、6c 位置，过渡金属离子与周围的氧形成 MO₆ 八面体结构，锂与其周围的氧形成 LiO₆ 八面体结构。从结构上看，锂离子位于 MO₆ 八面体层

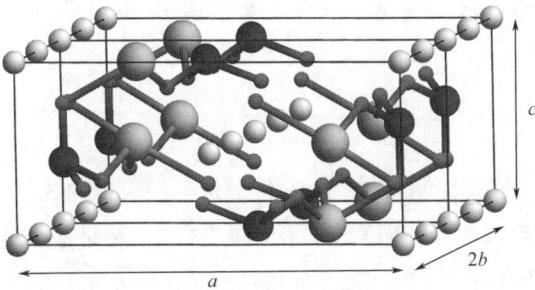

图 1-8　磷酸铁锂晶体结构示意图[6]　　图 1-9　NCA、NCM 的晶体结构示意图[6]

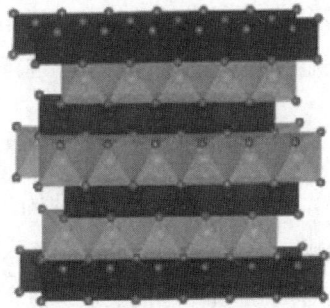

的中间，在充放电过程中可以自由地脱出和嵌入。NCA 中 Co 的位置被 Ni、Al 部分取代，而 NCM 中 Co 被 Ni、Mn 部分取代。

1.2　锂离子电池的应用与发展

在目前的商品化充放电电池中，锂离子电池比能量很高，特别是聚合物锂离子电池，可以实现充放电电池的薄型化。锂离子电池较传统的充放电电池相比具有明显的优点，因此从其商品化以来发展非常迅速，向多行业进行"渗透"，同时其利润也相当可观。从某种程度而言，该可观的利润应该属于"投资回收"，因为锂二次电池的研究开发已进行了近 20 年，世界上许多大公司竞先加入该产品的研究、开发甚至生产的行列中，如索尼、三洋、东芝、三菱、富士通、日产、TDK、佳能、永备、贝尔、富士、松下、日本电信电话、三星等。

锂离子电池从电解质来分，主要分为液体锂离子电池、聚合物锂离子电池和全固态锂离子电池。而从大小来分，可以分为大型电池、一般电池和微型电池。大型电池主要用于大型机械如电动汽车、航空航天、电网负荷调节等，一般电池则用于常见的电器如手机、笔记本电脑、摄像机等，而微型电池则主要用于微型机电仪器如微型侦察机、微型电动机等。如果按照锂离子电池的型号来分，则其更是多种多样，下面按照应用进行说明。

1.2.1　锂离子电池在电动车领域的应用

电动车包括电动自行车、电动摩托车、电动汽车（小货车、厢型车、巴士、轿车等）。广义的电动车还包括电动推高机、电动高尔夫球车、电动（残疾）代步车、电动轮椅、电动搬运车、电动滑板车，甚至电动儿童游乐车等。下面主要就电动自行车、电动汽车进行说明[7-9]。

（1）电动自行车

据有关方面预测，我国人口总量将控制在 14 ~ 15 亿，是美国人口的 5 倍，德国人口的 18 倍。在美国平均 1.5 人拥有一辆汽车，德国平均 1.33 人拥有一辆汽车。随着中国的发展，汽车的拥有量将不断增加，如果达到美国的水平，那么中国的汽油消耗量将相当于目前中东产油量的 2 倍。显然这是不现实的，这得依靠其他方法来解决。因此电动自行车是目前的解决方法之一，电动自行车在行驶时不会产生环境污染。我国的自行车拥有量很大，如果将电动自行车的时速限制在 15km 或 20km 以内，在行车安全方面不存在问题。因为自行车安装动力后，可以节省体力，但仍然是自行车；从交通方面而言，不作为机动车，该方面我国在 2003 年已有定论[10]。尽管目前大部分电动自行车采用铅酸蓄电池作动力，随着人们对环境保护的意识增强、国家环保政策的强化实施、锂离子电池价格的不断下调，铅酸蓄电池将逐步被锂离子电池取代（图 1-10）。我国 2010 年电动自行车的产量为 2954.4 万辆，出口 50 多万辆，出口额达到 26.1 亿美元。2023 年，中国电动自行车产量超过 4200 万辆。目前锂离子电池电动自行车发展的条件越来越成熟，锂离子电池电动自行车轻巧的优势将充分显现。另外，电动自行车出口势头良好，特别是出口欧洲国家的量增长很快，荷兰去年每卖出 4 辆自行车，其中就有 1 辆是电动自行车，而欧洲的电动自行车用的基本都是锂离子电池。

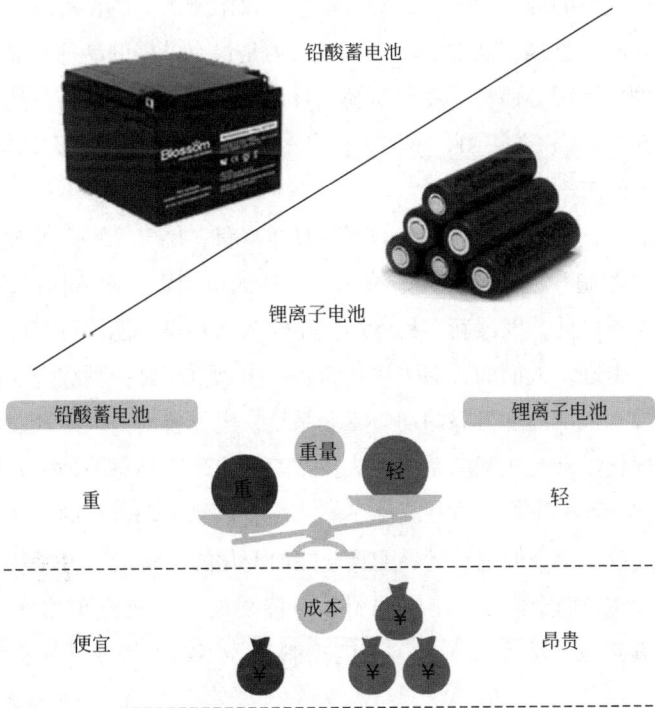

图 1-10　铅酸蓄电池与锂离子电池的比较[11]

（2）电动汽车

电动汽车的研发成功始于 1873 年的英国人 Robert Davidson，后来电动汽车技术应用于私用轿车、货车及公共汽车，曾经在 19 世纪末欧美等地区达到一个高潮。它比 1885 年德国人 Carl Benz 制造的第一辆以汽油为燃料的内燃机汽车早出现 12 年。一开始两者并驾齐驱，但是福特汽车公司于 1913 年大力生产后者，大大降低了成本，并且性能也不断提高。而电动汽车始终没有解决电池的比容量、功率以及寿命等方面的问题，因此电动汽车的性能远不及内燃机汽车，只好让内燃机汽车垄断市场。

20 世纪 70 年代各主要汽车制造厂商受石油危机的冲击，又着手研制电动汽车，速度、续航能力都提高了，但因性能赶不上内燃机引擎汽车的发展及成本太高等原因，且石油危机也解除了，电动汽车依然无法进入市场。近年来，由内燃机汽车造成的空气污染日趋严重，全球温室效应引发的二氧化碳减量与能源政策，使石油替代性能源（CNG、LPG、氢气、太阳能、甲醇、乙醇、电力等）车辆受到各国政府的重视，其中电动汽车被认为是最有希望的品种，诸多国家和各大汽车公司例如通用、福特、克莱斯勒、日产、丰田、本田、马自达、三菱、奔驰、大众、标致-雪铁龙集团、雷诺、宝马等积极投入大量的人力、物力和财力，推动电动汽车的进一步发展[12-15]。

对我国而言，内燃机汽车造成的污染日益严重，尾气、噪声等对环境的破坏到了必须加以控制和治理的程度，特别在一些人口稠密、交通拥挤的大中城市，情况更为严重。因此，发展新一代电动汽车作为无污染、能源可多样化配置的新型交通工具，引起了人们的普遍关注。新一代电动汽车是一种综合性的高科技产品，其关键技术包括高度可靠的动力驱动系统、电子技术、新型轻质材料、电池技术、整车优化设计与匹配的系统集成技术等。由于受到每一种单元技术的制约以及人们对这种新生事物的重视程度不够，尽管研制电动汽车的意义重大，项目开展也经历了数十年，但现在世界上真正能商业化的电动汽车还不多。

图 1-11 是电动汽车的工作原理图，与传统的内燃机汽车相比，电动汽车以电动机、蓄电池、驱动控制器、充电控制器等零组件构成，具有以下明显的优势。

① 低污染排放：电动汽车行驶时不会排放有毒气体，即"零排放"率，因为它只以车载蓄电池提供动力。目前大气污染严重，有相当一部分是内燃机汽车排放的尾气造成的，如 CO_2、CO、NO_x 等；另外全球气候因大气中二氧化碳含

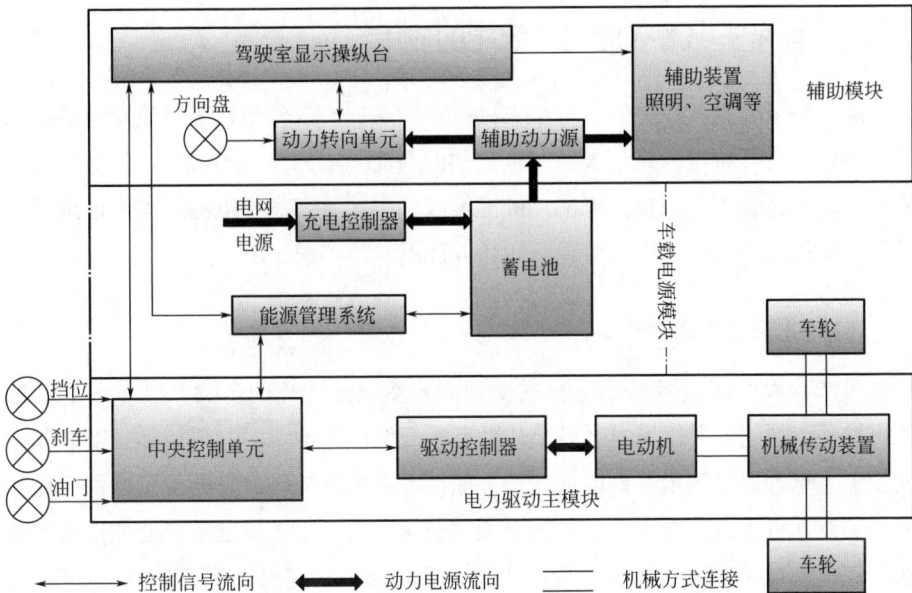

图 1-11　电动汽车的工作原理图[16]

量增多而变暖，因此迫切需要零排放交通工具。据分析，若所有传统车辆均改成电动汽车，则可减少 99% 的 VOC 和 CO_2，以及 50% 的 NO_x 等有害污染物。即使将电动汽车电池充电所需的电量由发电厂发电所产生的污染计入，也远低于传统内燃机引擎车辆的废气排放量，而且电厂为固定污染源，较容易控制[17]。

② 低噪声、无废热：电动汽车行驶时的电动机噪声远比传统车辆的引擎及排气管口的少，且不排出废热。

③ 提高能源利用效率：电动汽车的效率比内燃机汽车要高 1 倍左右，因此电动汽车成了替代方向之一。

④ 减缓能源危机：依世界能源协会估计再过 60 年（甚至更短），地球上的石油将会用完，届时内燃机车辆怎么办？电动汽车使用的电能可通过多种方法（石油、煤、水力、风力、CNG、LPG、地热、核能、太阳能等）得到，促进能源多元化，减轻对石油的依赖，减缓能源危机。当然，电动汽车也可利用夜间用电低峰期充电，有助于电力供应的平稳。

⑤ 不会产生内燃机油污，耗油率为"零"。

⑥ 寿命长（>10 年）、维修费用低、驾驶成本经济、直接传动而驾驶平稳且无振动现象等，因此备受各国关注。

1.2.2 锂离子电池在储能系统中的应用

随着风电、光伏发电以及智能电网技术的发展，人们迫切需要建立大规模储能电站以迎合峰谷电力调配及波动性较强的新能源电力并网的需要。目前最为业界所看好的适合于大规模储能应用的电池技术之一是锂离子电池，因为锂离子电池具有电压高、比能量高、储存时间长等优点[18-20]。

（1）太阳能和风能的储存

风能和太阳能这两种发电方式受到大自然条件变化的影响，具有间歇性和不可控性，属于非并网发电系统，因此都需要储能电池。小型风能和太阳能非并网发电系统普遍采用铅酸蓄电池组作为储能装置。目前风力发电机组已由千瓦级发展到兆瓦级，这就要求储能系统必须大型化。同时由于发电系统地理位置的限制，储能系统必须安全可靠、使用方便、价格便宜、充电效率高、使用寿命长，并且有充分的抗恶劣天气和使用条件的能力。锂离子电池的能量密度很高，充电接受能力很好，没有记忆效应，不需要进行周期性维护充放电，对用户而言比较方便。

（2）智能电网的建设

1）智能电网的概念

简单地说，智能电网通过传感器把各种设备、资产连接到一起，以先进的计算机、电子设备和高级元器件等为基础，通过引入通信、自动控制和其他信息技术，形成一个客户服务总线，从而对信息进行整合分析，以此来实现对电力网络的改造，从而降低成本，提高效率，提高整个电网的可靠性，使运行和管理达到最优化（图1-12）。其核心内涵是，在电力系统各业务环节，实现新型信息与通信技术的集成，促进智能水平的提高，其覆盖范围包括从需求侧设施到广泛分散的分布式发电，再到电力市场的整个电力系统和所有相关环节，其中的每一个用户和节点都得到了实时监控，并保证了从发电厂到用户端电器之间的每一点上的电流和信号的双向流动及实时互动。

在欧洲，智能电网建设的驱动因素可以归结为市场、安全与电能质量、环境等三方面。欧洲电力企业受到来自开放的电力市场的竞争压力，亟须提高用户满意度，争取更多的用户。因此提高运营效率、降低电力价格、加强与客户的互动就成了欧洲智能电网建设的重点之一，而对环境保护的极度重视，则使得欧洲智能电网建设十分关注可再生能源的接入。

图 1-12　智能电网[21]

2）智能电网的结构优势

智能电网是常规电网发展的方向，其目的是通过信息化手段，使能源资源开发、转换（发电）、输电、储电、配电、供电、售电及用电的电网系统各个环节，进行智能交流，实现精确供电、互补供电，在保证供电安全前提下，提高能源利用效率，最大限度地接纳可再生能源，以节省用电成本，降低环境压力。智能电网的结构能支持目前配电系统的结构所不能支持的两个基本要求：① 综合考虑终端用户（分布式电源、电力调节设备、无功补偿设备和用户能量管理系统）控制和总体配电系统控制，以达到系统性能的优化，取得期望的稳定性和电能质量；② 支持高比重的分布式电源，以提高系统的整体性、效率和灵活性。电网能够同时适应集中发电与分散发电模式，实现与负荷侧的交互，支持风电、太阳能发电等可再生能源的接入，扩大系统运行调节的可选资源范围，满足电网与自然环境和谐发展的要求，通过协同的、分布式的控制，利用分布式电源来优化系统性能，在发生重大系统故障时可利用分布式电源进行局部供电（微型电网）。

智能电网的实现将形成所谓的"神经系统"，将新的分布式技术——需求响应、分布式发电以及存储技术——与传统的电网发电、输电和配电设备相融合，一起协调控制整个电网[22-24]。

未来的智能电网将是一个先进技术的复合体，包括信息通信技术、传感测量技术、电力电子技术、储能技术等，而其中储能技术则是智能电网能够顺利实施的关键支撑点，将在智能电网的多个环节中发挥非常重要的作用。

储能技术通过功率变换装置，及时进行有功/无功功率吞吐，可以保持系统内部瞬时功率的平衡，避免负荷与发电之间大的功率不平衡，维持系统电压、频率和功率的稳定，提高供电可靠性；提高电能质量，满足用户的多种电力需求，减少因电网可靠性或电能质量带来的损失，即可以利用峰谷电价有效平衡负荷峰谷，减少旋转备用，实现用电的经济性，提高综合效益；此外，储能技术还可以协助系统在灾变事故后重新启动与快速恢复，提高系统的自愈能力。锂离子电池因其储能方面的优势，在智能电网的建设中成为首选。

3）智能电网的特点

a. 自愈和自适应。实时掌控电网运行状态，及时发现、快速诊断和消除故障隐患；在尽量少的人工干预下，快速隔离故障、自我恢复，避免大面积停电的发生。

b. 安全可靠。更好地对人为或自然发生的扰动做出辨识与反应。在自然灾害、外力破坏和计算机攻击等不同情况下保障人身、设备和电网的安全。

c. 经济高效。优化资源配置，提高设备传输容量和利用率；在不同区域间进行及时调度平衡电力供应缺口；支持电力市场竞争的要求，实行动态的浮动电价制度，实现整个电力系统优化运行。

d. 兼容。既能适应大电源的集中接入，也支持分布式发电方式友好接入以及可再生能源的大规模应用，满足电力与自然环境、社会经济和谐发展的要求。

e. 与用户友好互动。实现与客户的智能互动，以最佳的电能质量和供电可靠性满足客户需求。系统运行与批发、零售电力市场实现无缝衔接，同时通过市场交易更好地激励电力市场主体参与电网安全管理，从而提升电力系统的安全运行水平。

智能电网是世界电网发展的新趋势，可以引导各方面更加高效地用电，实现节能减排，并将现有电网所强调的安全、可靠、稳定，提高到一个全新的高度，进一步体现了电网对环境经济乃至整个社会的积极贡献。

（3）峰谷电的调节

"调峰填谷"本身也属于智能电网的功能之一，但又与常见的不完全一样，因此在这里进行单独说明。简单来看就是在电能富余时将电能存储，电能不足时将存储的电能逆变后向电网输出，这即是储能系统的基本功能——调峰填谷功能（见图1-13）。随着社会的飞速发展，电力需求与日俱增。就上海市而言，2007年的高峰用电

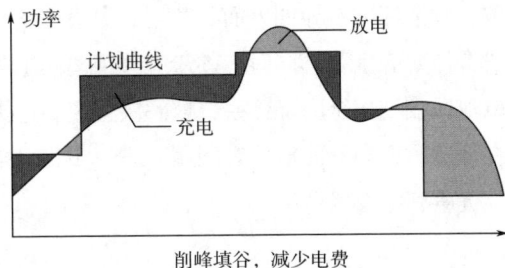

图 1-13　调峰填谷的效果

为21.208GW，与低谷用电的差值为8.0GW，相当于澳大利亚在建太阳能电站功率（0.154GW）的50多倍。2010年上海的高峰用电达到了26.2GW。从我国的电网负荷来看，白昼有一个长达十几个小时的高"峰"，夜间有一个数小时的深"谷"，"谷"期的负荷甚至不及"峰"期的一半。如果发电场配备大规模储能系统用于电网的"调峰填谷"，在用电"谷"期将多余的电能储存，辅助设备容量会大幅度降低，成本也随之降低；在用电"峰"期将储存的电能售给电网，上网电价可以达到"峰"期的市价，或至少较容易达成协议。可见，采用大规模储能装置，可以降低电网调峰负担，改善电力系统的供需矛盾，同时也可以增加发电的经济效益以及提高用电的经济性和使用价值。用于电力"调峰填谷"的储能系统在国外已经得到了应用[25-27]。

锂离子电池技术因其在安全性、能量转换效率和经济性等方面已取得重大突破，产业化条件也日趋成熟，因此是最适合我国大规模电力储能的方式之一。

1.3　锂离子电池回收的重要性与挑战

锂离子电池回收具有重大的环境和经济价值，能够减少环境污染、保护宝贵资源、确保能源安全，并创造经济效益。然而，这一过程也面临技术复杂、成本高昂、法规不统一以及回收系统不完善等诸多挑战。为了有效推进锂离子电池的回收利用，需要加强技术研发、建立合理的经济激励机制、统一相关法规标准，并提升公众的环保意识，这不仅是技术问题，更是政策和社会行动的大考。锂离子电池退役后若处置不当，其电极材料、电解质等不仅会对环境造成严重污染，还会造成资源的极大浪费。随着退役锂离子电池规模不断扩大，其资源化回收处理的必要性也日益凸显，主要体现在环境污染减量、经济效益驱动、战略资源定

位、政策标准引导四方面。总之，退役锂离子电池回收利用关键技术方面的产学研合作尤为重要，同时应逐步完善锂离子电池行业规范化标准法规，建立锂离子电池回收利用全闭环体系，以解决锂离子电池在进入生命周期末端后所带来的潜在环境污染和资源浪费等问题，进一步推动电动汽车及动力电池产业链实现可持续健康有序发展[28-30]。

1.3.1　锂离子电池的资源价值与潜在风险

锂离子电池因其在电动汽车和储能领域的广泛应用，其资源价值日益受到重视。随着废旧锂离子电池量的迅速增加，如何有效回收和再利用这些电池中的有价值资源，成为一个亟待解决的问题。锂离子电池的回收不仅可以缓解资源短缺问题，还能促进新能源产业的可持续发展。中国科学院院士成会明指出，我国废旧锂离子电池的回收状况尚不容乐观，目前常用的回收方法包括火法和湿法，这些方法存在能耗高、经济效益和环境效益有待提升的问题。为了改进这一状况，提出了直接回收法和回收流程闭环化的概念（图1-14），通过直接修复电池的正负极材料，恢复材料性能，同时废旧电池中的锂盐可以回补到正极材料中，实现闭环回收。相比于传统的火法和湿法，直接回收法和回收流程闭环化有以下优势：

① 成本效益和能源效率：直接回收法通过简化回收步骤，减少了整体的回收成本，并且由于避免了高能耗的浸出和提纯过程，提高了能源效率。

② 环境友好性：直接回收法减少了有害副产品的产生，如水热法和共晶熔盐法可以在不产生有害废物的情况下恢复材料的电化学性能。

③ 保持材料的结构和形态：直接回收法不破坏电极材料的原始结构，有助于保持材料的电化学性能，这对于电池的性能至关重要。

④ 简化回收流程：直接回收法避免了火法和湿法冶金中的复杂步骤，如高温熔炼和使用强酸浸出，从而缩短了回收路径。

⑤ 提高回收材料的质量：通过直接回收法，可以成功再生高价值的电极材料，并且不影响其电化学性能，这有助于提高最终产品的质量。

⑥ 促进可持续发展：闭环回收流程通过协同修复正负极材料，实现了废旧电池中锂盐的再利用，促进了电池材料的循环经济。

⑦ 减少二次污染：直接回收法避免了使用大量腐蚀性化学试剂，减少了对环境的二次污染。

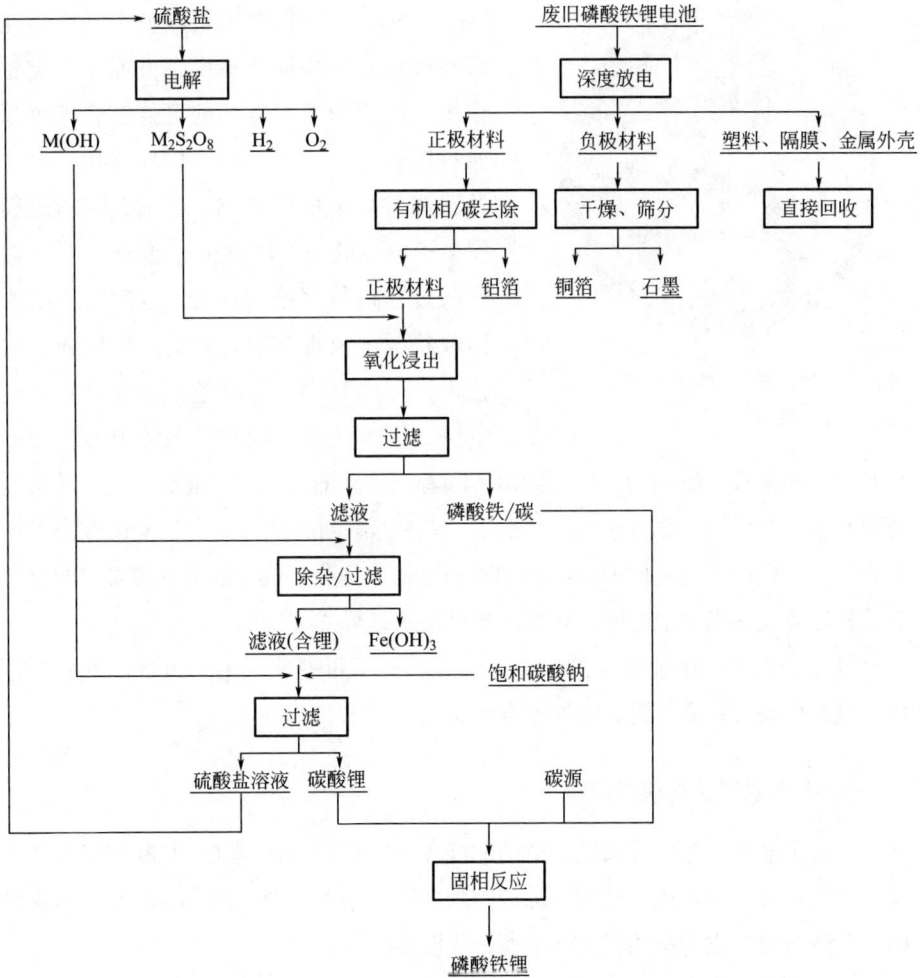

图 1-14　电池直接回收和闭环回收的流程[31]

⑧ 提升材料再利用价值：通过直接回收法生成的材料可以转化到其他应用领域，提高了电池材料回收的价值，例如将废旧三元锂正极材料转化为催化剂。

⑨ 适应性强：直接回收法适用于不同类型的锂离子电池材料，包括钴酸锂、三元正极材料、磷酸铁锂等，具有广泛的适应性。

⑩ 推动产业化和规模化：直接回收法和闭环回收流程的提出，有助于推动废旧锂离子电池回收行业的产业化和规模化发展。

此外，锂离子电池的环境负荷相对较小，因为其制造过程中不使用镉、铅、汞等对环境有害的物质，而主要使用锂、碳、锰、镍、钴等环境负荷较低的物质

图1-15 锂离子电池主要使用的资源[32]

（图1-15），这使得锂离子电池在减少对化石能源依赖、抑制全球变暖方面发挥重要作用。废旧锂离子电池的可持续管理可以通过城市采矿实现，以保护环境免受电池处置和常规采矿的影响。目前，全球退役锂离子电池的回收比例还不足5%，需要对回收过程进行规范式转变，以改变当前的回收状况。膜集成混合方法是一种新兴的技术，可以开发一种高效、环保且经济的方法，用于从废旧锂离子电池中分离和回收有价值的金属。德勤的报告也指出，随着全球新能源汽车产业的发展，动力电池回收市场预计将突破1200亿元规模，其中拆解回收预计在中长期内成为主导方式。报告强调了稳定的回收网络和再利用闭环构建是成功的关键因素，同时产业链各环节展现出向电池回收利用环节延伸的趋势。

但是，锂离子电池存在的潜在风险我们也不可忽略，主要包含以下三个方面：资源稀缺与获取问题、电池安全性和回收问题。

（1）资源稀缺与获取问题

锂离子电池作为一种高效、清洁的能源存储技术，在电动汽车和便携式电子设备中得到了广泛应用。然而，随着需求的不断增长，锂资源的稀缺性及其获取问题逐渐显现，成为制约锂离子电池产业发展的关键因素。

资源分布与获取难度：锂资源在地壳中的丰度相对较低，仅为0.006%。全球锂资源分布不均，主要集中于智利、中国、阿根廷、澳大利亚、美国等国家（图1-16）。中国虽然拥有丰富的锂资源储量，但受限于开采技术和成本，高度依赖进口，约70%的锂资源需要进口。资源需求量与价格波动：随着新能源汽车和储能系统的快速发展，对锂资源的需求量急剧增加，导致锂离子电池原材料价格居高不下。例如，电池级碳酸锂价格自2021年初以来经历了显著上涨，至2021年12月已突破30万元/吨。资源短缺对产业的影响：锂资源短缺不仅提高了动力电池和新能源汽车的生产成本，还可能影响产业的可持续发展。为应对资源短缺问题，电池制造商和汽车厂商正寻求通过技术创新、回收利用和开发替代材料等策略来降低对锂资源的依赖。技术创新与材料开发：科研人员正在探索新型电极材料和电池技术，如高镍三元层状锂离子电池正极材料，以提高电池性能和能量密度，减少对稀缺资源的依赖。此外，钠离子电池和固态电池等替代技术也被视为缓解锂资源压力的潜在方案。回收利用与资源循环：开发高效的锂离子电池回收技术，实现锂资源的循环利用，是缓解资源短缺的重要途径。例如，中国科学院北京纳米能源与系统研究所开发的自驱动磷酸铁锂回收系统，通过电化学法氧化食盐水生成高纯度碳酸锂和磷酸铁，为废旧锂离子电池的环保高效回收提供了新方案。全球锂资源争夺：随着锂资源重要性日益凸显，全球范围内对锂资源的争夺日趋激烈。电池制造商通过并购锂矿、加强与上游供应商的合作等手段，确保锂资源供应的稳定性[33-36]。

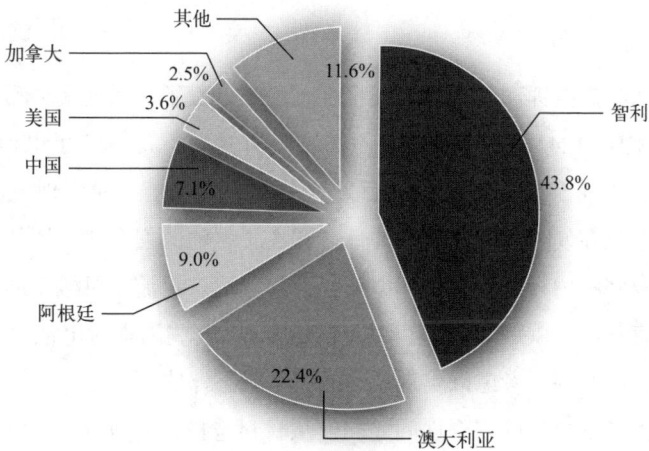

图 1-16　全球锂资源分布[37]

（2）电池安全性

锂离子电池的安全性问题主要与其在特定条件下可能发生的热失控现象有关。这种热失控可能由多种因素引发，包括机械滥用（如挤压、碰撞）、过充电、短路以及外部高温等（图 1-17）。这些滥用条件会引起电池内部的放热反应，导致内部温度升高，进而加速反应的进行，最终可能引发起火或爆炸。锂离子电池的安全风险也与其本征安全特性有关，电池材料的热稳定性、工艺制造质量、电芯设计和电池管理系统（BMS）的有效性都是影响电池安全的关键因素。例如，正极材料的热稳定性可以通过表面包覆、元素掺杂等方式提升，隔膜材料可以通过涂覆耐高温材料来改善其热稳定性和防止锂枝晶刺穿。此外，固态电池技术由于使用固态电解质代替液态电解液和隔膜，有望降低热失控风险。

图 1-17　锂离子电池失效[38]

为了评估和提高锂离子电池的安全性，已经开发了一系列安全测试标准，如 IEC 62619、GB 31241、GB/T 36276—2023 等，这些标准涵盖了电池的热滥用、过充、短路、挤压和针刺等测试项目。这些测试有助于及时发现电池的潜在缺陷，并评估电池在发生故障时的危险性。锂离子电池的安全状态评估是一个复杂的问题，涉及多种内外部因素，如电压、环境温度、电流、机械变形、荷电状态（SOC）、健康状态（SOH）、内阻和析锂状态等。这些因素对电池安全的影响机制各不相同，需要综合考虑以实现准确的安全状态评估[39]。

总之，锂离子电池的安全性问题需要从材料选择、电池设计、制造工艺、使用环境和系统集成等多个层面进行综合考虑和管理。通过不断的研究和技术创新，以及对现有安全标准的遵循和改进，可以进一步提高锂离子电池的安全性和可靠性。

（3）回收问题

锂离子电池回收过程中存在的风险主要包括环境污染、资源浪费、安全事故以及技术挑战等方面。环境污染：废旧锂离子电池中含有多种有害物质，如重金属、电解质等，如果处理不当，可能对土壤、水源等造成严重污染。资源浪费：锂离子电池含有多种稀有金属资源，如锂、钴、镍等，如果回收效率不高，将导致这些宝贵资源的浪费。安全事故：在回收过程中，如果操作不当，可能会引发电池短路、起火甚至爆炸等安全事故。技术挑战：目前锂离子电池的回收技术主要包括火法和湿法，但这些技术存在能耗高、使用酸碱试剂造成二次污染等问题，此外，不同类型电池的回收技术要求不同，增加了技术难度。经济性问题：锂离子电池回收的成本结构可能因企业不同而有所差异，一些非正规企业可能会牺牲环境和安全标准来降低成本，这不仅对环境造成威胁，也对正规回收企业构成不公平竞争。政策和法规：缺乏明确的政策和法规可能导致回收行业无序发展，影响电池的有效回收和利用。技术模式差异：不同的回收技术如物理法、火法冶金、湿法冶金等各有优缺点，选择合适的技术模式对于提高回收效率和降低风险至关重要。回收渠道和模式：不同的回收渠道和模式，如第三方回收、生产者责任制、产业同盟等，对回收效率和安全性有着不同的影响。电池设计：电池的设计与结构也会影响回收的难易程度和效率，易于拆卸和成分明确的电池更利于回收。市场与法律约束：在一些国家，如美国、德国和日本，锂离子电池的回收利用管理以市场调节为主，辅以环境保护标准进行管理性约束，这要求相关企业在追求经济效益的同时，还需严格遵守环保法规。

1.3.2　锂离子电池回收利用的技术难点

锂离子电池回收利用面临的技术难点主要如下。

（1）电池结构复杂性

电池的不同形状（如圆柱形、棱柱形、软包装）和内部结构增加了拆解和材料分离的难度。圆柱形电池通常由金属外壳和顶部的保险装置组成，需要专业工具来拆解；棱柱形电池可能具有更复杂的内部结构，如多单元电池组，增加了拆分单个电池单元的难度；软包装电池由铝塑膜封装，虽然容易切割，但内部结构可能更为复杂，且电解液容易泄漏。

（2）电池材料多样性

随着电池技术的不断进步，出现了多种不同的正负极材料和电解质，这增加了回收工艺的复杂性。正极材料如锂钴氧化物（$LiCoO_2$）、锂铁磷酸盐（$LiFePO_4$）、锂镍锰钴氧化物（NMC）等化学成分不同，它们的物理特性和化学稳定性也各不相同，这要求回收技术能够适应不同材料的特性。常见的负极材料包括石墨和硅（图 1-18）。石墨相对稳定，易于回收，而硅作为合金材料，在电池循环过程中体积变化较大，增加了回收的难度。液态电解质通常包含有机溶剂和锂盐，如六氟磷酸锂（$LiPF6$）。这些物质在回收过程中需要被安全地处理和分离。固态电池使用的固态电解质，如聚合物或无机材料，它们的回收方法与液态电解质显著不同，需要开发新的回收技术。

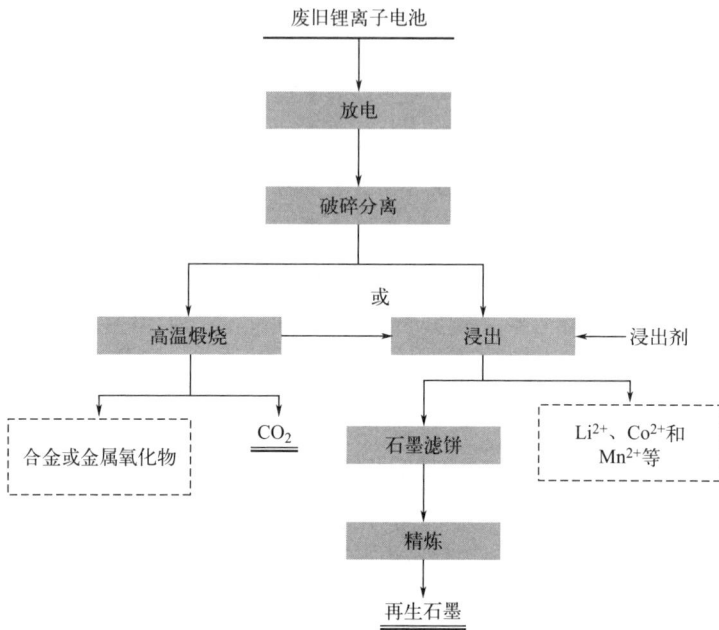

图 1-18 锂离子电池石墨负极的回收处理及再利用[40]

（3）环境影响

传统的火法和湿法回收技术可能会产生有毒气体和废物，需要开发更环保的回收方法。火法回收过程中可能产生有毒气体，如氟化氢（HF）和其他挥发性有机化合物（VOCs），这些气体对空气质量和人体健康有害，而且火法回收需要高温条件，这会消耗大量能源，相对不够节能。湿法回收使用强酸或强碱溶液来溶解和提取电池中的金属，这可能产生大量有害的化学废物，另外需要大量水来溶解和洗涤材料，这可能对水资源造成压力。

（4）电池一致性和可追溯性

电池的制造和使用过程中缺乏标准化，使得电池的一致性差，增加了回收难度。电池制造过程中缺乏统一的国际或国家标准，导致不同厂商生产的电池在尺寸、化学成分、结构设计等方面存在差异。电池上的信息可能不完整或难以辨认，使得在回收过程中难以快速识别电池的类型和组成，从而影响回收策略的选择。即使是同一厂商生产的电池，不同生产批次之间也可能存在性能和成分的微小差异，这给回收材料的分类和处理带来挑战。缺乏有效的产品可追溯性系统，使得回收企业难以追踪电池的原始材料来源和使用历史，影响材料的再利用。不同的 BMS 设计和功能增加了回收过程中电子组件分离的复杂性（图 1-19）。电池在电子设备中的集成方式多种多样，这给拆解和材料回收带来了额外的难度。电池在使用过程中性能衰减不一致，导致回收时难以对电池的健康状态进行准确评估。不同电池的化学成分可能包含多种不同的金属和非金属元素，增加了分离和纯化过程的难度。为了提高电池的一致性和可追溯性，以下是一些可能的解决方案：制定统一的电池设计和制造标准，增强电池标识，建立可追溯性系统，提高电池透明度，制定和执行电池回收法规，电池制造商、电子设备制造商、回收企业和政府机构之间进行合作，共同解决电池一致性和可追溯性问题[41,42]。

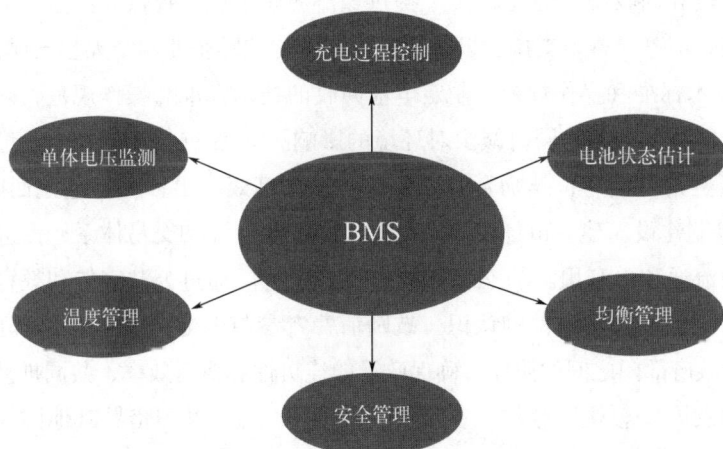

图 1-19　BMS 包含的类别[43]

（5）技术成熟度和创新

目前，废旧锂离子电池的回收技术主要包括火法和湿法回收方法。火法回收通过高温处理提取金属，而湿法回收则使用化学试剂处理电池材料以提取有价值的金属元素。这些传统方法虽然成熟，但存在能耗高、经济效益和环境效益有待提升的问题。为了提高回收效率并减少对环境的影响，研究者们正在探索新兴的回收技术，如低共熔熔剂、熔盐焙烧和直接再生技术。这些技术旨在提高回收效率，同时减少能耗和废物产生。直接回收法和回收流程闭环化是当前研究的热点，通过直接修复电池的正负极材料，恢复其性能，同时减少回收过程中的能耗和排放。中国科学院院士成会明提出的直接回收法，使用低共熔熔剂在常压下修复废旧钴酸锂正极材料，这种方法既环保又高效，修复后的钴酸锂材料性能与新的材料相当[44]。

（6）政策和法规

缺乏明确的政策和法规可能会限制电池回收行业的发展，需要政府出台相关政策以促进电池的有效回收。政策和法规对于推动废旧锂离子电池回收行业的发展至关重要，以下是一些关键点，说明政府如何通过政策和法规来支持这一行业：① 立法明确责任。政府需要通过立法明确电池生产者、分销商和消费者在电池回收中的责任，确保各方了解并履行其在电池回收过程中的义务。② 建立回收体系。制定政策鼓励或要求建立电池回收体系，包括收集点的设置、回收网络的建设和回收服务的提供。③ 提供经济激励措施。提供经济激励措施，如补贴、税收优惠或资金支持，以降低回收成本，鼓励企业和个人参与电池回收。④ 制定技术标准和操作规范。制定电池回收的技术标准和操作规范，确保回收过程的安全性和效率，同时减少对环境的影响。⑤ 促进技术创新。通过研发资助和创新奖励等措施，鼓励企业开发和采用更高效、更环保的电池回收技术。⑥ 市场机制建设。建立市场机制，如电池回收的认证和交易体系，促进电池回收材料的流通和再利用。⑦ 公众教育和意识提升。通过公共宣传和教育活动提高公众对电池回收重要性的认识，鼓励消费者参与电池回收。⑧ 跨部门协作。促进不同政府部门之间的协作，确保政策的连贯性和执行效率，共同推动电池回收行业的发展。⑨ 国际合作。参与国际合作和交流，学习借鉴其他国家在电池回收领域的成功经验，提升本国电池回收政策和法规的国际竞争力。⑩ 监管和执法。加强监管和执法力度，确保电池回收政策和法规得到有效执行，对违规行为进行处罚[44-46]。

（7）市场需求

回收材料的市场需求和价格波动可能影响回收业务的经济可行性。废旧锂离子电池回收产业的发展需要综合考虑经济性和市场驱动因素，以确保其自我持续的能力。这包括进行详尽的成本效益分析，确保回收过程的经济可行性；建立合理的市场定价机制，反映材料的真实价值；优化供应链管理以降低成本并提高效率；鼓励技术创新和研发投资，以降低成本并提高产业竞争力；此外，利用政策支持和激励措施，如税收优惠和补贴，可以降低产业的进入和运营成本；深入分析市场需求，了解消费者偏好，并促进不同产业间的协同合作，共同推动产业发展[47]；同时，探索国际市场机会，拓展产业的全球影响力；强调环境和社会责任，将可持续发展理念融入产业战略，提高其社会形象；建立风险管理体系，评估并应对市场和政策变化等潜在风险；最后，通过商业模式创新，如共享经济和循环经济，适应市场和消费者需求的变化，确保废旧锂离子电池回收产业能够实现长期稳定的发展。

参考文献

［1］Biswal B K，Zhang B，Thi Minh Tran P，et al. Recycling of spent lithium-ion batteries for a sustainable future：recent advancements. Chemical Society Reviews，2024，53：5552-5592.

［2］Luo F，Lyu T，Wang D，et al. A review on green and sustainable carbon anodes for lithium ion batteries：utilization of green carbon resources and recycling waste graphite. Green Chemistry，2023，25：8950-8969.

［3］Cornelio A，Zanoletti A，Bontempi E. Recent progress in pyrometallurgy for the recovery of spent lithium-ion batteries：A review of state-of-the-art developments. Current Opinion in Green and Sustainable Chemistry，2024，46：100881.

［4］He M，Jin X，Zhang X，et al. Combined pyro-hydrometallurgical technology for recovering valuable metal elements from spent lithium-ion batteries：a review of recent developments. Green Chemistry，2023，25（17）：6561-6580.

［5］Gao W H，Nie C C，Li L，et al. Sustainable and efficient deep eutectic solvents in recycling of spent lithium-ion batteries：Recent advances and perspectives. Journal of Cleaner Production，2024，464：142735.

［6］Zhu X N，Jiang S Q，Li X L，et al. Review on the sustainable recycling of spent ternary lithium-ion batteries：From an eco-friendly and efficient perspective. Separation and Purification Technology，2024，348：127777.

［7］Cao N，Zhang Y，Chen L，et al. An innovative approach to recover anode from spent lithium-ion battery. Journal of Power Sources，2020，483：229163.

［8］Dhanabalan K，Aruchamy K，Sriram G，et al. Recent recycling methods for spent cathode materials from lithium-ion batteries：A review. Journal of Industrial and Engineering Chemistry，2024，139：111-124.

［9］Dobó Z，Dinh T，Kulcsár T. A review on recycling of spent lithium-ion batteries. Energy Reports，2023，9：6362-6395.

［10］Du K D，Ang E H，Wu X L，et al. Progresses in sustainable recycling technology of spent lithium-ion batteries. Energy & Environmental Materials，2021，5：1012-1036.

［11］Kuzuhara S，Yamada Y，Igarashi A，et al. Fluorine fixation for spent lithium-ion batteries toward closed-loop lithium recycling. Journal of Material Cycles and Waste Management，2024，26：2696-2705.

［12］Lei S，Sun W，Yang Y. Solvent extraction for recycling of spent lithium-ion batteries. Journal of Hazardous Materials，2021，424：127654.

［13］Li J，Yang X，Yin Z. Recovery of manganese from sulfuric acid leaching liquor of spent lithium-ion batteries and synthesis of lithium ion-sieve. Journal of Environmental Chemical Engineering，2018，6：6407-6413.

［14］Li L，Zhang X，Li M，et al. The recycling of spent lithium-ion batteries：a review of current processes and technologies. Electrochemical Energy Reviews，2018，1：461-482.

［15］Li Y，Lv W，Huang H，et al. Recycling of spent lithium-ion batteries in view of green chemistry. Green Chemistry，2021，23：6139-6171.

［16］Lin K，Lin M，Ruan J. Occupational threat of recycling spent lithium-ion batteries by vacuum reduction. ACS Sustainable Chemistry & Engineering，2022，10：14980-15349.

［17］Liu J，Shi H，Hu X，et al. Critical strategies for recycling process of graphite from spent lithium-ion batteries：A review. Science of the Total Environment，2021，816：151621.

［18］Luo Y，Ou L，Yin C. High-efficiency recycling of spent lithium-ion batteries：A double closed-loop process. Science of the Total Environment，2023，875：162567.

［19］Lv W，Wang Z，Cao H，et al. A critical review and analysis on the recycling of spent lithium-ion batteries. ACS Sustainable Chemistry & Engineering，2018，6：1504-2806.

［20］Ordoñez J，Gago E J，Girard A. Processes and technologies for the recycling and recovery of spent lithium-ion batteries. Renewable and Sustainable Energy Reviews，2016，60：195-205.

［21］Petzold M，Flamme S. Recycling strategies for spent consumer lithium-ion batteries. Metals，2024，14：151.

［22］Pinna E G，Toro N，Gallegos S，et al. A Novel recycling route for spent Li-ion batteries. Materials，2021，15：44.

［23］Shang Z，Yu W，Zhou J，et al. Recycling of spent lithium-ion batteries in view of graphite recovery：A review. eTransportation，2024，20：100320.

［24］Wu J，Zheng M，Liu T，et al. Direct recovery：A sustainable recycling technology for spent lithium-ion battery. Energy Storage Materials，2022，54：120-134.

［25］Yang T，Luo D，Yu A，et al. Enabling future closed-loop recycling of spent lithium-ion batteries：Direct cathode regeneration. Advanced Materials，2023，35：2203218.

［26］Yu H，Yang H，Chen K，et al. Non-closed-loop recycling strategies for spent lithium–ion batteries：Current status and future prospects. Energy Storage Materials，2024，67：103288.

［27］Zhang X，Zhu M. Recycling spent lithium-ion battery cathode：an overview. Green Chemistry，2024，26：7656-7717.

［28］Zhao J，Qu J，Qu X，et al. Cathode electrolysis for the comprehensive recycling of spent lithium-ion batteries. Green Chemistry，2022，24：6179-6188.

［29］Zheng Y，Song W，Mo W T，et al. Lithium fluoride recovery from cathode material of spent lithium-ion battery. RSC Advances，2018，8：8990-8998.

［30］Zhong Y，Li Z，Zou J，et al. A mild and efficient closed-loop recycling strategy for spent lithium-ion battery. Journal of Hazardous Materials，2024，474：134794.

［31］Zhou J，Zhou X，Yu W，et al. Towards greener recycling：Direct repair of cathode materials in spent lithium-ion batteries. Electrochemical Energy Reviews，2024，7：13.

［32］Zhou M，Li B，Li J，et al. Pyrometallurgical technology in the recycling of a spent lithium ion battery：Evolution and the challenge. ACS ES&T Engineering，2021，1：1369-1480.

［33］刘士静，陈丰，查文珂，等. 废旧锂离子电池回收工艺研究进展. 电池，2023，53（05）：582-585.

［34］宋晓聪，杜帅，谢明辉，等. 废旧三元锂离子电池回收利用碳足迹. 环境科学，2024，45（06）：3459-3467.

［35］宫姝丽，李晶莹. 生物法回收废旧锂离子电池关键金属的研究进展. 山东化工，2024，53（02）：138-140.

［36］尹逸雄，任永生，马文会，等. 废旧锂离子电池正极材料回收技术研究现状. 中国有色金属学报，2024，34（06）：1830-1847.

［37］张明，高利坤，饶兵，等. 废旧锂离子电池综合回收研究进展. 化工新型材料，2023，51（09）：67-74.

［38］张玉超，张凤姣，娄伟，等. 废旧锂离子电池有价金属资源化利用的转化过程和潜在环境影响. 储能科学与技术，2024，13（06）：1861-1870.

［39］彭雪，刘培艳，夏铭，等. 废旧锂离子电池回收制备 MnO_2 及其储锌性能.

洁净煤技术，2024，30（02）：209-218.

　　［40］李亚广，韩东战，齐利娟．废旧锂离子电池预处理及电解液回收技术研究现状．无机盐工业，2024，56（02）：1-10.

　　［41］李峻，田阳，杨斌，等．废旧锂离子电池正极材料有价金属回收研究现状．中国有色金属学报，2024，34（06）：1786-1808.

　　［42］楼江鹏．废旧锂离子电池中有价金属的回收技术进展．天津化工，2023，37（05）：5-7.

　　［43］赵丹阳，张翔，徐帆，等．废旧三元锂离子电池正极材料资源化回收研究进展．储能科学与技术，2023，12（10）：3087-3098.

　　［44］王林．全球掀起环保型电池回收技术研发风潮．中国能源报，2023，11：68.

　　［45］陈政，柴慧森，邵鸿媚，等．废旧锂离子电池绿色环保回收流程研究．辽宁化工，2023，52（08）：1145-8+225.

　　［46］张英杰，宁培超，杨轩，等．废旧三元锂离子电池回收技术研究新进展．化工进展，2020，39（7）：2828-2840.

　　［47］张笑笑，王莺莺，刘媛，等．废旧锂离子电池回收处理技术与资源化再生技术进展．化工进展，2016，35（12）：4026-4032.

第 2 章

退役电池的梯次利用与安全评估

▲▲▲▲▲▲▲

锂离子电池的性能会随着使用次数的增加而下降，当电池性能下降到一定程度时，将不能达到电动汽车的使用标准，但可用在对锂离子电池性能要求低的场合，即进入梯次利用阶段。退役电池梯次利用是指将不再适用于新能源汽车的退役动力电池，通过必要的检测、分类、拆分、修复或重组等过程，可用于电池性能要求较低的领域，如电动工具、储能设备、低速电动车等。

通常，根据电池容量的衰减程度，可以将电池的生命周期分为三个阶段（图2-1）：

图 2-1 动力电池全生命周期

① 电动汽车阶段：当电池容量保持在 80% ~ 100% 时，电池性能能够满足电动汽车的需求。

② 梯次利用阶段：电池容量降至 20% 到 80% 之间时，电池不再适用于电动汽车，但仍然可以用于其他要求较低的应用场景。

③ 资源回收再利用阶段：当电池容量进一步降至 0% ~ 20% 时，电池将进入回收流程，对内部零件和稀有化学成分进行提炼回收，以回收有价值的金属元素。

动力电池退役后，由于经历长时间使用存在性能衰减和不一致性问题，未经评估直接使用可能带来安全隐患，如短路、漏液甚至爆炸风险。安全评估可以辨识电池的健康状态，筛选出不适合继续使用的问题电池，同时对符合标准的电池进行再利用，延长其使用寿命，减少废弃电池对环境的影响。

2.1 退役电池梯次利用的背景和意义

2.1.1 退役电池梯次利用的背景

全球变暖对环境造成的影响日益严重，这促使各国政府制定了严格的二氧化碳减排目标。在此背景下，我国开始大力推进新能源汽车的发展。近年来，在国家政策持续支持和动力电池技术不断进步的情况下，我国电动汽车产业进入快速发展期。图 2-2 为 2013 ~ 2024 年我国新能源汽车销量，2013 年新能源汽车

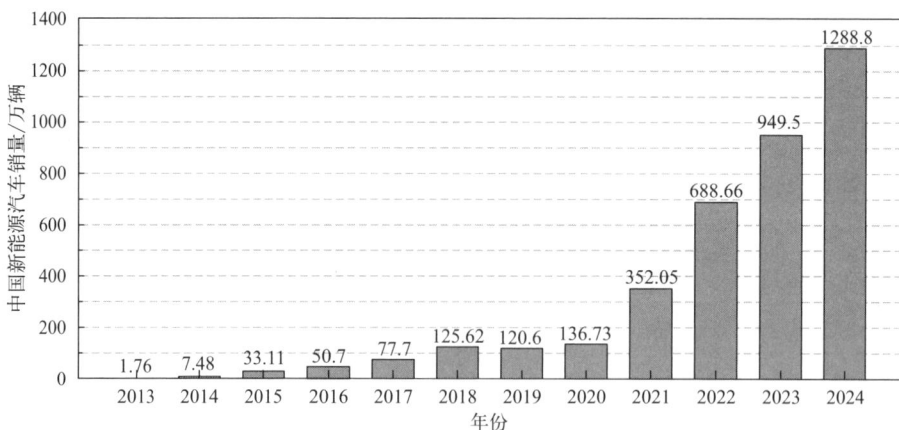

图 2-2   2013 ~ 2024 年我国新能源汽车销量

销量仅为 1.76 万辆，2014 年我国新能源汽车销售 7.48 万辆，同比增长 3.25 倍；2020 年稳步增长至 136.73 万辆，2021 年我国新能源汽车销售 352.05 万辆，同比增长 1.57 倍；2016 年我国新能源汽车销量首次超过 50 万辆，2018 年我国新能源汽车销量首次超过 100 万辆，2022 年我国新能源汽车销量首次超过 500 万辆，2024 年，我国新能源汽车销量为 1288.8 万辆，创历史新高。截至 2023 年末，我国新能源汽车保有量已达到 2041 万辆，动力电池回收规模也随保有量增长呈现逐年递增的态势。

随着电动汽车保有量的增加，不能达到电动汽车使用标准的动力电池组件将大量退役。据现有主流动力锂电池技术数据显示，电动汽车用动力电池寿命一般为 8 ～ 10 年，以 2015 年投入使用的电动汽车为例，如不考虑使用过程中因"非寿命原因"产生的报废，2025 年将会迎来动力电池退役的第一个高峰期，预计到 2030 年，动力电池回收市场规模将突破千亿元。退役电池规模预测如图 2-3 所示[1,2]。

大量退役电池如处理不当，既给社会带来环境和安全隐患，也会造成资源浪费，同时制约

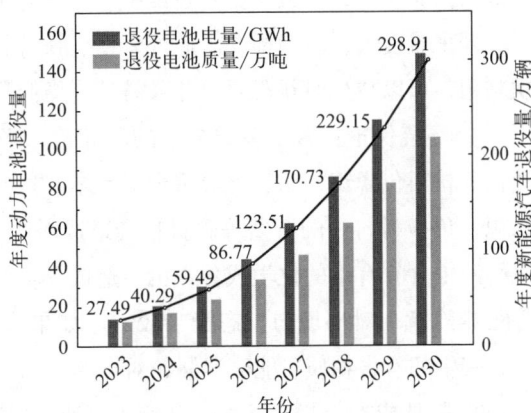

图 2-3　动力电池及新能源汽车退役量预测

新能源汽车产业健康、可持续发展。针对退役电池回收问题，我国在 2018 年出台了《新能源汽车动力蓄电池回收利用管理暂行办法》，提出了退役动力电池应遵循先梯次利用，后再生利用的原则。对外观完好、性能较好的退役电池，进行必要的检测、分类、拆解和重组，使其可应用至其他场景；对经过检测没有达到梯次利用标准的退役电池进行拆解、提炼以再生利用。

退役电池的梯次利用是一种高效的资源优化策略，它通过延长电池使用周期，不仅显著降低了因电池生产和处置而产生的碳排放，而且与全球碳中和目标相一致。这一过程充分利用了电池的剩余价值，减少了对新材料的需求，避免了能源资源的浪费和环境污染[3]。同时，梯次利用还能降低生产成本，推动电池生产、销售及回收利用产业链的协同发展，为循环经济贡献动力，符合我国经济社会可持续发展的方向，展现出巨大的发展潜力和广阔的应用前景[4]。

2.1.2 退役电池梯次利用的意义

退役电池梯次利用是在不增加资源的情况下延伸其使用价值，可以实现资源利用的最大化，符合绿色、循环和可持续的发展理念，是大势所趋，符合国家的战略需求，在资源节约、环境保护、降低成本、能源可持续发展和推动产业发展等多方面具有重要意义[5]。

① 资源节约：退役锂离子电池中含有许多贵重金属，其浓度高于工业矿石，通常含有 5%～20% 的钴、5%～10% 的镍、5%～7% 的锂、5%～10% 的铜、铝和铁[6]。其中，钴、锂、镍等原材料都是非常重要的战略资源。我国的锂矿资源虽占比丰富，但大都分布在西藏、青海等地，开采难度大；我国钴资源储量低、开采难度大，较为稀缺。此外，锰、铁等材料也有一定的回收价值。通过梯次利用，可以减少对新资源的开采需求，降低资源消耗。

② 环境保护：减少废旧电池的废弃量，降低对环境的污染风险。锂离子电池正极材料包含镍、钴、锂等重金属元素，这些重金属元素会污染附近的环境与水源；负极材料中的石墨等碳材料会造成粉尘污染，对人类健康产生不良影响；电解液中含有有毒的化学成分，也会造成环境污染。此外，电池外壳材料和隔膜等很难降解，对环境与生态影响较大。如果大量退役电池直接进入垃圾处理环节，其中的有害物质可能会泄漏，对土壤、水源等造成严重危害。

③ 降低成本：相比于生产全新的电池，梯次利用退役电池的成本相对较低。这有助于降低相关应用领域的成本投入，提高经济效益。以通信基站的备用电源为例，使用梯次利用退役电池能够节省大量的设备购置费用。

④ 能源可持续发展：有助于构建可持续的能源体系。梯次利用可以在不同的场景中实现能源的存储和再利用，提高能源的利用效率。比如，将退役电池用于太阳能和风能发电的储能装置，使可再生能源得到更充分的利用。

⑤ 推动产业发展：促进电池回收和梯次利用相关产业的发展，创造新的就业机会和经济增长点。退役锂离子电池仍具有 70% 以上的容量，可用于储能、低速电动车等领域，带动技术研发、设备制造、运营服务等一系列产业链环节的发展。

具体而言，退役电池梯次利用从电池原材料→动力电池→动力电池系统→电动汽车应用→二次利用→资源回收→电池原材料的全生命周期考虑，延长了电池的使用寿命，充分发挥其剩余价值，缓解锂离子电池大规模退役带来的回收压力，减少锂离子电池原材料的开发利用总量，降低电动汽车、电力储能等相关产业的成本，带动了新能源汽车行业的发展。

2.2 退役电池梯次利用研究现状分析

随着全球范围内的新能源汽车推广规模的持续扩大，政府和企业都意识到解决好退役动力电池的回收及利用对于电动汽车发展是十分重要的，退役动力电池的梯次利用已成为多国研究的热点。发达国家电池梯次利用项目开展较早，已有较为成熟的动力电池梯次利用系统工程，形成了以电池制造商为主的回收体系。

表 2-1 比较了不同电芯锂离子电池性能。其中，三元锂离子电池具有高能量密度、大倍率充电和耐低温性能等优势，其含有的镍、钴、锰等元素增加了其回收价值，使其在拆解处理和提取内部可回收金属方面具有显著的经济效益。然而，受限于其较短的循环寿命、较差的安全性能以及较高的成本，退役三元锂离子电池在储能应用场景中的适用性并不理想[7]。相比之下，退役磷酸铁锂电池以其高能量密度、高热稳定性、经济性和安全性在梯次利用应用市场具有显著优势[8]。

表 2-1 磷酸铁锂电池与三元锂离子电池对比

电池性能指标	三元锂离子电池	磷酸铁锂电池
能量密度 /（Wh·kg^{-1}）	180～220	150～200
实际比容量 /（mAh·g^{-1}）	130～140	130～145
标称电压 /V	3.2～3.6	3.2～3.6
循环寿命	500～2000	2000
倍率性能	中	高
安全性能	中	高

相比于发达国家，我国动力电池梯次利用项目仍处于探索阶段，主要以示范工程和规模企业试点为主，但梯次利用项目已逐步走向成熟并尝试实现商业阶段的应用。随着应用需求场景持续多样化，储能技术呈现多种类型协同发展的趋势，电源侧、电网侧、用户侧应用向结构更紧凑、控制手段更智能、灵活资源更丰富等方向发展。

2.2.1 退役电池梯次利用的应用市场

退役电池在电网储能、通信基站等场景中的应用具有巨大的潜力，可以实现优化资源配置、确保供电可靠、稳定电力系统、提高电网安全性的目的。如图2-4所示，将退役电池整合到电网储能中，用于平衡电力供需、实现削峰填谷，帮助电网更稳定高效地运行；在分布式储能领域，退役电池可以为企业、社区或家庭提供备用电源和能量存储，降低对外部电网的依赖，提高能源自给能力。

图2-4 退役电池梯次利用应用市场

（1）电网储能

电网储能由于其所需的技术要求高、设备规模大，导致成本高昂、投入巨大，而退役电池梯次利用通过降低成本、提高资源利用率、优化技术管理、实现规模效益等方式，有效应对电网储能成本高和投入大的难题，使得储能项目的初始投资成本大幅降低，提高了储能系统的经济性和投资回报率。

2022年9月，宁德时代和协鑫集团举行长期战略合作协议签约仪式。根据协议，双方将加速推动"光伏＋储能"两大应用端有效融合，在动力电池梯次利用方面，根据"重卡＋储能"应用场景，优化全生命周期电池成本，实现动力电池在储能领域的梯次利用。

（2）通信基站

通信基站作为我国退役锂离子电池梯次利用规模最大的商业场景，展现出了巨大的应用潜力。这些基站对电源有着特定的需求，即容量小、低电压、高冗余、小电流、非移动性，而退役电池梯次利用不仅能够满足这些特定需求，保障通信的连续性，还具备节能环保和降低运营成本的额外优势。

随着 5G 技术的快速发展和基站的扩建，现有的直流电源供电设备明显不足。这一挑战为退役电池梯次利用提供了新的机遇。从电动汽车上退役的电池，尽管经历过使用周期，但其性能在很多方面仍然优于传统的铅酸电池。特别是在室内环境下，这些退役电池的充放电性能与全新铁锂电池相比并无显著差异，证明了它们在基站中使用具有很高的经济价值。

此外，退役电池的梯次利用不仅限于直流电源。通过配备双向逆变器，这些电池也能够为基站中的交流负载提供电力。这种灵活的供电方式，如图 2-5 和图 2-6 所示，进一步扩展了退役电池在通信基站中的应用范围，增强了其作为可持续能源解决方案的吸引力[9]。

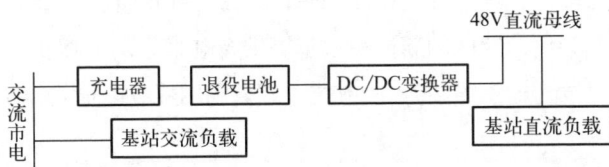

图 2-5　退役电池作为直流电源用于通信基站

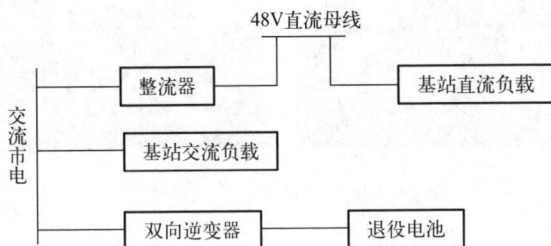

图 2-6　退役电池作为交流备用电源用于通信基站

中国铁塔股份有限公司从 2015 年 10 月就开始探索利用新能源汽车退役动力电池进行基站备电。截至 2019 年底，中国铁塔股份有限公司已经在 35 万个通信基站中累积使用超过 4.5GWh 的退役动力电池。

Li 等人[10]针对电动汽车退役电池应用于铁塔基站备用电源系统的可行性开

展论证，结果表明，退役电池应用在铁塔后备电源的多数工况下是可以盈利的，尤其在新能源和削峰填谷工况，极具应用价值，最低年利润率分别可达44.74%和37.35%。随着电动汽车的发展，动力电池的质量将不断提高，应用退役电池的盈利空间也会越来越大。

（3）快速充电站

对于小规模的储能，退役电池可以通过储能集装箱的充电桩为新能源汽车充电。研究发现，在相同配置情况下，在快速充电站采用退役动力电池储能，比常规使用同类新电池储能的经济效益更好。此外，采用退役动力电池储能，还具有在充电站不增容扩容的条件下，改变充电设备的接入方案，即可满足直流快充负荷控制需求的优势。

我国很早就开展了充电站使用梯次利用电池储能的示范，近年来城市公共充电站商业化梯次利用的实践也在加快。伟翔众翼公司利用上海某知名新能源汽车厂退役的动力电池，经过严格检测和筛选，设计并重组了一套梯次利用储能系统。该系统不仅为厂商园区的新能源汽车提供充电服务，还通过白天高峰时段放电、夜间低谷时段充电（图2-7）的方式，有效利用峰谷电价差异实现成本节约。

图2-7 梯次利用储能系统：峰时放电、谷时充电

（4）光储、风储充电站

光伏发电和风力发电具有间歇性和不稳定性的特点，阳光的强度和风力的大小会随时间和天气条件而变化，导致发电输出不稳定。而退役电池梯次利用可以作为储能装置，与光伏发电、风力发电等配合，在发电高峰时存储多余的电能，在发电低谷或用电高峰时释放储存的电能，从而平衡电力供需，提高可再生能源的利用效率。光储、风储充电站如图2-8所示。

此外，在偏远地区的微电网中，退役电池也发挥着重要作用。这些地区由于电网基础设施不完善，供电往往不稳定。退役电池储能系统能够在风、光能源充足时储存能量，并在需求高峰或能源短缺时释放能量，从而显著提升这些地区的电力供应稳定性。

图 2-8　光储、风储充电站

2021 年，长沙矿冶研究院有限责任公司和长沙市湘行交通新能源有限公司合作建设的格林香山公交站场梯次利用光储充一体化商业项目正式投运。该项目是湖南首个梯次利用光储充一体化商业项目，采用电动公交车退役后的磷酸铁锂动力蓄电池模组进行系统集成，站内布有光伏发电、充电桩及储能系统，为长沙公交集团电动公交车提供充电保障。

上汽通用五菱建成了广西首个退役动力电池梯次利用储能电站。该电站采用宝骏 E100、宝骏 E200 研发阶段的退役动力电池搭建，蓄电量高达 1000kWh，具备 250kW 的额定功率。电站通过智能微电网技术，在用电低谷时从电网蓄电，日常还通过光伏和风能发电系统吸收太阳能和风能转化为电能，存储于储能系统中；在用电高峰时当作发电站释放电能给电网供电，有效填补电力缺口，发挥了动力电池的储能作用。

（5）家庭储能

在家庭储能方面，退役电池同样具有潜力。在一些电力供应不稳定或电价较高的地区，家庭用户可以安装由退役电池组成的储能系统。在低谷电价时段充电,高峰电价时段放电,节省电费开支。同时,在停电时还能作为应急电源,保障家庭基本用电需求。

2019 年,美国橡树岭国家实验室已经开发出二次电池适用于住宅用户的使用方法,并受美国能源部电力储能计划支持,开发用于二次电池的控制系统,以使得二次锂离子电池满足电网规模储能系统的要求。该项目在北卡罗来纳州的住宅小区装机容量为 15kW 的储能系统测试表明重新利用仍有使用价值的电池,可以最大程度地减少浪费,并确保安全可靠的电力供应来支持循环经济,对于日益依赖分布式可再生能源的现代化电网至关重要。

美国 EnerDel 和日本伊藤忠两大公司达成合作,在新建公寓中推广梯次利用电池。这些电池来自日产汽车的二手电池,经过筛选和检测后,可用于家庭和商业储能设备。这一合作有助于提高退役动力电池的利用率,减少资源浪费。同时,也为新建公寓提供了一种可持续的能源解决方案,有助于降低能源消耗和碳排放。

此外,相关文献也表明退役电池在储能市场的优势。Faria 等人[11]研究表明,延长动力电池组的使用寿命并将其应用于住宅储能中可以降低对环境的影响。Wang 等人[9]通过对梯次利用电池在充电站、通信基站、光伏电站等不同场景的应用进行分析,证明了梯次利用具有良好的经济效益。

2.2.2　国内外相关政策和标准

法律、法规和政策作为指导和强制性文件,对电池梯次利用的发展起着至关重要的作用。首先,政策标准可以提供明确的指导和规范,使电池梯次利用行业更加规范化和标准化。其次,通过制定相关标准,行业可以更好地引导研发方向,鼓励企业在电池梯次利用技术上进行创新,提高电池的能量效率和循环寿命。此外,明确的政策标准可以增加投资者和企业的信心,吸引更多的资金和资源进入行业,推动市场的规模扩大和竞争力提升。

(1)国外相关政策和标准

1)欧盟

欧盟是最早关注电池回收并采取措施的地区,1991 年就通过了第一部电池指令(理事会指令 91/157/EEC),强调减少有毒排放。2000 年,随着报废车辆指令 2000/53/EC 的颁布,制造商和进口商被鼓励按照更严格的环境标准处理报废车辆。2006 年，电池指令 2006/66/EC 进一步明确禁止电池的所有形式处置和焚烧，并要求对电动汽车用电池进行单独收集和监控其储存与处置。该指令还强调了电池生产商的延伸生产者责任（EPR），以及电池回收和资源回收的重要性。根据指令，至少 45% 的退役（生命周期终结）锂离子电池需要被收集，并且至少 50% 的收集电池需要被回收。

2020 年欧盟发布了新的电池法规 2020/0353（COD），新法规要求公司对其向市场投放的电池进行全生命周期管理，确保其安全和高效使用。随着电动汽车市场的快速增长，新法规对电动汽车电池进行了新的分类，并在维持对镉和汞的限制的同时，考虑了电池生命周期各阶段的环境风险和负面外部性。新法规特别强调了电动汽车电池的碳足迹和回收效率。电池制造商被要求承担起退役电池的收集、再制造、再利用和回收的主要责任。此外，欧盟还发布了电池战略研究议程和电池创新路线图 2030，要求所有电池制造商注册并负责电池的回收和梯次利用。

2）美国

美国是最早对废旧电池回收制定法律规范的国家之一，并已建立了一套切实可行的法律框架、技术规范和回收体系。《资源保护与回收法》和《含汞和可充电电池管理法》是规范退役电池的联邦回收法律。这两项法案要求电池制造商在设计电池时考虑其拆卸和回收，并在运输、制造和回收过程中对退役电池进行控制。

美国逐步将退役动力电池应用于梯次利用领域。2021 年，美国能源部发布的《国家锂电池 2021—2030 发展蓝图》提出最大限度地利用废旧锂电池，建立电池回收专项基金，回收重要原材料，发展有竞争力的锂电池回收产业链。

3）日本

日本在推广电动汽车之前就已经在积极探索动力电池的回收利用工作。从 1994 年开始，日本就着手回收废旧电池，并建立了"电池产销—回收—再生利用"的体系。为了支持这一体系的建设，日本通过国家立法、补贴等手段，推动了动力电池的高效回收利用。

日本相继制定了《促进资源有效利用法》《再生资源法》和《报废汽车回收法》，实施了 3R（回收、再利用、减少）计划，明确要求建立一个回收和再利用电池的系统。2002 年，政府颁布了以 EPR（生产者责任延伸）为基础的《报废汽车回收利用法》，并于 2005 年正式实施。该法鼓励更多企业进入技术研究领域，建立了新的回收体系，指导企业妥善处理报废汽车，并要求消费者在购买新车时支付回收费。

表 2-2 列出了不同国家和地区退役电池梯次利用的相关法规。这些法规为退役动力电池的回收利用提供了法律依据和制度保障，促进了资源的高效利用和环境保护。

表 2-2 某些国家和地区退役电池梯次利用相关法规

国家 / 地区	政策名称	政策重点
欧盟	电池指令 2006/66/EC	电池生产企业建立废旧电池回收体系
	电池指令 2013/56/EU	明确危险物质含量、回收标签、危险物质标签的要求
	新电池法规 2020/0353（COD）	重点关注废旧电池的全生命周期处理
美国	资源保护与回收法	提出危险废物管理的基本框架
	含汞和可充电电池管理法	支持含有铅、镉等重金属的充电电池的收集和回收
	国家锂电蓝图 2021—2030	提出了锂电池回收产业链建设目标
日本	循环型社会基本法	制定废物及回收政策的基本原则
	促进资源有效利用法	明确产品生产者责任、回收体系建设等要求
	报废汽车回收法	明确报废汽车处理规范和资源回收再利用成本

（2）国内相关政策和标准

随着双碳计划的持续推进，我国新能源汽车产销量激增，同时带动了动力电池、储能换流器等关键零部件的高速发展。伴随着动力电池装机量的爆发增长，动力电池退役后的梯次利用及回收成为新兴产业。近年来，我国出台了一系列政策，鼓励和规范退役电池的梯次利用，并在电池检测、分选、重组等方面取得了一定的技术突破，越来越多的企业投身于退役电池梯次利用产业，回收体系逐步完善。目前，国内的退役动力电池梯次利用产业链布局已基本成型，如图 2-9 所示。

退役动力电池的梯次利用涉及节能减排、能源安全、国计民生等方面，所以国家高度重视，短短几年内，国家多个部门陆续出台了一系列的管理政策文件，以推动动力电池回收再利用管理体系、动力蓄电池回收利用标准体系建设不断完善，为这一项技术应用开辟绿色通道。

在 2018 年，工信部发布了《新能源汽车动力蓄电池回收利用管理暂行办法》，其中要求动力蓄电池生产企业必须对电池进行编码，同时车企应记录蓄电池编码。该政策确保了动力电池全生命周期的可追溯性，并且数据可以收集，为

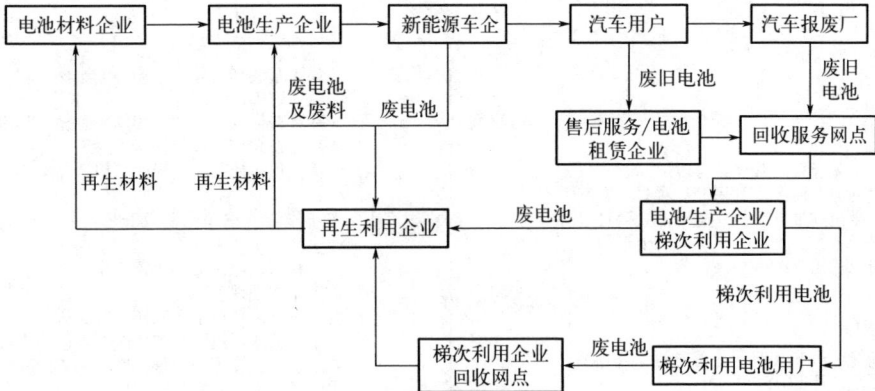

图 2-9 我国退役动力电池梯次利用产业链

后续电池的剩余价值评估和梯次利用提供了支持。2021 年，国家发展改革委发布了《"十四五"循环经济发展规划》，提出要开展废旧动力电池的循环利用，推动动力电池规范化梯次利用。同年 8 月，工信部等五部门联合发布了《新能源汽车动力蓄电池梯次利用管理办法》，鼓励相关企业在梯次利用产业链中加强合作，强化信息共享，提升退役动力电池的梯次利用率。

2018 年 7 月，工信部发布了《新能源汽车动力蓄电池回收利用溯源管理暂行规定》，明确了新能源汽车动力蓄电池回收利用溯源管理平台的建设，采集退役动力电池全生命周期（生产、销售、使用、报废、回收）信息，并对各环节回收利用主体责任履行情况进行实时监测。此外，同年 12 月，工信部公布了新一批符合汽车废旧动力蓄电池综合利用规范条件的企业名单，通过市场机制提升退役动力电池管理水平及梯次利用产业的规范化发展。

截至 2023 年 4 月，国家已颁布多项退役电池梯次利用相关政策（见图 2-10），从明确退役动力电池的回收责任，推进退役动力电池回收体系建设、电池溯源平台搭建到完善回收管理办法及推动规范企业发展等政策相继落地。

目前，梯次利用有关政策正在逐步完善，但要实现梯次利用产业化，还需针对以下几个问题制定有关的标准：目前由于电池类型和规格的差异、历史数据的缺乏增加了电池分拣的难度，电池机械连接、电气结构和通信协议的差异导致重组电池之间的兼容性差。这些问题涉及电池生产企业、整车生产企业、回收企业和梯次利用企业，需要产业链内的企业相互沟通、互相协调，否则梯次利用的产业化和商业化将受到严重阻碍。为加强退役电池梯次利用管理，促进梯次利用市场良好发展，国家针对退役电池制定了有关标准，如表 2-3 所示[12]。

《新型储能项目管理规范(暂行)》
新建动力电池梯次利用储能项目，必须遵循全生命周期理念，建立电池一致性管理和溯源系统，梯次利用电池均要取得相应资质机构出具的安全评估报告

《新能源汽车废旧动力蓄电池综合利用行业规范条件(2019年本)》
明确指出，综合利用是指对新能源汽车废旧动力蓄电池进行多层次、多用途的合理利用过程，主要包括梯次利用和再生利用

《新能源汽车动力蓄电池回收利用管理暂行办法》
鼓励电池生产企业与综合利用企业合作，在保证安全可控的前提下，按照先梯次利用后再生利用的原则，对废旧动力蓄电池开展多层次、多用途的合理利用

《节能与新能源汽车产业发展规划(2012—2020)》
五大重点任务之一：加强动力的电池梯次利用和回收管理

2023 · 《关于开展新能源汽车动力电池梯次利用产品认证工作的公告》
鼓励有条件的地方加快构建资源循环利用体系，在政府投资工程、重点工程、市政公用工程中使用获证梯次利用产品

2021 · 《新能源汽车动力蓄电池梯次利用管理办法》
梯次利用企业应依法履行主体责任，遵循全生命周期理念，落实生产者责任延伸制度，保障本企业生产的梯次产品质量，以及报废后的规范回收和环保处置；动力蓄电池生产企业应采取易梯次利用的产品结构设计，利于高效梯次利用

2020 · 《新能源汽车动力蓄电池回收利用溯源管理暂行规定》
对梯次利用电池产品实施溯源管理。规定电池生产、梯次利用企业进行厂商代码申请和编码规则备案，对本企业生产的动力蓄电池或梯次利用电池产品进行编码标识

2018 · 《电动汽车动力蓄电池回收利用技术政策(2015年版)》
废旧动力蓄电池的利用应遵循先梯次利用后再生利用的原则，提高资源利用率

2021

2018

2016

2012

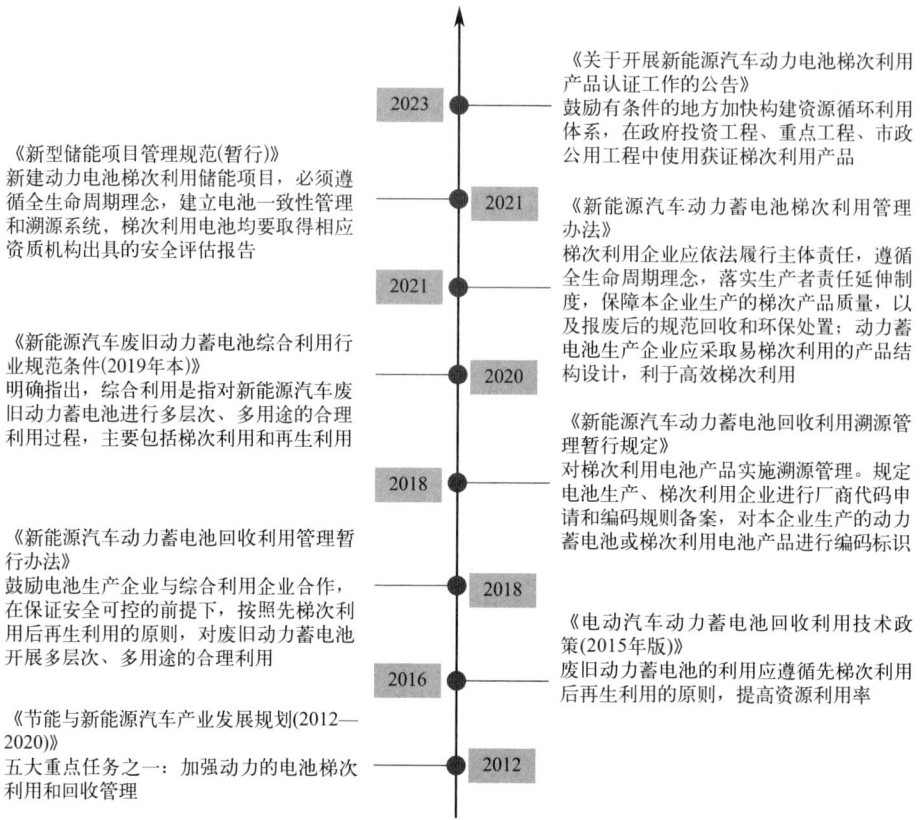

图2-10 国内退役电池梯次利用相关政策

表2-3 动力电池梯次利用行业标准

发布时间	标准号	标准名称
2017 年 5 月	GB/T 33598—2017	车用动力电池回收利用 拆解规范
2017 年 7 月	GB/T 34015—2017	车用动力电池回收利用 余能检测
2019 年 3 月	GB/T 37281—2019	废铅酸蓄电池回收技术规范
2020 年 3 月	GB/T 38698.1—2020	车用动力电池回收利用管理规范 第1部分：包装运输
2020 年 3 月	GB/T 34015.2—2020	车用动力电池回收利用 梯次利用 第2部分：拆卸要求
2020 年 3 月	GB/T 33598.2—2020	车用动力电池回收利用 再生利用 第2部分：材料回收要求
2020 年 11 月	GB/T 39224—2020	废旧电池回收技术规范

续表

发布时间	标准号	标准名称
2021 年 8 月	GB/T 34015.4—2021	车用动力电池回收利用 梯次利用　第 4 部分：梯次利用产品标识
2021 年 10 月	GB/T 33598.3—2021	车用动力电池回收利用 再生利用　第 3 部分：放电规范
2023 年 9 月	GB/T 38698.2—2023	车用动力电池回收利用 管理规范　第 2 部分：回收服务网点

2018 年 7 月，根据《关于组织开展新能源汽车动力蓄电池回收利用试点工作的通知》（工信部联节函〔2018〕68 号）要求，工业和信息化部、科技部、生态环境部、交通运输部、商务部、市场监管总局、能源局组织对有关地区及企业申报的新能源汽车动力蓄电池回收利用试点实施方案进行了评议，确定京津冀地区、山西省、上海市、江苏省、浙江省、安徽省、江西省、河南省、湖北省、湖南省、广东省、广西壮族自治区、四川省、甘肃省、青海省、宁波市、厦门市及中国铁塔股份有限公司为试点地区和企业。加强政府引导，推动汽车生产等相关企业落实动力蓄电池回收利用责任，构建回收利用体系和全生命周期监管机制。加强与试点地区和企业的经验交流与合作，促进形成跨区域、跨行业的协作机制，确保动力蓄电池高效回收利用和无害化处置。

在试点先行、规范化激励的影响下，各大重点城市纷纷根据本地新能源汽车行业和动力电池发展现状，补充或推出相关地方性政策法规，推动新能源汽车动力电池的回收规范化。

2022 年 12 月，重庆市发布《重庆市信息通信行业绿色低碳发展行动 2023 年工作要点》，明确强调要有序推广锂电池使用，持续推动将汽车动力电池等梯次利用为基站储能电池，加快通信基站、机房使用梯次电池进度。

2023 年 6 月，福建省工业和信息化厅等十部门发布《关于印发全面推进"电动福建"建设的实施意见（2023—2025 年）的通知》，鼓励新能源汽车生产企业、动力电池生产企业与综合利用企业合作开展动力电池的评估检测、梯级利用、拆解回收。

虽然我国退役动力电池梯次利用发展比较晚，还处于发展的起始阶段，退役动力电池梯次利用存在流程较长、关键技术待突破、技术规范不足、行业标准缺失、安全性及稳定性难以保障等问题，导致经济价值尚未完全体现[13]，但是有国家的政策支持、企业的社会责任感，国内多家动力电池制造企业先后开展了电池梯次利用技术研究，并取得了一定的进展和成果。随着研究的深入和技术的成熟，预计未来退役动力电池的梯次利用将逐渐克服现有困难，实现更广泛的应用和更高效的资源循环。

2.3 退役电池梯次利用核心技术与方法

大多数新能源汽车动力电池在退役时以整包形式出现。这些退役电池包的物理化学性质会因运行时间和使用环境的不同而变化，导致电池容量和衰减程度的不一致性更加显著。在初步筛选过程中，主要通过外界应力引起的物理损伤来鉴别，而化学损伤则通常是由电池包内部发生电解液泄漏、分解，锂离子组分的枝晶生长或电极结构坍塌等原因引起的[14]。因此，对梯次利用的电池整包进行拆解和筛选时，排除破损、鼓胀和漏液等不良现象的电池是非常必要的。

图 2-11 为退役动力电池梯次利用流程，包括电池回收、拆解、筛选、重组

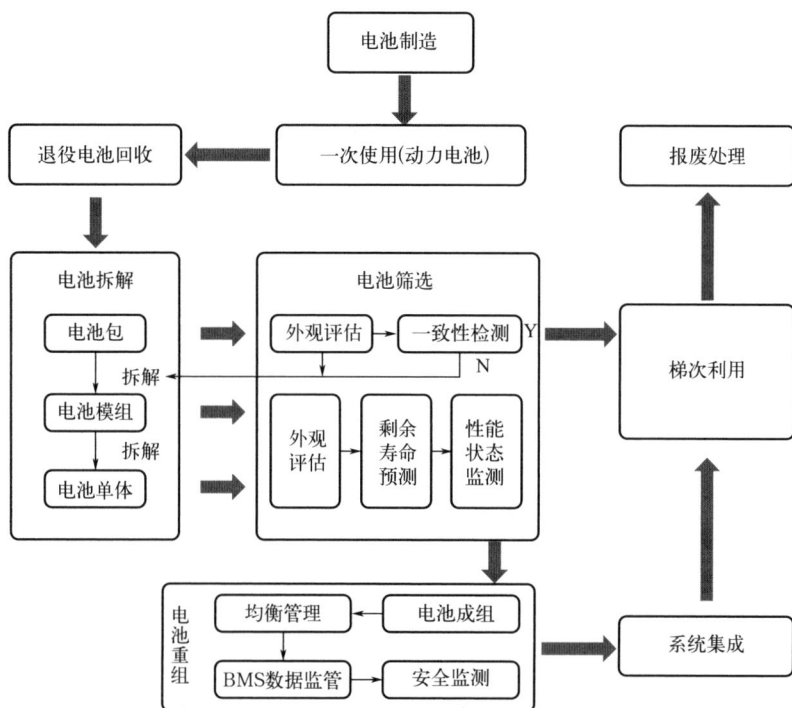

图 2-11 退役动力电池梯次利用流程[15]

等关键环节。回收的退役动力电池的性能一致性较差，一般不能直接用于梯次利用，需要对其性能参数做准确检测，确定筛选指标，筛选出适合用于某一场景的梯次利用电池，并进行重组集成，构建新的电池系统，应用于储能系统等梯次利用场景[15]。

2.3.1　退役电池梯次利用拆解技术

退役电池组的回收拆解与再制造，即将可重复使用的电池模块转变为固定式储能设备，进行采购与重组。这不仅能显著推动电动汽车在市场中的渗透，还能减少生命周期成本并降低环境影响。对于逆向供应链中的电池再制造企业来说，拆解效率至关重要。

然而，从电动汽车上拆解下来的退役动力电池复杂程度较高。这包括不同类型电池的制造与设计工艺复杂性、串并联成组方式、服役时间和使用环境的多样性。动力电池有方形、圆柱形等类型，其叠片与绕组形式各异。由于集成形式不同，成组后的动力电池组也不尽相同，这些复杂性带来了以下拆解问题：

① 不同动力电池组的使用环境和控制策略差异巨大，拆解后重新组合的难度非常大。

② 退役动力电池组在车辆上的安全性已经得到验证，但拆解后重新组装可能带来新的安全问题。

③ 拆解过程会产生大量物理废弃物，而重组又会引发新的材料成本。

拆解是报废退役产品再制造前最重要的预处理步骤，涉及操作人员、拆解技术、产品质量和信息组成的网络。最优的拆解方案可以大幅降低回收操作成本和环境影响，同时提高操作安全性和能源效率。此外，在多个工位组成的拆解生产线上分配拆解任务也是必要的。单工位产品拆解具有高灵活性，而拆解生产线可以保证高效处理大量电气电子产品，使拆解任务更加规范，提高操作安全性和节能水平。

目前，国内只有极少数企业自主研发了自动化拆解设备，这不足以支撑退役动力电池梯次利用的市场需求。在进行退役动力电池的拆解作业时，完全实现自动化是不可能的，必然存在大量人工作业。而退役动力电池本身是高能量载体，如果操作不当，可能会发生短路、漏液等安全问题，进而可能引发火灾或爆炸，造成人员伤亡和财产损失。因此，确保退役动力电池拆解过程中的安全作业是梯次利用的一个重点。采取适当的措施和方法，确保拆解过程的安全性，是当前需要重点解决的问题。

2.3.2 退役电池梯次利用筛选技术

电池的能量特性会随着使用时间逐渐衰减，不同电池的性能差异显著。单个电池的不一致性主要体现在容量、内阻、自放电率和健康状态（SOH）等方面，而这些参数的不一致性直接影响退役电池的梯次利用可行性。因此，为了使退役电池满足梯次利用的性能要求，并实现不同性能电池再利用价值的最大化，在进行梯次利用之前，必须根据这些电池参数筛选出性能一致性较高的动力电池，这是退役电池梯次利用的重要步骤[16]。

近年来，关于退役动力电池的筛选指标，已有众多研究成果。Sun 等人[17]探讨了电池的放电特性与老化程度之间的关系，提出将单体电池的 C_D-OCV 特性曲线作为筛选标准，该方法可以精准筛选出性能一致性较好的退役动力电池单体。Zheng 等人[18]基于电化学原理，研究了电池库仑效率与容量之间的关系，提出将库仑效率作为退役动力电池梯次利用的筛选标准，这种方法能够直观筛选出适合储能梯次利用的动力电池。

上述研究主要是针对单体电池进行筛选，而将大规模退役电池拆解成单体电池则需耗费大量时间和成本。为了应对这一挑战，Ma 等人[19]提出了一种基于电池性能和智能算法的聚类筛选方法，以满足不同应用场景对退役电池一致性的需求。该方法通过多种目标函数优化退役电池特征参数，提高筛选灵活性。随后，基于聚类思想的改进遗传算法筛选策略，成功实现了大规模退役动力电池样本的优化筛选。图 2-12 为退役电池初步筛选流程图。

对退役动力电池进行检测和分选是梯次利用的关键步骤。为了确保梯次利用的安全性和效率，必须准确检测退役电池的状态，以保证分选环节的精确性。分选过程中，最重要的问题在于提高速度、准确性和合理性。面对大量退役电池，传统方法即逐一估算容量和内阻等参数难以提高分选效率，因此，需要研究能通过简单测试数据快速准确获取筛选指标的方法。此外，充分利用大量退役电池的历史数据，对其状态进行检测，并采用数据驱动和数模结合的方法，可以显著提高退役电池分选的效率和梯次利用的安全性。

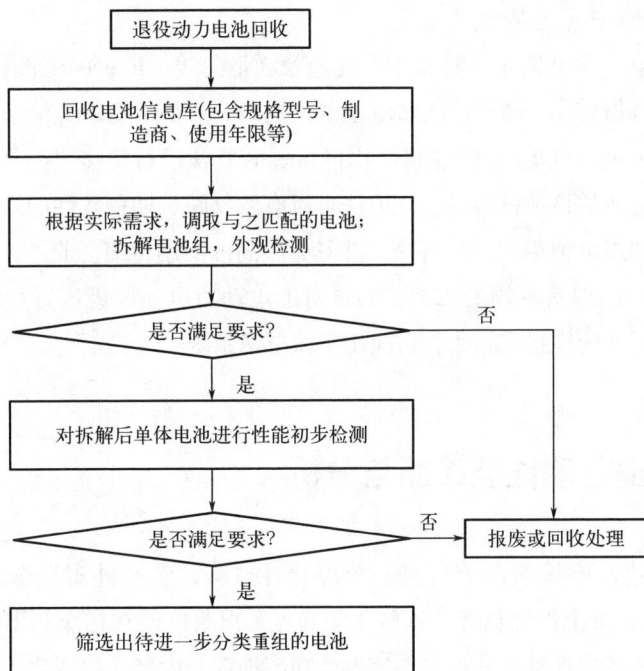

图 2-12　退役电池初步筛选流程图[20]

2.3.3　退役电池梯次利用重组技术

电池梯次利用涵盖多种潜在应用，每种应用对电池的状态和一致性有不同要求。此外，电池在不同应用场景下的衰退规律也明显不同。因此，在重组退役动力电池时，需根据电池的状态、电池间的一致性，以及各应用场景的衰退趋势，选定合适的应用场合[21]。

退役电池的一致性是指电池组在没有与外界能量交互时，其单体的电压、自放电率、内阻等性能参数的相似度。现行电动汽车用锂动力电池的国标评价方法如式（2-1）、式（2-2）所示。

$$\delta = \frac{1}{C}\sqrt{\sum_{i=1}^{n}(C_i - \frac{C^2}{n-1})} \qquad (2\text{-}1)$$

$$C = \frac{1}{n}\sum_{i=1}^{n}C_i \qquad (2\text{-}2)$$

式中，δ 为一致性评价指数；C 为单体电池平均容量；C_i 为第 i 个单体电池的容量；n 为单体电池数量。

Chen 等人[22]开发了一种基于电池容量增量曲线（IC）的筛选和重组方法。该方法通过分析容量 - 电压曲线与电池老化之间的关系，提取容量增量曲线的波峰等特征参数进行电池筛选，随后利用 k-means 算法进行快速聚类分组，从而提高退役动力电池的性能一致性。该方法可以有效反映长期一致性的容量损失，显著提升梯次利用电池组的使用寿命，并具有较高的实用价值。此外，Xu 等人[23]提出了一种整组梯次利用的方案，通过对退役动力电池模组进行性能检测和筛选，将符合标准的模组重新组合后应用于微电网系统。

2.4 退役电池性能诊断与分析

退役电池性能诊断与分析是一个综合性过程，涉及外观筛选、健康状态（SOH）评估、安全性评估等。这些步骤确保了退役电池在梯次利用中的安全性和效率，通过精确评估电池的剩余容量、功率损耗和内部结构变化，可以有效地对电池进行重组和管理，最大化其在新应用场景中的性能和寿命。

2.4.1 退役电池的复杂性分析

退役电池的复杂性不仅体现在其外观、体积和材料体系的不一致性，导致在回收和再利用过程中难以实现标准化处理，而且还体现在不同厂商在电池设计、工艺和制造能力上的差异。此外，这些电池本身存在性能上的差异，经过长期使用后，电池在性能、寿命和安全性方面存在显著的差异性。退役电动汽车动力电池的复杂性主要体现在如下一些方面。

（1）应用车型多样

电动汽车具有多种不同的类型，不同的电动汽车所用电池能量等级、运行工况、电池串并联成组方式、输出功率等特性都有所不同。根据电动汽车的电池系统设计和应用需求电动汽车所用电池可以主要分为能量型电池和功率型电池两种。能量型电池，通常具有较高的能量密度，能够存储更多的电能，主要用于需要较长续航里程的电动汽车，例如插电式混合动力汽车（PHEV）和纯电动汽车（BEV）。功率型电池，以高功率密度为特点，拥有低内阻和高放电能力，主要用于混合动力汽车（HEV）。

（2）结构单元多样

电动汽车中的电池系统是由最基本的电池单体开始，逐级向上组合构成的。首先，电池单体按一定数量和排列方式组装成电池模块，然后这些模块再被整合到电池包或箱体（pack），最终形成完整的动力电池系统。这个过程涉及精密的工程设计，以确保电池性能、安全和热管理。

在电池的梯次利用过程中，可以针对不同的结构单元进行梯次利用，例如电池单体、模块或整个电池包（图 2-13）。选择哪个结构单元作为梯次利用的起点，将直接影响到再利用的成本和效率。

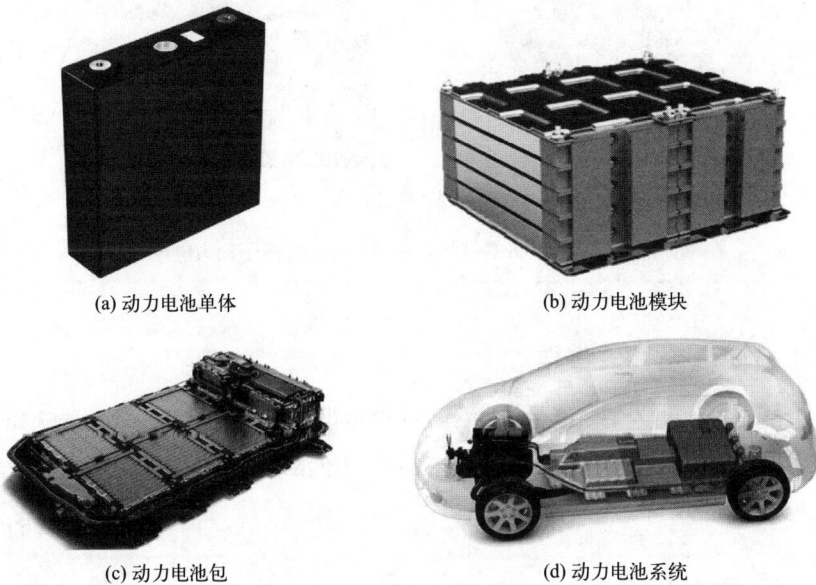

(a) 动力电池单体

(b) 动力电池模块

(c) 动力电池包

(d) 动力电池系统

图 2-13　不同动力电池结构单元

（3）规格型号多样

锂离子动力电池因其多样化的设计和功能需求，在外观特征、规格尺寸、材料体系、容量和功率等特性上存在显著差异，图 2-14 展示了不同外观、不同规格尺寸的锂离子动力电池。这些差异直接影响了电池的检测方法和成组技术。不同结构的电池需要特定的检测流程来评估其性能和安全性，同时在电池成组时，也需要根据各自的特性来设计串并联方案，以优化整体电池系统的性能。

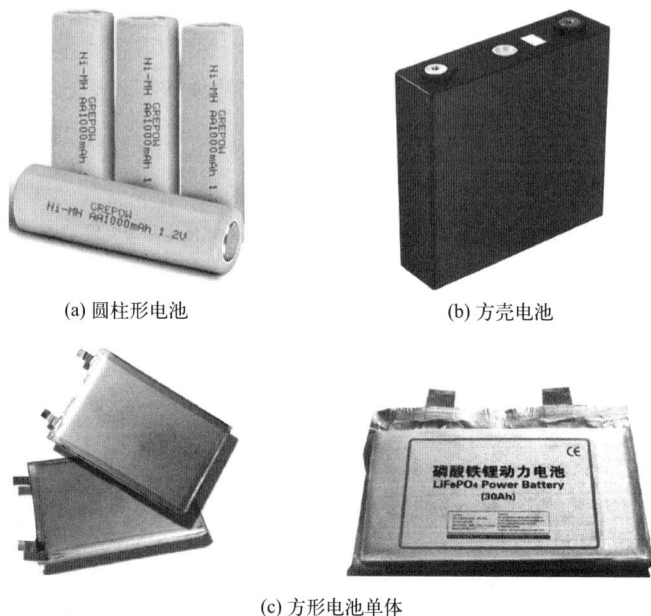

(a) 圆柱形电池   (b) 方壳电池

(c) 方形电池单体

图 2-14 不同外观结构及规格尺寸的锂离子动力电池

（4）电池制造工艺多样

锂离子电池制造工艺的多样性体现在电池设计、电极制备、电解质选择、封装技术等方面，这些不同的工艺步骤和方法使电池的性能、容量、寿命以及安全性表现出一定差异性。

（5）材料体系多样

锂离子电池材料体系的多样性主要表现在正极材料、负极材料以及电解质的选择上，如正极材料的锂钴氧化物、锂铁磷酸盐、三元材料等，负极材料的石墨、硅、锡等，以及电解质的液态、固态或凝胶态形式，这些不同的材料组合决定了电池的性能特点，包括能量密度、功率密度、循环寿命和安全性等。不同电池制造商根据自己的研发经验，选用不同的正负极、电解液和隔膜材料，所以市场上的电池种类很多样。

（6）健康状态多样

退役电动汽车电池健康状态的多样性主要源于多个方面的差异。除了前述的电池设计和制造上的差异外，即使同一规格型号的电池，它们在不同车辆上的应用环境、使用频率、运行工况以及维护保养措施也不尽相同，这些因素共同作用于电池的老化过程。此外，电池的成组方式、充电策略、电池管理系统（BMS）的效率和维护方法等都会对电池的健康状况产生影响。随着时间的推移，电池的电化学性能如容量、内阻以及安全性能都会发生退化，导致即使是同批次的电池在退役时也表现出显著的性能差异，如容量降低、内阻增加和安全隐患上升等问题。

如前所述，退役电动汽车动力电池复杂多样，这些差异会对电池的检测分析带来不同的影响。若要实现合理的梯次利用，退役电池的筛选、健康状态评估至关重要。

2.4.2　退役电池性能评估

在动力电池系统中，每个单体在出厂时都有一定差异，并且由于各单体在电池系统中所处位置不同，工作环境也存在显著差异。在长期运行过程中，电池受环境和自身差异的影响，容量衰减程度不同，增加了电池的不一致性。此外，如果一些存在问题的电池未能及时被诊断出来，一旦成组使用将增加电池系统的安全风险。为了充分发挥退役电池的价值，确保梯次利用成组串池的可靠性，需要在利用前对电池进行外观检测，剔除鼓胀、漏液、外壳变形等电池。经过初步筛选后，那些外观看似正常的电池单元还需要进行进一步的健康状况（SOH）检测，包括内阻、容量等测试，以确保它们能够被安全地用于梯次利用[24]。

（1）退役电池外观筛选

电动汽车使用阶段，各种工况会导致电池出现鼓胀、漏液、变形等缺陷。因此，在退役电池的梯次利用中，拆解成单体电池后的第一步是外观筛选，符合外观筛选标准的电池才允许进入梯次利用阶段。

一般来说，单体电池的外观筛选主要是从极耳和外壳两个方面来检查电池的外观状况。极耳和外壳的理想状态如图 2-15（a）和（d）所示。如图 2-15（b）和（c）所示，单体电池极耳外观上有污损、断裂的现象，这主要是由于电池在电动汽车使用及电池组拆解阶段操作不当造成的，此类退役电池并不适合梯次利用。如图 2-15（e）和（f）所示，单体电池外壳鼓起、变形，这主要是由于电池生产阶段工艺不良或在电动汽车应用阶段出现过充、过放电等现象，因此此类电池应视为不合格电池，应进行报废拆解处理[25]。

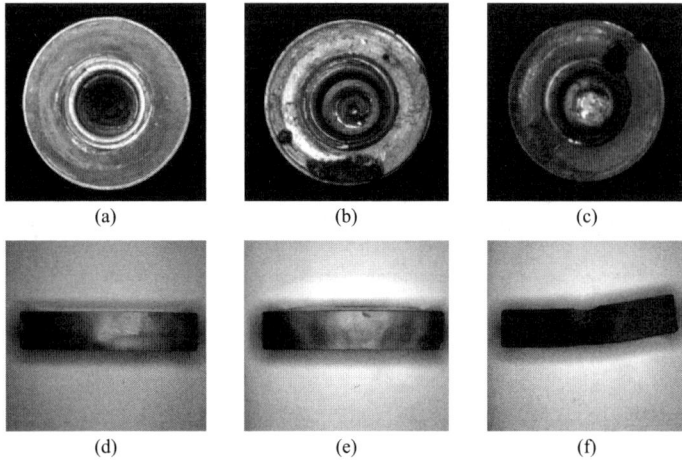

图 2-15　几种退役电池的外观形态

（a）良好的极耳；（b）污损的极耳；（c）断裂的极耳；
（d）良好的外壳；（e）鼓起的外壳；（f）变形的外壳

在图像采集过程中，由于退役电池外观缺陷多样性，单次采集无法捕捉到所有特征，但过于频繁地采集数据又会降低系统效率。Chen 等人[26]提出了一种高效的退役电池外观缺陷检测方法，通过两次图像采集来平衡采样精度与系统效率（图 2-16）。首先，电池被装入机器并将极耳朝上，由工业相机采集极耳特征，识别污渍和损伤。然后，电池翻转，相机采集下半部分图像，以获取电池外壳的鼓包和变形特征。由于下半部分较为平整，没有遮挡，这种方法能够全面捕捉方形电池的外观特征，既确保了识别的准确性，又提高了检测效率。

但上述方法处于人工筛选阶段，主要通过视觉观察，剔除鼓胀、漏液、变形的电池，过于依赖于工作人员的专业能力和素质。同时，漏液、鼓胀的电池也存在一定的安全隐患，与人直接接触会有一定的危险性。

Zhou 等人[26]通过机器视觉对退役电池的位置和状态进行检测，提出了一种人工与机器相结合的方法进行退役电池的外观检测。在新电池出厂阶段，电池的

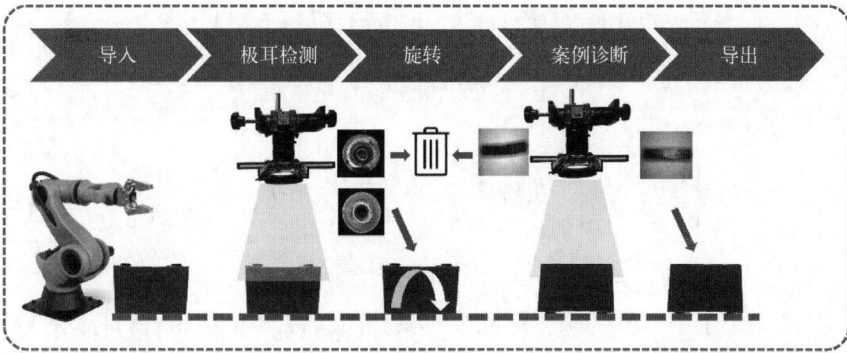

图 2-16　图像采集平台方案

外观检测主要通过机器视觉来实现，Zhang 等人[27]提出了一种基于机器视觉的方法以实现电池外观的划痕检测，克服了人工检测的弊端，机器视觉大大提高了外观检测的速度和准确性。

（2）退役电池荷电状态（SOC）评估

从电量的角度来看，电池荷电状态（state of charge，SOC）通常是指电池剩余电量与其在相同条件下可用容量的比值。SOC 估计方法主要为基于滤波的方法，目前较为流行的方法是卡尔曼滤波法，此处以扩展卡尔曼滤波算法为例，进行详细推演。

扩展卡尔曼滤波（extended Kalman filter，EKF）算法将卡尔曼滤波法的应用范围扩展到非线性系统，此算法将非线性系统近似线性化，从而满足卡尔曼滤波法使用的条件，即非线性系统空间方程为：

$$\begin{cases} X(k+1)=f[X(k),U(k)]+W(k) \\ Y(k)=g[X(k),U(k)]+V(k) \end{cases}$$ （2-3）

在式（2-3）中，f 和 g 为非线性函数，$U(k)$ 为系统输入，$W(k)$ 和 $V(k)$ 分别为状态噪声和观测噪声，而两个噪声都是均值为 0 的高斯白噪声。

若使用泰勒级数展开方法，仅保留一次项式，那么非线性系统线性化的表达式为：

$$\begin{cases} X(k+1)=A(k)X(k)+f[\hat{X}(k),U(k)]-A(k)\hat{X}(k)+W(k) \\ Y(k)=C(k)X(k)+g[\hat{X}(k),U(k)]-C(k)\hat{X}(k)+V(k) \end{cases}$$ （2-4）

其中，$A(k) = \dfrac{\partial f\left[\hat{X}(k), U(k)\right]}{\partial \hat{X}(k)}$，$C(k) = \dfrac{\partial g\left[\hat{X}(k), U(k)\right]}{\partial \hat{X}(k)}$，那么线性化后的方程式为：

$$A(k) = \begin{bmatrix} 1 - \dfrac{\Delta t}{\tau} & 0 \\ 0 & 1 \end{bmatrix} \quad B(k) = \begin{bmatrix} \dfrac{\Delta t}{C_p} & -\dfrac{\eta \Delta t}{C_N} \end{bmatrix}^T \quad C(k) = \dfrac{\partial U_{oc}[\hat{S}(k)]}{\partial \hat{S}(k)} - 1 \qquad (2\text{-}5)$$

$$D(k) = -R_o$$

在式（2-5）中，Δt 为采样间隔，τ 为积分时间常数，$U_{oc}\left[\hat{S}(k)\right]$ 表示开路电压关于电池荷电量的函数，C_p 为极化电容，C_N 为当前状态下的电池最大容量，R_o 为等效欧姆电阻，η 为库仑效率，$\hat{S}(k)$ 表示电池在第 k 个充放电循环中的充放电容量，$D(k)$ 表示电池在第 k 个充放电循环中的放电容量，T 表示电池在充放电过程中的时间。

将电池等效模型线性化后就可以使用卡尔曼基本公式进行滤波，滤波的迭代公式如下：

被估计状态的预测值：

$$\hat{X}(k|k-1) = A(k)\hat{X}(k-1) + B(k)i(k-1) \qquad (2\text{-}6)$$

预测误差协方差：

$$P(k|k-1) = A(k-1)P(k-1)A^T(k-1) + B(k-1)Q(k-1)B^T(k-1) \qquad (2\text{-}7)$$

卡尔曼增益矩阵计算：

$$K(k) = \dfrac{P(k|k-1)C^T(k)}{C(k)P(k|k-1)C^T(k) + R(k)} \qquad (2\text{-}8)$$

状态估计测量更新：

$$\hat{U}_1(k) = C(k)\hat{X}(k-1) - R_o i(k) - \dfrac{\partial U_{oc}\left[\hat{S}(k|k-1)\right]}{\partial \hat{S}(k|k-1)}\hat{S}(k|k-1) \\ + U_{oc}\left[\hat{S}(k|k-1)\right] \qquad (2\text{-}9)$$

被估计状态的滤波值：

$$\hat{X}(k) = \hat{X}(k|k-1) + K(k)[U_1(k) - \hat{U}_1(k)] \qquad (2\text{-}10)$$

滤波误差协方差：

$$P(k) = \left[I - K(\hat{k})C(k)\right]P(k|k-1) \qquad (2\text{-}11)$$

在式（2-6）～式（2-11）中，$Q(k)$ 为状态噪声方差阵，$Q(k-1)$ 表示在时间步 $k-1$ 时的过程噪声协方差矩阵，它描述了系统状态在该时刻由于未知因素而产生的不确定性。$R(k)$ 为观测噪声方差阵，$i(k-1)$ 表示在时间步 $k-1$ 时的输入向量，它包含了在该时刻所有影响系统状态的外部输入信息；$K(k)$ 表示卡尔曼增益矩阵；I 表示单位矩阵。

Pan 等人[28]提出将 GM 模型与 EKF 算法相结合，通过 GM 模型对当前时刻的状态估算，再由观测值进行更新修正得到 SOC 值。验证说明用该方法估计 SOC 可得到更高的精度。

（3）退役电池健康状态（SOH）评估

退役动力电池都是老化的电池，动力电池经过长时间的使用，电池的一致性变差，各项性能存在一定程度的衰减。因此在梯次利用之前需要对其健康状态进行评估。电池健康状态（state of health，SOH）是评估电池的容量衰减、功率衰减以及预测电池寿命的重要指标，反映了当前电池整体性能及存储电能的能力。SOH 的计算方法有多种，目前评估主要从容量和内阻两个角度进行。常用的两种 SOH 定义如下：

1）从容量角度出发

$$SOH = \frac{C_{aged}}{C_{rated}} \times 100\% \tag{2-12}$$

式中，C_{aged} 为电池当前容量，C_{rated} 为电池额定容量。

2）从内阻角度出发

$$SOH_R = \frac{R_{end} - R_{now}}{R_{end} - R_{new}} \times 100\% \tag{2-13}$$

式中，R_{end} 为估计锂电池寿命终止时的内阻，R_{now} 为锂电池当前的内阻，R_{new} 为新锂电池的内阻。

目前，电池 SOH 评估方法主要包含直接测量法、模型法和数据驱动法三大类。具体方法如图 2-17 所示[29, 30]。

1）直接测量法

直接测量法主要是基于实验进行容量、阻抗等能够体现电池 SOH 参数的获取，并通过这些参数来计算电池的 SOH。主要有库仑计量法、阻抗法等。

① 库仑计量法　库仑计量（coulomb counting，CC）法是用来估算 SOH 最简单直接的方法。它包括两个步骤：首先确定电池的实际放电量（Q_{act}），将电池放电到荷电状态（state of charge，SOC）为 0%，将放电的电流对时间积分可以得到 Q_{act}；再用 Q_{act} 除以标称容量 Q_{nom}，就可以得到 SOH 的值。

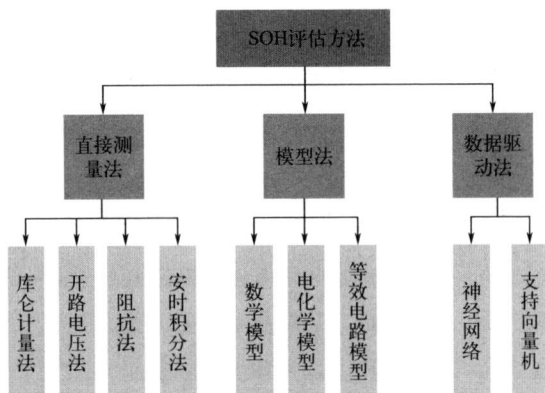

图 2-17 锂电池 SOH 评估方法

$$\begin{cases} Q_{\text{act}} = \int_0^T I(t)\mathrm{d}t \\ \text{SOH} = \dfrac{Q_{\text{act}}}{Q_{\text{nom}}} \times 100\% \end{cases} \tag{2-14}$$

库仑计量法主要需要测量和控制的电池参数是：电池的充/放电电流、电压、电量和温度。测试中可以发现[31]，随着充/放电循环次数的增加，Q_{act} 的值在不断地减少，从而导致 SOH 的值随着电池的使用不断降低。

② 开路电压法　基于开路电压（open circuit voltage，OCV）的 SOH 估算方法的理论基础是将 SOH 定义为被测电池 OCV 的函数。简化电池电路模型如图 2-18 所示，将 OCV 定义为：

$$U_{\text{OCV}} = U + IR \tag{2-15}$$

其中，U_{OCV} 是电池的开路电压，I 是电池输出的电流，R 是电池内阻，U 是端口电压。

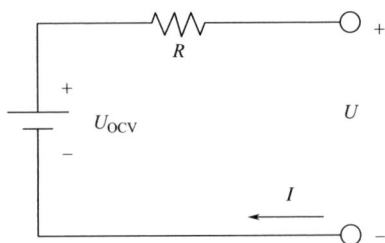

图 2-18　简化电池电路模型

Guo 等人[32]监测不同寿命电池的充电曲线来评估容量的退化和模型的参数，从而达到准确预测 SOH 的目的。借助电化学模型和恒流 - 恒压充电方法，采用变换函数和非线性最小二乘法，在各个阶段下对 SOH 的估计误差均小于 3%。

Weng 等人[33]同样使用 OCV 模型评估 SOH，并将增量容量分析的方法（ICA）用于预测不同工作温度下的电池老化特性，采用该模型对电池进行监测，估计的误差为 1%。

③ 阻抗法　电化学阻抗谱（electrochemical impedance spectroscopy，EIS）测试是一种通过不同扫描频率对电池内部阻抗进行测试的无损测试方法。通过绘制 Nyquist 图，可以在不同的频率范围分析电池内部的电感效应、电阻、电容效应、SEI 膜阻抗、电子转移动力学和扩散动力学等电池特性，并且可以通过构建等效电路模型进行参数识别。

Zhang 等人[34]通过四节单体电池的阻抗叠加计算出整个 15P4S 组件的阻抗。测试了不同循环后在 0%SOC 下的 EIS 的部分 Nyquist 图，符号 L、R_s、R_f、C_f、R_{ct}、C_{dl} 和 Z_W 分别表示电感电阻、欧姆电阻、固体电解质界面（SEI）膜的电阻、电容、电荷转移电阻、双层电容和 Warburg 阻抗。图 2-19（a）～（c）显示了 R_s、R_f 和 R_{ct} 与组件 SOH 的依赖关系，表明 R_s、R_f 和 R_{ct} 均随着 SOH 的降低而增大。图 2-19（d）示出了组件 SOH 与 R_s、R_f 和 R_{ct} 中任意两个或三个的电阻和 R_Σ 之间的关系，表明它们之间存在良好的线性关系。表 2-4 给出了 SOH 与组件各电阻参数的拟合方程，可以看出，除 R_{ct} 和 $R_{\Sigma(f+ct)}$ 外，其他电阻参数与 SOH 模型的拟合优度都在 0.90 以上，且其中 $R_{\Sigma(s+f)}$-SOH 模型的拟合优度最大，说明欧姆电阻和 SEI 膜电阻对组件 SOH 影响较大。

表 2-4　SOH 模型与不同电阻参数之间的拟合方程

电阻参数	拟合方程	R^2
R_s	SOH=229.1−21.60R_s	0.9137
R_f	SOH=138.4−38.31R_f	0.9165
R_{ct}	SOH=173.8−47.97R_{ct}	0.7709
$R_{\Sigma(s+f)}$	SOH=202.1−14.46$R_{\Sigma(s+f)}$	0.9576
$R_{\Sigma(s+ct)}$	SOH=219.3−15.70$R_{\Sigma(s+ct)}$	0.9162
$R_{\Sigma(f+ct)}$	SOH=156.7−21.98$R_{\Sigma(f+ct)}$	0.8791
$R_{\Sigma(s+f+ct)}$	SOH=199.0−11.43$R_{\Sigma(s+f+ct)}$	0.9406

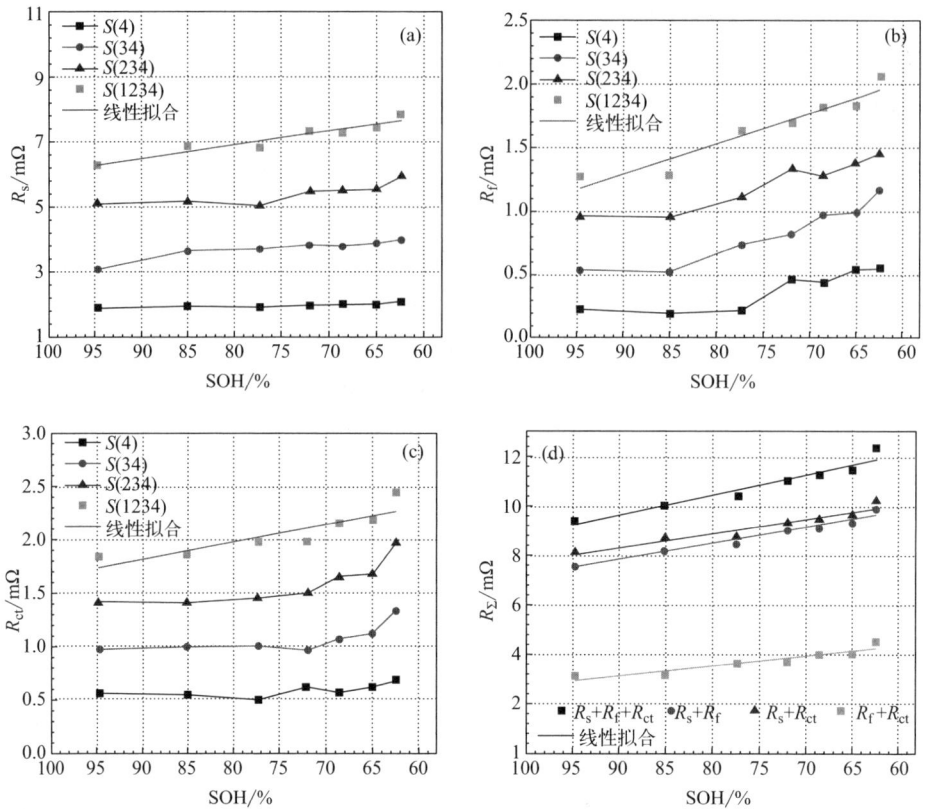

图 2-19 不同系列（a）R_s、（b）R_f、（c）R_{ct} 和（d）R_Σ 与模型 SOH 之间的关系

Lai 等人[35] 提出了一种基于电化学阻抗谱（EIS）的软聚类方法，通过 EIS 测试和弛豫时间（DRT）分析，结合 BP 神经网络快速估计电池容量，构建了电池容量、欧姆内阻和 DRT 特征等六维度判据，并应用高斯混合模型实现退役锂离子电池的高效软聚类。该方法不仅显著提高了分选的准确性和灵活性，还将容量获取时间从 3 小时缩短至 10 分钟，预测误差控制在 4% 以内，有效提升了电池重组的灵活性和一致性，为大规模退役锂离子电池的梯次利用提供了经济性和安全性保障。

Curnick 等人[36] 开发了一种基于电化学阻抗谱（EIS）的快速经验模型，用于评估老化汽车锂离子电池的剩余容量。该模型通过 Solartron 阻抗分析仪在 3 分钟内测量 EIS 频谱、开路电压和温度，准确推断出第一代日产聆风电池模块的健康状况。利用实验设计方法收集的大量不同状态电池模块数据，该模型在不同条件下进行 EIS 测量，以校正关键噪声因素，证明了 EIS 方法在快速确定电池状态健康度（SOH）方面的准确性和效率，相比传统直流（DC）技术节省了数小时的测试时间。目前，该分级流程已在日产英国桑德兰工厂应用，显著减少了电池组表征时间，降低了再利用成本。

④ 安时积分法　容量是电池健康水平最直观的体现之一，通过测量电池当前的可用容量并结合容量定义法可以有效地评估电池的 SOH。安时积分法是目前测量容量使用最广泛的方法之一，其基本原理是以电池放电的形式对放电电流进行积分计算来实现电池容量的测量，如下式所示：

$$C_{\text{discharge}} = \int_0^T i(t)\mathrm{d}t \tag{2-16}$$

$$\text{SOH} = \frac{C_{\text{discharge}}}{C_{\text{new}}} \tag{2-17}$$

式中，$C_{\text{discharge}}$ 表示将充满电的电池放电至 SOC 为 0，对放电电流积分计算得到的电池容量；i 表示电池的放电电流；T 表示放电总时长；C_{new} 表示新电池的额定容量。

在实际测试中，一般采用较小的电流（1/3C，C 为电池额定容量）对退役电池进行容量测试，将电池多次充放电直至放电容量稳定，以最后一次测试的放电容量作为此电池的实际容量。经过长期使用，退役电池会存在容量差异，为了保证梯次利用过程中电池状态的一致性，在退役电池的筛选分类中，往往根据电池容量的差异将退役电池分为不同的等级，常见的是以 10% 的容量差异对退役电池进行等级划分，不同等级的电池进行重组再进行梯次使用[14]。

Chen 等人[37]对外观筛选后的 20 组退役锂电池进行容量测试，并将这些电池按 SOH 等级分为 3 组，以便于后续的性能评估和分级。SOH 值大于 80%（12 ~ 14Ah 组）的有 13 个，SOH 值介于 67% ~ 80%（10 ~ 12Ah 组）的有 3个，SOH 值小于 67%（8 ~ 10Ah 组）的有 4 个。

Yang 等人[38]在对退役电池的筛选中也做了类似的容量等级划分，将 $C_1/C > 0.8$ 的电池归为 A 档，$0.8 > C_1/C > 0.7$ 归为 B 档，$0.7 > C_1/C > 0.6$ 归为 C 档，$0.6 > C_1/C > 0.5$ 归为 D 档，$C_1/C < 0.5$ 归为 E 档，E 档电池直接报废处理，其中 C_1 为电池的实际容量。

Zhao 等人[39]通过对充电模式下纯电动公交客车退役电池性能分析，研究了纯电动公交客车退役电池及其电芯的容量、内阻及电压分布特性，并与出厂前电池数据进行了对比，研究结果显示退役电池模块及电芯的容量明显下降，内阻明显增加，容量和内阻的一致性明显下降。退役电池剩余容量可观，可以进行梯次利用。

2）模型法

模型法主要包含数学模型、电化学模型和等效电路模型三大类。

① 数学模型　数学模型是根据电池老化过程的数据，建立电池的电流、电压、循环次数和温度等参数的变化和锂电池 SOH 的数学规律方程。

增量容量分析（incremental capacity analysis，ICA）法是一种常见的数学模型方法，其基本原理是对电池充电或放电情况下的电压 - 容量曲线求一阶导数得到电压 - 容量的变化率曲线，即 IC 曲线。IC 曲线反映的是电池在单位电压下充入或者放出电量的大小，通过此特征来反映电池的老化情况，其曲线特征如图 2-20 所示[40]。

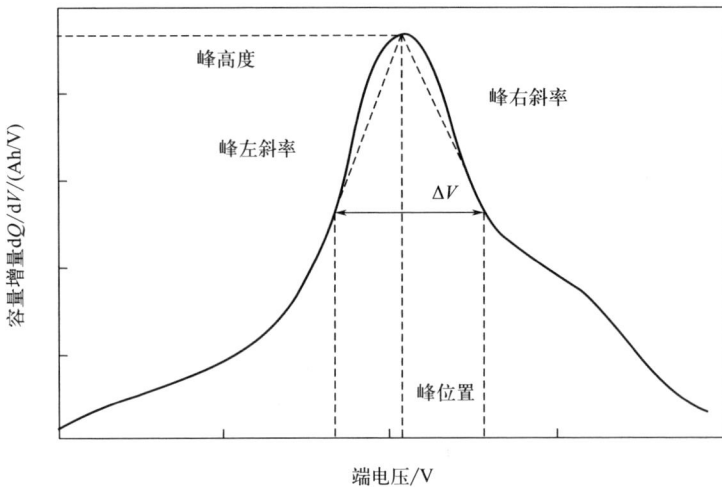

图 2-20　IC 曲线特征

Yang 等人[41]提出了一种基于 ICA 法的 SOH 估计模型，将 IC 曲线主峰所在区间作为电池老化的特征参数，实验结果表明，主峰面积与电池的 SOH 有着较高的关联度，该方法能够精准地估计电池的 SOH。

② 电化学模型　电化学模型根据电池内部的电化学反应机理建立偏微分方程，可以更准确地描述电池内部的运行以及老化状态。目前，锂离子电池的电化学模型主要包括四类：单粒子（single particle，SP）模型、增强型单粒子（enhanced single particle，ESP）模型、伪二维（pseudo two-dimensional，P2D）

模型和多物理耦合（multi-physical coupling，MC）模型[42]。

Li 等人[43]根据电池的化学和机械降解机理，提出了一种基于 SP 的 SOH 估计模型，其充分考虑了电池内部 SEI 层的形成以及活性材料中颗粒体积膨胀产生的应力导致的裂纹扩展等降解机理，该模型可以快速、准确地预测电池的容量衰减情况。

P2D 模型是基于电池内部浓溶液理论和多孔电极理论所建立的，其示意图如图 2-21 所示。Gao 等人[44]利用扫描电镜来测量电池结构参数，然后结合 P2D 模型构建一种基于化学计量比的电池正极容量计算法来估计电池的 SOH。尽管 P2D 模型在建模过程中进行了大量简化，但依然存在较多的参数，Gao 等人[45]对 P2D 电化学模型进行了简化，将降解模型与非线性双观测器结合用于估计反映电池健康情况的参数，结果证明，该方法显著提高了 SOH 估计的精度，并且适合在线估计。

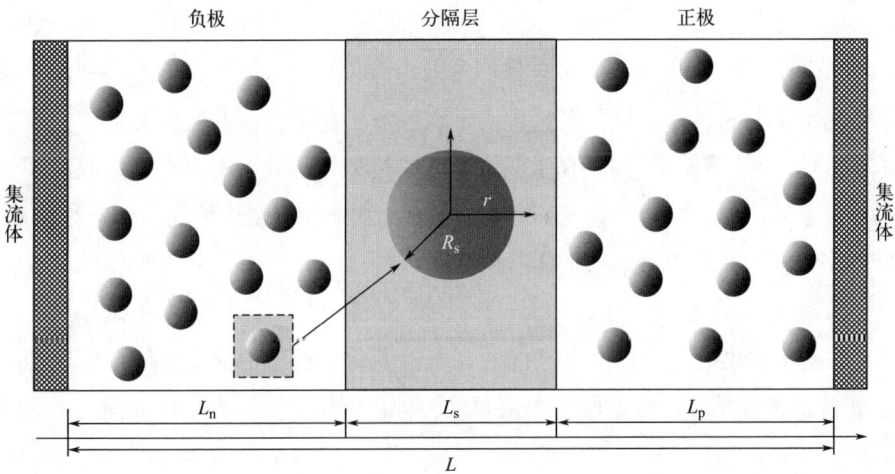

图 2-21　P2D 电化学模型示意图

③ 等效电路模型　等效电路模型（equivalent circuit model，ECM）是基于锂离子电池的电气特性，使用恒压源、电阻、电容等基本电气元件建立模型来对电池系统的动态特性进行等效或近似。目前锂离子电池等效电路模型主要包括 Rint 模型、RC 模型、PNGV 模型和 GNL 模型等，具体如图 2-22 所示[30]。

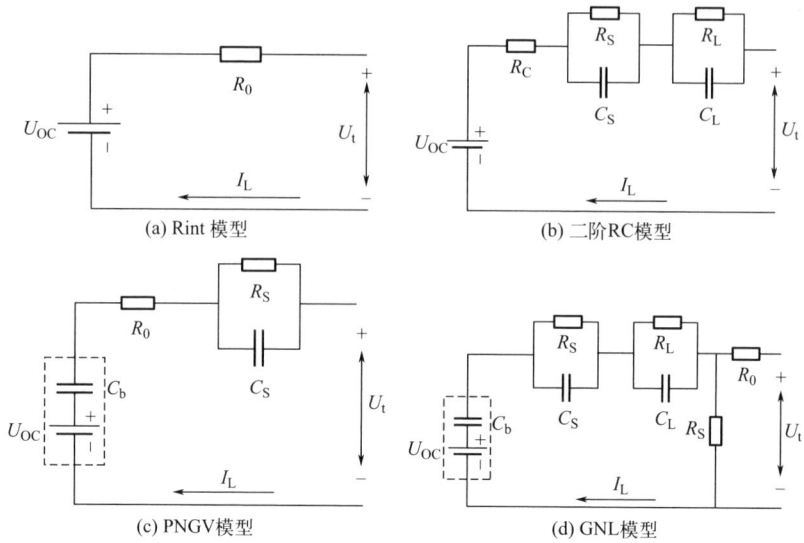

图 2-22　各种等效电路模型示意图

　　Liu等人[46]提出一种基于自回归等效电路模型，采用无迹卡尔曼滤波算法实现电池状态的联合估计，实验验证了在噪声干扰下，该方法能够准确估算锂电池 SOH。Xu 等人[47]以一阶 RC 等效电路模型为基础，构建出四阶混沌系统分析电池 SOH，实验结果验证了锂电池的欧姆内阻和系统中的混沌现象的关系，能够对锂电池 SOH 进行有效的实时监测。

　　3）数据驱动法

　　数据驱动法通过分析锂电池性能在电池老化过程中的演变规律，实现锂电池 SOH 的准确估算。数据驱动法主要包含神经网络、支持向量机和深度学习三大类。

　　① 神经网络　神经网络模拟的是生物神经网络的基本结构，其由输入层、隐含层和输出层组成，每一层又由多个神经元组成，具有并行处理、自学习和非线性映射等优点。目前已经有多种神经网络算法被开发，如反向传播（back propagation，BP）神经网络、径向基函数（radial basis function，RBF）、长短期记忆（long short term memory，LSTM）等。

　　a. BP 神经网络　BP 神经网络是一种信号前向传播而误差反向传播的多层神经网络，网络由输入层、隐含层和输出层构成，神经网络输入的通常是与电池健康状态相关的变量，输出层根据应用场景的不同，可能是电池直流内阻或电池容量。BP 神经网络典型结构和流程如图 2-23 所示[30]。

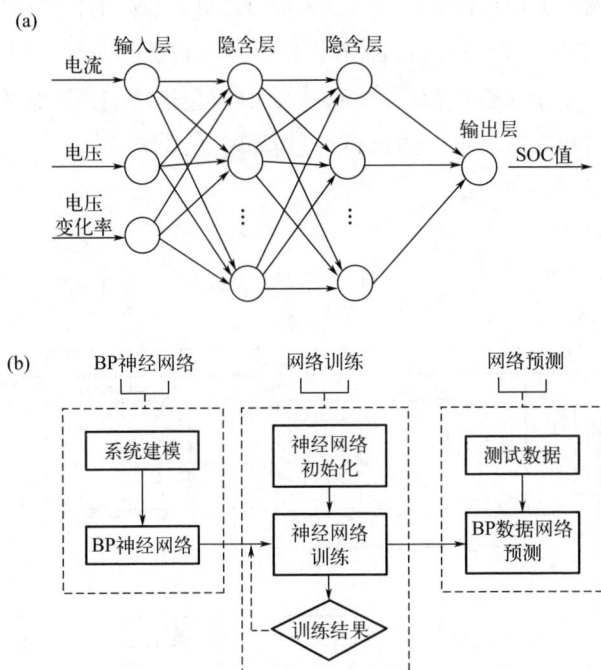

图 2-23　BP 神经网络模型（a）和 BP 神经网络流程（b）

Zhao 等人[48] 提出了一种基于改进 BP 神经网络的 SOH 估计模型，利用萤火虫算法对 BP 神经网络的权值和阈值进行优化，参数优化以后，增强了网络的估计性能和稳定性。Yue 等人[49] 采用遗传算法对 BP 神经网络进行改进，并通过特征提取和动量因子的构建，加快了网络的迭代收敛速度，有效提升了锂离子电池 SOH 的估计效果。Wu 等人[50] 则使用粒子群优化算法对 BP 神经网络参数进行优化，并通过主成分分析法对电池老化特征进行筛选和优化，进一步提升了SOH 估计的准确性。

b. RBF　RBF的特点是局部逼近、局部响应，其隐含层神经元的激活函数为径向基函数，是一个对中心点具有径向对称和衰减的非负线性函数，相比于 BP 神经网络，它只需要对少量权值和阈值进行修正，因此训练速度快。

Han 等人[51] 提出了一种基于自适应梯度多目标粒子群优化（AGMOPSO）算法的自组织经向基函数（RBF）神经网络，同时优化网络结构和参数，在保证模型精度的同时降低计算复杂度。Lin 等人[52]提出了一种自适应可调混合 RBF 网络，利用布朗运动以及 PF 对混合网络的结构进行自适应调整，并在两个锂离子电池老化数据集上进行验证，结果证明该方法有着较高的估计精度。

c.LSTM   LSTM 是一种递归神经网络，具有很强的非线性拟合能力，通过引入门控机制，增加了数据前后的相关性，具有记忆功能，其结构包括输入门、遗忘门、输出门和存储单元，LSTM 的结构如图 2-24 所示。

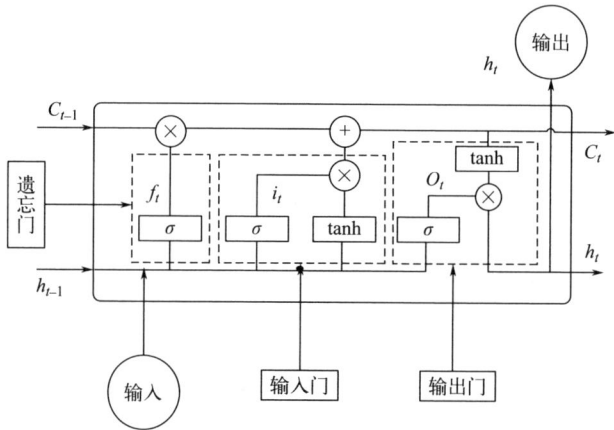

图 2-24   LSTM 的结构图

Zhou 等人[53]首先分析电池充电过程中的增量容量曲线来识别老化特征，然后通过 GRA 降低计算复杂度并筛选关键特征，最后将这些特征输入 LSTM 进行预训练以估计 SOH。通过在不同工况和训练周期下的电池加速老化测试数据集验证，该方法显示出高准确性和鲁棒性，有效提高了电池健康管理的性能。Chen 等人[54]提出了基于长短期记忆循环神经网络（LSTM-RNN）的锂离子电池容量预测方法，通过提取老化因子并结合 Adam 优化算法和 Dropout 技术，实现了高精度的容量退化趋势跟踪，最大误差仅为 2.84%。

② 支持向量机   支持向量机（support vector machine，SVM）能分析数据并识别非线性系统的模式，它使用回归分析来解决非线性问题，需要运用到支持向量机在回归问题上的推广算法，即支持向量回归（support vector regression，SVR），SVR 具有较强的非线性拟合能力，在 SOH 估计中得以广泛应用。Zhao 等人[55]利用特征向量选择与 SVR 相结合在线评估 SOH，有效提高了模型训练

和预测的效率。Li 等人[56]针对传统支持向量机算法存在搜索速度慢且误差较大的问题，提出了一种 PSO-SVM 算法来预测锂电池的 SOH。该方法通过粒子间的合作和竞争来优化搜索，提高惩罚参数和内核参数的搜索速度。不同工况下的实验结果表明该方法能够准确地估算锂电池的 SOH，并且估算速度大大提高。

　　总的来说，退役电池的梯次利用与安全评估是一个多维度、跨学科的综合性领域，它不仅涉及提高资源的循环利用率、减少环境污染、促进经济效益增长，还包括技术创新、安全监测、政策支持和公众意识提升等多个层面。通过精确的电池性能评估、智能化的重组技术、严格的安全监管体系和创新的商业模式，可以有效延长电池的使用寿命，同时保障储能系统及其他应用场景的安全稳定运行，为推动绿色、循环、低碳的可持续发展战略贡献力量。

参考文献

［1］徐佳宁．基于特征提取的退役电池健康状态快速评价方法研究．哈尔滨：哈尔滨工业大学，2022.

［2］黄检炆，曾桂生，刘春力，等．退役锂离子动力电池梯次利用政策、挑战及研究进展．南昌航空大学学报（自然科学版），2023，37（03）：1-11.

［3］Li P，Xia X，Guo J. A review of the life cycle carbon footprint of electric vehicle batteries. Separation and Purification Technology，2022，296：121389.

［4］刘若桐，李建林，吕喆，等．退役动力电池应用潜力分析．电气技术，2021，22（08）：1-9.

［5］Ji H，Wang J，Ma J，et al. Fundamentals，status and challenges of direct recycling technologies for lithium ion batteries. Chemical Society Reviews，2023，52：8194-8244.

［6］Ordoñez J，Gago E J，Girard A. Processes and technologies for the recycling and recovery of spent lithium-ion batteries. Renewable and Sustainable Energy Reviews，2016，60：195-205.

［7］刘倩．欧盟动力电池梯次利用的现状和发展趋势．汽车维护与修理，2022（07）：15-9.

［8］刘倩．动力电池"退役潮"来临，回收行业景气将至．汽车与配件，2022（05）：58-61.

［9］王苏杭，李建林．退役动力电池梯次利用研究进展．分布式能源，2021，6（02）：1-7.

［10］李亮.电动车退役锂电池在通信基站梯次利用的研究.哈尔滨：哈尔滨工业大学，2018.

［11］Faria R，Marques P，Garcia R，et al. Primary and secondary use of electric mobility batteries from a life cycle perspective. Journal of Power Sources，2014，262：169-177.

［12］刘仕强，王芳，柳东威，等.磷酸铁锂动力电池梯次利用可行性分析研究.电源技术，2016，40（03）：521-524.

［13］周媛，王鑫，李铮，等.动力电池梯次利用现状探讨.中国标准化，2023（10）：127-130.

［14］王存，袁智勇，王亦伟，等.退役动力电池梯次利用关键技术概述.新能源进展，2021，9（4）：327-341.

［15］崔树辉，周贺，黄振兴，等.动力电池梯次利用关键技术与应用综述.广东电力，2023，36（01）：9-19.

［16］严媛，顾正建，黄惠，等.梯次利用动力锂离子电池筛选方法.电池，2018，48（06）：414-416.

［17］孙国跃，陈勇.退役动力电池梯次利用筛选指标的实验研究.电源技术，2018，42（12）：1818-1821.

［18］郑志坤，赵光金，金阳，等.基于库仑效率的退役锂离子动力电池储能梯次利用筛选.电工技术学报，2019，34（S1）：388-395.

［19］马速良，李建林，李雅欣，等.面向电池梯次利用筛选需求的定制化聚类优化方法.中国电机工程学报，2022，42（17）：6208-6220.

［20］郑仁鹏，郑雪钦，黄维彪.采用改进K-means算法的退役动力电池快速分选方法.厦门理工学院学报，2022，30（05）：74-81.

［21］赵小羽，黄祖朋，胡慧婧.动力电池梯次利用可行性及其应用场景.汽车实用技术，2019（12）：25-26.

［22］Chen Z，Deng Y，Li H，et al. An efficient regrouping method of retired lithium-ion iron phosphate batteries based on incremental capacity curve feature extraction for echelon utilization. Journal of Energy Storage，2022，56：105917.

［23］徐余丰，严加斌，何建明，等.退役动力锂电池在光储微电网的集成与应用.储能科学与技术，2021，10（01）：349-354.

［24］Fan E，Li L，Wang Z，Lin J，et al. Sustainable recycling technology for Li-ion batteries and beyond：Challenges and future prospects. Chemical Reviews，2020，120（14）：7020-7063.

［25］Liu F，Chen J，Qin D，et al. Research on appearance detection，sorting，and regrouping technology of retired batteries for electric vehicles. Sustainability，2023，151（21）：15523.

［26］Zhou L，Garg A，Zheng J，et al. Battery pack recycling challenges for the year 2030: Recommended solutions based on intelligent robotics for safe and efficient disassembly, residual energy detection, and secondary utilization. Energy Storage, 2021, 3 (3): e190.

［27］Zhang S, Tang G, et al. Detection of the wounds of the battery cathode based on machine vision. 2014 seventh international symposium on computational intelligence and Design. IEEE, 2014: 216-219.

［28］潘海鸿，吕治强，李君子，等. 基于灰色扩展卡尔曼滤波的锂离子电池荷电状态估算. 电工技术学报，2017，32（21）：1-8.

［29］孙辉. 基于集成学习算法的退役锂电池状态预测与分选技术研究. 哈尔滨：哈尔滨理工大学，2024.

［30］熊平，陶骞. 动力锂电池健康状态评估方法综述. Smart Grid, 2020, 10: 211.

［31］Ng K S, Moo C-S, Chen Y-P, et al. Enhanced coulomb counting method for estimating state-of-charge and state-of-health of lithium-ion batteries. Applied Energy, 2009, 86 (9): 1506-1511.

［32］Guo Z, Qiu X, Hou G, et al. State of health estimation for lithium ion batteries based on charging curves. Journal of Power Sources, 2014, 249: 457-462.

［33］Weng C, Sun J, Peng H. A unified open-circuit-voltage model of lithium-ion batteries for state-of-charge estimation and state-of-health monitoring. Journal of power Sources, 2014, 258: 228-237.

［34］Zhang Q, Li X, Du Z, et al. Aging performance characterization and state-of-health assessment of retired lithium-ion battery modules. Journal of Energy Storage, 2021, 40: 102743.

［35］来鑫，陈权威，邓聪，等. 一种基于电化学阻抗谱的大规模退役锂离子电池的软聚类方法. 电工技术学报，2022，37（23）：6054-6064.

［36］Curnick O J, Sansom J E H, et al. Rapid state-of-health (soh) determination and second-life grading of aged automotive battery modules via electrochemical impedance spectroscopy (EIS). ECS Meeting Abstracts, 2019, MA2019-02: 53.

［37］张利中，穆苗苗，赵书奇，等. 再利用退役锂动力电池的性能评估. 电源技术. 2018，42（07）：964-967.

［38］杨思文，厉运杰，丁绍玉. 一种退役电池的梯次回收利用的测试方法：中国，106371027A. 2017-02-01.

［39］何睦，赵光金，吴文龙，等. 充电模式下纯电动公交大巴退役电池性能分析. 电源技术，2016，40（07）：1412-1415.

［40］Chen W, Yongjun M. SOH estimation of lithium-ion batteries based on capacity increment curve and GWO-GPR. Energy Storage Science and Technology, 2023, 12（11）：3508.

［41］Shengjie Y，Bingyang L，Jing W，et al. State of health estimation for lithium-ion batteries based on peak region feature parameters of incremental capacity curve. Transactions of China Electrotechnical Society，2021，36（11）：2277-2287.

［42］杨博，钱玉村. 锂离子电池健康状态估计综述. 昆明理工大学学报（自然科学版），2024（03）：1-20.

［43］Li J，Adewuyi K，Lotfi N，et al. A single particle model with chemical/mechanical degradation physics for lithium ion battery State of Health（SOH）estimation. Applied Energy，2018，212：1178-1190.

［44］高仁璟，吕治强，赵帅，等. 基于电化学模型的锂离子电池健康状态估算. 北京理工大学学报自然版，2022，42（8）：791-797.

［45］Gao Y，Liu K，Zhu C，et al. Co-estimation of state-of-charge and state-of-health for lithium-ion batteries using an enhanced electrochemical model. IEEE Transactions on Industrial Electronics，2021，69（3）：2684-2696.

［46］刘芳，邵晨，苏卫星，等. 基于全新等效电路模型的电池关键状态在线联合估计器. 控制与决策，2023，38（06）：1620-1628.

［47］徐东辉. 锂电池一阶 RC 等效电路模型的动力学特性分析. 电源技术，2021，45（11）：1448-1452.

［48］赵鑫浩，许亮. 改进的萤火虫算法优化反向传播神经网络动力锂离子电池健康状态估计. 储能科学与技术，2023，12（3）：934.

［49］岳家辉，夏向阳，吕崇耿，等. 计及健康特征信息量的锂离子电池健康状态与剩余寿命预测研究. 电力系统保护与控制，2023，51（22）：74-87.

［50］Wu M，Zhong Y，Wu J，et al. State of health estimation of the lithium-ion power battery based on the principal component analysis-particle swarm optimization-back propagation neural network. Energy，2023，283：129061.

［51］Han H G，Wu X L，Zhang L，et al. Self-Organizing RBF neural network using an adaptive gradient multiobjective partide swarm optimization，2019，49（1）：69-82.

［52］Lin M，Zeng X，Wu J. State of health estimation of lithium-ion battery based on an adaptive tunable hybrid radial basis function network. Journal of Power Sources，2021，504：230063.

［53］周才杰，汪玉洁，李凯铨，等. 基于灰色关联度分析 - 长短期记忆神经网络的锂离子电池健康状态估计. 电工技术学报，2022，37（23）：6065-6073.

［54］Chen Z，Xue Q，Wu Y T，et al. Capacity prediction and validation of lithium-Ion batteries based on long short-term memory recurrent neural network，2020，8：172783-172798.

［55］Zhao Q，Qin X，Zhao H，et al. A novel prediction method based on the support vector regression for the remaining useful life of lithium-ion batteries. Microelectronics Reliability，2018，85：99-108.

［56］Li R，Li W，Zhang H，et al. On-line estimation method of lithium-ion battery health status based on PSO-SVM. Frontiers in Energy Research，2021，9：693249.

第3章

锂离子电池
材料失效研究

▲▲▲▲▲▲▲

新能源汽车、大规模储能以及消费电子领域的快速发展，对锂离子电池的能量密度、循环寿命、高低温性能、充放电倍率和安全性能等方面不断提出了更高要求。特别是锂离子电池服役过程中不断老化，致使其电化学性能降低和安全事故频发等，最终导致锂离子电池退役报废。对锂离子电池进行失效分析研究是从前端设计改进电池产品工艺、提升产品质量、分析故障等直接有效的技术途径，失效分析对锂离子电池全生命周期中各个阶段，包括研发、设计、生产、使用及回收再利用都具有重要的意义。失效可能发生在锂离子电池生命周期的各个阶段，涉及产品的研发设计、加工制造、测试筛选、客户端使用、终端梯次利用等各个环节。

对锂离子电池工艺残次品，试验失效、中小试失效及应用后失效产品进行深入系统分析，确认其失效模式、分析失效机理、明确失效原因、提出预防策略，可以有效减少或避免锂离子电池失效的再次发生。电池性能不满足或不具备预期设计的功能目标，或者容量衰减比预期的更快，甚至导致安全事故，与其原材料、电芯设计、加工工艺、使用工况等因素息息相关，是锂离子电池失效所应关注的核心内容。通过失效机制分析，建立电池性能衰减与失效影响因素之间的关系，建立其与回收技术之间的内在耦合关联，建立失效机制与电池寿命预测之间的理论模型，有助于提升锂离子电池产品的性能与竞争力、改善售后服务、提升用户体验和促进锂离子电池的可持续发展。

3.1　锂离子电池材料失效现象及诊断分析

锂离子电池作为当前广泛应用的能量存储设备，其性能的稳定性和安全性至关重要。材料失效是影响锂离子电池性能和寿命的关键因素，因此，了解和研究锂离子电池材料失效的重要性不言而喻。

（1）性能稳定性

锂离子电池的性能稳定性直接关系到其使用寿命和效率。材料失效，如容量衰减、内阻增大、倍率性能降低等，会导致电池无法提供持续稳定的电能输出。这不仅影响用户体验，还可能导致设备性能下降，甚至无法正常工作。

（2）安全性

锂离子电池在失效过程中可能出现的产气、漏液、短路、热失控等现象，都可能引发安全问题。特别是在高温、过充、过放等极端条件下，电池内部的化学反应可能失控，导致起火甚至爆炸，对用户安全构成严重威胁。

（3）经济性

电池材料的失效不仅增加了电池的更换频率，提高了使用成本，还可能导致整个能源存储系统的效率降低。以失效机制为切入点，研究和改进电池材料，延长其使用寿命，可以有效降低能源存储成本，提高经济效益。

（4）环境影响

废旧电池的处理和回收问题也是当前环境保护领域关注的焦点。失效的电池材料如果处理不当，会对环境造成污染。例如，电池中的重金属如钴、镍、锂等可能渗入土壤和水源，对生态环境和人类健康构成威胁[1]。因此，研究失效锂离子电池材料的修复与再利用，对于资源的循环利用和环境保护具有重要意义。

（5）技术创新

对锂离子电池材料失效的研究，可以推动相关技术的进步和创新。通过分析失效机理，可以开发出新的电池材料或改进现有材料，提高电池的性能和安全性。同时，这也有助于优化电池的设计和制造工艺，推动电池技术的持续发展。

例如，清华大学周光敏教授团队在失效锂离子电池材料的修复方面取得了一系列研究成果，提出很多策略，实现高效修复失效锂离子电池的目标[2]。

（6）法规和标准

随着锂离子电池应用的普及，相关的法规和标准也在不断完善。对电池材料失效的研究，有助于制定更为科学合理的电池安全标准和使用规范，确保电池产品的质量和可靠性。

综上所述，锂离子电池材料失效的研究对于提升电池性能、保障使用安全、降低成本、保护环境、推动技术创新以及完善法规标准等方面都具有重要意义。通过深入研究和解决这些问题，可以促进锂离子电池技术的健康发展，满足日益增长的能源存储需求。

3.1.1 失效的分类与描述

锂离子电池失效原因可分为内因和外因。内因是指导致电池失效的关键材料物理化学变化的本质，其研究尺度可以达到原子和分子尺度，研究失效过程关键材料的热力学及动力学变化；而外因包括撞击、针刺、腐蚀、高温燃烧、人为破坏等[3]。锂离子电池的失效是指以上特定原因所导致的电池性能衰减，电性能、一致性、可靠性、安全性异常等现象，可以分为电化学性能失效和安全性失效。

（1）电化学性能失效

电化学性能失效主要包括充放电容量、循环寿命、倍率性能等电化学性能严重衰退所引发的失效现象，包括电压和电流异常、内阻异常增大、自放电明显等[4]。据 GB/T 31484—2015 在标准循环寿命中的描述"标准循环寿命测试时，循环次数达到 500 次时放电容量应不低于初始容量的 90%，或者循环次数达到 1000 次时放电容量应不低于初始容量的 80%"，若在标准循环范围内，容量出现急剧下滑或跳水现象，这些均属于容量衰减失效。电池容量衰减失效的根源在于正负极物料配比、电极片结构、电极活性材料表面形貌或晶体结构等发生变化，这与电池制造工艺和使用环境等客观因素有紧密联系。例如，当正极活性物质相对于负极活性物质比例过低时，容易发生正极过充。锂离子电池过充电时，正极主要以惰性物质生成、氧损失等形式造成电池容量衰减，而负极上发生 Li$^+$ 沉积在负极活性物质表面的副反应，导致可逆 Li$^+$ 数目减少。同时沉积的锂金属具有高活性，极易与电解液中的溶剂或盐分子发生反应，生成 Li_2CO_3、LiF 或其他物质。这些物质会堵塞电极和隔膜孔通道，最终导致电池容量损失和循环寿命下降（图 3-1）。

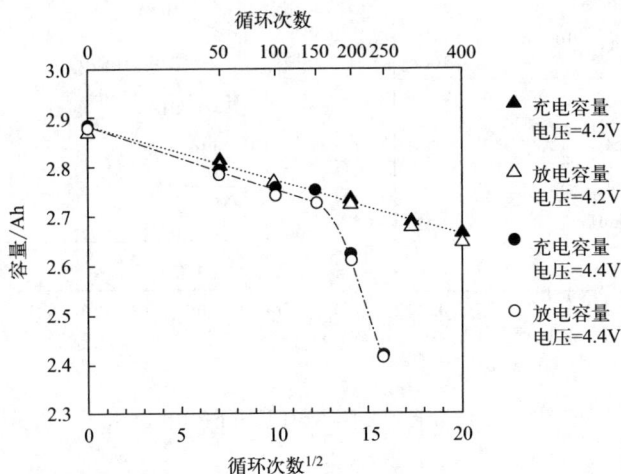

图 3-1　锂离子电池在过充电条件下容量衰减[5]

锂离子电池的容量衰减主要分为可逆容量衰减和不可逆容量衰减。可逆容量衰减是指可以通过调整电池充放电参数和 / 或改善电池使用环境等措施恢复损失的容量，而不可逆容量衰减是电池内部发生不可逆改变导致不可恢复的容量损失。自放电现象在所有类型的锂离子电池中都不可避免，由自放电导致的容量损失大部分是可逆的，只有一小部分是不可逆的。导致不可逆容量损失的主要原因除了 Li^+ 的损失（形成碳酸锂等物质）之外，还包括电解液的氧化产物堵塞了电极材料孔道，使电极材料内阻增大，最终导致电池容量衰减（图 3-2）。

（2）安全性失效

安全性失效主要包括由热失控、短路、漏液、产气、析锂、膨胀形变、穿刺等引发的电池失效[6]。

热失控是指锂离子电池内部局部或整体温度急速上升，热量不能及时散去，大量积聚并诱发进一步副反应的一种非正常现象[7]。热失控反应剧烈，常伴有电池"胀气"，甚至发生起火、爆炸等事故。诱发锂离子电池热失控的因素通常为非正常运行条件，即滥用、短路、倍率过高、高温、挤压以及针刺等。

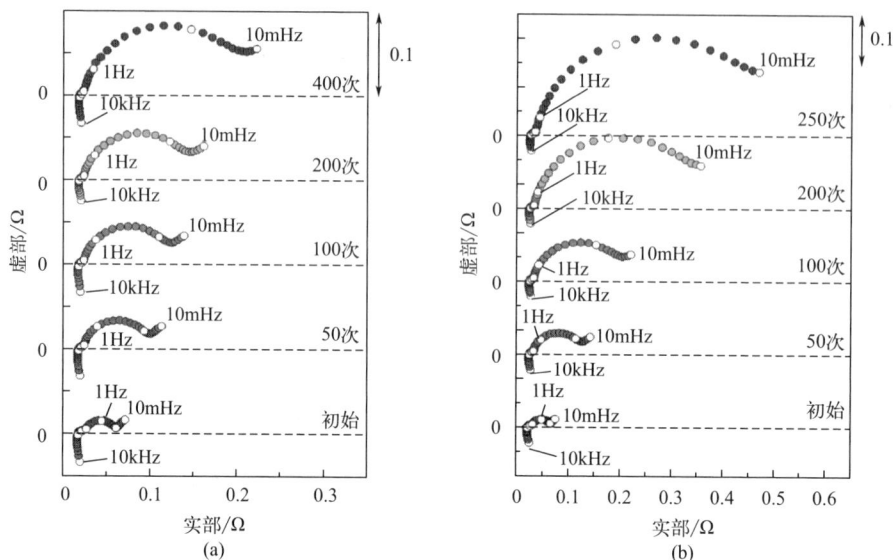

图 3-2　锂离子电池不同循环状态下的内阻变化[5]

析锂主要是指负极极片表面出现一层灰色、灰白色或者灰蓝色的金属锂，是一种常见的锂离子电池老化失效现象[8]。这部分金属锂主要是由于在充电过程中，活性 Li^+ 没有正常进入电池负极，而是在负极表面被还原。电池内部的锂主要来自正极，且在密闭体系中总量不变，析锂会使电池内部活性 Li^+ 数量减少，出现容量衰减。值得注意的是，锂沉积会形成枝晶刺穿隔膜，使局部电流和产热增大，造成电池安全性问题。析锂现象发生在电池内部，如不能在动力电池充放电过程中有效动态监控电池析锂情况，会存在较大安全隐患。

锂离子电池产气主要分为正常产气与异常产气。锂离子电池在首次充电过程中，电解液中的非质子溶剂会在电极和电解液界面上发生反应，形成覆盖在表面的钝化膜，即固体电解质界面（solid electrolyte interface，SEI）膜，同时会产生 H_2、C_2H_4、CH_4 和 CO_2 等气体，这种产气现象称为正常产气。但是在电池循环过程中，电解液过度消耗或正极材料释放氧等现象，会导致电池内压升高，出现胀气，这种产气现象称为异常产气。锂离子电池在使用过程中的过充电和过放电也会产生气体，导致电池膨胀，造成电池容量逐渐衰减（图 3-3）。锂离子电池的产气与电解液中水分含量、活性物质杂质、电池充放电制度、环境温度等均有密切的关系。例如，电解液中的痕量水分或电极活性材料未烘干而携带的水分，将会导致电解液中锂盐分解产生 HF，腐蚀集流体铝箔以及破坏黏结剂，产生氢气。

不合适电压范围也会导致电解液发生电化学反应产生气体。

　　总之，锂离子电池材料失效涉及电化学性能失效和安全性失效两大类。深入了解和解决锂离子电池材料失效问题对于提高电池性能和安全性具有重要意义。

（a）　　　　　　　　　　　　　　　（b）

图 3-3　锂离子电池过放电前（a）和过放电后（b）的体积变化[9]

3.1.2　失效分析的表征方法

　　为了深入了解和分析锂离子电池材料的失效机制，需要采用一系列表征方法来研究材料的化学成分、元素价态、结构、形貌、界面、热性能和电化学性能等[10]。失效分析常用的表征分析技术如表 3-1 所示。通过综合应用这些方法，可以为电池材料的优化和改进提供指导，进而有助于提升电池性能和延长电池的使用寿命。

表 3-1　常用表征分析技术[11]

测试内容	测试方法
成分分析	能量弥散 X 射线谱（EDX） 电感耦合等离子体（ICP） X 射线荧光光谱仪（XRF） 气相色谱 - 质谱联用（GC-MS）
价态分析	X 射线光电子能谱（XPS） 电子能量损失谱（EELS） X 射线吸收近边结构谱（XANES） 电子自旋共振（ESR）
结构分析	X 射线衍射（XRD） 拉曼光谱法（Raman）

续表

测试内容	测试方法
结构分析	透射电子显微镜（TEM） 核磁共振（NMR） 中子衍射（ND） 球差校正扫描透射环形明场成像技术（STEM-ABF）
形貌分析	扫描电子显微镜（SEM） TEM/ 低温透射电子显微镜（Cryo-TEM）
界面分析	红外光谱（FTIR） SEM 扫描探针显微镜（SPM） 开尔文探针力显微镜（KPFM）
热性能分析	热失重分析 - 差示扫描量热法（TGA-DSC） 绝热加速量热仪（ARC）
电化学性能分析	电化学阻抗谱（EIS）

3.1.3 失效原因的诊断与分析

锂离子电池失效原因的诊断与分析是非常重要的，它有助于揭示失效机制，改进电池材料设计和电池制造过程，提高电池的性能和可靠性。它源于电池测试分析技术，却有别于一般电池检测中心的检测分析。失效检测分析通常建立在实际具体案例上，针对电池不同失效现象，合理设计失效分析策略，选择相应的检测分析技术，高效准确地获得电池失效机制。常见的检测分析方法主要分为有损检测技术和无损检测技术。

（1）有损检测技术

有损检测通常是指对单体电池进行安全有效拆解后，对电池内部关键材料进行针对性的测试分析，包括成分分析、形貌分析、结构分析、官能团表征、离子传输性能分析、微区力学分析、电化学测试分析及放电副产物成分分析等。例如，崔屹课题组[12]利用低温透射电子显微镜（Cryo-TEM）表征碳负极上 SEI 膜的形貌，并跟踪其在循环过程中的演变。碳负极上 SEI 膜形成及演变示意图如图 3-4 所示，初始相——碳负极颗粒经过不同程度的钝化，形成的 SEI 膜在首次和多次循环过程时呈现两种不同的演变形态。当初始相被有效钝化时，在首次循环中形成的初始 SEI 膜主要为非晶态，其长度尺度与电子隧穿限制生长一致，经过长时间充放电循环后，一些颗粒表面出现一种致密的 SEI 膜，主要由嵌入非晶态基质中的 Li_2O 等无机物组成。而当初始相未完全钝化时，首次循环中碳负极表面没有生成无机物颗粒，形成的 SEI 膜疏松，并在多次循环后生成数百纳米的扩展 SEI 膜，这种扩展 SEI 膜由有机烷基碳酸盐组成。由致密 SEI 膜和扩展 SEI 膜生长的长度尺度极端变化表明，电极内 SEI 膜生长机制极不一致，同时存在致密型和扩展型两种 SEI 膜。然而两种 SEI 膜中，扩展 SEI 膜的增长既消耗大量可循环锂，又会导致孔隙率降低，还可能增加锂离子输运的过电位和锂沉积的风险，而致密 SEI 膜中的无机微晶在阻止 SEI 膜大规模扩展生长方面起着关键作用。因此，确定这些未完全钝化的异质性 SEI 膜形成机制，可以得到减少扩展 SEI 膜增长的机会，从而控制 SEI 膜增长程度，将使不可逆的容量损失和析锂的风险降到最低，进一步提高电池的循环寿命和安全性。

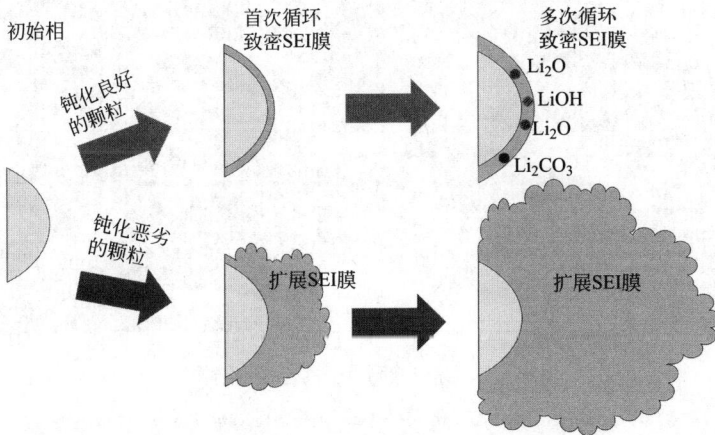

图 3-4　碳负极上 SEI 膜形成及演变的示意图[12]

（2）无损检测技术

有损检测需要拆卸电池，导致电池永久损坏，不适用于电动汽车蓄电池管理（battery management system，BMS）及对退役动力电池进行梯次利用的检测。因此研究人员提出，在不破坏电池整体结构的基础上，对电池的状态、性能进行测试和分析，并以测试结果对电池可能出现的失效机制进行合理推测，用于下一步测试的选择和优化，这种方法称为无损检测技术。无损检测技术对锂离子电池的

性能预测和健康管理等具有重要的指导意义。目前研究采用的无损检测技术包括
X 射线断层、超声波扫描、加速量热法和同步热分析，以及借助电池充放电测试
曲线、伪开路电压（POCV）、差热伏安法、电化学阻抗谱、高精度库仑法、等
温法等电化学测量分析方法[13]，分析电池的失效机理，进而判断电池的健康状
态。例如，非破坏性和三维同步加速器 X 射线断层扫描技术可用于现场记录电
池内部短路的演变[14]，如图 3-5 所示。

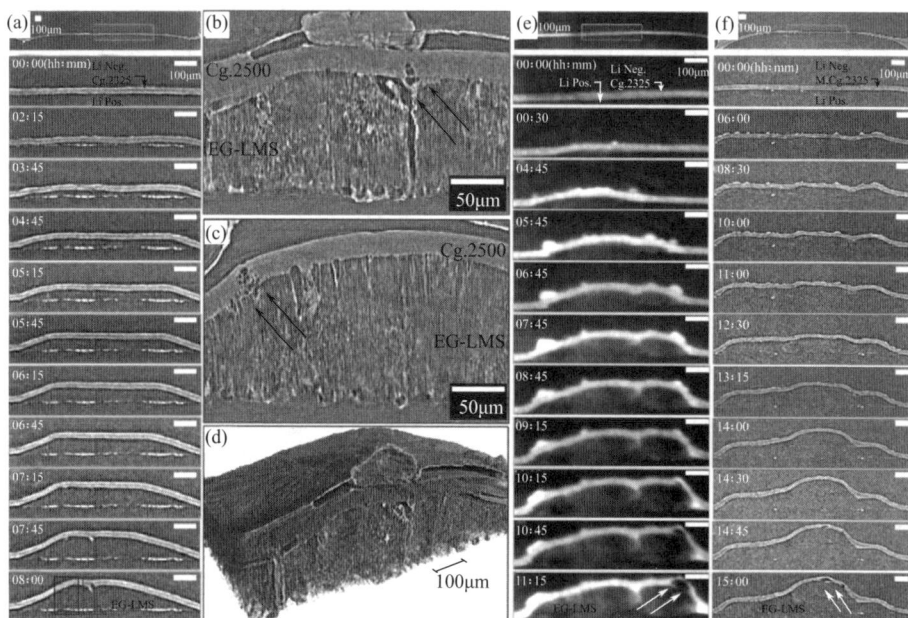

图 3-5　原位检测生长的锂微观结构

（a）～（d）1 号电池内部形态变化；（e）2 号电池（Celgard2325 隔膜）相应的测试；

（f）2 号电池（Al₂O₃–Celgard2325 隔膜）相应的测试[14]

　　原位测试主要对电池工作期间的电池内部关键材料的变化进行实时测量，可
提高传统测试技术的分辨率，甚至可以用来检测不稳定相[15]。这种测量需要更
高的数据收集率，常用的技术包括 X 射线和中子衍射技术。如图 3-6 所示，在循
环 250 次期间连续记录收集中子深度剖面（neutron depth proiling，NDP）能谱，
借助该数据，可以在固态薄膜锂离子电池中高深度地分辨出 Li 的浓度，进而分
析电池的失效机理[16]。从图 3-6 中可以看出，由于循环次数的增加，锂被固定
在固态电解质中，导致 Si 基全固态电池的劣化。

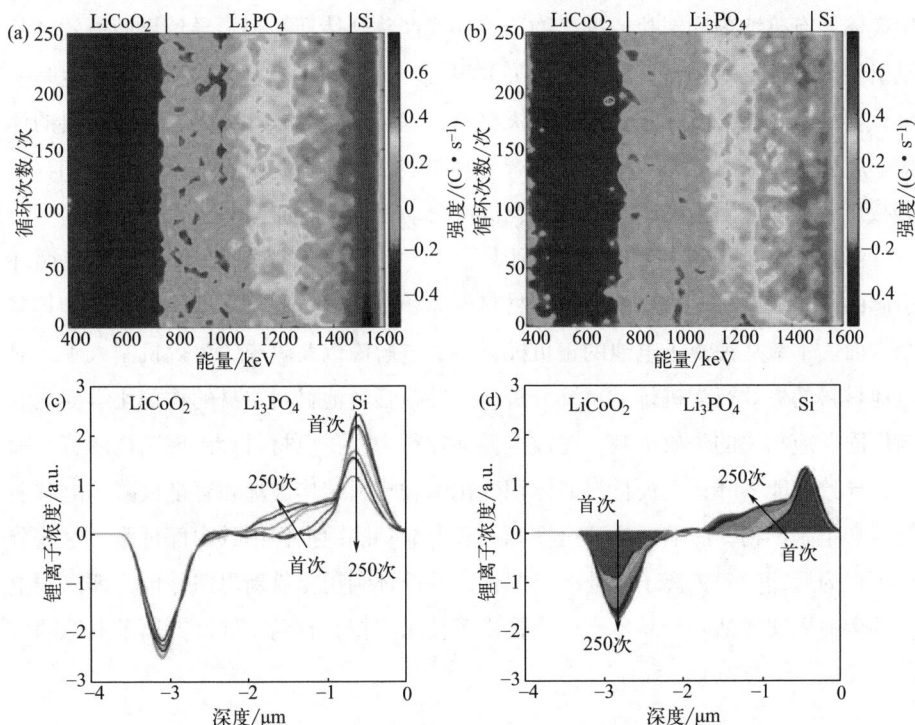

图 3-6　电池充放电循环高达 250 次，根据收集的完全充电（a）和完全放电（b）NDP 能谱计算出的充电（c）和放电（d）状态下标准化锂浓度的深度分布[16]

综上所述，锂离子电池失效分析是一个复杂的过程，涉及材料的物理、化学、电化学等多方面因素。通过多种表征方法和手段的结合应用揭示电池材料的失效机制，并为电池的设计、制造和应用提供技术支持和改进方案，提高电池的性能和寿命。

3.2　电极材料失效机制

锂离子电池在使用过程中，由于充放电次数的增加、使用环境的差异以及一些难以避免的人为不规范操作，其性能会受到严重损坏[17]。首先，电池的充放电循环过程会引起正极和负极材料的结构疲劳和损伤，特别是在高电压、高电流密度下更为显著。这种疲劳可能导致材料的微观结构变化、晶体缺陷增加，从而降低锂离子电池的使用寿命。其次，电解质在高温、高电压环境下容易分解，产生气体、有机溶剂和锂盐的副产物，这些副产物会堵塞孔隙、导致界面失效，甚至引发热失控反应，直接导致电池失效报废。正极和负极材料的体积变化也是一个重要因素。在充放电过程中，负极材料会发生锂的插入和脱出，导致材料的体积膨胀和收缩，可能导致微裂纹的产生和扩展，进而引起材料的结构破坏和容量衰减。外部环境因素如潮湿、高温、机械振动等也可能加剧电池的失效。

锂离子电池关键材料失效的原因是一个复杂的综合效应，包括充放电循环引起的结构疲劳、电解质的分解、材料的体积变化以及外部环境因素的影响等多个方面。本节从锂离子电池的正负极材料、电解液以及隔膜的失效机制入手，对电池材料的失效行为进行了系统分析，主要包括电池材料本身的物理化学变化和与界面反应相关的失效机制。充放电循环过程中，正极材料会出现结构疲劳和损伤，导致性能下降；负极材料的体积变化引发材料结构破坏和容量衰减；电解质分解产生副产物，影响电池安全性和循环寿命；隔膜损伤导致内部短路。这些分析不仅为后续失效锂离子电池的资源化高效循环利用提供新思路，也为锂离子电池的生命周期评估和产品生态设计提供了技术支持，有助于推动锂离子电池的可持续发展。

3.2.1 正极材料失效机制

正极材料作为锂离子电池的重要组成部分，直接影响电池的能量密度、充放电性能和循环寿命。锂离子电池的正极材料通常由锂金属氧化物或磷酸盐等化合物构成，其失效机制涉及结构疲劳、化学反应和界面变化等多个方面。由于电池的充放电循环次数增加，正极材料可能会发生结构疲劳和损伤，导致晶体结构的变化和微观缺陷的积累，从而降低电池的容量和循环稳定性。此外，在充电和放电过程中，正极材料与电解质之间可能发生副反应，产生氧化物或沉淀物，影响电极表面的电化学性质。这些化学变化可能导致正极材料的结构破坏和导电性能的下降，进而降低电池的能量效率和循环寿命。本节系统概括了正极材料的失效机制。

（1）析氧

氧气的释放被认为是导致锂离子电池寄生热失控的主要原因之一。在正极材料（如 $LiCoO_2$ 和 $LiNiO_2$）中，通过调节氧原子的位置以及过渡金属离子的价态，可以促使氧气的释放。当充电电压足够高时，氧原子的位置和过渡金属离子的价态重叠，导致 O_2^{2-} 形成和 O_2 释放[18]。此外，富锂正极材料在充放电过程中容易发生键的转化，产生不稳定的电子，进而促使氧气的生成。不稳定的电子与其他氧杂交形成具有低动力学势垒的 O-O 二聚体，从而产生分子氧。当锂离子电池的内部温度超过 150℃时，释放的氧气可能引发热失控。这个过程伴随着从层状结构到尖晶石的相变，其中过渡金属与氧原子的键断裂是氧气释放的主要原因之一。此外，正极释放的氧气具有强氧化性，容易被电解液还原，导致电解液的氧损失和分解。导电碳的氧化也会导致一氧化碳和二氧化碳的形成。随着截止电压的增加，从正极中释放出更多的锂离子，导致过渡金属阳离子的价态增加，进而促进氧气的产生。因此，为了确保锂离子电池的安全性，需要采取措施来减少氧气的释放并提高正极材料的热稳定性。

（2）相变和正极颗粒开裂

由于镍离子（Ni^{2+}，半径约为 0.069nm）与锂离子（L^+，半径约为 0.076nm）具有相似的离子半径，因此镍离子很容易从过渡金属层迁移到高度熟化状态的相邻锂空位中。这种阳离子混合问题会引发层状高压正极结构的崩溃和不可逆的重排，进而加速初级颗粒的机械降解（图 3-7）[19]。此外，电场效应会加剧正极和电解液之间的反应，导致容量衰减和初始库仑效率降低。当充电电压达到 4.5V 和 4.75V 后，$LiNi_{0.8}Co_{0.15}Al_{0.05}O_2$（NCA）表面出现尖晶石相和岩盐相。这一现象的驱动力包括 NCA 与电解质之间的反应以及阳离子从八面体 3a M（M = Ni，Co，Al）层向八面体 3b Li 层迁移所引起的表面氧损失。

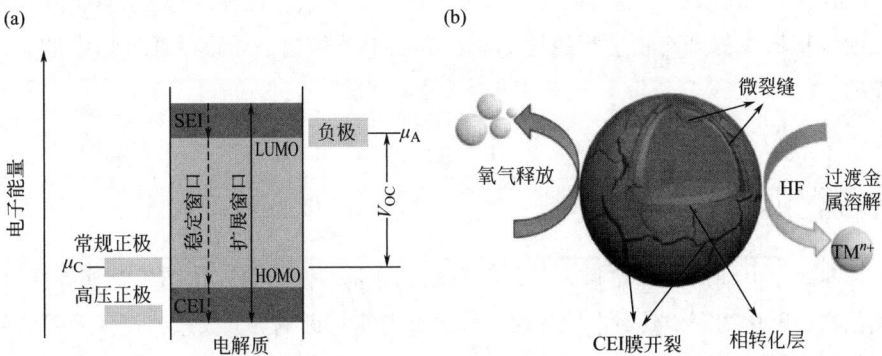

图 3-7　阴极和阳极电位限值与电解质的 HOMO 和 LUMO 相关的能量示意图（a）；
高压正极材料的降解机理（b）[19]

除了晶体结构转变外，充电至高电压时另一个严重的问题是正极颗粒的开裂。在高压循环过程中，来自内部晶粒的晶内裂纹是由电化学驱动和扩散控制的过程引发的[20]。高截止电压会加速晶内开裂，导致严重的电压和容量衰减。尽管富镍层状正极材料即使在充电至 4.9V 时也表现出可逆的晶格结构变化，但在高电压下充电时，会诱发局部无序和应变。此外，高截止电压引起的氧化态不均匀性导致了岩盐相的产生。最近的研究表明，高截止电压导致岩盐相表面电阻层的溶解，这有助于在高达 4.9V 的工作电压下实现稳定的持续工作电压，从而提高了电化学性能[21]。因此，理解高压正极在循环过程中的晶体结构变化和二次粒子行为对于高压正极材料的运行至关重要。

（3）过渡金属溶解

$LiPF_6$ 是商业电动车中最常用的锂盐电解质。然而，$LiPF_6$ 与水接触会发生自分解或水解反应，产生高腐蚀性的氢氟酸（HF），这会侵蚀高压正极并释放可溶性的过渡金属（TM）阳离子[22]。溶解的 TM 阳离子，如 Mn^{2+} 和 Ni^{2+}，会迁移到石墨负极并增加界面阻抗。此外，TM 阳离子溶解在电解质中或沉积在负极上，例如 Mn^{2+}，会催化溶剂的持续分解[23]。除高压尖晶石 LNMO 正极外，其他正极材料，包括 LCO、V_2O_5、$LiMn_2O_4$、$LiMn_{0.5}Ni_{0.5}O_2$、$LiNi_{0.8}Co_{0.1}Mn_{0.1}O_2$（NCM811）和 $LiFePO_4$，在含有 $LiPF_6$ 的液体电解质中也会发生酸性侵蚀[24]。此外，氧气的释放也会加速过渡金属在高电压下的溶解。去除晶格中的氧化物阴离子会拓宽 TM-O 能带，并减少表面金属离子的配位数。因此，氧损失导致过渡金属的还原和进一步溶解。溶解的 TM 阳离子促进了 SEI 膜的生长，导致界面阻抗增加。SEI 膜中的 TM 阳离子也会促使负极上的锂枝晶生长。此外，TM 阳离子在隔膜孔中沉积形成的副产物会阻碍锂离子在界面上的传输，导致循环过程中的容量损失。

3.2.2　负极材料失效机制

锂离子电池的负极材料主要包括石墨、硅基、锂合金、碳纳米管和碳纤维、硫化物和硒化物等，其对电池的性能和寿命有直接影响。其失效机制涉及锂金属枝晶的形成、电解液的降解、负极材料与电解质之间的界面问题以及负极材料的体积膨胀。充放电过程中，锂离子的插入和脱出引起负极材料的体积变化，若变化过大，可能导致负极材料的结构破坏、颗粒剥落等问题，最终导致电池失效。

此外，在充放电循环中，部分锂离子的损耗可能导致电池容量减少，这种损耗可能与负极材料的结构和电解质的性质等因素有关。本节主要围绕负极材料的失效机制进行综述。

锂金属电池的商业化受到枝晶生长的严重限制，因为枝晶可能刺穿隔膜并导致短路，产生大电流并引发火灾和爆炸，这是限制锂金属电池商业化的一个严重问题[25]。随着循环次数的增加锂沉积不均匀，在 SEI 膜上会产生较大的应力，导致 SEI 膜的破裂。锂从裂缝中生长并形成初始枝晶，然后逐渐生长，直到电池发生短路[26]。在金属负极中，锂金属的表面能密度最低，这种特性有利于枝晶的生长。由于这种热力学因素，锂枝晶无法彻底消除。从动力学的角度来看，锂的表面状态、负极电场等因素会导致锂枝晶的出现。在锂箔的生产过程中容易在原始锂的表面造成表面缺陷，当锂被引入电池并浸入电解液中时，会导致锂金属表面形成不均匀的 SEI 膜。不均匀表面状态将导致锂表面的电导率和电流密度不均匀，并最终导致锂的镀层不均匀。离子浓度梯度引起的电场不均匀和电解质浓度的不稳定状态也是枝晶生长的一个原因。Chazalviel[27]发现 Li 的输运比阴离子的输运更困难，因为 Li 的溶剂鞘中含有丰富的溶剂分子。因此，正极附近的阴离子浓度迅速降至零，从而产生正空间电荷区。空间电荷区产生局部电场，促进枝晶的生长。具有更好离子电导率和更低阴离子迁移率的电解质通过减轻电极 / 电解质界面附近的阴离子消耗来抑制枝晶的成核 [图 3-8 (a) ～ (e)][28]。电池的充放电过程也会影响锂枝晶的形成。通过原位扫描电子显微镜观察，Dollé等[26]注意到锂随着电流密度的增加而从苔藓状演变为针状。如图 3-8 (h) 所示，Aurbach 等[29]也对不同充电速率下的锂负极进行了研究。机械电化学相场模型的计算显示，在一定范围内，较高的压力会导致在负极上沉积的锂层更加光滑。这解释了为什么软包电池的循环性能可能不如纽扣电池：因为软包电池的锂负极承受的压力较低。然而，过高的压力可能导致枝晶从根部断裂，导致电池容量损失。因此，适当的压力管理对于获得性能优异的锂金属电池至关重要。

（1）死锂

锂金属电池中的死锂现象是指失去与电极接触的锂，这些锂不能再参与电极反应，从而导致电池的不可逆容量损失。研究表明，在非水电解质中，由于不受控制的枝晶和死锂的存在，锂的沉积 / 溶解的效率通常低于 99.2%[30]。因此有必要了解死锂的形成过程。死锂的形成源于破碎的枝晶，这些断裂通常发生在细长结构的枝晶处，这是因为具有较大曲率的枝晶倾向于积累更大的电子密度[31]。

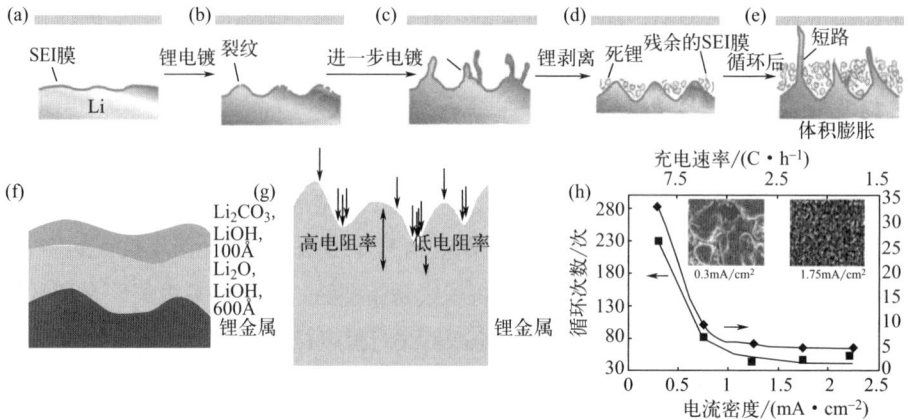

图 3-8　锂负极失效过程示意图（a）～（e）；锂上天然表面层的示意图（f）和锂负极表面电流分布不均匀的示意图（g）[28]；不同充电速率下的锂负极在锂锂对称电池中的行为和不同充电速率下锂颗粒的相应 SEM 图片（h）[29]

枝晶一旦断裂，新暴露的锂表面会被电解液迅速腐蚀，并在其周围形成电子导电性较差的 SEI 膜。这导致破碎的锂失去与负极的电连接，从而不能参与后续反应，形成了死锂。因此，在存在大量具有细长结构的枝晶的情况下，死锂很容易形成。在一定程度上，影响枝晶形成的因素也会影响死锂的形成。此外，对于孔径较大的多孔集流体，位于孔隙中心的锂金属很容易与多孔骨架失去连接，形成"死锂"。因此，控制多孔集流体的孔径对于减少死锂的形成具有重要意义[32]。

（2）锂负极腐蚀

由于锂具有负的氧化还原电位，它在与电解质接触时会自发地发生反应并形成固体电解质界面膜。然而，在循环过程中，由于不稳定的 SEI 膜反复断裂，新鲜的锂会不断暴露在电解液中，并与之发生反应，导致电解液的持续消耗和锂金属的电化学腐蚀，从而引起电池效率降低和容量衰减[33]。影响锂与电解质反应的三个主要因素是电解质的电子结构、黏度和 SEI 膜的稳定性。材料的电化学还原电位与其最低的未占用分子轨道（LUMO）能量密切相关，通常，具有较高 LUMO 能量的电解质不易与锂发生反应。例如，醚类电解质由于其较高的 LUMO 能量，在锂金属电池中可以实现比其他电解质更好的循环性能[34]。电解液的黏度也会影响锂的腐蚀速率。先前的研究表明，相对于高黏度的碳酸酯类电解质，低黏度的二甲氧基乙烷和四氢呋喃对锂的稳定性较差[35]。SEI 膜的组成和性质与电解质的组成和性质密切相关。例如，在普通的碳酸酯类电解质中，形成的 SEI 膜通常不稳定[36]。使用氟取代的环状碳酸酯电解质，锂负极表面产生富含 LiF 且化学稳定的 SEI 膜。因此，通过调整电解质配方和提高 SEI 膜的稳定性，可以抑制锂腐蚀。

3.2.3　电解液和隔膜的失效机制

（1）电解液失效机制分析

锂离子电池的电解液由锂盐和溶剂构成，在锂离子电池运行中发挥着至关重要的作用。电解液中的锂盐提供了锂离子在充放电过程中的传输途径，使电池能够实现电能的存储和释放。电解液中的溶剂有助于锂离子在电池内部的快速传输，提高了电池的充放电效率和性能。另外，电解液还在电池内部形成稳定的电解质膜，保护了正负极材料，减少了材料的腐蚀和损坏，延长了电池的循环寿命。综上所述，电解液的失效直接影响着电池的性能、安全性和循环寿命[37]。

图 3-9 明确描绘了负极上的固态电解质界面（SEI）膜和正极上的电化学界面（Chemical electrochemical interface，CEI）膜的形成[38]。

SEI 膜是在初始充电周期的负极表面形成的，稳定的 SEI 膜可有效限制电子隧穿并防止电解质被还原，从而保持电池的（电）化学稳定性。但是，SEI 膜容易不稳定，并在反复的充放电循环中逐渐变稠，导致电解质和活性锂离子的持续

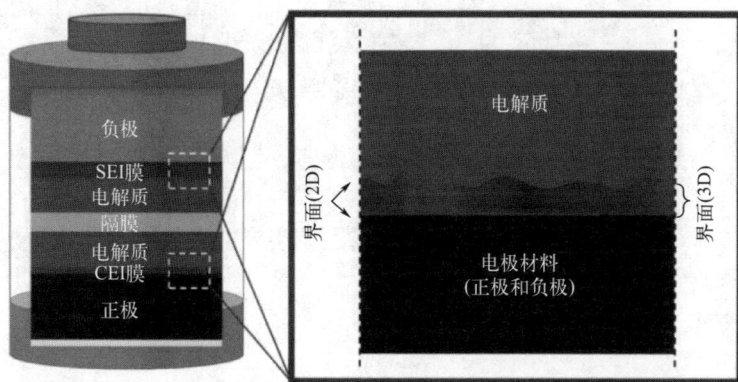

图 3-9　含有液体电解质的电池固态电解质界面（SEI）膜和电化学界面（CEI）膜的典型示意图[38]

消耗。同时，SEI 膜的生长受外部因素的影响，温度升高会触发电解质分解，进一步增加电解质消耗。在电池的高倍率充放电循环期间，锂离子扩散产生的浓度梯度引起的扩散应力和锂化过程中活性材料的体积膨胀产生的机械应力可导致颗粒断裂，颗粒断裂会产生更大的活性反应面，导致形成新的 SEI 膜，加剧电解质的消耗。因此，外部环境和操作条件都会加速电解液失效。

除了负极表面的界面膜外，当正极表面（其特点是具有强路易斯碱性和亲核氧原子属性）与电解质接触时，就会形成 CEI 膜。这种相互作用导致电解质盐和溶剂被氧化。在充放电循环过程中，电极的膨胀和收缩会引起局部应力，导致富镍活性材料开裂。这会使活性材料的新表面暴露在电解液中，从而产生更多的 CEI 膜并加剧电解液的消耗。Chen 等[39] 使用原位 FTIR 观察 CEI 膜的动态演变，发现 CEI 膜的溶解和再生有助于正在进行的电解质分解（图 3-10）。此外，在循环过程中反复插入和脱出锂离子可能导致不可逆的晶格原子损失和氧气释放，这可能进一步诱导电极 - 电解质界面反应。多晶活性材料颗粒可以在其晶粒内部和晶粒之间形成裂纹，从而允许电解质沿着这些晶间裂纹渗透。当电极表面接触电解液时，形成钝化层，导致电解液流失。如果孔隙体积超过可用的过量电解液体积，则可能导致局部电解液干燥。

电解液的消耗不仅发生在电极和电解液之间的界面上，在循环过程中还会导致电解液体积显著减少。锂离子电池中最常用的电解质是由 LiPF$_6$、环状碳酸

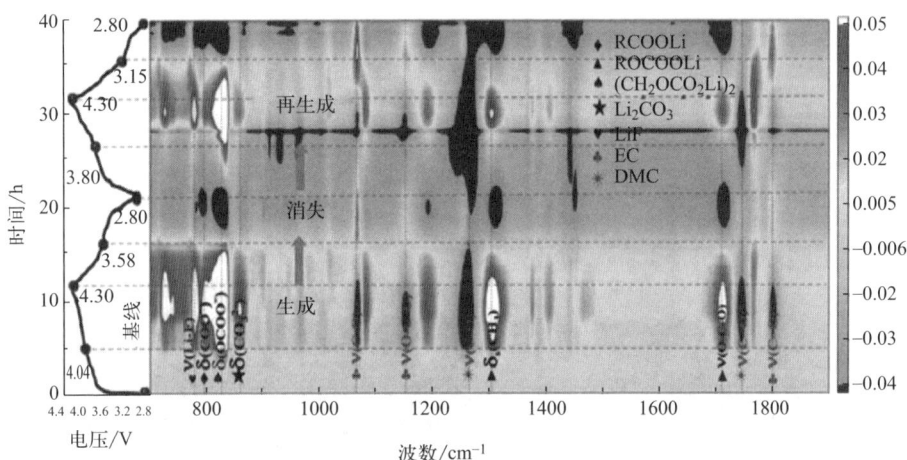

图 3-10　原位 FTIR 捕获的 NCM811 正极与常见电解质在电化学操作过程中
衍生的 CEI 膜的动态演化[39]

盐（例如 EC）和线性碳酸盐（例如 DMC、EMC、DEC）的混合物组成的，然而，$LiPF_6$ 热稳定性差，在高温下易分解。在电压超过 4.5V 时，电解液发生分解，产生不溶于电解液的物质，并释放气体。这些不溶物会堵塞电极微孔，影响锂离子（Li^+）的迁移，进而导致电池容量的损失，影响电池的性能和循环寿命。此外，电池内部产生的气体也可能存在安全隐患。另外，$LiPF_6$ 的分解产物也可能发生水解或还原反应。EC、DEC（二乙烯碳酸酯）和 $LiPF_6$ 发生的副反应会导致电解液的失效以及电极材料中电子和锂的消耗，降低电池容量、循环寿命和库仑效率。

（2）隔膜失效机制分析

锂离子电池的隔膜在确保电池安全和性能稳定方面扮演着关键角色。它有效地防止了正负极之间的直接接触，从而避免了短路和电池过热，保障了电池的安全性。隔膜还提供了离子传输通道，使得锂离子可以在正负极之间自由移动，从而实现了电池的充放电功能。此外，隔膜还有助于稳定电解质的分布，防止电解质的流失或不均匀分布，保持了电池性能的稳定。尽管隔膜本身并不直接参与电池的化学反应，但其结构和性能对电池的整体性能有着重要影响。为了确保锂离子能够顺利通过微孔，隔膜的孔隙率通常需要达到 30% ～ 50%。然而，隔膜的存在也会增加电池的内阻，对电池的性能产生一定的影响。因此，对隔膜失效现象进行正确的分析和理解对于提升锂离子电池的性能至关重要。

在追求高稳定性和安全性的电池设计的要求下，目前主流的储能锂离子电池通常采用 PP/PE 为基膜，并采用三氧化二铝、勃姆石或 PVDF 等多种方式进行涂层复合的隔膜。在大规模和多角度的隔膜失效分析中，可以总结出几种主要的失效形式，包括隔膜氧化、副产物堵孔以及纵向刺穿等。隔膜的结构和性能失效形式将直接影响电池的整体安全特性。为了更好地理解和表征这些失效形式，各种失效形式的特色表征方法也得到了广泛的研究。这些方法可以帮助识别隔膜失效的类型和程度，进而指导电池设计和制造过程中的改进和优化。

在高温或过充的情况下，隔膜可能会发生氧化失效，并伴随着电解液与电极副反应产生的不溶副产物堵塞隔膜孔隙的现象。隔膜氧化和副产物堵孔的失效关联性，会导致电池动力学性能急剧下降，内阻急剧增加，直接引发锂的析出。陆大班等[40] 分别研究了锂离子电池在 25℃循环 1444 次、55℃循环 1258 次后内部各组件的老化情况，SEM 结果表明两种温度下均存在不同程度的循环后隔膜闭孔、副反应产物堵孔等现象，使电池极化增大，造成电池容量衰减。周江等[41]

利用 EDS 和 XPS 对不同倍率过充后的负极侧隔膜上黑色沉积物进行成分分析，结果显示沉积物中含有正极过渡金属以及 C、O、F、P 等电解液成分，说明过充后正极过渡金属离子溶出并沉积在负极侧导致隔膜堵塞。隔膜的纵向刺穿失效主要指在长循环或者高倍率、低温等情况下循环的锂电池中，锂离子常会以"死锂"或者"枝晶"的形态沉积在负极上，且在过放情况下，铜离子也会析出并沉积，这些沉积层均会沿着隔膜的孔道生长、断裂，严重时刺穿导致电池短路，造成安全问题。隔膜的纵向刺穿通常用成像技术进行表征，如 SEM（CP/FIB-SEM）、光学显微镜等，配合成分分析类设备 EDS、XPS 等可对隔膜内副产物等的成分同位表征。Klein 等[42]采用 SEM 对比表征了 PP 隔膜 100 次循环前后表面沉积物形态，提供了 FEC 添加剂明显促进锂枝晶形成、生长刺穿 PP 隔膜的有力证据，该添加剂极大地增加了电池内部短路的风险。

3.3 电池材料的失效机制与回收利用之间的耦合关系

电池回收领域作为当今环保和资源循环利用领域的重要组成部分，关注着如何有效回收废旧电池，并将其中有用的材料再利用。在这一过程中，失效机制与回收利用之间存在着密切的耦合关系[43]。失效机制是指电池在长期使用过程中所经历的各种内部变化和磨损，这些变化可能导致电池性能下降、安全隐患增加以及最终失效。回收利用则是指对废旧电池进行拆解、分离和再加工，以获取其中有价值的材料并进行再利用。

（1）失效机制对回收利用的影响

锂离子电池的失效机制包括容量衰减、内阻增加、极化以及安全问题等。这些失效机制会导致电池的性能下降甚至失效，降低了其在应用中的可靠性和寿命。回收利用的目标是将废旧锂离子电池进行再加工和再利用，以节约资源和减少环境污染。但失效机制使电池材料的性能下降，回收利用所得的材料可能存在安全隐患或性能不稳定的问题，限制了废旧锂离子电池的有效再利用。

（2）回收利用对失效机制的影响

回收利用过程中需要对废旧电池进行拆解和分离，将有用的材料进行回收。这个过程对电池材料的状态和失效机制有很大的影响。首先，通过对废旧电池材料的分离和检测，可以了解电池材料的具体状态和性能，例如容量衰减程度、内阻情况等。这有助于更好地评估材料的再利用潜力和质量。其次，回收利用的实施可以通过材料的再处理和再造对失效机制进行干预。例如，对失效的正极材料可以进行再涂覆或表面改性，以恢复其容量和性能。对失效的负极材料可以采取改进的制备方法，修复已发生的电解液腐蚀或界面反应问题。

（3）回收利用促进失效机制研究和改进

回收利用的过程中需要对废旧电池的材料进行评估、拆解、回收和再加工（图 3-11），这为研究和分析失效机制提供了宝贵的样本和实验数据。通过对废旧电池的材料进行深入的分析，可以更好地理解失效机制的发生原因，为改进材料设计和制备工艺提供实践经验和指导。此外，回收利用的实施也可以促进材料科学和工程领域的创新，引入新材料和新技术来提高电池的寿命和性能，从而减少失效的发生。

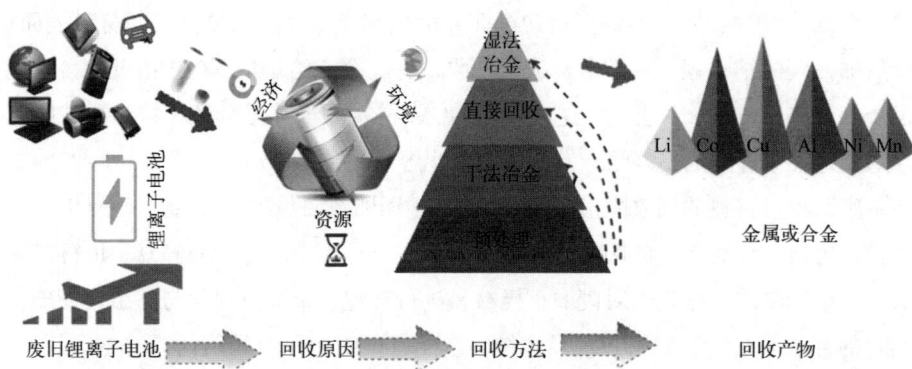

图 3-11　废旧电池的回收过程[44]

综上所述，锂离子电池材料失效机制与回收利用之间存在密切的耦合关系。失效机制限制了废旧锂离子电池的有效再利用，而回收利用的实施可以通过评估、改进材料状态和性能，对失效机制进行干预和改善。同时，回收利用过程也为失效机制的研究和改进提供了实验数据和样本，促进了材料科学和工程领域的进一步创新。因此，深入研究锂离子电池材料的失效机制，并结合回收利用的实施，可以推动锂离子电池材料的可持续利用和开发。

3.3.1 正极材料的失效机制与回收利用之间的耦合关系

电池作为现代社会中重要的能源储存装置，在各个领域都扮演着至关重要的角色。然而，随着电池的使用，其核心组成部分之一的正极材料会随着时间的推移逐渐失效，影响电池的性能和寿命。同时，对正极材料的回收利用也是资源利用的重要环节之一。本节将深入探讨正极材料失效机制与回收利用之间的耦合关系，旨在为电池回收领域的研究和实践提供理论指导和参考。

不同退役正极材料在晶体结构、物相组成等方面均有差异，当晶体结构可以通过添加锂源进行修复时，可以通过修复再生处理的方式实现材料的回收利用。部分锂脱出未发生不可逆相变的材料，可以通过原位补锂的方式进行材料修复。针对锂丢失机制，可以采用浸出法或热法回收技术，以实现对锂元素的有效提取和回收。例如，Sun 等[45]报道选用草酸作为浸出剂和沉淀剂，选择性浸出 LCO。在固液比为 $50g \cdot L^{-1}$ 和 80℃的条件下在 0.1mol/L 草酸溶液中浸泡 120min，Co 最终以 $CoC_2O_4 \cdot 2H_2O$ 的沉淀形式直接回收，98% 的 $LiCoO_2$ 实现钴和锂的有效分离。Zhang 等[46]使用草酸选择性浸泡三元材料，草酸溶解其中的锂，而其他过渡金属则形成草酸盐沉淀并沉积在尚未反应的废弃三元材料表面。最后加入碳酸钠，锂形成碳酸锂进行回收，将完全未溶解的 NCM 正极材料直接煅烧，形成新的 NCM 正极。这种再生 NCM 材料由于其亚微米颗粒和孔隙以及在煅烧过程中形成的良好结构，初始放电比容量达到 $168mAh \cdot g^{-1}$。

废旧正极材料的回收除了有价金属离子浸出提取的方法外，直接修复再生同样被认为是一种有前途的回收方法。该法旨在通过短时间处理来修复正极材料的成分和结构缺陷，一般是对废旧正极材料进行补锂，常通过锂化与高温热处理相结合的办法来修复正极材料的晶体结构，能有效缩短回收的路径[47]。Nie 等[48]通过固相回收法，直接使用 Li_2CO_3 作为锂源与废旧 $LiCoO_2$ 粉末混合，在空气中高温（850 ~ 950℃）煅烧反应 12h，即可得到再生的 $LiCoO_2$。固相回收法的操作工艺简单，更适用于大规模工业生产，但这类方法的运用需要着重考虑废旧正极材料中杂质（如金属氧化物）的存在。

Meng 等[49]先对废旧 NCM111 三元正极材料进行球磨机械活化补锂，再结合高温煅烧得到再生的 NCM111，成功减少了 NiO 相的存在和阳离子混排程度，使其层状结构得以恢复，其示意图如图 3-12 所示。0.2C 时，再生的 NCM111 材料首次的放电比容量为 $165.0mAh \cdot g^{-1}$，100 次循环后的容量保持率在 80%。然而，球磨机械活化补锂易造成材料的颗粒破碎和尺寸变小。

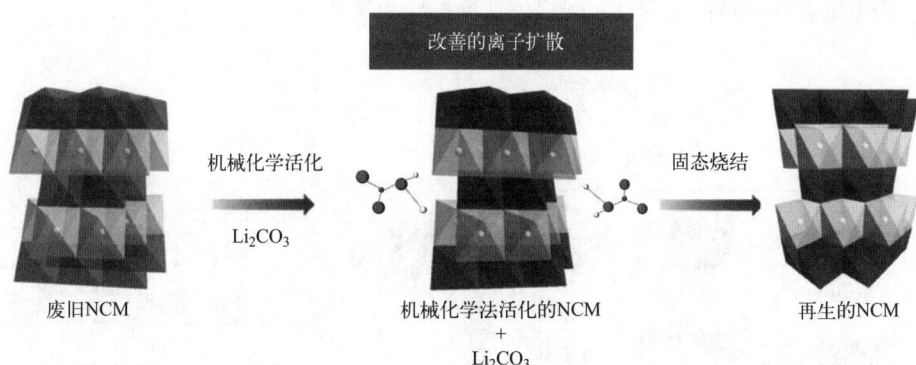

图 3-12 废旧 NCM111 三元正极材料再生机理示意图[49]

通过有效的回收利用技术，可以将废旧的正极材料转化为新的电池材料或其他能源相关材料，实现材料的再生和再利用。这不仅有助于减少资源的消耗和环境的污染，还可以降低新材料的生产成本，促进循环经济的发展。在回收利用过程中，需要注意对环境和安全的保护。例如，在化学回收过程中，需要控制废液的排放和处理，以防止对环境造成污染；在物理回收过程中，需要采取有效的安全措施，防止操作人员受到伤害。因此，在选择和优化回收利用技术时，需要充分考虑环境和安全因素，确保回收过程的可持续性和安全性。此外，还应该注重对回收过程中可能产生的温室气体和能源消耗进行评估和控制，以降低对全球气候变化的影响。未来，随着电池技术的不断发展和普及，对正极材料失效机制与回收利用之间的研究将继续深入。需要不断改进回收利用技术，提高正极材料的再利用率和资源利用效率。同时，也需要加强对正极材料失效机制的理解，不断推动电池材料的创新与进步。只有在这样的努力下，才能实现电池回收利用的可持续发展，为环境保护和资源节约做出更大的贡献。

3.3.2 负极材料的失效机制与回收利用之间的耦合关系

在锂离子电池的组成中，负极材料也是至关重要的组成部分，其失效机制与回收利用之间的关系对电池回收领域的发展具有重要意义（图 3-13）。负极材料在充放电循环中承受着巨大的应力和化学反应，因此容易出现各种失效现象。因此，深入理解负极材料的失效机制与回收利用之间的关系对于电池回收领域的发展至关重要。本节将深入探讨负极材料失效机制与回收利用之间的耦合关系，旨在为电池回收领域的研究和实践提供理论指导和参考。

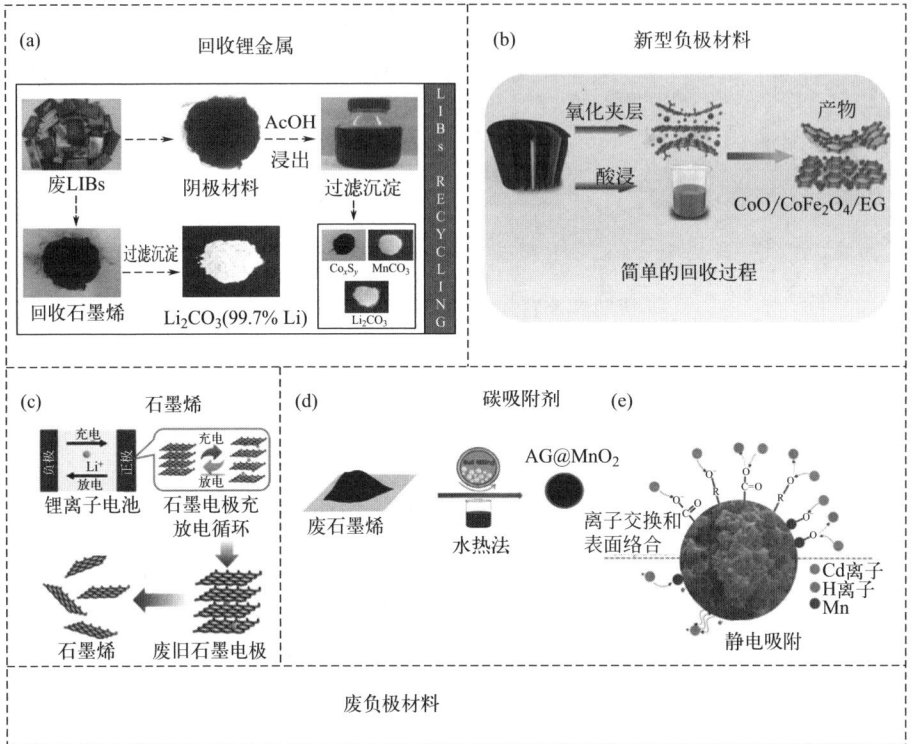

图 3-13　废旧电池负极材料的回收利用[44]

负极材料在充放电循环中经历着复杂的物理和化学变化，其失效主要体现在以下几个方面：

（1）锂金属析出

在锂离子电池中，负极材料通常是由碳材料（如石墨）构成的，用于嵌锂或合金化。然而，在充电过程中，部分锂离子可能会在负极表面发生不可逆的化学反应，导致锂金属析出，形成锂树枝状或锂脱层，称为"锂枝"或"锂树"。这些锂枝的形成会导致电池内部产生短路、热失控等安全隐患，同时降低电池的循环寿命和性能。

（2）固液界面反应

负极材料在充放电循环中与电解质发生着复杂的固液界面反应，主要包括锂离子的嵌入 / 脱嵌和电解质分解等过程。这些反应会导致负极材料的表面形成 SEI 层，同时引发电解质的分解和溶解，影响电池的循环稳定性和安全性。

（3）体积膨胀与结构破坏

负极材料在充放电循环中会发生体积膨胀和收缩，导致材料内部结构的变化和应力集中，最终可能引发微裂纹、颗粒剥落等结构破坏现象。这些结构破坏现象会降低负极材料的电导率和电化学活性，影响电池的性能和循环寿命。

负极材料失效机制对回收利用的影响体现在以下几个方面：

（1）锂金属析出与回收效率

锂金属析出是负极材料失效的一个重要机制，会导致电池性能下降和安全隐患。在回收利用过程中，锂金属的析出会增加回收工艺的复杂性和成本，同时降低回收效率。因此，需要开发出高效的回收技术，以提高锂金属的回收效率和利用效率。Rothermel 等[50]采用 CO_2 萃取法对石墨进行提纯，采用不同的工艺去除电解液并且获得再生石墨，所用的工艺分别为直接热处理、亚临界 CO_2 和乙腈萃取以及超临界 CO_2 萃取，如图 3-14 所示。结果表明：高压下的超临界二氧化碳萃取法导致石墨的结晶度降低，因此电化学性能较差。亚临界二氧化碳和乙腈萃取的方法被认为是合适的再生方法，并且再生石墨负极表现出极佳的电化学性能；同时，电解液的回收效率达到了 90% 左右，但是这种再生方法的条件相对苛刻，与商业石墨相比再生成本高昂。

（2）固液界面反应与回收处理

负极材料与电解质之间的固液界面反应会形成 SEI 层，增加了回收处理的难度和成本。在回收利用过程中，需要采用合适的处理方法，去除或转化固体电解质界面层，以提高回收效率和质量。Gao 等[51]进行了硫酸固化 - 酸浸实验，系统研究了各种操作条件对杂质去除的影响。在 1500℃ 下连续煅烧得到再生石墨，并采用 X 射线衍射、拉曼光谱和球差电子显微镜分析对其形貌和结构进行了表征。结果表明，硫酸固化 - 酸浸的杂质去除效率远高于直接酸浸，再生石墨纯度可达 99.6%。此外，再生石墨在形态和结构上表现出良好的特性，接近商业未使

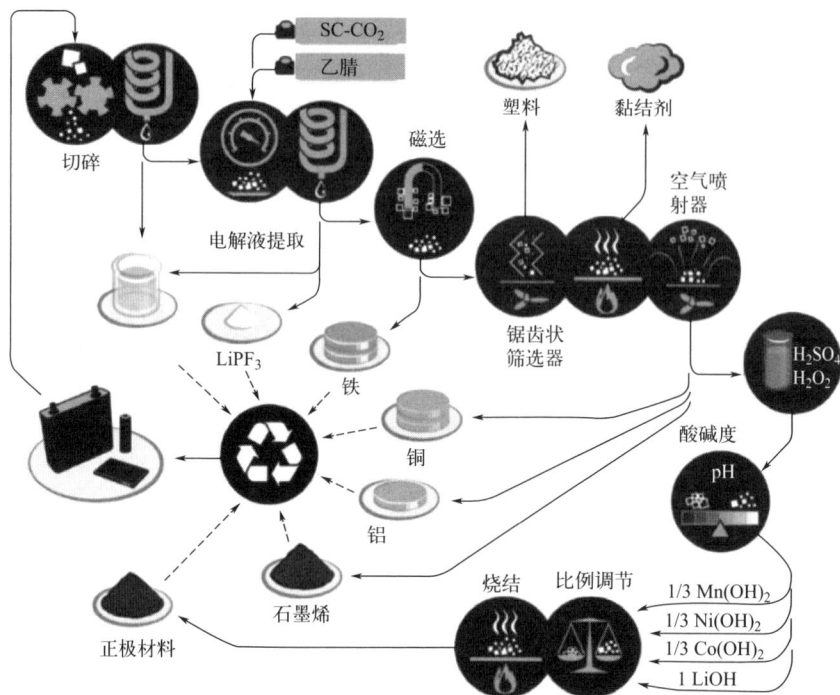

图 3-14 电池回收示意图[50]

用材料的特性。再生石墨在充电容量和循环方面表现出良好的电化学性能。初始充电比容量和保持率分别为 349mAh/g 和 98.8%。这种回收方式具有能耗低、废酸排放少等优点，可由容易获得的设备进行，因此对 SG 的工业规模回收具有很大的前景。

（3）体积膨胀和结构损坏与回收处理

负极材料的体积膨胀和结构损坏会导致材料的性能下降和循环寿命缩短。在回收利用过程中，需要采用合适的物理和化学处理方法，对结构受损的负极材料进行有效回收和再利用，以最大限度地减少资源的浪费和环境的污染。Liang 等[52] 将用过的石墨用乙醇洗涤，并在不同温度下煅烧。X 射线衍射（XRD）谱线显示，未煅烧的 RG（再生石墨）层间距为 3.360Å（1Å=10^{-10}m）。煅烧后，RG-1300 表现出较大的层间距离，为 3.366Å，与高分辨率透射电子显微镜（HRTEM）图像中的观测值（3.365Å）一致。从 700℃到 1300℃，缺陷浓度随退火温度的升高呈下降趋势。再生石墨（RG）负极具有优异的储钠性能。使用 RG

组装的钠离子电池在 0.2A·g^{-1} 下，比容量为 162mAh·g^{-1}，1000 次循环后达到 94.6% 的容量保持率。

　　综上所述，负极材料的失效机制与回收利用之间存在着紧密的耦合关系。负极材料的失效导致废旧电池性能下降，对回收利用构成一定挑战，但同时也为回收利用提供了创新与改进的契机。通过评估与检测废旧电池中负极材料的失效程度，实施再处理与改造，解决安全问题，推动了回收利用技术的发展。随着科学技术的不断进步和工艺的不断改进，相信负极材料的失效机制与回收利用之间的关系将会得到更好的理解，并为电池回收利用领域的可持续发展提供更多的可能性和机遇。

3.3.3　电解液和隔膜的失效机制与回收利用之间的耦合关系

　　电解液和隔膜材料在电池中扮演着关键的角色，它们直接影响着电池的性能、安全性以及循环寿命。然而，随着电池的使用和循环充放电过程的进行，电解液和隔膜材料也会逐渐失效，导致电池性能下降，甚至出现安全隐患。本节将深入探讨电解液和隔膜材料失效机制与回收利用之间的耦合关系，以期为电池回收领域的研究和实践提供理论指导和参考。

　　电解液作为电池中的重要组成部分，承担着传输离子的关键任务。其失效机制主要涉及以下几个方面：

　　① 溶剂挥发与电解质浓度变化　随着电池的循环使用，电解液中的溶剂成分可能会逐渐挥发，导致电解质浓度的变化。这种变化会直接影响电池内部的离子传输速率和电化学性能，从而降低电池的性能。

　　② 电解质分解与降解产物积累　在充放电过程中，电解液中的电解质可能会发生分解或降解反应，产生有害的降解产物。这些产物可能会在电池内部积累，形成 SEI 层或沉积物，从而影响电池的充放电过程和稳定性。

　　③ 氧化还原反应与电池极化　电解液中的氧化还原反应是电池充放电过程中的重要反应之一。然而，这些反应有时会发生在电极表面而不是在电极内部，导致电池极化，进而影响电池的性能和循环寿命。

　　尝试通过添加电解液对失效的锂离子电池进行修复[53]。首次充电过程中，Li$^+$ 被消耗后生成 SEI 膜附着在中间相炭微球上。经过长期高温充放电老化后，电解液分解严重，活性物质结构退化，负极阻抗急剧增加，不断有锂枝晶沉积及其与电解液之间的反应，形成界面阻挡层，并消耗大量电解液。该界面阻挡层阻碍了

Li$^+$的嵌入脱出，导致可逆充放电容量损失，并且由于活性 Li$^+$ 在负极沉积，从而导致正极荷电状态偏移。加入新的电解液后，Li$^+$ 浓度增大，因此可以大幅度恢复正极的 SOC 偏移，以及负极表面 IBL 的电化学溶解重新打开 Li$^+$ 的脱嵌通道。

隔膜材料是电池中用于隔离正负极的关键组件之一，其失效机制主要包括以下几个方面：

① 穿孔与机械损伤　在电池的循环使用过程中，隔膜材料可能会受到外部物理力的作用，导致穿孔或机械损伤。这种损伤会导致正负极之间的直接接触，引发电池的短路和安全隐患。

② 电解液侵蚀与化学损伤　电解液中的化学物质可能会侵蚀隔膜材料，导致其化学性质的变化和结构的破坏。这种化学损伤会降低隔膜材料的机械强度和隔离性能，增加电池的安全风险。

③ 温度和压力变化　温度和压力的变化也会对隔膜材料的性能产生影响。在高温或高压下，隔膜材料可能会软化或失去原有的结构稳定性，导致电池内部的隔离性能下降。

电解液和隔膜材料的失效机制不仅会直接影响电池的性能和安全性，还会对其回收利用造成重要影响。

① 溶剂挥发与电解质浓度变化的回收需求　电解液在循环过程中因溶剂挥发和电解质浓度变化而失效，影响电池性能。针对这一问题，回收技术需要通过补充流失的溶剂或采用蒸馏、浓缩技术恢复电解质浓度，从而延长电池的使用寿命，优化资源利用。

② 电解质分解与降解产物回收　电解液中的电解质分解和降解产物的积累可能导致电池性能下降。回收利用可以通过提取这些降解产物进行处理，恢复电解液的稳定性，避免有害物质的积聚，从而提高电池的循环效率和安全性。

③ 隔膜材料损伤与再利用　隔膜材料的穿孔、机械损伤或化学侵蚀是常见的失效机制。回收过程中，可以对损坏的隔膜材料进行修复或再利用，如通过化学清洗、加固材料结构或重新加工，提高其机械强度和电化学性能，减少废弃物并降低生产成本。电解液和隔膜材料的失效机制直接影响着回收利用的可行性和效率，而回收利用技术的发展又可以部分解决失效机制带来的问题。通过合理的回收技术，可以有效缓解电解液和隔膜材料失效带来的问题，实现资源的再利用和电池性能的恢复。在电池回收领域，需要充分考虑失效机制，制定科学合理的回收利用政策和措施，实现电池资源的最大化利用。

电解液和隔膜材料的失效机制直接影响着回收利用的可行性和效率，而回收利用技术的发展又可以部分解决失效机制带来的问题。在电池回收领域，需要充分考虑环境和安全因素，制定科学合理的回收利用政策和措施，实现电池资源的最大化利用和环境友好型回收利用。通过国际合作和技术创新，共同推动电池回收领域的可持续发展，为建设资源节约型和环境友好型社会作出贡献。

3.4　电池失效与寿命预测

　　锂离子电池具有能量密度大、功率密度高、使用寿命长、自放电率低且无记忆效应等优点，目前已经广泛应用于各类储能装备，尤其是在新能源汽车中，得到了广泛使用。有多个特征能够用于衡量电池容量的衰减，电池最大可用容量下降至初始容量值的 80%，就可以认为电池失效[54]。锂离子电池剩余使用寿命指锂离子电池最大可用容量从当前时刻衰减到失效阈值所经历的充放电循环周期数。因此，电池失效直接关乎剩余使用寿命。仅停留于研究电池失效行为和机制是远远不够的，重点在于如何及时高精度地预测剩余使用寿命变得十分重要。

3.4.1　电池寿命评估与失效预测方法

　　目前，国内外关于剩余使用寿命预测方法的研究中，使用最多的是基于数据驱动的方法。基于数据驱动的方法不需要对锂离子电池内部机理进行深刻分析，而是通过挖掘出锂离子电池数据的变化规律，建立预测模型，就可以得到比较准确的锂离子电池剩余使用寿命。常用的基于数据驱动的方法有支持向量机、相关向量机、极限学习机、人工神经网络等[55, 56]。然而，支持向量机、相关向量机、极限学习机等属于浅层学习方法，一般用于处理小规模预测问题，难以规模化应用。相比之下，人工神经网络属于深度学习方法，具有更强的处理复杂非线性大数据的能力，适合处理锂离子电池的非线性退化问题。因此，人工神经网络在 RUI 研究中极具应用潜力[57]。总之，构建一套高效精准人工神经网络体系处理电池寿命预测问题具有重要研究意义。

　　锂离子电池在退化过程中会出现不同程度的容量回升现象[57]，这种容量回升会导致模型的预测准确性降低，对此，不少学者考虑融合其他算法来提高模型的精度。例如，Ren 等[58]考虑到锂离子电池在实际使用时会受到外部因素的影响，以及标准放电得到的退化数据量的有限性，提出一种基于改进的卷积神经网络和深度长短期记忆神经网络结合的电池预测方法（Auto-CNN-LSTM），预测锂离子电池的剩余使用寿命。Pan 等[59] 提出一种基于长短期记忆神经网络融合粒子滤波的预测锂离子电池不同工况下剩余使用寿命的方法。Kara 等[60] 提出一种卷积神经网络 - 长短期记忆神经网络 - 粒子群优化方法，预测锂离子电池的剩余使用寿命。融合型方法虽然能够在一定程度上提高单一模型的预测精度，但是依然存在建模困难、融合不确定、模型参数调节困难等问题。

在以上基础上，提出一种基于贝叶斯优化 - 门控循环单元神经网络的锂离子电池剩余使用寿命预测方法。这一方法通过提取循环数作为新特征，与对应的容量特征进行融合，来完成特征数据的升维；采用滑动窗口方法，通过分割特征数据集，完成数据集的扩充；引入随机失活技术，搭建神经网络模型，采用贝叶斯方法优化模型，进而实现对锂离子电池剩余使用寿命的准确预测。

3.4.2 电池材料失效数据的建模与分析

采用的数据为美国国家航空航天局实验室的 B5 号、B6 号、B18 号电池容量数据。为了验证模型在不同数据集上的表现，自主测试的电池型号、试验条件、测试环境设置与美国国家航空航天局数据不同。自主测试的电池为 INR1865025P 三元锂离子电池。

充电方案如下：以 4A 恒流方式对锂离子电池充电至电压为 4.2V，然后以 4.2 V 恒压方式对锂离子电池充电至容量为 0.25Ah，停止充电，静置 10min。在充电过程中，每隔 1min 收集一次电流、电压等数据。在充电结束的静置过程中，每隔 3s 收集一次电压等数据。放电方案如下：以 20A 的放电电流对锂离子电池放电至电压为 2.5V，停止放电，静置 30min。在放电过程中，每隔 1s 收集一次电流、电压等数据。在放电结束的静置过程中，每隔 2min 收集一次电压等数据。

上述充电、放电各进行一次为一次完整的充放电，通过重复充放电进行循环测试，收集测试数据。

在锂离子电池剩余使用寿命预测中，大多数研究将容量作为直接特征输入至网络中，进行未来的容量的预测，输入的特征只有一维特征。但仅考虑容量作为特征是远远不够的。现将每个容量点所对应的循环周期数作为第二个特征，与容量特征组合为二维特征。考虑到两个特征的量纲不同，采用 Z 分数标准化公式（3-1）对数据进行标准化。

$$y_i = \frac{x_i - \bar{x}}{\sigma \bar{x}} \qquad (3-1)$$

式中，$\bar{x}$ 为原数据的平均值；σ 为原数据的标准差；x_i 为标准化前的数据；y_i 为标准化后的数据。

数据信息的采集对于锂离子电池剩余使用寿命预测是尤为重要的。提高数据采集的准确性、可靠性和频率，可以提高预测的准确性。例如，滑动窗口法能提高模型对数据信息的挖掘能力[61]。滑动窗口法预测如图 3-15 所示，滑动窗口的大小为 k，第一次输入序列为 x_1，x_2，x_3，…，x_k，预测值为 $\tilde{x}_{k+1}$，然后剔除第一个值 x_1，将预测值 $\tilde{x}_{k+1}$ 加入第二次输入序列，保证每次输入的数量固定为窗口 k，输出预测值。通过滑动窗口分割训练集，分批次输入网络，以达到扩充数据的目的。

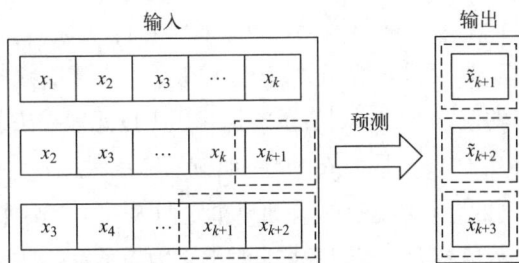

图 3-15　滑动窗口法预测[61]

传统的循环神经网络在解决时间序列问题时容易出现梯度消失、梯度爆炸的问题，一旦出现这种问题，就很难学习到新的信息，因此需要对循环神经网络进行改进。循环神经网络常见的变体有长短期记忆神经网络以及门控循环单元神经网络。门控循环单元神经网络是在标准的长短期记忆神经网络基础上改进的，主要将长短期记忆神经网络中的遗忘门和输入门改为一个更新门，从而减少模型参数，加快训练速度。门控循环单元神经网络结构如图 3-16 所示。

共包括两个输入：t 时刻的输入值 X_t，$t-1$ 时刻的隐藏状态 H_{t-1}；一个输出：t 时刻的隐藏状态 H_t；两个门控结构：重置门 R_t，更新门 Z_t 以及一个候选隐藏状态 H_t'。

根据传递路径，首先计算重置门 R_t 和更新门 Z_t，具体计算公式如下：

$$R_t = \sigma(W_{rx}X_t + W_{rh}H_{t-1} + b_r) \qquad (3-2)$$

$$Z_t = \sigma(W_{zx}X_t + W_{zh}H_{t-1} + b_z) \qquad (3-3)$$

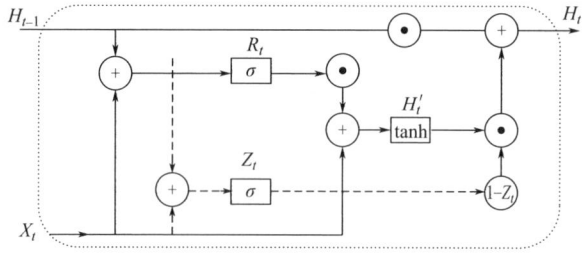

图 3-16　门控循环单元神经网络结构[62]

式中，σ 为 sigmoid 函数；W_{rx} 和 W_{zx} 为各门控结构对应输入值 X_t；W_{rh} 和 W_{zh} 为隐藏状态 H_{t-1} 的权重参数；b_r 和 b_z 为各门控结构的偏置参数。然后计算候选隐藏状态 H_t' 用于辅助计算后续的隐藏状态 H_t，具体计算公式如下：

$$H_t' = \tanh(W_{hx}X_t + W_{hh}(R_t \odot H_{t-1} + b_h)) \tag{3-4}$$

式中，tanh 为双曲正切激活函数；W_{hx} 和 W_{hh} 为候选隐藏状态的权重参数；b_h 为候选隐藏状态的偏置参数；$\odot$ 表示哈达玛积（按元素乘法）。重置门 R_t 用于控制候选隐藏状态 H_t' 的计算是否依赖上一时刻的隐藏状态 H_{t-1}。如果重置门 $R_t = 0$，则舍弃上一时刻的隐藏状态 H_{t-1}。如果重置门 $R_t \neq 0$，则保留上一时刻的隐藏状态 H_{t-1}，且 R_t 数值越大，保留的信息越多，因而重置门具有丢弃历史隐藏状态中与预测无关信息的作用。

最后由更新门 Z_t 和候选隐藏状态 H_t' 计算隐藏状态 H_t 供输出层使用，具体计算公式如下：

$$H_t = Z_t \odot H_{t-1} + (1 - Z_t) \odot H_t' \tag{3-5}$$

其中更新门 Z_t 控制从上一时刻的隐藏状态 H_{t-1} 中保留多少历史信息和需要从候选隐藏状态 H_t' 中接受多少新的信息，然后将二者整合输出给当前时刻的隐藏状态 H_t。

对深度学习模型进行参数拟合较为复杂，在依靠人工经验调节的基础上，确定参数范围，加入参数优化算法，能够进一步寻找到最优的模型参数。贝叶斯优化是机器学习常用的参数寻优算法，适合在深度学习中复杂的神经网络参数调节。为了定量评价预测性能，采用两种评价指标——绝对误差 R_{ULae}（图 3-17）和相对误差 R_{ULre}，计算式为：

$$R_{ULae} = \left| E_{OP} - E_{OL} \right| \tag{3-6}$$

$$R_{ULre} = R_{ULae}/E_{OL} \times 100\% \tag{3-7}$$

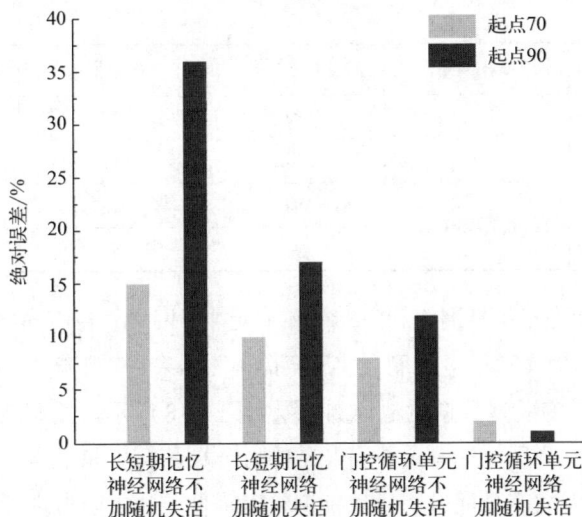

图 3-17　B5 号电池预测绝对误差[61]

式中，E_{OP} 为预测起点；E_{OL} 为寿命结束点。

基于此，依次使用贝叶斯优化长短期记忆神经网络和门控循环单元神经网络，对两种锂离子电池分别进行剩余使用寿命预测，以此评估两种预测模型的优劣性[61]。由表 3-2 可知，贝叶斯优化后长短期记忆神经网络、门控循环单元神经网络的平均相对误差都得到了一定的减小。其中，门控循环单元神经网络在两类数据上的平均相对误差明显低于长短期记忆神经网络，由此证明贝叶斯优化-门控循环单元神经网络的优越性。

表 3-2　贝叶斯优化预测结果[61]

锂离子电池	神经网络	贝叶斯优化	绝对误差	相对误差
B5 号	长短期记忆	前	25	19.38%
		后	10	7.70%
	门控循环单元	前	12	9.30%
		后	2	1.50%
B6 号	长短期记忆	前	24	22.02%
		后	4	3.67%
	门控循环单元	前	20	18.35%
		后	5	4.50%

续表

锂离子电池	神经网络	贝叶斯优化	绝对误差	相对误差
B18 号	长短期记忆	前	29	29.90%
		后	11	11.34%
	门控循环单元	前	12	12.37%
		后	2	2.06%

对于长短期记忆神经网络和门控循环单元神经网络，在不同起点下选择是否加入随机失活，对锂离子电池剩余使用寿命预测结果是有影响的。基于此，美国国家航空航天局实验室数据电池预测结果如图 3-18 所示。长短期记忆神经网络以 70 为起点的锂离子电池剩余使用寿命预测误差小于以 90 为起点，原因在于第 90 周出现了较大的容量回升，导致预测精度降低。加入随机失活后，两种神经网络的预测精度大幅提高。类似地，表 3-3 列举不同锂离子电池剩余使用寿命预测结果。由此可见，虽然 B6 和 B18 以 70 为起点的锂离子电池剩余使用寿命预测误差可能大于以 90 为起点，但是加入随机失活后门控循环单元神经网络平均相对误差都得到一定降低，通过以上预测结果验证了贝叶斯优化 - 门控循环单元神经网络具有较高的剩余使用寿命预测精度。

表 3-3 锂离子电池剩余使用寿命预测结果对比[61]

锂离子电池	神经网络	起点	随机失活	绝对误差	相对误差
B5 号	长短期记忆	70	不加	15	11.60%
			加	10	7.70%
		90	不加	36	27.90%
			加	17	13.10%
	门控循环单元	70	不加	9	6.90%
			加	2	1.50%
		90	不加	11	8.50%
			加	1	0.70%
B6 号	长短期记忆	70	不加	25	22.94%
			加	4	10.09%
		90	不加	11	3.67%
			加	4	5.50%
	门控循环单元	70	不加	6	5.50%

续表

锂离子电池	神经网络	起点	随机失活	绝对误差	相对误差
B6 号	门控循环单元	70	加	1	0.92%
		90	不加	6	5.50%
			加	1	0.92%
B18 号	长短期记忆	70	不加	17	14.91%
			加	11	11.34%
	门控循环单元	70	不加	4	4.12%
			加	1	1.03%

3.4.3　电池失效与寿命预测的可靠性与改进方向

基于贝叶斯优化 - 门控循环单元神经网络的锂离子电池剩余使用寿命预测方法，经过相关试验验证，相对误差均小于 3%，能够实现对锂离子电池剩余使用寿命的准确预测，具有一定的通用性。

然而电池失效与寿命预测是一个复杂的问题，目前的方法仍有一定的局限性。以下是一些改进方向：

① 开发更精确的电池模型　现有的寿命预测方法基于模型假设和经验公式，存在一定的不确定性。因此，需要进一步研究和开发更准确可靠的寿命预测模型，考虑更多的影响因素，如循环深度、温度、充放电速率等，以提高预测的准确性和可靠性。

② 数据采集和监测系统的改进　准确的数据采集和监测对于寿命预测至关重要。改进数据采集系统的准确性、可靠性和频率，可以提高预测的准确性。例如，引入更高精度和可靠性的传感器，并建立实时数据监测系统，以实时获取电池性能参数。

③ 结合机器学习和大数据分析　利用机器学习和大数据分析技术，可以挖掘电池性能数据中的隐含规律和模式，提前识别和预测电池失效迹象。通过分析大规模的电池性能数据，可以建立更准确的预测模型，并实时监测电池的寿命状态。

综上所述，改进方向涵盖了开发更准确的电池模型、改进数据采集和监测系统以及应用机器学习和大数据分析等方面。开发适宜的电池模型，减少剩余使用寿命预测所需的计算量；采用更高精度传感器实现数据精准捕捉；采用联合算法增强的剩余使用寿命预测方法，弥补算法的不足，提高算法的泛化能力。这些方向的综合应用可以提高电池失效与寿命预测的准确性和可靠性，以更好地满足电池应用的需求。

3.5 电池材料失效控制与优化策略

锂离子电池作为当前应用最广泛的储能设备之一，其性能的稳定性和安全性对于电子产品、电动汽车以及大规模可再生能源储存等领域至关重要。然而，随着锂离子电池的广泛应用和深入研究，其材料失效问题逐渐成为制约电池性能提升的关键因素。因此，研究电池材料的失效控制和优化，对提高电池的性能和延长其使用寿命也变得越来越重要。

电池材料的失效机制主要包括正负极材料的结构和组成失效、电解液和隔膜的失效、电化学性能的失效、安全性的失效等[63]。这些失效问题都制约着锂离子电池的发展与应用。其中，在正负极材料的结构和组成方面：正负极材料在循环过程中会发生结构变化和成分损失，如正极材料的晶格变化、负极材料的体积膨胀和收缩等，导致电池性能衰减；在电解液和隔膜方面：电解液分解产生气体和不溶物，隔膜孔隙堵塞或被刺穿，影响电池的离子传输和安全性能；在电化学性能方面：电池在循环过程中会出现容量衰减、内阻增大等问题；在电池安全性方面：电池在极端条件下可能出现热失控、短路等安全问题。这些问题往往会导致电池性能下降甚至发生危险情况，因此失效控制与优化是电池设计和制造中不可忽视的重要环节。下面将着重介绍几种常见的电池材料失效控制与优化策略。

3.5.1 电池失效控制的技术方法

电池失效控制技术是指一系列措施和方法，旨在最大限度地减少电池失效的可能性，并保证电池的安全性、稳定性与长期性能[64]。这些技术可以被应用于各种类型的电池，包括铅酸电池、镍镉电池、镍氢电池、锂离子电池等。

首先健全电池管理控制体系设计[65]。电池在过热或过冷的环境下工作会加速退化。温度管理系统（thermal management system，TMS）可以保证电池在一个理想的温度范围内运行。有效的温度管理系统，如空气冷却、液体冷却等，以控制电池在快速充电和高负载工作条件下的温度，防止热失控。此外，电池管理系统（BMS）能实时监控电池运行状态。通过 BMS 监控电池的电压、电流、温度等参数，实时调整充放电策略，防止过充、过放和过热等情况的发生。

然后完善电池安全性设计[66]。电池在某些情况下可能出现热失控、短路等安全问题，从而发生危险情况造成难以估量的损失。在电解液中适当添加阻燃剂，以减缓热失控过程中的放热反应，提高电池的安全性；采用陶瓷涂层隔膜或高稳定性隔膜材料，提高隔膜的热稳定性和机械强度，防止刺穿和短路；优化电池的封装结构，如采用防爆设计，减少外部冲击对电池的影响，提高电池的整体安全性。这些设计都能在一定程度上保证电池的安全运行。

最后应用先进检测技术[67]。通过 XRD、SEM、TEM、AFM 等先进表征技术对电池进行多层级的失效分析，以揭示电池失效的深层机理。并且开发在线监测技术，如热成像技术等，实时监测电池的工作状态，及时发现和预防潜在的失效问题。

通过上述控制技术方法的综合应用，可以有效控制和降低锂离子电池的失效风险，提高电池的性能稳定性和安全性，延长电池的使用寿命，并推动电池技术的持续进步和应用拓展。

3.5.2 电池设计与制造中的关键材料优化

电池作为能源储存的重要方式，其性能和可靠性受到电池设计和制造中关键材料的影响。因此，优化电池关键材料是提升电池性能和可靠性的重要途径。近年来，研究人员在电池材料的优化方面取得了一些进展，下面将介绍几种常见的关键材料及电池设计的优化方法。

（1）正负极材料的优化

① 材料改性：通过掺杂、包覆、纳米化等手段改善材料的结构稳定性和电化学性能。

② 界面工程：构建稳定的电极 / 电解质界面，减少副反应，提高材料的循环稳定性。

（2）电解液和隔膜的优化

① 电解液优化：开发新型电解液添加剂，提高电解液的热稳定性和电化学窗口。

② 隔膜改进：采用高孔隙率、高离子导电性的隔膜材料，或在隔膜表面涂

覆陶瓷材料以提高热稳定性和机械强度。

（3）电池安全性优化

① 安全机制设计：在电池管理系统中加入过热保护、过充保护等安全机制。

② 材料安全改进：研究和使用不易燃、热稳定性好的材料，如固态电解质替代液态电解质。

③ 改进充放电策略：采用适宜的充放电策略，如限制充电电压、优化充放电曲线，减少电池的过充过放现象。

总之，锂离子电池材料失效控制与优化是一个系统工程，需要从材料选择、电池设计、充放电策略、安全保护等多个方面进行综合考虑。通过不断的材料创新、界面工程、电池管理系统的优化以及先进表征技术的应用，可以有效提升锂离子电池的性能和安全性，延长其使用寿命，推动电池技术的持续进步和应用拓展。

3.5.3　电池可靠性与性能提升的未来展望

随着电动汽车、可再生能源和便携设备等领域的迅猛发展，电池作为能源存储的关键技术之一，其可靠性和性能提升成为全球范围内的研究热点。在未来，电池技术的发展将呈现出一系列令人振奋的趋势和创新，从而为实现高效能源利用、推动可持续发展提供强有力的支持。然而，随着科技的发展和人们对电池性能要求的不断提高，当前的电池技术仍然面临着一些挑战和局限性。因此，研究人员正积极寻找新的解决方案，以提升电池的可靠性和性能，为未来的能源储存提供更为优越的选择。

（1）提高电池寿命与安全性的创新材料与技术

目前，电池的寿命和安全性仍然是限制其可靠性的主要因素。为解决这一问题，研究人员正在不断开发新的电池材料。固态电池、锂硫电池等新型材料电池具有更高的能量密度和较低的火灾风险，能够有效提高电池的寿命和安全性。同时，新的电池设计和制造方法，如 3D 打印技术、纳米结构设计等，也将有助于提高电池的稳定性和可靠性。

（2）提升电池能量密度与充电速度的创新研究

电池的能量密度和充电速度是影响其性能的重要指标。为解决这一问题，研究人员正在寻找新的电极材料和电解质，以提高电池的能量密度和充电速度。同时，新的充电技术，如快速充电技术、无线充电技术等，也将有助于缩短电池充电时间，提高充电效率。

（3）人工智能驱动的电池管理系统创新

除了以上提到的技术，基于人工智能技术的电池管理系统也是未来电池可靠性和性能提升的关键。智能化的电池管理系统将成为电池技术的重要发展方向。通过搭载传感器、人工智能和大数据分析技术，电池管理系统可以实现对电池状态的实时监测、故障诊断和预测维护，及时发现并解决电池的问题，提高电池的安全性和可靠性。此外，智能电池管理系统还可以根据电池的使用情况和环境条件，优化电池的充放电策略，延长电池的使用寿命。

未来电池可靠性和性能提升的前景十分广阔。随着科技的不断发展和人们对电池需求的增加，研究人员将继续探索新的技术和方法，为电池的可靠性和性能提升提供更多的选择和解决方案。相信未来的电池技术将会更加先进和可靠，为人们的生活和工作带来更多的便利和改变。电池的发展和进步是一个持续不断的过程，需要科学家、工程师和各个领域的专家共同努力。只有不断地创新和探索，才能实现电池技术的突破和进步，为人类社会的可持续发展做出更大的贡献。在未来，我们有理由相信，电池技术将会成为解决能源问题和推动社会进步的重要力量。

参考文献

［1］Lin J，Fan E，Zhang X，et al. A lithium-ion battery recycling technology based on a controllable product morphology and excellent performance. Journal of Materials Chemistry A，2021，9（34）：18623-18631.

［2］Ji H，Wang J，Ma J，et al. Fundamentals，status and challenges of direct recycling technologies for lithium ion batteries. Chemical Society Reviews，2023，52（23）：8194-8244.

［3］Geldasa F T，Kebede M A，Shura M W，et al. Identifying surface degradation，mechanical failure，and thermal instability phenomena of high energy density Ni-rich NCM cathode materials for lithium-ion batteries：a review. RSC Advances，2022，12（10）：5891-5909.

［4］Sarkar A，Nlebedim I C，Shrotriya P. Performance degradation due to anodic failure mechanisms in lithium-ion batteries. Journal of Power Sources，2021，502：229145.

［5］Togasaki N，Yokoshima T，Oguma Y，et al. Prediction of overcharge-induced serious capacity fading in nickel cobalt aluminum oxide lithium-ion batteries using electrochemical impedance spectroscopy. Journal of Power Sources，2020，461：228168.

［6］Daniel L，Geniès S，Brunbuisson D，et al. Safety of Li-ion batteries - early detection of anomalies and characterization of their origins. ECS Meeting Abstracts，2016，MA2016-03（2）：245.

［7］Feng X，Ren D，He X，et al. Mitigating thermal runaway of lithium-ion batteries. Joule，2020，4（4）：743-770.

［8］陈猛，王军，王雯雯，等. 应用支持向量机的锂电池不可逆析锂检测研究. 电工技术学报，2025，40（04）：1323-1332.

［9］Bond T，Zhou J，Cutler J. Electrode stack geometry changes during gas evolution in pouch-cell-type lithium ion batteries. Journal of The Electrochemical Society，2017，164（1）：A6158.

［10］Li Y，Yang J，Song J. Nano-energy system coupling model and failure characterization of lithium ion battery electrode in electric energy vehicles. Renewable and Sustainable Energy Reviews，2016，54：1250-1261.

［11］王其钰，王朔，张杰男，等. 锂离子电池失效分析概述. 储能科学与技术，2017，6（05）：1008-1025.

［12］Huang W，Attia P M，Wang H，et al. Evolution of the solid-electrolyte interphase on carbonaceous anodes visualized by atomic-resolution cryogenic electron microscopy. Nano Letters，2019，19（8）：5140-5148.

［13］Pastor-fernández C，Yu T F，Widanage W D，et al. Critical review of non-invasive diagnosis techniques for quantification of degradation modes in lithium-ion batteries. Renewable and Sustainable Energy Reviews，2019，109：138-159.

［14］Sun F，He X，Jiang X，et al. Advancing knowledge of electrochemically generated lithium microstructure and performance decay of lithium ion battery by synchrotron X-ray tomography. Materials Today，2019，27：21-32.

［15］Palacín M R. Understanding ageing in Li-ion batteries：A chemical issue. Chemical Society Reviews，2018，47（13）：4924-4933.

［16］Chen C，Oudenhoven J F M，Danilov D L，et al. Origin of degradation in si-based all-solid-state Li-ion microbatteries. Advanced Energy Materials，2018，8（30）：1801430.

［17］Wang Q，Mao B，Stoliarov S I，et al. A review of lithium ion battery failure mechanisms and fire prevention strategies. Progress in Energy and Combustion Science，

2019，73：95-131.

　　［18］Wang H，Rus E，Sakuraba T，et al. CO_2 and O_2 evolution at high voltage cathode materials of Li-ion batteries：A differential electrochemical mass spectrometry study. Analytical Chemistry，2014，86（13）：6197-6201.

　　［19］Xiang J，Wei Y，Zhong Y，et al. Building practical high-voltage cathode materials for lithium-ion batteries. Advanced Materials，2022，34（52）：2200912.

　　［20］Yan P，Zheng J，Gu M，et al. Intragranular cracking as a critical barrier for high-voltage usage of layer-structured cathode for lithium-ion batteries. Nature Communications，2017，8（1）：14101.

　　［21］Song S H，Cho M，Park I，et al. High-voltage-driven surface structuring and electrochemical stabilization of ni-rich layered cathode materials for Li rechargeable batteries. Advanced Energy Materials，2020，10（23）：2000521.

　　［22］Liu M，Vatamanu J，Chen X，et al. Hydrolysis of $LiPF_6$-containing electrolyte at high voltage. ACS Energy Letters，2021，6：2096-2102.

　　［23］Song Y M，Han J G，Park S，et al. A multifunctional phosphite-containing electrolyte for 5 V-class $LiNi_{0.5}Mn_{1.5}O_4$ cathodes with superior electrochemical performance. Journal of Materials Chemistry A，2014，2（25）：9506-9513.

　　［24］Aurbach D. Review of selected electrode-solution interactions which determine the performance of Li and Li ion batteries. Journal of Power Sources，2000，89（2）：206-218.

　　［25］Howlett P C，Macfarlane D R，Hollenkamp A F. High lithium metal cycling efficiency in a room-temperature ionic liquid. Electrochemical and Solid-State Letters，2004，7（5）：A97.

　　［26］Dollé M，Sannier L，Beaudoin B，et al. Live scanning electron microscope observations of dendritic growth in lithium/polymer cells. Electrochemical and Solid-State Letters，2002，5（12）：A286.

　　［27］Chazalviel J N. Electrochemical aspects of the generation of ramified metallic electrodeposits. Physical Review A，1990，42（12）：7355-7367.

　　［28］Khurana R，Schaefer J L，Archer L A，et al. Suppression of lithium dendrite growth using cross-linked polyethylene/poly（ethylene oxide）electrolytes：A New approach for practical lithium-metal polymer batteries. Journal of the American Chemical Society，2014，136（20）：7395-7402.

　　［29］Aurbach D，Zinigrad E，Cohen Y，et al. A short review of failure mechanisms of lithium metal and lithiated graphite anodes in liquid electrolyte solutions. Solid State Ionics，2002，148（3）：405-416.

　　［30］Fan X，Ji X，Chen L，et al. All-temperature batteries enabled by fluorinated electrolytes with non-polar solvents. Nature Energy，2019，4（10）：882-890.

［31］Yasin G，Anjum M J，Malik M U，et al. Revealing the erosion-corrosion performance of sphere-shaped morphology of nickel matrix nanocomposite strengthened with reduced graphene oxide nanoplatelets. Diamond and Related Materials，2020，104：107763.

［32］Qin K，Holguin K，Mohammadiroudbari M，et al. Strategies in structure and electrolyte design for high-performance lithium metal batteries. Advanced Functional Materials，2021，31（15）：2009694.

［33］Wang C Y，Zheng Z J，Feng Y Q，et al. Topological design of ultrastrong MXene paper hosted Li enables ultrathin and fully flexible lithium metal batteries. Nano Energy，2020，74：104817.

［34］Jie Y，Ren X，Cao R，et al. Advanced liquid electrolytes for rechargeable Li metal batteries. Advanced Functional Materials，2020，30（25）：1910777.

［35］Wang Q，Liu B，Shen Y，et al. Confronting the challenges in lithium anodes for lithium metal batteries. Advanced Science，2021，8（17）：2101111.

［36］Lu D，Shao Y，Lozano T，et al. Failure mechanism for fast-charged lithium metal batteries with liquid electrolytes. Advanced Energy Materials，2015，5（3）：1400993.

［37］Liao Y，Zhang H，Peng Y，et al. Electrolyte degradation during aging process of lithium-ion batteries：mechanisms，characterization，and quantitative analysis. Advanced Energy Materials，2024，14：2304295.

［38］Kühn S P，Edström K，Winter M，et al. Face to face at the cathode electrolyte interphase：From interface features to interphase formation and dynamics. Advanced Materials Interfaces，2022，9（8）：2102078.

［39］Chen Y，He Q，Mo Y，et al. Engineering an insoluble cathode electrolyte interphase enabling high performance NCM811//Graphite pouch cell at 60℃. Advanced Energy Materials，2022，12（33）：2201631.

［40］陆大班，林少雄，胡淑婉，等. 三元动力锂离子电池不同温度循环失效分析. 安徽大学学报（自然科学版），2021，45（01）：92-97.

［41］周江，刘松涛，岳仍利. 高比能锂离子电池过充失效机理研究. 电源技术，2021，45（12）：1544-1547.

［42］Klein S，Harte P，Vanwickeren S，et al. Re-evaluating common electrolyte additives for high-voltage lithium ion batteries. Cell Reports Physical Science,2021,2（8）：100521.

［43］王其钰，王朔，张杰男，等. 锂离子电池失效分析概述. 储能科学与技术，2017，6（5）：1008-1025.

［44］Du K，Ang E H，Wu X，et al. Progresses in sustainable recycling technology of spent lithium-ion batteries. Energy & Environmental Materials，2022，5（4）：1012-

1036.

　　［45］Sun L，Qiu K. Organic oxalate as leachant and precipitant for the recovery of valuable metals from spent lithium-ion batteries. Waste Management，2012，32（8）：1575-1582.

　　［46］Zhang X，Bian Y，Xi S，et al. Innovative application of acid leaching to regenerate Li（Ni$_{1/3}$Co$_{1/3}$Mn$_{1/3}$）O$_2$ cathodes from spent lithium-ion batteries. ACS Sustainable Chemistry & Engineering，2018，6（5）：5959-5968.

　　［47］Xu P，Dai Q，Gao H，et al. Efficient direct recycling of lithium-ion battery cathodes by targeted healing. Joule，2020，4（12）：2609-2626.

　　［48］Nie H，Xu L，Song D，et al. LiCoO$_2$：Recycling from spent batteries and regeneration with solid state synthesis. Green Chemistry，2015，17（2）：1276-1280.

　　［49］Meng X，Hao J，Cao H，et al. Recycling of LiNi$_{1/3}$Co$_{1/3}$Mn$_{1/3}$O$_2$ cathode materials from spent lithium-ion batteries using mechanochemical activation and solid-state sintering. Waste Management，2019，84：54-63.

　　［50］Rothermel S，Evertz M，Kasnatscheew J，et al. Graphite recycling from spent lithium-ion batteries. ChemSusChem，2016，9（24）：3473-3484.

　　［51］Gao Y，Wang C，Zhang J，et al. Graphite recycling from the spent lithium-ion batteries by sulfuric acid curing-leaching combined with high-temperature calcination. ACS Sustainable Chemistry & Engineering，2020，8（25）：9447-9455.

　　［52］Liang H J，Hou B H，Li W H，et al. Staging Na/K-ion de-/intercalation of graphite retrieved from spent Li-ion batteries：In operando X-ray diffraction studies and an advanced anode material for Na/K-ion batteries. Energy & Environmental Science，2019，12（12）：3575-3584.

　　［53］Cui Y，Du C，Gao Y，et al. Recovery strategy and mechanism of aged lithium ion batteries after shallow depth of discharge at elevated temperature. ACS Applied Materials & Interfaces，2016，8（8）：5234-5242.

　　［54］戴海峰，张艳伟，魏学哲，等. 锂离子电池剩余寿命预测研究. 电源技术，2019，43（12）：2029-2035.

　　［55］Feng H，Song D. A health indicator extraction based on surface temperature for lithium-ion batteries remaining useful life prediction. Journal of Energy Storage，2201，34：102118.

　　［56］Yao F，He W，Wu Y，et al. Remaining useful life prediction of lithium-ion batteries using a hybrid model. Energy，2022，248：123622.

　　［57］蔡艳平，陈万，苏延召，等. 锂离子电池剩余寿命预测方法综述. 电源技术，2201，45（05）：678-682.

　　［58］Ren L，Dong J，Wang X，et al. A data-driven Auto-CNN-LSTM prediction model for lithium-ion battery remaining useful life. IEEE Transactions on Industrial

Informatics，2021，17（5）：3478-3487.

［59］Pan D，Li H，Wang S. Transfer learning-based hybrid remaining useful life prediction for lithium-ion batteries under different stresses. IEEE Transactions on Instrumentation and Measurement，2022，71：1-10.

［60］Kara A. A data-driven approach based on deep neural networks for lithium-ion battery prognostics. Neural Computing and Applications，2021，33（20）：13525-13538.

［61］安元超，张岳君，林文文，等 . 基于 BO-GRU 神经网络的锂离子电池剩余使用寿命预测 . 机械制造，2023，61（12）：50-55.

［62］易顺民 . 基于门控循环神经网络的锂离子电池剩余寿命预测，2023，05：002257.

［63］Liu J，Hu X，Qi S，et al. Research progress in failure mechanisms and electrolyte modification of high-voltage nickel-rich layered oxide-based lithium metal batteries. InfoMat，2024，6（2）：e12507.

［64］段丹丹 . 试析锂离子电池失效原因及应对措施 . 科技创新导报，2019，16（23）：82-83.

［65］Samanta A，Williamson S S. A comprehensive review of lithium-ion cell temperature estimation techniques applicable to health-conscious fast charging and smart battery management systems. Energies，2021，14（18）：5960.

［66］Peng L，Kong X，Li H，et al. A rational design for a high-safety lithium-ion battery assembled with a heatproof-fireproof bifunctional separator. Advanced Functional Materials，2021，31（10）：2008537.

［67］Chu H N，Monroe C W. Characterizing lithium-ion cell state with a streamlined electrochemical/thermal model parameterized by lock-in thermography. ECS Meeting Abstracts，2018，MA2018-02（4）：211.

第 4 章

湿法冶金
回收技术

▲▲▲▲▲▲▲

4.1　湿法冶金

　　湿法冶金是利用浸出剂将矿石、经选矿富集的精矿、焙砂或其他物料中有价金属组分溶解在溶液中，再对液相中所含各种有用金属进行分离富集，最后以金属或其化合物的形式加以回收的方法。由于这种冶金过程大都在水溶液中进行，故称湿法冶金[1]。

　　湿法冶金的起源可以追溯到古代，但在过去的几十年里得到了广泛的发展和改进。传统观念的湿法冶金仅属于提取冶金的范畴，主要包括在水溶液中浸润矿物原料、冶金中间产品或废旧物料中的有价金属、含有价金属水溶液的净化除杂及元素的分离、从水溶液中析出金属或金属化合物等过程。近代观念湿法冶金是指在水溶液中进行的提取有价金属及其化合物、制取某些无机材料与处理某些"三废"的过程[1]。湿法冶金过程由预处理、溶解浸出、固液分离和分离纯化四个主工序组成，即为粉碎磨细矿石或再经焙烧等预处理；矿石原料浸出有价金属并转入液相；浸取后矿浆的固液分离；富集、分离、纯化溶液中的有价金属，并以金属或其化合物的形式回收。随着矿石品位的下降和人们对环境的愈加重视，湿法冶金在有价金属生产中作用越来越大。

　　除了有色金属冶炼之外，新能源领域同样有着湿法冶金的身影。以锂离子电池为例，随着社会需求不断提高，电池技术不断革新，电池版本不断迭代，这不仅使得原矿资源越来越少，也使得废旧电池越来越多。为了解决该问题，人们提出了从废旧电池中提取出制备电池所需要的有价金属资源。因此在废旧电池回收领域，湿法冶金也有着重要的应用。

本节将从湿法冶金的发展历程、优势与适用性、设备与工艺流程，以及溶液化学与电化学基础进行介绍。

4.1.1 湿法冶金的发展历程

冶金技术具有极为悠久的历史，从古石器时代到现在规模化的自动化生产，充分证明了这一技术的发展史是人类文明进化史的重要篇章。冶金技术的创新与应用为人类社会进步带来了巨大的变革。

我国湿法冶金的历史可以追溯到公元 206 年的西汉时期。西汉刘安所著《淮南万毕术》中便有湿法炼铜（胆铜法）的记载。"曾青得铁则化为铜"，即把铁片放入硫酸铜溶液或其他铜盐溶液中，置换出单质铜[2]。到宋代，胆铜法生产铜已初具规模，成为大量生产铜的重要方法之一。然而，此时的冶金工艺以火法为主，湿法冶金技术只是作为火法冶金的辅助手段，发展缓慢[3]。

西方国家对湿法冶金技术的探索晚于我国，最早可以追溯到 18 世纪。1752年西班牙企业 Rio Tinto 开始用堆浸法生产海绵铜[4]。该生产工艺与我国北宋时期的胆铜法相似，不同之处在于矿石的预处理采用人工焙烧硫化铜矿而非自然风化，缩短了湿法冶金的生产周期，节约了时间成本。同一时期，英国的 Wicklow 铜矿则用排水开采法回收铜。1807 年，英国科学家 H. 戴维进行了熔融苛性碱电解制取钾、钠的研究，从而为获得高纯度物质开拓了新的领域。然而，由于化学和机械工程技术水平不高，湿法冶金的发展受到了明显制约。在 Michael Faraday 发明发电机之后，工业水平得以进一步发展，从而推动了湿法冶金的兴起[5]。

第二次工业革命使人类进入了电气时代，开启了湿法冶金快速发展的篇章。1869 年，第一个铜电解还原工厂在 Swansea 建成。电解法在湿法冶金工业中的应用范围不断扩大，成为金属提取和精炼的一项关键技术。搅拌器、过滤器和离心机等新设备的引入大幅提高了金属提取的效率和产量，显著提升了湿法冶金技术的水平。

19 世纪末至 20 世纪初，随着各国对湿法冶金的探索，湿法冶金的应用推广到铝、锌、金、银、钴、镍等金属的冶炼，并出现了拜耳法、氰化法等重要的冶炼方法和工艺。1888 年，拜耳发明了氢氧化钠溶液加热浸取铝土矿制取三氧化二铝，再经熔盐电解法制取金属铝的方法。1890 年，Mac Arthur 提出稀氰化物溶液溶解 - 锌屑置换提金的氰化工艺，并在非洲建立第一座氰化提金厂。1901 ～ 1931 年，Ipatieff 系统地研究了高温、高压下从水溶液或有机溶液中用氢沉淀得到金属的反应，获得 Cu、Ni、Co、Pd、Bi、Pt 等金属[3]。1906 ～ 1941 年，氢气及其他还原性气体从水溶液中还原得到金属的技术取得了显著的发展。大量专利文献报道了在加压环境下使用 SO_2、CO 和 H_2 作为气态还原剂的创新方法，推动了金属还原工艺的进步，并对后续的冶金技术发展产生了深远影响。20 世纪初，置换沉淀法（接触还原法）、电解还原法、气体还原法等从水溶液中直接还原得到金属的方法已用于湿法冶金工业[5]，从而推动了近代湿法冶金的发展。这个时期的湿法冶金流程的基本作业是浸出，且多数在常压下进行，冶金流程相对简单，金属分离效率较差。浸出剂主要是硫酸和烧碱，净化和回收手段通常使用置换、化学沉淀、结晶或电沉积。为提高湿法冶金过程金属的收率，高温高压技术和浸出前焙烧等预处理工序得到应用与发展，从而奠定了现代湿法冶金技术发展的基础[6]。

　　20 世纪中叶，第二次世界大战引发了各国对战略物资的大量需求，直接促进了现代湿法冶金技术的快速发展。加压湿法冶金等浸出方法、离子交换和溶剂萃取等回收和富集金属工艺都得到了广泛应用。20 世纪 50 年代，加拿大 Sherritt Gordon 矿业有限公司和美国化学建设公司成功研发了从硫化物和砷化物中浸取镍、钴的工业流程[5]。美国的 Schaufelberger 和加拿大的 Forword 等人将加压氢还原技术应用到湿法冶金，成功研发了 Sherritt Gordon 过程，即硫化镍矿加压氨浸——镍氨溶液加压氢还原制取镍粉工艺[3]。同时，加拿大、南非及美国采用碱法加压浸湿铀矿，实现了工业化生产。此外，加压浸出也被用于钨、钼、钒及其他有色金属的提取。随着原子能用于发电所需铀量的增加，溶剂萃取法与离子交换法等化工分离技术在湿法提取铀中得到了工业应用。随后，这些分离技术在湿法冶金的应用不断扩大，逐渐用于钽、铌和锆等稀有金属的分离。通过工艺的不断优化，创造了"离子交换树脂在浆"和"溶剂萃取在浆"等技术，简化了原有工艺的复杂工序，减少了原料损耗[3]。这些新兴的工艺技术逐渐取代了传统技术，极大地提升了冶金生产的效率和经济收益，对整个冶金行业的发展起到了重要的推动作用。

　　20 世纪末至今，由于各国富矿和易分选硫化矿储量日趋枯竭，火法冶金所致环境问题日益严峻，电子计算机的广泛应用，陆地矿产消减及能源危机等诸多原因，冶金工业发展与人们日益增长的物质需求之间的矛盾加剧。为解决这些问题并满足社会对金属材料的需求，冶金行业开始推动湿法冶金技术向以贫矿和难选复杂矿为原料的自动化清洁生产方向发展。湿法氯化冶金应用于重有色金属及贵金属冶金中的技术逐渐进步，选择性氯化浸出、氯化物溶液净化、氯化剂再生复用、氯化设备防腐等方面都有了新的发展，并已大规模工业化。液膜分离技术也逐渐应用于提锌、提铜、提金、稀土金属提取分离、镍钴提取分离等领域。此外，人们还发明了集矿物浸出、溶液净化及电解沉积一体化的矿浆电解工艺，流程逐渐得到完善[7]。

在这个阶段，科技进步的速度有了飞跃的提升，特别是在化学、金属冶炼、热能等方面取得了巨大的成就，湿法冶金技术水平也得到了迅速发展。湿法冶金逐渐成了冶金行业普遍采用的获取金属的方法。随着矿石品位的下降和对环境保护要求的日益严格，湿法冶金在有色金属生产中的作用将日益凸显，现已成为提取冶金中一个重要的分支学科[8]。

湿法冶金除了在传统的金属冶炼领域有着广泛的应用外，在废旧电池回收领域同样有着不可忽视的地位。

电池作为一种将化学能转换为电能的装置，自 19 世纪初发明以来，已成为现代社会不可或缺的能源存储解决方案。随着技术进步和电子设备的普及，电池的应用范围从简单的手电筒和收音机，扩展到了电动汽车、移动电话和可再生能源存储等高端应用。电池的寿命是有限的，随着使用时间的增加，电池会逐渐失去储能能力，最终失效。全球电子产品的快速更新换代以及电动汽车的兴起，导致废旧电池数量迅速增加。这些废旧电池含有重金属和有害化学物质，其中汞、镉、锰、铅、锌等重金属物质会渗透到碱性土壤里和深层地下水中，然后在天然植物汁液中富集，随着食物链进入到人体血液内。这些有害金属物质长期地蓄积在人体血液内，会对人体神经系统、内分泌系统、免疫系统、肾脏和骨骼等造成损害[9]。此外，这些废旧电池所蕴含的大量有价金属，具有较高的回收价值。因此，废旧电池的回收不仅能够减少环境污染，还能实现资源的再利用。随着环境保护意识的增强和资源可持续利用的需求，废旧电池的回收技术逐渐受到重视。湿法冶金技术在这一领域的应用，使得废旧电池中的有价金属得以有效回收，减少了对原生资源的依赖，同时也降低了环境污染。湿法冶金技术在废旧电池回收方面的发展可分为以下四个阶段。

20 世纪 90 年代～21 世纪 00 年代初期：废旧电池主要通过简单的物理方法

和火法工艺进行分离和回收，操作简单，生产率高。然而，火法冶金通过超高温处理将正负极材料中的金属合金化，能耗高且易产生污染[10]。

21 世纪 00 年代中期～ 21 世纪 10 年代初期：由于对可持续发展和资源回收的重视，湿法冶金方法开始用于处理废旧电池，通过低温无机酸浸出和后续的分离提纯过程回收废旧锂离子电池中的有价金属。无机酸浸出过程中会产生大量的有害气体和废水，可能对环境造成二次污染[11]。

21 世纪 10 年代中期：随着对废旧电池回收研究的不断深入，湿法冶金方法逐渐增多，出现了有机酸浸出、碱性浸出和共晶溶剂浸出等更为绿色环保的回收浸出技术。在这一阶段，碳酸锂沉淀工艺成为废旧电池回收主流技术，通过将废旧电池破碎后浸出金属离子，并调整溶液 pH 值使锂以碳酸盐的形式沉淀出来，从而实现锂与其他金属的有效分离[12]。

近年来，湿法冶金回收锂离子电池的工艺已经得到了精细化和工业化的发展。研究人员和企业致力于提高金属回收率、减少废物产生、改进工艺效率以及确保工艺过程环保，合作设计了一批集成化的工业回收设备。

4.1.2　湿法冶金的优势与适用性

湿法冶金在处理有色金属矿物方面，与传统的火法冶金相比具有显著的优势和优异的适用性[1, 13]。

（1）湿法冶金的优势

① 环境友好。湿法冶金对环境的污染程度远低于传统的熔炼工艺熔炼过程，特别是减少了有害气体排放和固体废物的产生，更加符合可持续发展的要求。

② 节能减排。大多数湿法冶金过程在低温下进行，相较于高温熔炼的火法冶金，能耗更低，节约燃料。

③ 原料与工艺规模灵活。湿法冶金适用于处理各种原矿和二次资源，包括低品位、复杂或细小散布的矿石。此外，湿法冶金过程具有高度的灵活性，允许从小规模开始，随着需求增长逐步扩大。这种灵活性使得湿法冶金能够更经济地调整生产规模。

④ 工艺多样化。浸出、溶剂萃取、离子交换等多种工艺为不同金属和矿石提供了多样的处理选项。

⑤ 易于自动化。现代湿法冶金过程更容易实现自动控制。

⑥ 成本效益高。大多数浸出剂不与矿石中的脉石起作用，不需单独消耗试剂；处理浸出渣要比处理火法冶炼的冰铜、渣和金属便宜且容易；与炉子耐火衬的损坏及定期停炉维修相比，湿法冶金的腐蚀相对要轻。

⑦ 可以提高资源的综合利用率。湿法冶金在提取精矿中主金属的同时，可以回收一些伴生的稀贵金属（Au、Ag及铂族金属）及稀散金属。

（2）湿法冶金的适用性

① 适于处理难选矿。针对传统火法难以处理的矿物，湿法冶金显示出其独特的适用性。

② 适于处理低品位物料。湿法冶金技术能够有效处理低品位矿石，如原生硫化矿和氧化矿，以及废弃的尾矿，通过浸出和溶剂萃取等方法回收有价金属，不仅提高了资源利用率，还有助于延长矿山的使用寿命，并减少了对未开发资源的依赖和环境影响。

③ 适于处理复杂矿石。湿法冶金技术能够高效处理低品位复杂矿石和大洋锰结核等难处理原料，通过选择性浸出剂可溶出特定金属，如硫化钠溶液对硫化锑的选择性提取。同时，随着溶液净化技术的进步，例如除铁技术的改进，湿法炼锌工艺得到了显著提升，使得锌及其他伴生金属的回收率大幅提高。

④ 适于特殊金属提取。湿法冶金特别适合于提取和精炼一些特殊金属，如钽、铌、锆等稀有金属。

⑤ 适于敏感区域开采。在环境敏感区域，如水源保护区、生态脆弱区，湿法冶金提供了一种相对环保的开采方式。

⑥ 废物利用。湿法冶金可用于处理废旧电器、电池等含金属废物，实现资源的再利用。

4.1.3　溶液化学与电化学基础

在湿法冶金过程中，溶液化学和电化学起着重要的作用。溶液化学研究了金属离子在溶液中的溶解、解离与反应平衡等各种平衡关系，进而确定湿法冶金工艺的最佳条件，为湿法冶金提供了理论基础。而电化学则研究了金属离子在电解过程中的迁移和沉积行为，对于理解金属的溶解、沉积和电镀等过程至关重要。

（1）溶液化学[1]

在湿法冶金过程中，金属矿物首先与溶剂发生化学反应，使金属离子进入溶液中。这一过程一般可分为简单溶解、无价态变化的化学溶解、有氧化还原反应的化学溶解和有配合物生成的化学溶解四类。

1）简单溶解

简单溶解是一种常见的物理化学过程，其中固体物质在溶剂中形成溶液，而不发生化学变化。这个过程基础在于溶质与溶剂之间的相互作用，涉及溶质在水中具有良好的溶解度，因此溶质能够直接溶入水中，形成均匀、稳定的溶液。在湿法冶金中，原料中的某些化合物因其具有良好的水溶性，在浸出过程中会直接溶入水中。这类过程通常伴随着水合反应的发生。例如，在烧结法生产 Al_2O_3 的过程中，烧结块中的 $NaAlO_2$ 会经历简单溶解。极性溶质 $NaAlO_2$ 由于其分子结构，能够与水分子形成较强的分子间力，从而容易溶解于水中。在溶解过程中，溶质微粒先进行扩散，这一步骤中其需要克服晶体中的晶格能才能扩散到溶剂中，因此需要吸收能量。随后，扩散后的溶质微粒进行溶剂化与溶剂（如水）分子结合，形成溶剂合物。此步骤通常会放出能量，使溶解过程稳定。随着溶质持续溶剂化，最终形成透明、均匀且稳定的溶液。这些过程展示了易溶化合物在水溶液中的直接溶解特性。这一过程具有均一性、稳定性和依数性。

2）无价态变化的化学溶解

在金属矿物的浸出过程中，化合价不发生变化的主要反应类型包括直接溶解反应和复分解反应，其中溶质的化合价不发生变化，但会生成新的化合物进入溶液。在无价态变化的化学溶解中，溶质与溶剂之间的相互作用主要依赖于分子间的静电力、范德瓦尔斯力、氢键等非共价作用。这些作用力促使溶质分子能够溶解于溶剂中，而不改变其价态。其过程与简单溶解相同，分为扩散、溶剂化和稳态形成三个过程。直接溶解反应，如锌焙砂浸出时，ZnO 和 $ZnO \cdot Fe_2O_3$ 等氧化物直接与 H_2SO_4 反应，生成相应的硫酸盐进入溶液。复分解反应则涉及难溶化合物与浸出剂之间的反应，分为两种情况。一种是难溶化合物的一种元素或离子团进入溶液，其余转化为新的难溶化合物，例如黑钨矿在 $NaOH$ 溶液浸出时的反应［式（4-1）］；另一种是难溶化合物的一种元素或离子团进入溶液，而其他的成分变为气体进入气相或变成难电离物进入溶液，例如精矿酸浸时，其伴生矿物方解石的反应［式（4-2）］。

$$Fe_xMn_{1-x}WO_4(s)+2NaOH(aq)\longrightarrow Na_2WO_4(aq)$$

$$+xFe(OH)_2(s)+(1-x)Mn(OH)_2(s) \tag{4-1}$$

$$CaCO_3(s)+2HCl(aq)===CaCl_2(aq)+H_2O+CO_2\uparrow \tag{4-2}$$

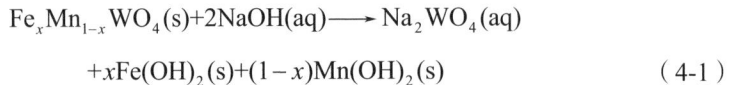

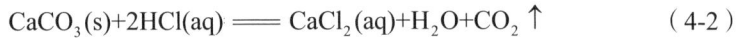

无价态变化的化学溶解具有以下特点：① 无价态变化：无价态变化的化学溶解与其他化学溶解过程不同，无价态变化的化学溶解不涉及氧化还原反应，因此溶质的价态保持不变。② 高效性：由于没有复杂的价态变化，无价态变化的化学溶解过程通常反应速率快，设备要求简单，易于操作和控制。

3）有氧化还原反应的化学溶解

有氧化还原反应的化学溶解涉及溶质在溶液中发生化合价变化，其本质是电子的得失或共用电子对的偏移。在一个氧化还原反应中，涉及两个反应物：氧化剂和还原剂。氧化剂接受电子而被还原，还原剂提供电子而被氧化。氧化还原反应前后，元素的氧化数发生变化。氧化数升高的物质称为还原剂，其产物为氧化产物；氧化数降低的物质称为氧化剂，其产物为还原产物。有氧化还原反应的化学溶解过程包括扩散过程、电子转移和稳态形成。扩散过程与此前所述相同，皆为溶质微粒从固相进入液相时需克服物质内部的晶格能，使其能够扩散到溶剂中。不同处在于溶剂化过程中，扩散后的溶质粒子与溶剂分子通过非共价相互作用结合，并发生电子转移，形成溶剂合物。即浸出反应中有价态变化，如闪锌矿等有色金属硫化矿的高压氧浸：

$$ZnS(s)+H_2SO_4+1/2O_2===ZnSO_4(aq)+S(s)+H_2O \tag{4-3}$$

废旧 NCM 材料的酸浸：

$$12LiNi_{1/3}Mn_{1/3}Co_{1/3}O_2+36HCl\longrightarrow 12LiCl+4NiCl_2+4MnCl_2+4CoCl_2+18H_2O+3O_2\uparrow \tag{4-4}$$

有氧化还原反应的化学溶解具有以下特点：① 化合价变化：有氧化还原反应的化学溶解涉及溶质化合价的变化，即电子的得失或转移。② 高效性：尽管涉及复杂的价态变化，但这类反应在适当的催化剂和条件下，可以高效进行，如燃料电池中的氧化还原反应[14]。

4）有配合物生成的化学溶解

有配合物生成的化学溶解过程涉及中心离子（或原子）与配体之间的相互作用。在这个过程中，中心离子与配体通过形成配位共价键结合，生成复杂的结构单元。值得注意的是，配合物的形成并不涉及氧化还原反应，而是通过中心离子与配体之间的共用电子对来形成配位键。这一化学溶解过程同样由三部分组成，分别为扩散、配位键的形成和稳态。其中，主要部分为配位键的形成。在这一过程中，中心金属离子提供空轨道，而配体则提供孤对电子。配体分子的孤对电子进入金属离子的空轨道，形成配位键，进而生成配合单元。配合物的生成与解离是一个动态平衡过程，增加配体或金属离子浓度有利于配合物的生成，反之则有利于其解离。例如红土镍矿经还原焙烧后的氨浸出：

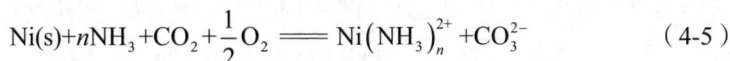

$$Ni(s)+nNH_3+CO_2+\frac{1}{2}O_2 \Longrightarrow Ni(NH_3)_n^{2+}+CO_3^{2-} \tag{4-5}$$

有配合物生成的化学溶解具有以下特点：① 结构复杂性：配合物由中心离子和配体通过配位键结合而成，其结构比简单化合物或复盐更复杂。② 稳定性差异：不同的配合物因其配体种类、数量及中心金属离子的不同，而具有不同的稳定性。这种稳定性可以通过平衡常数来衡量。

（2）电化学[7]

湿法冶金过程中许多关键步骤涉及电子转移，这些步骤包括金属在酸中的溶解、溶液中金属的置换沉积、金属的电解沉积、水溶液中金属的气体还原以及三价铁盐的水溶液浸出金属的硫化物等。例如，在使用锌从溶液中置换铜的过程中，至少同时发生着两个平行的过程。

其一是：
$$Zn^0 \longrightarrow Zn^{2+}+2e$$

其二是：
$$Cu^{2+}+2e \longrightarrow Cu^0$$

前者是一个氧化过程，习惯上又叫阳极过程，把发生氧化过程的电极称阳极；而后者是一个还原过程，习惯上叫阴极过程，发生还原过程的电极叫阴极。电化学反应与一般的氧化还原反应不同，其区别于在电化学反应中电荷传递不是在同一物理位置上进行的，而是在分隔一定距离的两个电极上进行的。电子在电极之间的传递是通过一种参与反应的固相（导体或半导体）实现的。电化学反应是在各种化学电池或电解池中实现的。如果实现反应所需的能量是由外部电源供给的，称为电解池中的电化学反应，如从水溶液中电解沉积金属。如果体系自发地将本身的化学能变成电能，就称为化学电池中的电化学反应，如原电池的放电过程。

有两种类型的电池，第一类是腐蚀电池，例如金属在酸性溶液中的溶解。这类型电池只有一种固相即金属，在它表面上的某些区域为阳极，发生阳极反应：

$$Me^0 \longrightarrow Me^{n+}+ne \tag{4-6}$$

各个阳极区的面积为 A_{ai}，另一些区域为阴极，在其表面上发生阴极反应：

$$2H^++2e \longrightarrow H_2 \tag{4-7}$$

各个阴极区的面积为 A_{cj}，固相的总面积 $A=\Sigma A_{ai}+\Sigma A_{cj}$，阳极区与阴极区靠金属本体联结起来，组成大量的微电池。

第二类是原电池。两种（或两种以上）的固相（它们是导体或半导体）相互接触并同时浸没在电解质的溶液中，其一为阳极，其二为阴极。例如 FeS_2 与 PbS 颗粒互相接触组成一个原电池（图 4-1），PbS 为负极，在其表面发生阳极反应：

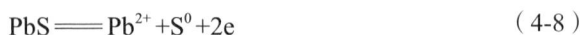

$$PbS \Longrightarrow Pb^{2+}+S^0+2e \qquad (4-8)$$

FeS_2 为正极，在其表面发生阴极反应：

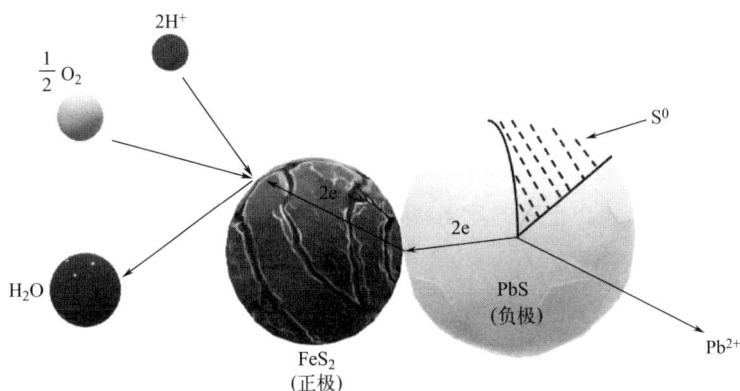

$$\frac{1}{2}O_2+2H^++2e \Longrightarrow H_2O \qquad (4-9)$$

图 4-1 原电池浸出反应示意图

由此可见，一切电化学过程都包括两个平行的过程，即阳极过程和阴极过程。因而研究电化学过程的动力学归结于研究电极过程的动力学。电极反应（无论是阴极或阳极）是湿法冶金电化学过程的核心，它由一系列串联的步骤组成，包括：

① 液相中的传质步骤：反应粒子从溶液向电极表面传输。

② "前置的"表面转化步骤：反应粒子在电极表面上或表面附近的液层中进行一系列的"反应前的转化过程"，例如反应粒子在表面上被吸附或发生化学变化。

③ 电化学步骤：在电极表面，反应粒子得到或失去电子，生成反应产物。

④ "随后的"表面转化步骤：反应产物在电极表面上或表面附近液层中进行进一步的转化，如脱附、复合、分解、歧化或其他化学变化，这些步骤帮助稳

定和转移反应产物。

⑤ 生成新相步骤或液相中的传质步骤：一种情况是反应产物生成新相，例如生成气泡或固相沉积层；另一种情况是反应产物自电极表面向溶液中或液态电极内部传递。

实际的电极反应比之前描述的更复杂，除了连续反应，还有平行反应发生。与一般的化学反应过程一样，整个电极过程的速率由最慢的步骤决定。从实验研究和生产实践中知道，对于大多数涉及金属离子的电极反应，电化学步骤及其他表面转化步骤往往都进行得比较快，而液相中的传质步骤则常常是决定整个电极反应速率的步骤。在许多情况下，只有电极电位接近平衡电位时电化学步骤才进行得比较慢，但增大电极电位，一般来说可以使这一步骤大大加快，而最终最慢步骤往往还是液相中的传质步骤。

4.1.4　湿法冶金设备与工艺流程[1, 15]

常规的湿法冶金工艺流程需根据具体的矿石类型和目标金属的不同而有所差异，但通常包括矿石预处理、浸出、固液分离和富集纯化等步骤。由于工艺步骤不同，所对应的工艺设备也不同。湿法冶金主要工艺流程及所需冶金设备如图4-2所示。

（1）预处理

预处理主要任务在于使矿石破碎和均化，为溶出系统磨制出合格的原矿浆。其工艺步骤主要有矿石的破碎、配矿、磨矿、料浆制备等，所需设备主要有破碎机、球磨机、分级机等。

1）破碎机

颚式破碎机是一种古老的碎矿设备，由于它具有构造简单、工作可靠、制造容易、维修方便等优点，所以至今仍在各工业部门获得广泛应用。在有色冶金工厂，它主要用来破碎矿石和熔剂。颚式破碎机的类型很多，工业中应用最广泛的主要有以下类型：① 简单摆动颚式破碎机；② 复杂摆动颚式破碎机；③ 液压颚式破碎机。简单摆动颚式破碎机的结构如图4-3所示。

辊式破碎机有两种基本类型，即双辊式和单辊式，以双辊式（又称对辊式）应用最多，其结构如图4-4所示。对辊式破碎机的种类很多，按辊面的情况分类，有光滑和非光滑辊面两种；按辊子轴承的构造不同，又分为固定轴式、单可动轴

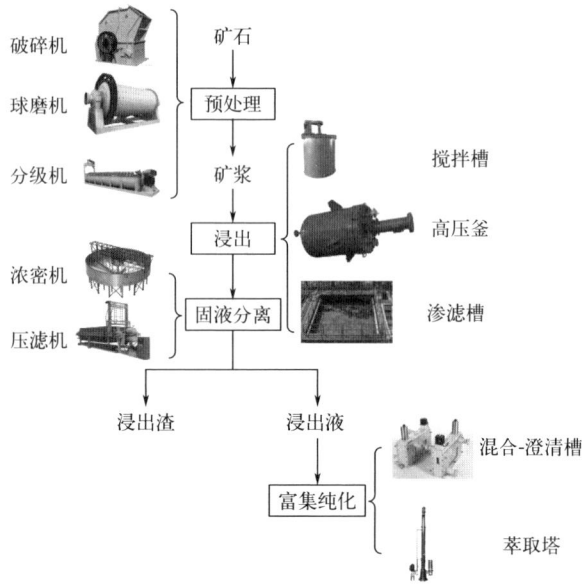

图 4-2　湿法冶金主要工艺流程及冶金设备

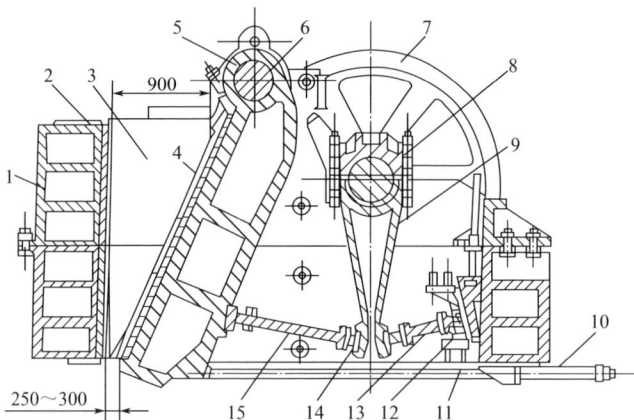

图 4-3　简单摆动颚式破碎机结构示意图（单位：mm）

1—机架；2，4—破碎齿板；3—侧面衬板；5—可动颚板；6—心轴；7—飞轮；8—偏心轴；
9—连杆；10—弹簧；11—拉杆；12—楔块；13—厚推力板；14—肘板支座；15—前推力板

式及双可动轴式三种，第一、三种使用极少，单可动轴式应用最广。由于辊式破碎机具有构造简单、轻便、工作可靠、价格低、产品粒度均匀等优点，故在有色冶金工厂常用于精矿、焙烧矿、烟尘块的破碎和两段熔剂破碎中的第二段破碎。

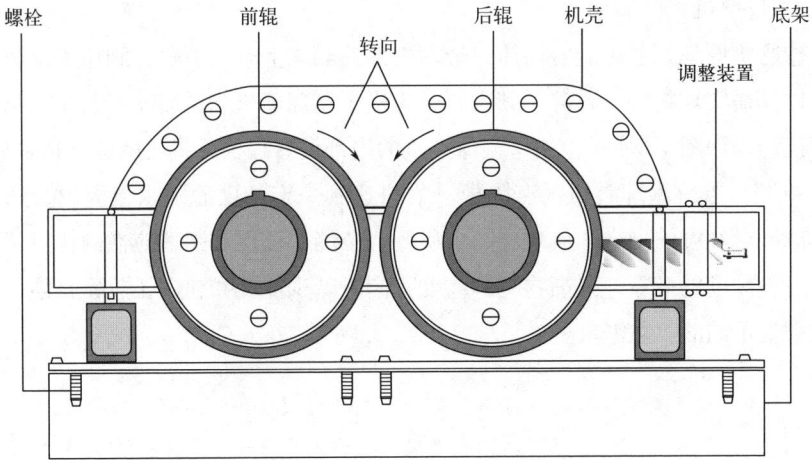

图 4-4 对辊式破碎机结构示意图

反击式破碎机因转子的数目不同分为单转子和双转子两种。单转子反击式破碎机结构如图 4-5 所示。反击式破碎机是一种新型高效率的破碎设备，其特点是体积小、构造简单、破碎比大（可达 40）、能耗少、生产能力大、产品粒度均匀并有选择性的破碎作用，是很有发展前途的设备。但它最大的缺点是板锤和反击衬板特别容易磨损。

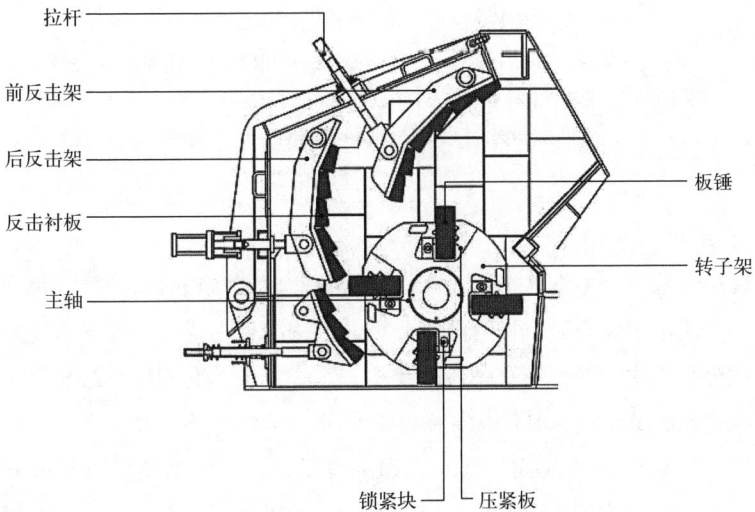

图 4-5 单转子反击式破碎机结构示意图

2）球磨机

球磨机原理是通过旋转筒体，带动内部的磨球上升、下落，利用磨球的撞击和摩擦作用实现物料的粉碎。其主要分为格子型球磨机和溢流型球磨机。格子型球磨机结构如图4-6所示。格子型球磨机的内部设有隔板，将研磨体和物料分隔，适合粗磨。溢流型球磨机没有隔板，物料达到一定细度后随水流溢出，适合细磨。球磨机在湿法冶金中展现出高效研磨、节能、环保和强适应性的优点，它能处理各种硬度的矿石，提高物料解离度，同时减少能耗和粉尘排放，且能灵活调整以满足不同的工艺需求。

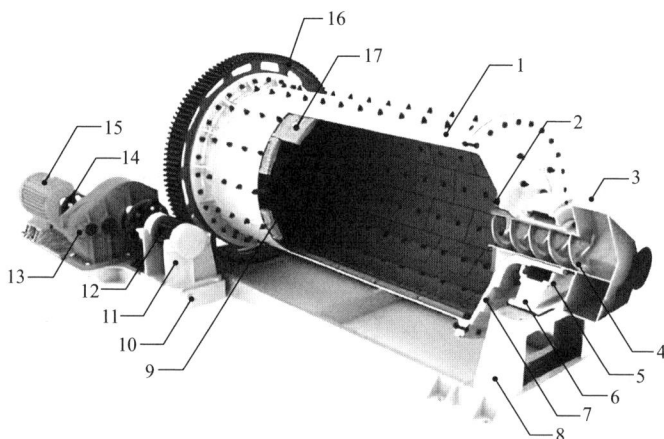

图 4-6　格子型球磨机结构示意图

1—筒体；2—石板；3—进料器；4—进料螺旋；5—轴承盖；6—轴承座；7—辊轮；
8—支架；9—花板；10—驱动座；11—过桥轴承座；12—小齿轮；13—减速机；
14—联轴器；15—电机；16—大齿圈；17—大衬板

3）分级机

可以用干法分级或湿法分级。干法分级用空气或烟道气作介质，称为风力分级。湿法分级用水作介质，称为湿式分级，湿法冶金主要采用湿式分级。

湿式分级机主要的类型有螺旋分级机、水力旋流器和圆锥分级机等。最常用的分级机是螺旋分级机，其结构如图4-7所示。

螺旋分级机分为高堰式、低堰式和沉没式三种，根据螺旋数又可分为单螺旋和双螺旋。高堰式螺旋分级机的溢流堰比下端轴承高，但低于下端螺旋的上边缘。它适合于分离出 0.15 ～ 0.20mm 细的粒级，通常用在第一段磨矿，与磨矿机配合。沉没式的下端螺旋有四至五圈全部浸在矿浆中，分级面积大，利于分出比 0.15mm 细的粒级，常用在第二段磨矿，与磨矿机构成机组。低堰式的溢流堰低于下端轴承中心，分级面积小，只能用于洗矿或脱水，现已很少用。螺旋分级机比其他分级机优越，因为它构造简单、工作平稳可靠、操作方便、返砂含水量低、易于与磨矿机自流连接，因此常被采用。它的缺点是下端轴承易磨损和占地面积较大等。

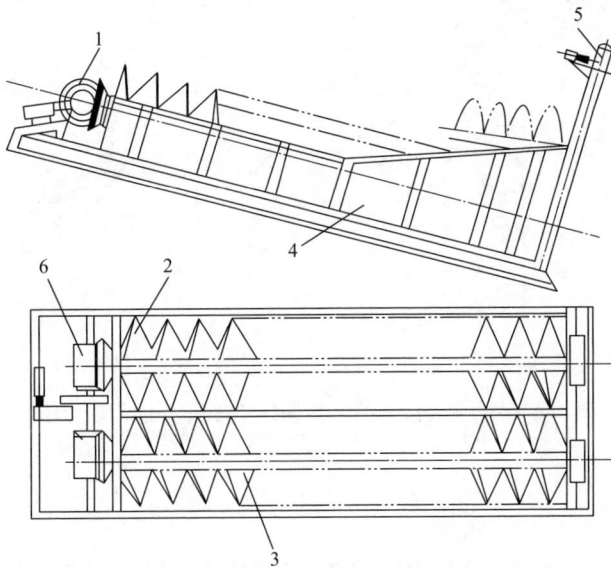

图 4-7 螺旋分级机结构示意图

1—传动装置；2，3—左右螺旋；4—分级槽；5—升降机构；6—上部支承

水力旋流器的结构如图 4-8（a）所示，其工作原理是：矿浆在泵的输送下由圆筒的上部进口处沿切线方向进入而产生旋流，利用离心力的作用，把矿浆中的固体颗粒抛向器壁而沿器壁向下运动。离心力愈大，粗颗粒愈集中于器壁，从下部底流口排出，矿浆中的较细颗粒在浮力的作用下则沿旋流器中心上部空管溢流而出。此分级的优点是结构简单，生产能力大。它的缺点是易堵塞，不易清理。

圆锥分级机是一个圆锥形的钢板卷制而成的桶，结构如图 4-8（b）所示。矿浆从圆锥的中心上方进入导流桶中，在矿浆冲击到筛板时，均匀地向四周分布，当矿浆从断面较小的导流桶进入断面较大的分级器时，由于速度大大降低，矿浆内的大颗粒在重力作用下，向分级机底部沉降，从排出口排出，同时含有较细颗粒的矿浆则由分级机上部边缘环形槽溢出。圆锥分级机具有结构简单、动力消耗小、不易堵塞、维修方便等优点，因而应用广泛。

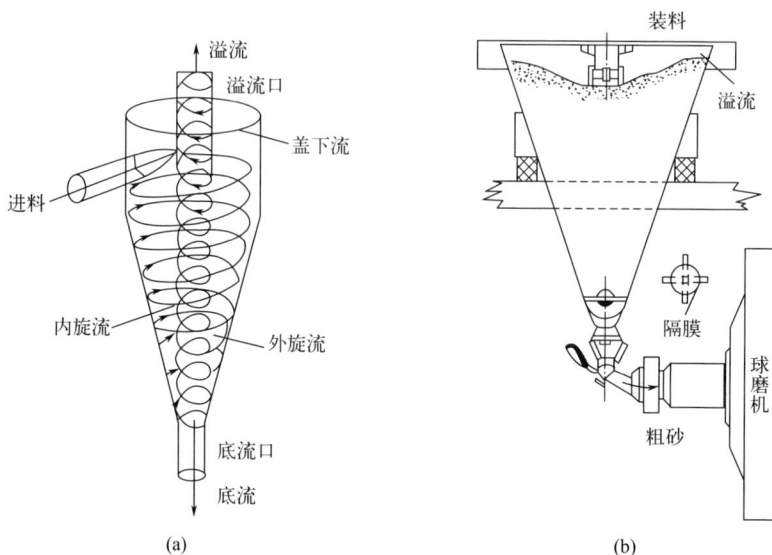

图4-8　水力旋流器（a）和圆锥分级机（b）的结构示意图

（2）浸出

浸出主要任务在于将有价值的金属从矿石中溶解出来，使其进入溶液，而将无用的杂质留在渣中，为后续的金属回收和精炼工序准备富含目标金属的溶液，以便进一步通过电解沉积、溶剂萃取或化学沉淀等方法得到纯金属。浸出方式可分为搅拌浸出、渗滤浸出、高压浸出和堆浸，所需设备主要包括搅拌浸出设备、高压浸出设备、渗滤浸出设备等。

1）搅拌浸出设备

最常用的浸出方式是搅拌浸出和渗滤浸出。搅拌浸出是处理高品位矿或精矿普遍采用的浸出方式。采用细磨矿石，在一定反应器中实施搅拌浸出，各种不同浸出反应器适用于不同的浸出过程。浸出槽是高效实施浸出工艺的关键环节，应具有良好传质性能，保证液、固之间或液、固、气之间充分接触，并具有良好温度等操作参数的控制条件，保证浸出在设定工艺条件下进行，同时还应具有足够的耐腐蚀性能和抗磨性能。工业过程应用的常压浸出槽，传统上主要有机械搅拌浸出槽、气动搅拌浸出槽以及机械和气动联合搅拌浸出槽三类。它们的结构如图4-9所示。

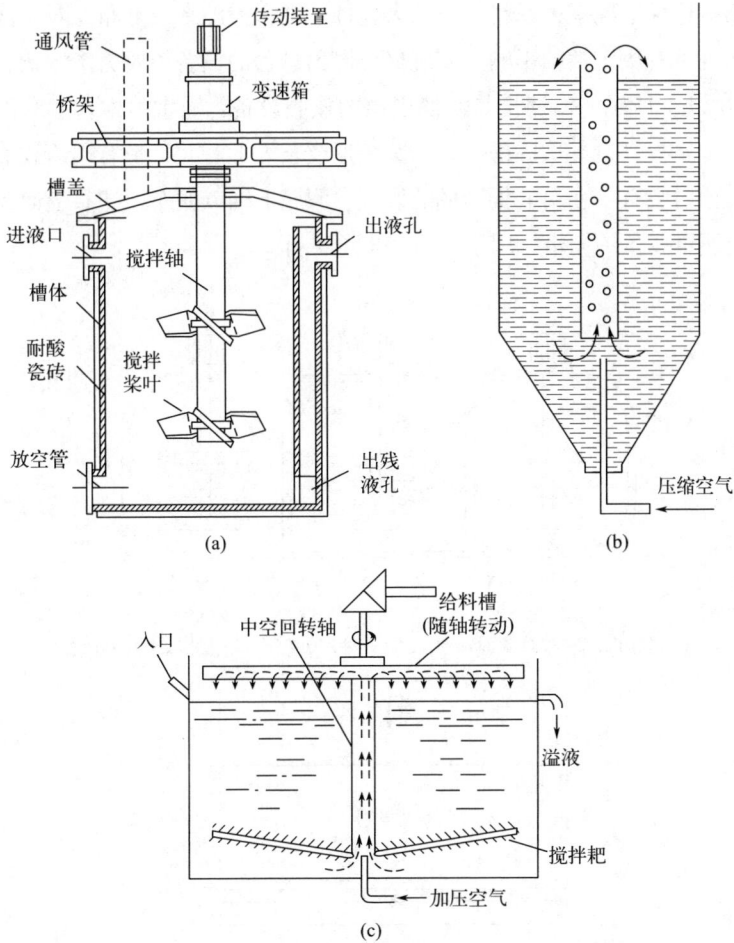

图 4-9　机械搅拌浸出槽（a）、气动搅拌浸出槽（b）以及机械和气动
联合搅拌浸出槽（c）的结构示意图

2）高压浸出设备

加压浸出一般采用高压釜。其根据搅拌动力类型可分为搅拌式高压釜、气升式高压釜或管道式高压浸出反应器等。此外，它还可根据高压釜的形态分为立式高压釜和卧式高压釜。高压釜的工作原理及结构与机械搅拌浸出槽相似，但它能耐高压，密封良好，若从设备上来说，它可归属于机械搅拌浸出槽。其中，卧式高压釜的结构如图 4-10（a）所示。

3）渗滤浸出设备

渗滤浸出是浸出溶液在静止的固体物料间渗透流过，以实现原料与溶液的接触和浸出。这种情况下，原料矿石的多孔性、堆积空隙率及分布，对渗滤浸出率和浸出速度具有决定性的影响。实现这一浸出过程的设备主要为渗滤槽，其结构如图 4-10（b）所示。渗滤槽是渗滤浸出的核心设备，通常由木材、水泥或衬有耐腐层的金属板制造。这些槽可以是圆柱形或长方形，并且带有周边式溜槽的干底设计。槽内装有带孔耐酸板制成的假底，假底上铺以滤布，滤布上面盖以装有木条或耐腐金属条的栅格，用于过滤和支承矿石。

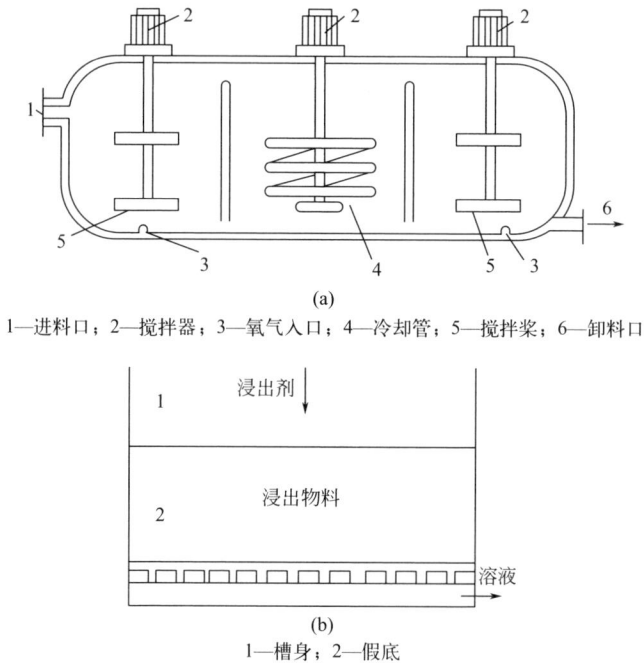

(a)

1—进料口；2—搅拌器；3—氧气入口；4—冷却管；5—搅拌桨；6—卸料口

(b)

1—槽身；2—假底

图 4-10　卧式高压釜（a）和渗滤槽（b）结构示意图

（3）固液分离

固液分离指从混合物中分离出固相和液相，使杂质和主体金属分离。实际生产过程中固液分离的方法很多，但按其进行的原理可以分为两大类，即浓缩和过滤，所需设备主要有浓密机、压滤机和真空过滤机。

1）浓密机（浓缩槽）

浓缩是利用液固密度差异，通过重力作用使矿浆中固体粒子沉淀，从而实现溶液澄清的过程。浓密机或浓缩槽是实现这一过程的关键设备，其结构如图 4-11 所示。浓密机由槽体、耙臂、传动装置和提升装置等部件组成。按传动方式不同，其可分为中心传动和周边传动浓缩槽，大直径的浓缩槽采用周边传动方式。按槽的形状，浓缩槽又分为锥底和斜底两种，生产过程应用最多的是锥底浓缩槽。

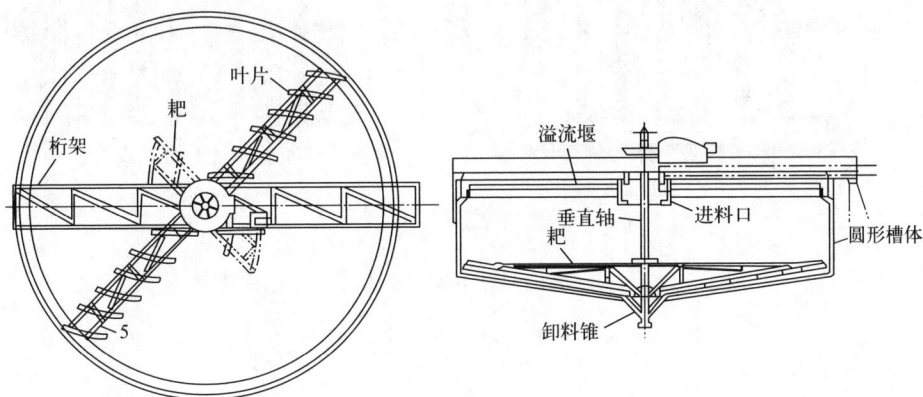

图 4-11　浓密机结构示意图

2）压滤机和真空过滤机

过滤的基本原理是利用具有毛细孔的物质作为介质，在介质两边造成压力差而产生一种推动力，使液体从细小孔道通过，而悬浮固体则截留在介质上。介质的种类有：编织物、多孔陶瓷、多孔金属、纸浆及石棉。根据过滤介质两边压力差产生的方式不同，过滤机分为压滤机（正压力）与真空过滤机（负压力）。

板框压滤机是间歇式过滤机中应用最广泛的一种，其结构如图 4-12（a）所示。一般的板框压滤机由多个滤板、滤布与滤框交替排列而成。每台过滤机所用滤板、滤布与滤框交替排列，而后转动机头螺旋使板框紧密接合。操作时原料液在压力作用下自滤框上的孔道进入滤框，滤液在压力作用下通过附于滤板上的滤布，沿板上沟渠自板上小孔排出，所生成的滤渣留在框内形成滤饼。当滤框被滤渣充满后，放松机头螺旋，取出滤框，将滤饼除去，然后将滤框和滤布洗净，重装。板框压滤机的优点：占地小，过滤面积很大，过滤推动力大，设备构造简单。其缺点是：设备笨重，装卸时劳动强度很大；为间歇式操作，洗涤速率小且不均匀。因此，此种过滤机已成为技术改造的对象。为了减轻板框的质量，有的采用钢丝网滤板；为了防腐蚀，有的采用玻璃钢板框和木屑酚醛板框。

厢式压滤机与板框压滤机的工作原理相同，外表相似，但过滤室结构不同，如图 4-12 所示。厢式压滤机以滤板的棱状表面向里凹的形式来代替滤框，这样

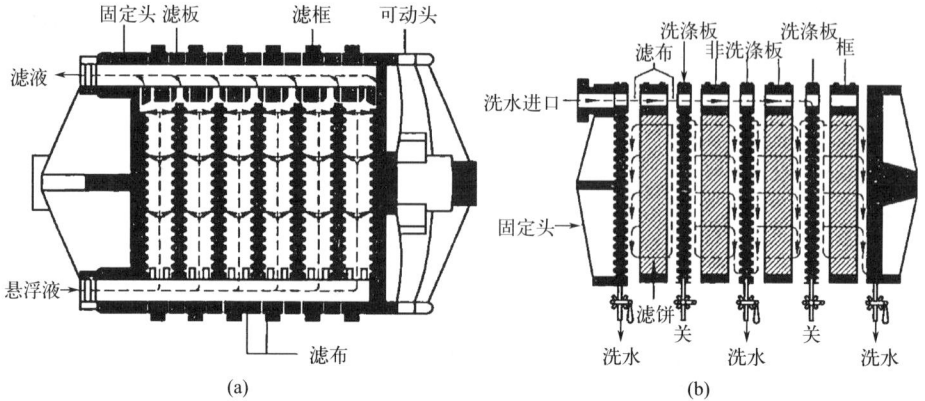

图 4-12 板框压滤机（a）和厢式压滤机（b）结构简图

在相邻的滤板间就形成了单独的滤箱。厢式压滤机工作时先将内凹滤板压紧，使滤板闭合形成过滤室，料浆通过中心孔进入过滤室，各板间的过滤室相串联。滤板上覆盖带有中心孔的滤布，需将滤布在中心加料孔处固定于板上或与邻室的滤布中心孔相缝合。料浆由进料泵打入，滤液穿过滤布，经滤板上的小沟槽流到滤板下角出液口排出，当过滤速度减小到一定数值时，停止泵料。根据需要，可对滤饼进行洗涤、吹风干燥，然后将滤板拉开，滤饼靠自重或卸料装置卸出。

真空过滤机过滤面的两侧，受到不同压力的作用，其接触料浆一侧为大气压，而过滤面的背面与真空源相通，由真空设备（真空泵或喷射泵）提供负压形成抽力，滤液通过滤布时，其中的固体颗粒在滤布表面上形成滤饼，完成液 - 固分离。相比于加压过滤设备，真空过滤机的推动力要小得多。湿法冶金中常用的真空过滤设备有转筒真空过滤机、圆盘真空过滤机、带式真空过滤机等。在湿法冶金中，使用最为广泛的是转筒真空过滤机，其结构如图 4-13 所示。

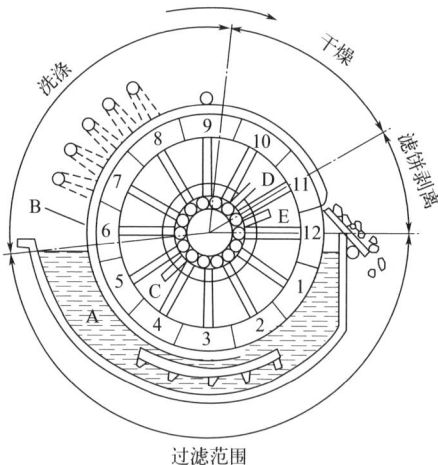

图 4-13 转筒真空过滤机结构图

A—矿浆；B—滤饼；C—排液管；D—洗涤液排出管；
E—加压空气导入管；1～12—小滤室

（4）富集纯化

浸出后的溶液中含有多种金属离子，为了去除杂质并浓缩目标金属，需要采用溶剂萃取或离子交换等方法进行净化。其中，溶剂萃取是一种高效且具有选择性的方法，它利用有机溶剂从不相混溶的液相中提取某种物质，实质上是物质在水相与有机相之间的溶解分配过程。这种方法不仅平衡速度快、分离和富集效果好，而且能够实现连续操作和自动化生产，因此广泛应用于有色金属和稀有金属的提取分离，以及处理贫矿、复杂矿和回收废液中的有用成分。离子交换反应则发生在固相的离子交换树脂和水相的离子之间。离子交换时，有些离子负载到树脂上，与溶液中其他离子分离，然后从树脂上洗脱下来回收，同时使树脂再生，反复使用，如同萃取和反萃一样。不过在交换和洗脱两个操作之间，要进行洗涤，以除去树脂上残留的溶液[16]。

1）混合 - 澄清槽

冶金萃取厂所采用的萃取设备大都是混合 - 澄清槽，其基本结构由混合室和澄清室组成，结构如图 4-14（a）所示。混合室用于两相混合，水相和有机相从不同进口进入混合室假底之下，经过搅拌混合成两相混合液后，经溢流口由挡板导入澄清室，在重力作用下分相。分相后的有机相流向槽尾，从溢流堰上方流入有机相室再到出口。水相从有机相室下方进入水相室，再经溢流堰流出。混合 - 澄清槽的优点是易于放大，操作稳定性好，可以采用多种材料建造。缺点是占地面积大和有机相及水相的积存量大。

2）萃取塔

萃取塔是一种用于质量传递过程的设备，通常垂直安装，呈圆柱形结构，如图 4-14（b）所示。在操作过程中，轻相（通常是有机相）从塔底进入，向上流动并从塔顶溢出，而重相（通常是水相）则从塔顶加入，向下流动并从塔底流出。两相在塔内实现逆向流动，其中一相作为分散相以滴状分散在另一相（连续相）中，从而增大了接触面积，促进了传质效率。塔的中部是工作段，上下两端是分离段，分别用于分散相液滴的凝聚分相以及连续相夹带的微细液滴的沉降分离。

而对于废旧锂离子电池回收来说，它的湿法冶金工艺流程如图 4-15 所示。通常是经过电池预处理放电后，进行机械破碎，将电池内部正负极片及隔膜纸打散，打散的物料进入气流分选筛，通过气流加振动把正负极片中的隔膜纸进行收集，同时把气流分选筛所产生的黑粉收集。接下来，通过浸出等化学方法将有价

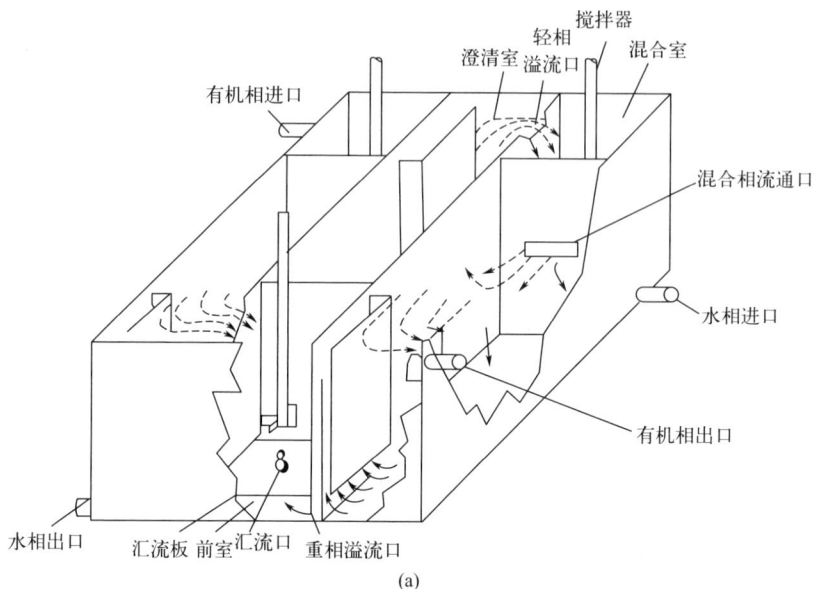

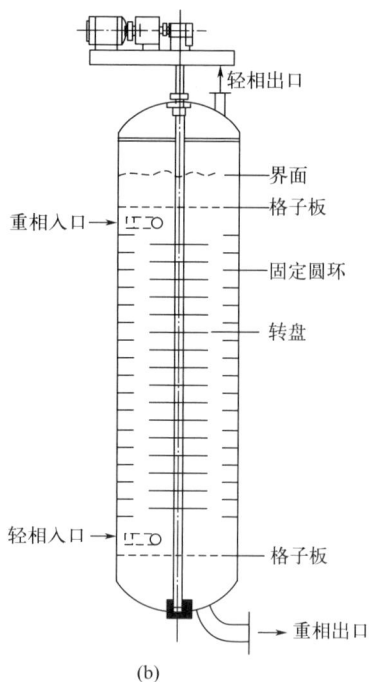

图 4-14　混合-澄清槽（a）和萃取塔（b）结构示意图

值金属离子转入液相，然后借助溶剂萃取、化学沉淀、离子交换、电解等方法对金属离子溶液进行分离富集，最后以金属或者其他化合物的形式加以回收，合成再生为不同的化合物。

　　根据上述废旧锂离子电池的湿法冶金工艺流程，可以了解到工艺所需相关设备有密封破碎设备、低温挥发设备、综合分选设备、中温热解设备、脱粉设备、浸出设备、分离富集设备、尾气处理设备等[17]。

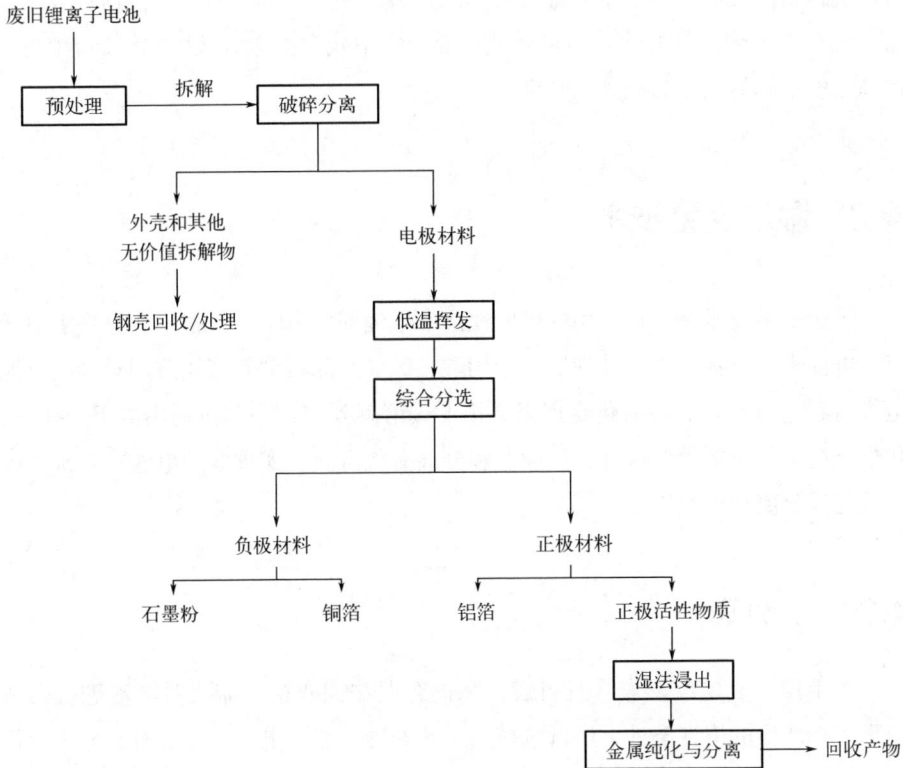

图 4-15　废旧锂离子电池回收处理工艺流程

　　密封破碎设备可实现锂离子电池带电拆解破碎，通过称重方式控制进料量，经过两级闸板阀进入破碎机腔内，破碎过程中保证腔内的含氧量 ≤ 2%，起到气封保护的作用。并装有配置泄爆阀、火焰检测装置、紧急灭火装置，最大限度保证破碎安全。

　　低温挥发设备可实现去除电池破碎后低挥发性、低闪点的电解质及溶剂。通过间接加热炉筒内部物料，设置炉筒转动为变频控制，以满足物料处理的工艺要求。可防止在高温热解中低闪点有机气体发生闪爆或自然爆炸，便于电池破碎后物料分选或储存。

综合分选设备可实现破碎后的物料分离，通过一级和二级风选、重物输送皮带、除铁器等装置，对隔膜、极片、铝铜等物料进行精准分离，电池粉在旋风/布袋除尘器的过滤下进行多重分离。

中温热解设备可实现电池粉高纯度回收，通过更高温度间接加热炉筒内部物料，脱除废旧锂离子电池中低温挥发后混合料的杂质，同时防止有机物对湿法回收工艺产生影响，降低辅料用量和减少混合料中残存的电解液、黏结剂等物质，提高有价金属的回收品质及回收率。

4.2　湿法冶金技术

湿法冶金技术是一种常用的废旧锂离子电池回收方法。该技术通过将废旧锂离子电池进行机械加工预处理后，采用酸、碱、共晶溶剂等液体溶剂对废旧电池电极材料进行浸出，使有价金属以离子形式溶解到溶剂中，再利用离子交换法、化学沉淀法和溶剂萃取法等方法除杂和分离有价金属，实现废旧电池中有价金属的纯化与分离和再利用。

4.2.1　预处理

由于锂离子电池易爆炸且可燃，在进行湿法回收前，需要对电池进行失活处理或在严格的惰性条件下进行机械加工预处理。废旧电池经过拆解、分选、粉碎、筛分等机械预处理后，采用还原煅烧或焙烧的方式除去黏结剂等成分，再经过若干除杂工艺，获得含有有价金属的失活正极材料。

预处理的主要目的是依据电池中各组分性质的不同对组分进行分选，去除锂离子电池中的有机物和无回收价值的物质。预处理一般分为放电、拆解和分离以及电极活性材料回收三个阶段（如图 4-16 所示）。

（1）放电

锂离子电池虽然已经报废，但是部分电池中可能还存留剩余电量，在进行回

```
                    废旧锂离子电池
                          │
        ┌─────────────────┼─────────────────┐
        │   ┌──────────────────────────────────┐
        │   │  化学放电法    放电    物理放电法     │
        │   └──────────────────────────────────┘
        │                 │
        │   ┌──────────────────────────────────┐
   预    │   │  人工拆解    拆解    机械拆解         │
   处    │   └──────────────────────────────────┘
   理    │                 │
        │   ┌──────────────────────────────────┐
        │   │              分离                  │
        │   │     筛分、磁选、风选、浮选等           │
        │   └──────────────────────────────────┘
        │                 │
        └────────── 电极活性材料回收
```

```
┌──────────┐                                    ┌──────────┐
│ 其他部分   │ ◄─────────────────────────────────►│ 阳极材料   │
│ 进一步回收 │                                    └──────────┘
└──────────┘                                           │
                     ┌──────────┐         ┌──────────────────┐
                     │ 阴极材料   │         │       回收         │
                     └──────────┘         │       净化         │
                           │              │                  │
                     ┌──────────┐         │   再生或高价值利用    │
                     │ 湿法回收工艺 │        └──────────────────┘
                     └──────────┘                  │
                           │              回收石墨或者高价值产品
          ┌──────────────────────────────┐
          │          浸出与溶解             │
          │          无机酸浸出             │
          │          有机酸浸出             │
          │          碱溶液浸出             │
          │          深共晶溶剂浸出          │
          │          其他辅助浸出工艺         │
          └──────────────────────────────┘
                           │
          ┌──────────────────────────────┐
          │          纯化与分离             │
          │          沉淀法                │
          │          萃取法                │
          │          离子交换法             │
          └──────────────────────────────┘
                           │
                       回收的产品
          (例如:Li₂CO₃、CoC₂O₄、NiSO₄)
```

回收的产品
(例如:Li_2CO_3、CoC_2O_4、$NiSO_4$)

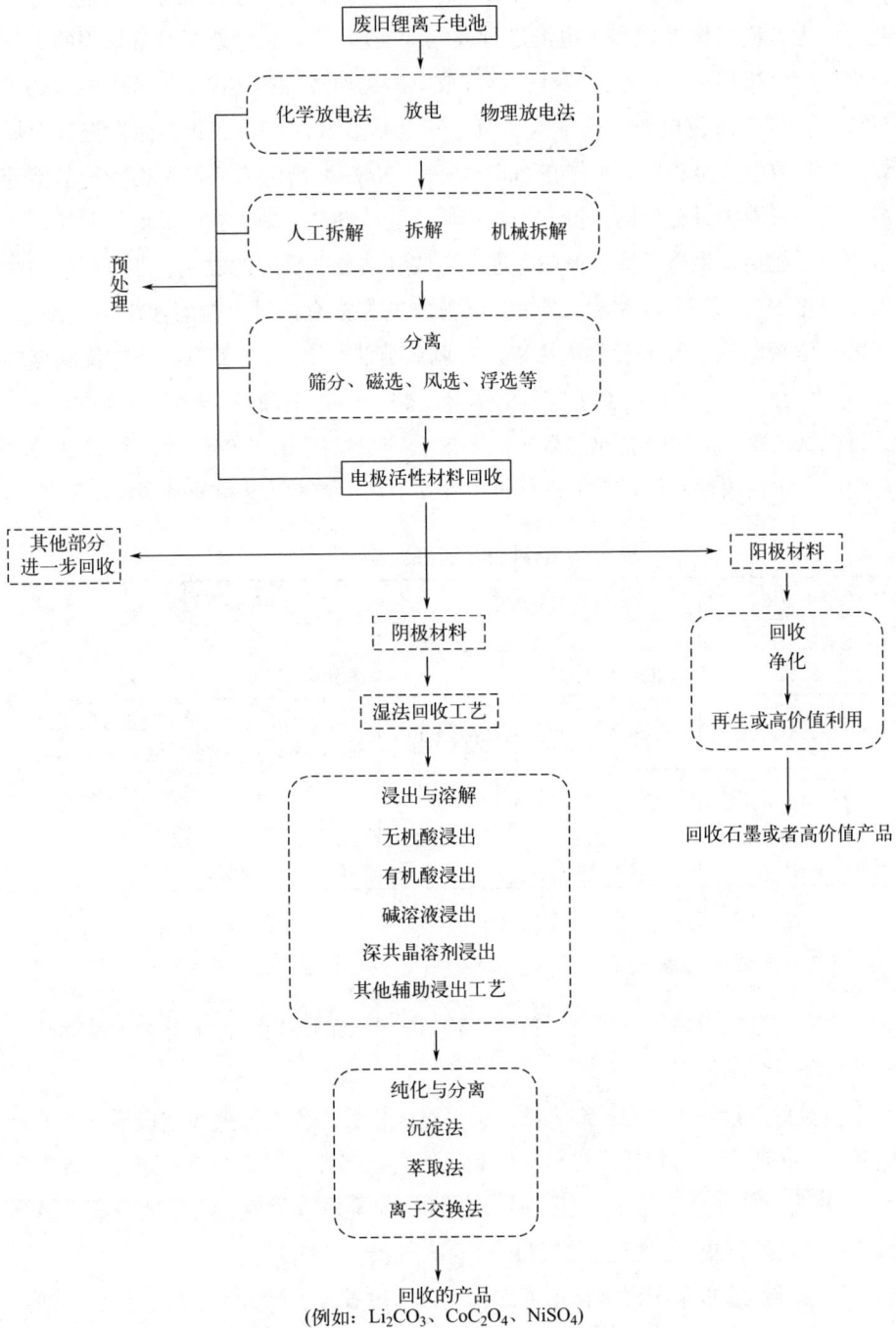

图 4-16　废旧锂离子电池湿法工艺回收过程

收之前需要妥当处理，防止可能会出现的壳体穿透乃至发生燃烧爆炸的危险。因此，首先就应对废旧锂离子电池进行放电预处理[18]。放电处理通常采用的方法有物理放电法和化学放电法两种。物理放电法是通过外接用电器或将电池短路进行放电，该方法放电快、成本低，但是安全系数低，容易引起电池发热甚至爆炸。化学放电法是将电池浸泡在 NaCl 溶液、Na_2SO_4 溶液或 $CuSO_4$ 溶液等盐溶液或盐饱和溶液中进行放电。该方法成本低、安全性高，缺点在于放电耗时长，盐溶液中可能会发生电解液的泄漏，进而造成其他复杂反应的发生，如电解液与水反应产生 HF，易污染环境。常用的电池放电方法有：导电盐溶液浸泡短路法、导电粉体短路法、导流板放电法以及针刺放电法[19]。各种放电方法的优缺点如表 4-1 所示。目前，国内企业如邦普循环、格林美等更倾向于使用化学放电法后进行机械破碎。而国外企业如新加坡 TES 公司、德国 BHS-Sonthofen GmbH 公司等则倾向于在惰性气体保护下进行机械破碎，从而控制火灾和爆炸风险。

表 4-1　各种放电方法的优缺点[19]

放电方法	优点	缺点
导电盐溶液浸泡短路法	处理量大，可实现大规模放电，放电完全	电解液与水反应产生 HF 气体，电解液渗漏产生废水，造成二次污染
导电粉体短路法	处理量大，可实现大规模放电	容易局部过热，使电池极耳熔化，出现放电不完全的"假放电"现象
导流板放电法	放电完全，污染少	处理量小，放电慢，不易实现大批量放电
针刺放电法	污染少，放电完全	成本高，放电速度慢

（2）拆解和分离

电池放电结束后，需要进行拆解。通常，电池的拆解和分离分为手动拆卸和机械自动拆卸两种。

实验室通常采用手动拆卸方法。整个过程中，操作员需要佩戴口罩、防护眼镜和手套，使用剪刀和镊子将电池拆卸成不同的部件，包括金属外壳（铁或不锈钢）、极耳、隔膜、正极和负极。手动拆卸可保证成分彻底、有效地分离，最终分离产品的纯度更高，但是该方法不适合大规模工业应用。

回收行业通常采用机械自动拆卸技术，通过破碎、筛分、磁选、热解、浮选等物理手段对电池进行处理[20]。机械分离的原理主要基于构成锂离子电池组分物理性质的不同。例如，粉碎的隔膜、铝箔、铜箔和塑料外壳主要以粗颗粒的形式存在，而石墨和正极活性材料的粒径相对较小，可根据粒径的不同对其进行筛分。一些磁性金属如钢壳和金属钴，可通过磁选进一步分离。机械自动拆卸具有成本较低、可大规模应用和高分离效率的优点，在工业生产中具有巨大的应用潜力。然而，由于锂离子电池的复杂结构和不同组分间的相互渗透，机械分离很难实现组分的完全分离[21]。

此外，工业生产和实验室预处理方法都面临着有机杂质的负面影响。在拆解过程中，电解液中有毒物质会挥发进入空气，恶化操作环境。目前，对电解液的处理基本采用吸收处理方案，根据电解液的化学成分选择合适的吸收剂。常见的吸收剂包括活性炭、硅胶和各种化学试剂。吸收剂的选择至关重要，因为它直接影响吸收处理的效果。在吸收之前，通常需要对废旧电池的电解液进行预处理。这可能包括过滤、沉淀等步骤，以去除电解液中的悬浮固体和杂质，提高吸收效率。将预处理后的电解液与吸收剂混合，通常在搅拌的条件下进行吸收反应。反应的温度、时间和吸收剂的用量都需要进行优化，以确保最大程度地去除电解液中的有害成分。吸收反应完成后，需要将吸收剂从电解液中分离出来。常见的分离方法包括过滤、离心等。分离后的吸收剂通常还会含有一定量的电解液，需要进一步处理或再生。分离后的电解液可能仍含有残留的有害物质，需要进一步处理以达到排放标准。处理方法可以采用中和、氧化还原反应等。使用过的吸收剂通常可以通过加热、化学洗脱等方法进行再生，以恢复其吸收能力，并减少废物的产生。但电解液的含量很少且化学成分复杂，导致吸收液成分也变得复杂，电解液回收难度大、效率低、成本高。因此，电解液的回收是锂离子电池回收利用的难点之一[22]。

（3）电极活性材料回收

在废旧锂离子电池中，电极材料通常黏附在集流体上。高纯度活性材料和集流体的分离是废旧锂离子电池回收的关键。电池经过反复充电和放电后，负极涂层材料和集流体之间的附着力逐渐减弱，因此可以通过简单的机械物理操作将其分离。而正极材料和铝箔通过聚偏氟乙烯（PVDF）或聚四氟乙烯（PTFE）等黏合剂紧密黏合，不易直接剥离。研究人员针对正极材料和铝箔的分离研发了溶解法、热处理等方法，各方法的特点如表 4-2 所示[23]。

溶解法是一种简单有效的分离方法。例如，碱性溶剂主要用于溶解集流体铝箔，实现其与正极材料的分离。该方法分离效率高，但必须去除高 Al 含量的溶液中的 Al，以防止环境污染，促进资源回收和再利用。高含量的 Al 离子如果不加以处理，可能会对生态系统和人类健康造成危害，并干扰后续工艺中的金属纯化与分离。此外，含 Al 溶液的高腐蚀性和毒性对设备和操作人员构成威胁。通过去除 Al，可以优化工艺流程，确保处理过程的高效和安全。此外，大量腐蚀性的酸碱试剂，容易造成资源浪费并引发环境问题。在废旧锂离子电池回收过程中，使用酸碱试剂会造成资源浪费，主要原因在于这些试剂本身的高消耗和难以回收。酸碱试剂在溶解和分离电池材料时，通常会产生大量的废液，这些废液中不仅含有溶解的金属离子，还可能包含未反应完全的酸碱试剂。这些试剂如果不能有效回收和再利用，就会被视为废弃物，导致资源的浪费。此外，处理这些废液需要消耗额外的资源和能源，例如中和废液中的酸碱、处理和净化废水等过程，都需要额外的化学药品和设备。这不仅增加了回收工艺的复杂性和成本，还对环境造成潜在的负面影响。

基于"相似相溶"的原理，利用合适的溶剂浸泡电极片，溶解黏合剂剥离正极材料也是一种有效的分离方法，常用的溶剂为 N- 甲基吡咯烷酮（NMP）或二甲基甲酰胺（DMF）等。然而这些试剂价格昂贵，并且具有一定的毒性，对操作者的健康和环境有害，因此，寻找其他绿色环保的试剂是溶解法未来的发展方向。

热处理方法采用熔化或分解黏合剂的方式以达到分离涂层材料的目的。通常，PVDF 的分解温度范围约为 $350 \sim 600^{\circ}C$，导电添加剂炭黑的开始分解温度约为 $650^{\circ}C$[24]。热处理方法操作简单，但是能耗高，电池中有机物焚烧易造成污染。为了缓解高温热处理方法带来的环境危害，研究人员通过引入氧化钙（CaO）降低了 PVDF 的分解温度，在 $300^{\circ}C$ 的低温下，黏合剂 PVDF 可有效地被 CaO 原位分解吸收[25]，有效解决了传统热处理工艺中有害 HF 的挥发问题，并降低了传统高温热处理工艺的能量损耗。

考虑到有机溶剂的毒性、传统酸碱试剂的强腐蚀性、离子液体的高成本、热处理方法带来的污染和能耗等问题，研究人员重点研究了同时满足低成本、高效率、环保要求的新技术［如深共熔溶剂（DES）、熔盐法］[26]和辅助方法（如低温研磨、超声辅助、电化学等）[27]。例如，He 等人[28]报道了一种绿色复合水性剥离剂，即去角质提取液（AEES），它减弱了涂层材料与铝箔之间的机械力，使电极材料以片状（回收率高达 100%）的形式回收，这种方法不仅绿色环保，而且几乎不会向电极材料中引入其他杂质。此外，机械辅助对材料剥离的影响也很明显，Chen 等人[29]报道了超声辅助草酸酸洗进行材料剥离，超声促进弱酸产生具有强氧化作用的 HO·，促进 PVDF 降解，实现高效剥离。此外，机械化学方法可促进正极材料结构的坍塌，从而改善贵金属的浸出条件，例如球磨等工艺。

综上所述，从经济效益、处理量、处理效果等方面综合考虑，国内外企业大都使用热处理方法处理黏合剂。

表 4-2 电极材料和集流体的分离方法

分离方法	溶剂	技术方法	优点	缺点
溶解法	碱溶剂	溶解集流体	分离效率高，操作简单	处理碱性废水设备投资高
	有机溶剂	相似相溶原理溶解黏合剂	能耗低，几乎无废气排放，分离效率高	成本高，危害环境和健康
热处理方法	—	熔化或去除有机添加剂以及黏合剂	操作简便，可大规模处理	高能耗，需要额外的污染性气体的处理设备，有机物质难以回收
其他特殊分离方法	—	通过电解产生的气泡降解黏合剂以促进分离	使用绿色溶剂更环保	绿色溶剂成本较高，电化学过程能耗大

4.2.2 浸出与溶解

湿法冶金工艺回收废旧锂离子电池的关键步骤是金属的浸出。浸出是使待回收金属以可溶性离子进入溶性液的过程，浸出的质量好坏直接影响回收率和产物纯度。经过前期预处理后的退役电池正极材料，其主要成分为 $LiCoO_2$、$LiMn_2O_4$、$LiNi_xCo_yMn_zO_2$ 或 $LiFePO_4$ 等。通常使用有机酸、无机酸、碱液或菌液破坏电极材料原有的结构，使其中的金属元素以离子的形式转移到溶液中。针对不同种类的电池使用的浸出剂也不同，三元电池（NCM）正极材料中 Ni、Co、Mn 均以稳定的高价态形式存在，需要使用还原剂将其价态降低以提高金属的浸出效率；而磷酸铁锂（LFP）电池则在浸出过程中需要加入氧化剂将 Fe^{2+} 氧化为 Fe^{3+} 以提高锂的浸出效率。

对电池进行拆解和粉碎后，选择适当的浸出剂（如酸性或碱性溶液）进行金属的浸出反应，使金属溶解到溶液中（如图 4-17 所示）。

4.2.2.1 无机酸浸出

无机强酸具有出色的溶解金属能力，在少量使用的情况下便能有效地提高

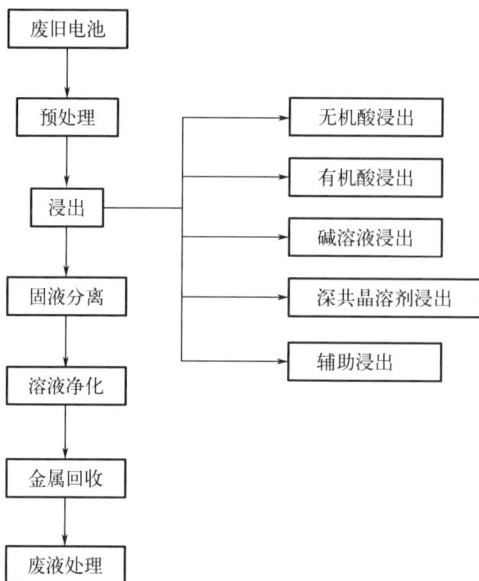

图 4-17 湿法冶金工艺处理废旧锂离子电池的浸出
与溶解流程

有价金属的浸出效率。利用无机酸对废旧锂离子电池中活性材料的溶解能力，使金属氧化物转化为可溶性金属离子。常用的无机酸有盐酸（HCl）、硝酸（HNO_3）、硫酸（H_2SO_4）等。盐酸本身具有一定还原性，可降低三元正极材料中 Ni、Co、Mn 的价态，使有价金属的最高浸出率达到 99%。而在 LFP 正极材料的浸出过程中，需要加入一定量的氧化剂将 Fe^{2+} 氧化为 Fe^{3+} 以满足高效浸出 Li^+ 的条件。硝酸本身具有氧化性，在 LFP 正极材料的浸出过程中作为浸出剂时无需额外添加氧化剂，Li^+ 的浸出率可达到 88.05%[30]。在三元正极材料的浸出过程中，硝酸易将 Ni、Co、Mn 氧化为难溶的高价态而使有价金属不易浸出。在无机酸作为浸出剂的研究中，硫酸＋过氧化氢（$H_2SO_4+H_2O_2$）体系应用最为广泛。目前，国内外大部分企业均使用该体系作为浸出剂，国内代表企业有邦普循环、华友钴业、格林美和赣州豪鹏等，国外代表企业有 Umicore、德国 Accurec Recycling GmbH 等。硫酸＋双氧水体系浸出三元正极材料和 LFP 正极材料中金属的化学反应方程式如式（4-10）和式（4-11）所示。

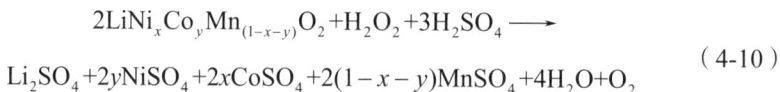

$$2LiNi_xCo_yMn_{(1-x-y)}O_2+H_2O_2+3H_2SO_4 \longrightarrow$$
$$Li_2SO_4+2yNiSO_4+2xCoSO_4+2(1-x-y)MnSO_4+4H_2O+O_2 \tag{4-10}$$

$$2LiFePO_4+H_2SO_4+H_2O_2 \longrightarrow 2FePO_4+Li_2SO_4+2H_2O \tag{4-11}$$

如图 4-18 所示，Chen 等人[31]以 H_2SO_4 为浸出剂，$C_6H_8O_6$ 为还原剂协同浸出废旧锂离子电池中的有价金属；在 H_2SO_4 浓度为 1.5mol/L、$C_6H_8O_6$ 浓度为 0.25mol/L、液固比为 15mL/g、反应温度为 60℃、时间为 60min、搅拌速度为 300r/min 的优化条件下，有价金属锂、镍、钴、锰的浸出率分别为 99.69%、99.56%、99.60%、99.87%。经过分离纯化，有价金属分别以 $Li_2C_2O_3$、CoC_2O_4、MnC_2O_3 和 $C_8H_{14}N_4NiO_4$ 的形式回收。

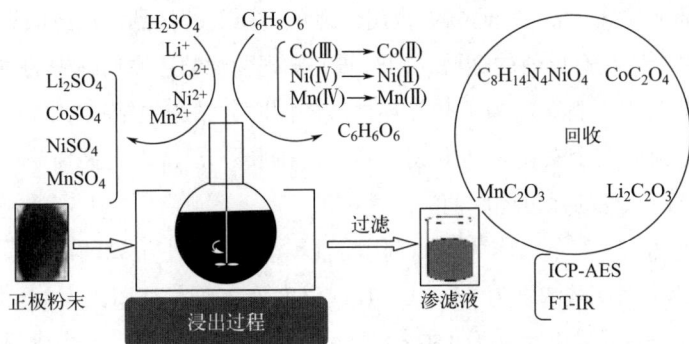

图 4-18　硫酸 – 抗坏血酸协同浸出废旧锂离子电池中的有价金属[31]

　　无机酸浸出电池正极材料中的金属，反应速率快，工艺相对简单，易于操作和控制，适用于处理多种类型的废旧锂离子电池。有价金属浸出率较高，达到95%以上。但也存在诸多缺陷，如无机酸对设备腐蚀严重，维修维护成本高；浸出过程会产生大量酸性废水，增加后续处理的运营成本；释放出有毒有害气体如 Cl_2、NO_x 等，严重污染环境和威胁人类生命安全。随着环保法规的日益严格，研究重点逐渐转向开发低污染、可循环利用的无机酸浸出技术，并探索工艺优化和资源回收效率提升的方法。

4.2.2.2　有机酸浸出

　　有机酸具有 pH 值低、易降解回收、不易产生有毒气体和二次污染等优势，有望取代无机酸建立新的浸出体系。有机酸通过与废旧电池中金属氧化物反应，生成可溶性金属有机酸盐，从而实现金属提取。常用的有机酸有柠檬酸、酒石酸、苹果酸、甘氨酸、马来酸和草酸等，均可较为高效地完成对废旧锂离子电池正极材料中金属的浸出[32-34]。大多数有机酸的浸出机理类似于柠檬酸，在废旧锂离子电池回收过程中，有机酸主要通过螯合作用和低 pH 值环境促进金属离子的浸出，形成稳定的螯合物，使金属离子溶解并防止沉淀。但部分酸例外，如草酸、抗坏血酸、乳酸等，它们既可作为还原剂又可作为浸出剂，通过降低金属离子的氧化态，提高其溶解性，从而增加浸出效率。

　　研究表明，柠檬酸、酒石酸、苹果酸和草酸等均可以较为高效地完成对废旧锂离子电池正极材料中金属的浸出。还原剂的加入可以实现有价金属更高的浸出率，特别是在有机酸存在的情况下，高价态的 Co 或 Mn 可在固相中被还原为易溶的 Co^{2+} 或 Mn^{2+}[35]。最常用的还原剂为过氧化氢[36]和亚硫酸氢钠[37]，但它们对环境都不友好[38]。D-葡萄糖被用作绿色还原剂替代品,从废旧锂离子电池的正极材料中回收有价值的金属,同时研究发现葡萄糖还原钴酸锂的主要机理是在葡萄糖被氧化为酒石酸和甲酸等环保酸的同时,钴酸锂结构中的 Co^{3+} 被还原为 Co^{2+},葡萄糖完全氧化时会生成二氧化碳和水[39],这表明葡萄糖可以作为一种具有优异还原性的绿色还原剂。

Zeng 等人[40]将草酸作为浸出剂用于 $LiCoO_2$ 电池中金属的浸出,化学反应见式(4-12)。在草酸浓度为 1mol/L、反应温度为 95℃、液固比为 15mL/g、搅拌速度为 400r/min、浸出时间为 150min 的优化条件下,浸出过程中锂进入溶液中而钴进入渣中,有价金属锂和钴的回收率分别为 98% 和 97%。

$$2LiCoO_2+4H_2C_2O_4 \Longrightarrow 2CoC_2O_4+Li_2C_2O_4+4H_2O+2CO_2 \quad (4-12)$$

Fan 等人[41]发现在转速为 500r/min、球磨时间为 2h、$LiFePO_4$ 与草酸质量比为 1:1、球粉质量比为 20:1、水浸时间为 30min 的最佳条件下,Li 的回收率约为 99%,Fe 的回收率为 94%。反应机理如图 4-19 所示,通过 XRD 和 SEM 表征发现平均粒径的减小、化学键的断裂以及机械活化产生新的化学键,使 Li 的选择性浸出效率显著提高。

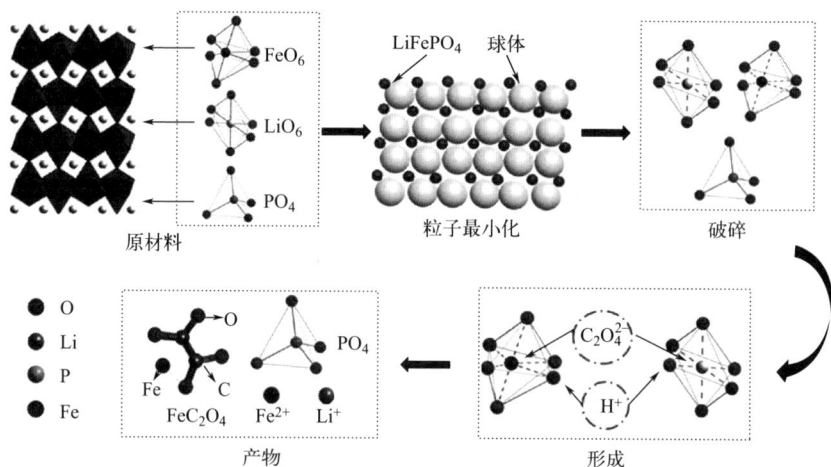

图 4-19 草酸作为浸出剂回收废旧 $LiFePO_4$ 正极机理图[41]

有机酸处理锂离子电池已有大量的实验室研究,其反应温和,对设备腐蚀小。但鲜有工业化应用的报道,主要原因是有机酸作为一种环境友好的浸出剂,存在酸试剂消耗量过大、浸出速率慢、处理能力低等不利于工业化应用的问题;

有机酸浸出过程需要相对高的温度和酸浓度，处理成本较高，进行工业生产的性价比也低于无机酸；此外有机酸处理锂离子电池的浸出机理在实验室研究中取得了一定进展，但要实现工业化应用，仍需在工艺优化、成本控制和环境管理等方面进一步研究和突破。未来研究将侧重于提高浸出效率和降低成本，并开发可循环利用的有机酸体系。

4.2.2.3　碱溶液浸出

碱溶液浸出通常采用氨或氨盐作为浸出剂浸出废旧锂离子电池中有价金属，通常也称为氨浸出。氨浸富集主要是利用氨水 - 铵盐体系实现对有价金属的富集浸出，过程添加缓冲剂（如碳酸氢铵）、络合剂或还原剂，达到对个别金属选择性浸出的目的。该方法较好克服了酸浸富集过程的一些固有问题，如产生有毒气体（NO/Cl_2）、对设备的强腐蚀性、对有价金属的低选择性等，但反应温度一般较高，且反应时间长，金属的浸出率也低于酸浸法。氨浸出与某些特定有机酸（如草酸）的浸出方法类似，它们对金属离子的浸出都有一定的选择性，这是因为铵离子不会与废正极粉末中的所有金属离子络合，正如金属 Ni、Co 和 Li 对氨具有高络合能力而可以浸出到溶液中一样，Mn 和 Al 由于络合能力差而残留在残渣中。常用的氨溶液有 $NH_3 \cdot H_2O$、NH_4Cl、$(NH_4)_2CO_3$、NH_4HCO_3、$(NH_4)_2SO_4$、$(NH_4)_2SO_3$ 等[42]。通过铵离子与某些特定金属离子间的络合作用，选择性浸出过渡金属。氨浸出环境污染小，废液处理较简单，对部分金属有较好的选择性。和酸浸出相比，氨浸出金属的效果相对较弱，浸出过程可能需要较高温度和压力，但可广泛运用在低品位矿石以及电子废物的金属提取方面。

该方法的独特优势在于 NH_3 的螯合特性，氨浸出后的产物为螯合物，NH_3 在目标金属（Li、Ni、Co）和非目标金属（Fe、Mg、Al、Mn）之间具有选择性浸出的效果，NH_3 浸出 Ni、Co、Mn 的化学反应方程式见式（4-13）～式（4-15）。

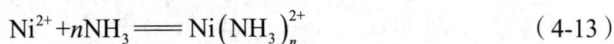

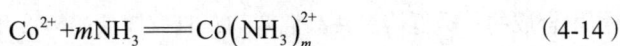

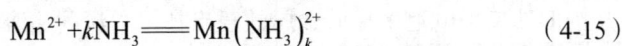

$$Ni^{2+} + nNH_3 \Longrightarrow Ni(NH_3)_n^{2+} \tag{4-13}$$

$$Co^{2+} + mNH_3 \Longrightarrow Co(NH_3)_m^{2+} \tag{4-14}$$

$$Mn^{2+} + kNH_3 \Longrightarrow Mn(NH_3)_k^{2+} \tag{4-15}$$

可以利用 NH_3 选择性浸出金属离子来分离 Ni^{2+}、Co^{2+} 和 Mn^{2+}。虽然过渡金属具有非常相似的性质，但氨化剂更容易溶解 Ni^{2+} 和 Co^{2+}，而更难溶解 Mn^{2+}。如图 4-20 所示，Wang 等人[43]以 $(NH_4)_2CO_3$ 为还原剂，采用一步浸出法，可以实现钴、镍和锂等金属的有效回收（回收率分别达到 100%、98.3% 和 90.3%）。经过进一步分离纯化，有价金属锂、镍、钴分别以化合物 Li_2CO_3、$NiSO_4$、

$CoSO_4$ 的形式回收。

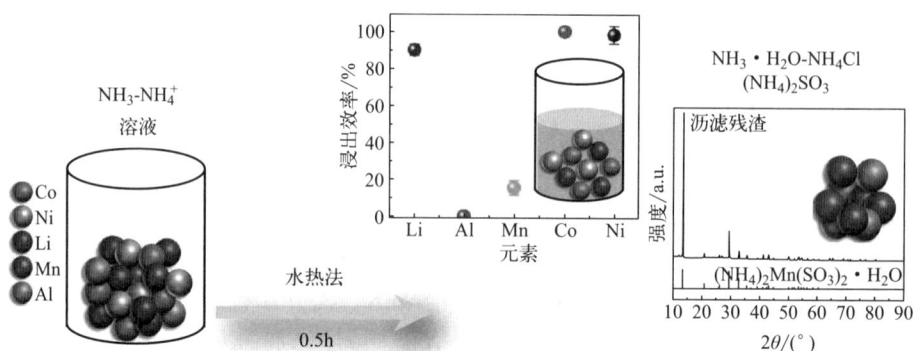

图 4-20　氨浸出体系浸出废旧锂离子电池中有价金属示意图[43]

氨或氨盐浸出液在蒸发后可回收再利用，显著降低生产成本。氨浸出表现出对 Li、Co、Ni 以及 Fe、Mg、Al、Mn 之间的选择性浸出特性，减少了浸出剂的用量，浸出液中的杂质较少，过滤简单，设备和流程也更为简便，成本相对较低。该方法产生的废液和废渣较少，易于再生利用，有助于降低环境负担。碱溶液浸出技术的研究重点在于提高对多种金属的浸出效率，优化工艺条件，并探索低成本、易处理的碱性浸出体系。未来需要进一步优化工艺参数，改进设备，结合其他处理技术，实现工业化应用，从而推动资源循环利用和可持续发展。

4.2.2.4　深共晶溶剂浸出

为了建立商业上可行的回收系统，必须在环境可持续性和浸出效率（LE）之间取得平衡。

深共晶溶剂（deep eutectic solvent，DES）是由两种或三种化合物通过氢键作用合成的一类低熔点共晶混合物，具有较低的熔点和优良的溶解性能，应用于从废旧锂离子电池中提取金属的浸出技术。深共晶溶剂通过与金属氧化物的氢键作用，使金属离子溶解于溶剂中，从而实现金属提取。因其具有廉价、易于制备、可生物降解、较强的分散能力、良好的还原能力和出色的金属溶解能力[44]，在废旧锂离子电池回收领域受到广泛关注。DES 中存在不同的阳离子和阴离子，可以方便地与金属络合，从而有效地溶解金属，消除了对额外还原剂或溶剂、萃取剂的需求。大多数 DES 都具有还原性，它们既可以作为浸出剂也可以作为还原剂。

DES 通过与金属氧化物形成氢键引发浸出反应，随后 Cl^- 对金属中心进行亲核攻击，生成可溶性络合物。Cl^- 的浓度在溶解过程中至关重要，因为它提高了金属在 DES 中的溶解度。对于过渡金属，乙二醇（EG）与 M—O 形成氢键，而氯化胆碱（ChCl）的 Cl^- 攻击金属中心。嵌入的 Li 则被 Cl^- 包围，形成松散相互作用，使其浸出速率更快。不同金属的浸出机制和速率各异，这种机理分析有助于设计高效且具成本效益的绿色溶剂系统，用于回收锂离子电池正极材料[45]。研究人员进一步证实，不同过渡金属与精心设计的配体的结合是良好选择性的关键。

研究发现，在室温下放置特定时间后，无需任何其他过程，Co 和 Li 离子就可以在渗滤液中重新沉淀。之后，使用 H_2O 可以轻松分离出 $CoC_2O_4 \cdot 2H_2O$ 和 $LiHC_2O_4 \cdot 4H_2O$ 的混合沉淀物，所得锂盐纯度可达 99%[46]。由于本次金属离子分离中没有使用沉淀剂，因此 DES 组分不会被破坏，并且补充草酸后 DES 可以重新用于下一次 LIBs 浸出反应。此外，Hua 等人[47]发现 $Li_2C_2O_4$ 在 ChCl/L- 抗坏血酸 DES 中倾向于沉淀，而它在水溶液中是可溶的。因此，他们首先添加草酸溶液，将渗滤液转化为水溶液。然后，过渡金属离子（例如 Ni、Co 和 Mn 离子）以草酸盐形式沉淀，而 Li 离子保留在浸出液中。之后，随着水的蒸发和乙醇的添加，锂离子形成 $Li_2C_2O_4$ 并在 DES 中沉淀（如图 4-21 所示）。草酸通常用作 DES 的 HBD［HBD 是指氢键供体（hydrogen bond donor），指的是能够提供氢键给其他分子或功能基团的化合物或功能基团；HBA 是指氢键受体（hydrogen bond acceptor），指的是能够接受氢键的化合物或功能基团］，这不影响 DES 对 LIBs 的浸出能力。

总之，从 LIBs 正极材料中回收 Li 可能在含水溶液的 DES 中表现出不同的结果，特别是当使用草酸作为沉淀剂时。因此，存在多种在 DES 中分离 Li 和过渡金属离子的方法。一种方法是将 DES 渗滤液转化为水溶液。然后，可以通过化学沉淀和萃取等常规方法从渗滤液中分离锂。该工艺成熟、简单，但通常会破坏 DES 的结构和性能，影响其可回收性。例如，莫里纳等人使用 H_3PO_4 溶液作为 ChCl/ 乳酸 DES 浸出液的沉淀剂制备了 Li_3PO_4[48]。另外，添加一些可以充当 HBD 或 HBA 且对初始 DES 没有影响的试剂也是一个不错的选择。这意味着应该探索不同锂盐在 DES 中的溶解度。遗憾的是，迄今为止，相关研究尚未引起人们的研究兴趣。此外，在将锂浸入 DES 之前，可以解决从 LIBs 正极材料中预分离锂的问题。例如，Chen 使用甲酸选择性浸出 Li，而使用 PVDF 和炭黑将 Co 保留在浸出残渣中。随后，ChCl/ 甲酸 DES 用于 Co 的浸出和回收[49]。尽管两步

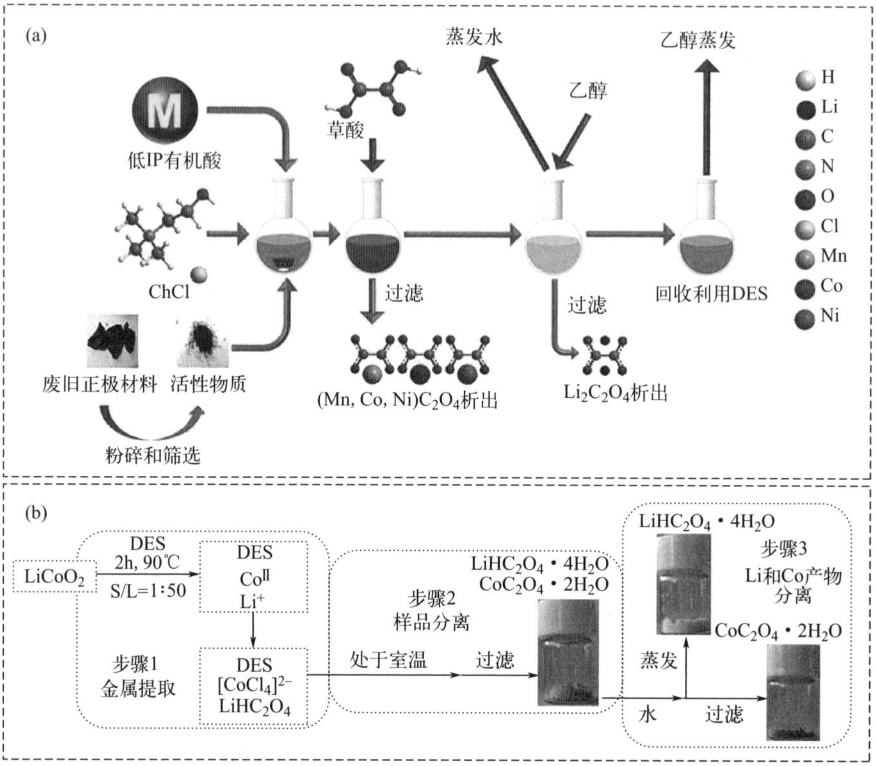

图 4-21　ChCl/L- 抗坏血酸 DES 中 Li 的回收过程（a）[46]；Li 在 ChCl/ 草酸 DES 中的溶解和
沉淀过程（b）[47]

回收过程很复杂，但较低的 Li 损失弥补这一缺点，特别是对于镍钴铝酸锂和镍钴锰酸锂正极材料。

　　从经济和可持续发展的角度来看，DES 回收废旧锂离子电池正极材料是一项非常有意义的研究，具有较好的应用前景。然而，DES 的研究尚处于起步阶段，工业化应用尚需探索，对部分金属的选择性浸出效果需进一步验证，DES 浸出机理还需要深入的探索，为设计出廉价、高效、绿色的新型 DES 提供理论指导[50]。

4.2.2.5　其他辅助浸出工艺

　　常规的湿法浸出工艺，例如酸浸出、碱溶液浸出等的浸出周期较长、浸出温度较高，且使用大量腐蚀性的高浓度酸或碱溶液，易产生污染环境的废水与废气。为了避免以上弊端，一些辅助强化手段被用来提高金属的浸出效率，例如机械辅助、超声辅助、微波辅助等技术。

　　机械辅助可以在室温条件下促使实现有价金属的高浸取率，这种手段避免了湿法冶金过程中废液的产生[51]。废旧锂离子电池正极活性材料与 EDTA 螯合剂共同球磨处理后，可在无强酸和还原剂的条件下实现锂和钴的高效选择浸出。但机械辅助具有对设备要求高且能耗高等弊端[41]。Qu 等[52]以石英为助磨剂与 $LiCoO_2$ 共同研磨（如图 4-22 所示），采用机械辅助提高废旧锂离子电池中 Co 和 Li 的浸出率。在 SiO_2 与 $LiCoO_2$ 质量比为 1∶1、研磨转速为 500r/min、研磨时间为 30min 的条件下，$LiCoO_2$ 转化为无定形态，其反应活性大大提升，Co 和 Li 在柠檬酸中的浸出率分别达到 94.91% 和 97.22%，有效地回收了 Li 和 Co 元素。

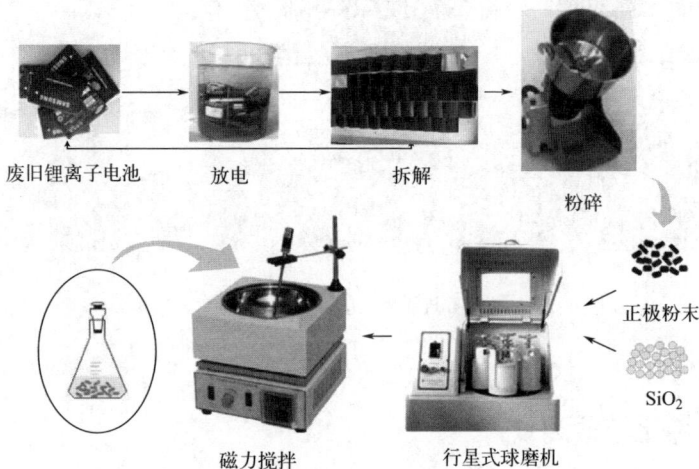

图 4-22　机械辅助回收废旧锂离子电池中有价金属流程图[52]

　　超声辅助可有效地提高正极材料的浸出速率。超声活化的主要机理是低压下形成空穴气泡，当压力增大时，空穴气泡爆炸产生大量能量，导致颗粒表面产生微裂痕，促进溶液和固相之间的对流运动和物质交换[53]。

　　锂离子电池中常用的有机黏合剂主要有聚偏二氟乙烯（polyvinylidene fluoride，PVDF）和聚四氟乙烯（polytetrafluoroethylene，PTFE）。这些有机化合物稳定性好，不与强酸或强碱反应。根据同类相溶的原理，有机溶剂可有效溶解黏合剂并将活性物质分离。常用的溶剂有 N- 甲基吡咯烷酮（N-methylpyrrolidone，NMP）、N- 二甲基甲酰胺（N-dimethylformamide，DMF）、二甲基乙酰胺（imethylacet-amide，DMAC）和二甲基亚砜（dimethyl sulfoxide，DMSO）等。Chen 等以超声辅助芬顿反应选择性去除 PVDF 黏合剂，分离磷酸铁锂正极材料。实验结果表明，芬顿试剂产生的羟基自由基（·OH）可充分降解 PVDF 黏合剂，并在超声波的强化下，可从铝箔上分离出约97%的正极材料，分离过程如图4-23所示[54]。但有机溶剂的价格相对较高。同时与许多其他溶剂相比毒性更大，可能对环境和操作人员造成危害。此外，超声波会导致溶液产生活化自由基，促进反应并减少酸消耗[55]。但超声技术对设备的要求比较高且能耗大，不利于湿法冶金回收的工业化应用。

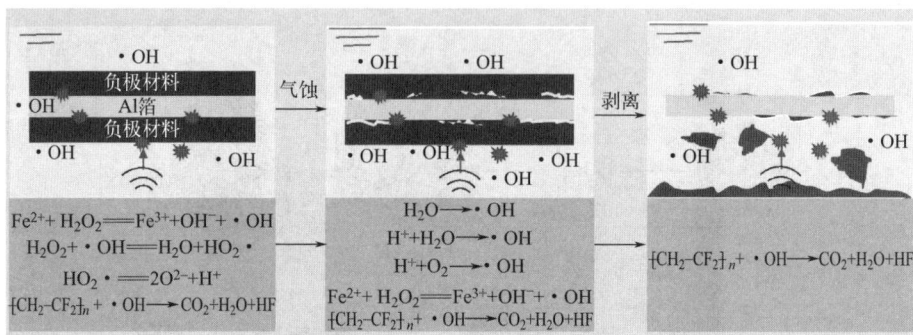

图4-23 超声辅助芬顿反应体系剥离机制示意图[54]

4.2.3 纯化与分离

在湿法冶金回收过程中，废旧锂离子电池材料经过预处理和浸出工艺处理后，有价金属元素转化成游离态进入浸出液中。需要对含有金属元素的溶液进行纯化、分离、提取和回收处理，以制备纯度较高的产物，获得可观的经济效益。

废旧锂离子电池材料的分离回收具有特殊性，其在于金属元素的化学性质相近、含量相差不大，因此不易分离。工业上使用频率最高的分离提取方法是化学沉淀法、溶剂萃取法等，这些分离方法因各自的优缺点，运用范围也有所差异。因此，金属离子的分离提取需要在减少二次污染的前提下，选取合适的方法以提高有价金属元素的分离效率、回收率和纯度[56]。

4.2.3.1 化学沉淀法

化学沉淀法是指在浸出液中加入沉淀剂，将金属离子转化为不溶或微溶的金属盐沉淀，从而将金属从溶液中分离出来的方法[57]。其原理是利用不同金属化合物沉淀溶度积的差异，通过控制浸出液的 pH 值和沉淀剂的添加量，相应金属离子生成沉淀，再过滤分离（如图 4-24 所示）。浸出液中通常混合多种成分复杂的金属离子，易发生共沉淀，导致目标金属难以分离且增加了金属的损失。因此，需要先将浸出液中的杂质进行屏蔽，再选择合适的沉淀剂进行沉淀。

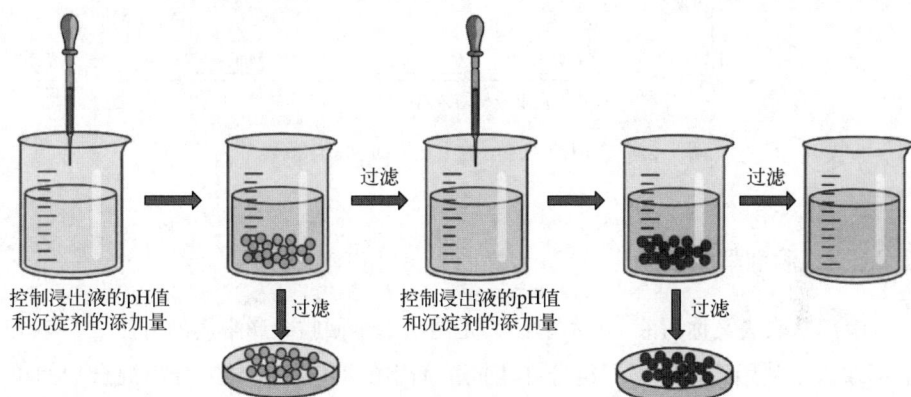

图 4-24　化学沉淀法流程图

　　Yang 等人[58]采用多步沉淀法从浸出液中回收金属（图 4-25）。沉淀过程主要分为 4 个步骤，对应于 Mn、Ni、Co 和 Li 的回收。Mn^{2+} 与（NH_4）$_2S_2O_8$ 的物质的量比为 $1:3$、$pH=5.5$、$80℃$条件下，Mn^{2+} 以 MnO_2 的形式回收［式（4-16）］。Ni^{2+} 与 $C_4H_8N_2O_2$ 物质的量比为 $1:2$、$pH=6$、$30℃$条件下 Ni^{2+} 形成螯合物沉淀被回收［式（4-17）］。然后，将 pH 值调至 10，Co^{2+} 将以 Co（OH）$_2$ 沉淀的形式回收［式（4-18）］。最后，以 Na_2CO_3 为沉淀剂回收 Li，得到 Li_2CO_3［式（4-19）］。Mn、Ni、Co 和 Li 的沉淀率分别达到 99.5%、99.6%、99.2% 和 90%。

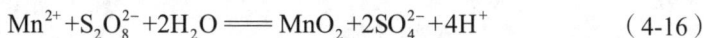

$$Mn^{2+}+S_2O_8^{2-}+2H_2O =\!=\!= MnO_2+2SO_4^{2-}+4H^+ \tag{4-16}$$

$$2C_4H_8N_2O_2+Ni^{2+} \rightleftharpoons NiC_8H_{14}N_4O_4+2H^+ \tag{4-17}$$

$$Co^{2+}+2OH^- =\!=\!= Co(OH)_2 \tag{4-18}$$

$$2Li^++CO_3^{2-} =\!=\!= Li_2CO_3 \tag{4-19}$$

　　化学沉淀法具有操作简单、成本低等优点，可通过控制浸出液的 pH 值实现金属选择性回收。该法在废旧电池分离过程中得到了广泛的应用，但是易受杂质离子干扰，产品纯度低。因此，需要研究分离过程中反应的决速步骤，控制沉淀条件，以获得高纯度的目标产品。

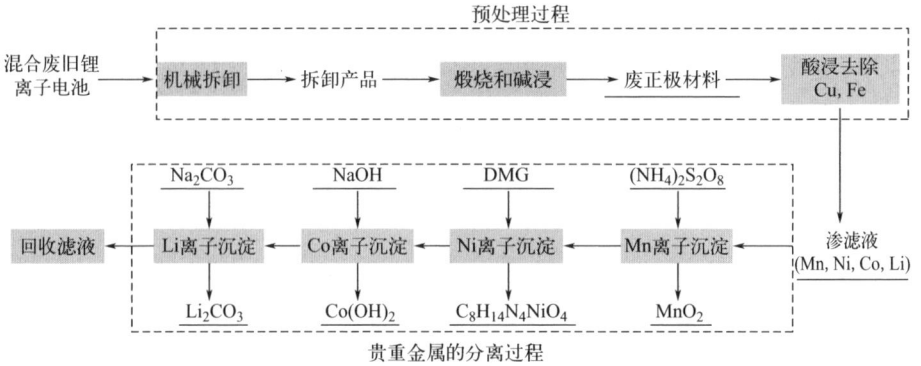

图 4-25　废旧锂离子电池中金属回收总体流程[58]

4.2.3.2　溶剂萃取法

溶剂萃取法又称为液 - 液萃取法，是湿法冶金回收金属常用的方法之一。溶剂萃取法是利用系统中不同组分在不同溶剂中的溶解度差异来分离混合物的单元操作。其原理是利用物质在两种互不相溶（或微溶）的溶剂中溶解度或分配系数的不同，将物质从一种溶剂转移到另外一种溶剂（如图 4-26 所示）。废旧锂

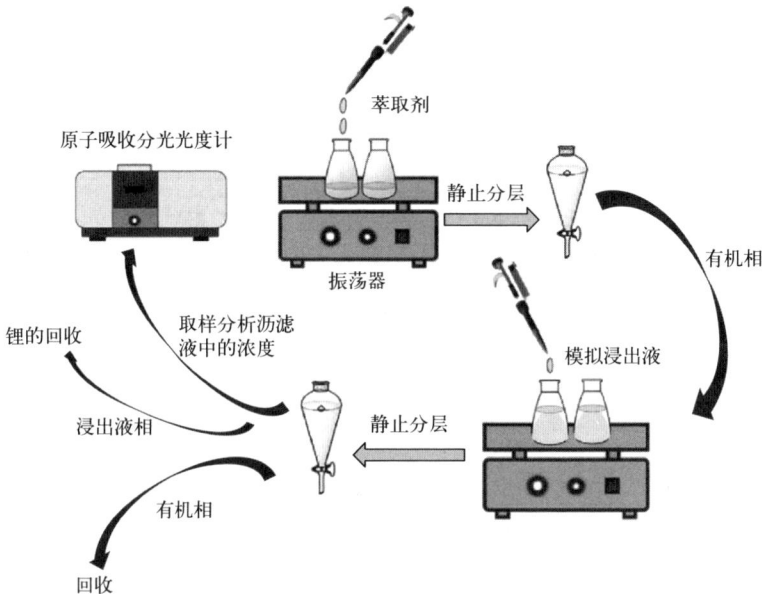

图 4-26　溶剂萃取法流程图[59]

离子电池回收工艺中常用的萃取剂为二（2- 乙基己基）磷酸（即 P204）、2- 乙基己基膦酸单（2- 乙基己基）酯（即 P507）和二（2,4,4- 三甲基戊基）膦酸（即 Cyanex272）。

溶剂萃取法早期主要采取单一萃取剂，对组分简单的溶液系统有较高的萃取率。对于组分复杂的浸出液，单一萃取剂对金属离子的负载能力有限，大量杂质离子会导致萃取剂乳化，影响萃取反应的连续进行。为解决复杂溶液体系金属离子的提取分离，主要采用两种或两种以上萃取剂构成协同萃取体系[60]。

Yang 等人用多步溶剂萃取法分离金属。首先用 PC88A 萃取剂从浸出液中提取锰和钴，99% 的镍和 100% 的锂保留在溶液中；然后用新癸酸进行溶剂萃取分离镍和锂，镍和锂可以达到完美分离（图 4-27）[61]。时间、pH 值、溶剂浓度、温度等参数都会影响萃取效率。溶剂萃取法具有能耗低、效率高、分离效果好等优点，但萃取剂的使用也增加了技术复杂度与成本，同时对环境造成污染。

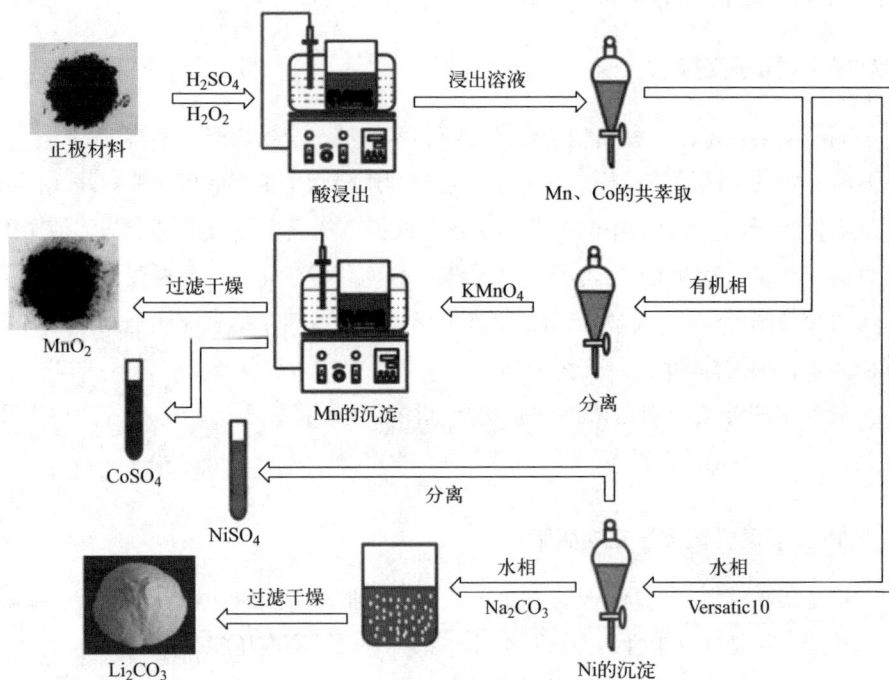

图 4-27　废旧锂离子电池溶剂萃取示意图[61]

溶剂萃取法具有能耗低、操作简单、可调节性好、金属分离纯度高等优点，被大多数企业运用于废旧锂离子电池正极材料中有价金属的回收。目前国内外企业的代表性工艺有：邦普循环在粗萃和精萃过程中均使用 P204 作为萃取剂；华友钴业与浙江天能使用 C272 萃取 Mn，P204 进行除杂，P507 进行 Co 和 Ni 的萃取；赣州豪鹏通过调节萃取液 pH 值，改变 P204 和 P507 对不同离子的溶解度，实现 Ni、Co、Li 的分离回收；博萃循环自主研发的 BC196 萃取剂，可一步实现 Ni、Co、Mn 的共萃取[62]。

溶剂萃取法在金属回收中虽具有优势，但也存在显著缺点。其过程需大量化学试剂，增加工艺复杂性和成本，且易导致环境污染，特别是废液处理不当时，会产生有毒有害物质，污染水体和土壤。高质量萃取剂价格昂贵，设备和运行费用高，不利于大规模工业应用，处理复杂组分时易乳化，影响回收率和纯度，单一萃取剂负载能力有限，杂质多时萃取效率低。产生的废液和废渣需进一步处理，增加复杂性和费用。操作虽相对简单，但需精确控制操作参数，增加技术难度。这些缺点限制了溶剂萃取法的应用，需要优化工艺或结合其他技术来克服，确保回收过程的高效性和可持续性。

4.2.3.3 离子交换法

离子交换技术是一种新型的化学分离技术，离子交换树脂是不溶性固体，并且具有一定的空间网络结构。其基本过程是利用树脂中带有的可交换离子（阴离子或者阳离子），与溶液中的电荷离子进行交换，树脂中可交换离子与溶液中的同性离子交换，骨架上的官能团则不会发生任何化学变化。一些树脂的官能团上带有可交换阳离子，被称为阳离子交换树脂；另一些树脂的官能团上则带有可交换阴离子，则被称为阴离子交换树脂。

最常用的分类法则是依据树脂功能基团的类别将离子交换树脂分为以下几大类：

（1）弱酸性阳离子交换树脂

这是指功能基团为磺酸基—SO_3H 的一类树脂，它的酸性相当于硫酸、盐酸等无机酸，在碱性、中性乃至酸性介质中都具有离子交换功能。

以苯乙烯和二乙烯苯共聚体为基础的磺酸型树脂是最常用的弱酸性阳离子交换树脂。在生产这类树脂时，主要单体苯乙烯与交联剂二乙烯苯共聚合，得到的球状基体称为白球。白球用浓硫酸或发烟硫酸磺化，在苯环上引入一个磺酸基。此时树脂的结构为：

（2）强酸性阳离子交换树脂

强酸性阳离子交换树脂中含有许多强酸性基团，如磺酸基。这些基团可以在溶液中解离产生 NH_4^+，表现出强酸性。强酸性阳离子交换树脂解离出来的负电基团，如 SO_4^{2-}，会与溶液中存在的其他阳离子发生吸附反应，实现溶液中富含的阳离子和树脂中 NH_4^+ 进行离子交换的功能。这类树脂的交换速度很快，是因为它们的强酸性交换基团可以快速地释放与溶液中的阳离子进行交换的 NH_4^+。这种树脂以含羧基的为多，母体有芳香族和脂肪族两类。用二乙烯苯交联的聚甲基丙烯酸可以作为一个代表：

聚合单体中除甲基丙烯酸外，也常用丙烯酸。含膦酸基—PO_3H_2 的树脂酸性稍强，有人把它从弱酸类分出来，称为中酸性树脂。膦酸基树脂往往是交联聚苯乙烯与三氯化磷在 $AlCl_3$ 催化下反应，然后经碱解和硝酸氧化而得到的。酚醛类树脂也属于弱酸性阳离子交换树脂，如：

（3）强碱性阴离子交换树脂

这种树脂的功能基团为季铵基，其骨架多为交联聚苯乙烯。在傅氏催化剂，如 $ZnCl_2$、$AlCl_3$、$SnCl_4$ 等存在下，骨架上的苯环与氯甲基醚进行氯甲基化反应，再与不同的胺类进行季铵化反应。季铵化试剂有两种，使用第一种（如三甲胺）得到 I 型强碱性阴离子交换树脂：

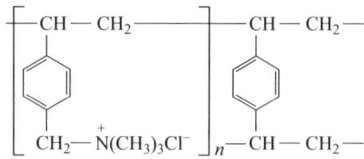

Ⅰ型阴离子交换树脂碱性很强，即对—OH的亲和力很弱，当用NaOH使树脂再生时效率较低。为了略微降低其碱性，使用第二种季铵化试剂（二甲基乙醇胺），得到Ⅱ型强碱性阴离子交换树脂，其结构为：

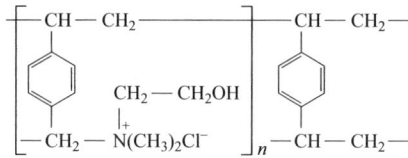

Ⅱ型树脂的耐氧化性和热稳定性较Ⅰ型树脂略差。

（4）弱碱性阴离子交换树脂

这是一些含有伯胺—NH$_2$、仲胺—NRH或叔胺—NR$_2$功能基团的树脂。基本骨架也是交联聚苯乙烯。经过氯甲基化后，用不同的胺化试剂处理，与六亚甲基四胺反应可得伯胺树脂，与伯胺反应可得仲胺树脂，与仲胺反应可得叔胺树脂。有的胺化试剂可导致多种胺基的生成，如用乙二胺胺化时生成既含伯胺基，又含仲胺基的树脂：

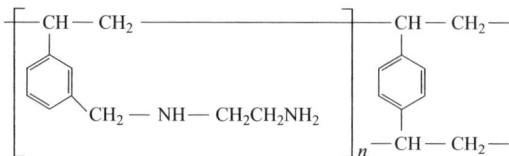

离子交换法是一种通过选择适当的树脂吸附Li$^+$并将其解吸回收，从而实现杂质离子与Li$^+$分离的方法。相比其他方法，离子交换法具有工艺简单和高回收率的优势，在低能、高效、经济方面更具优越性，特别适用于从低浓度溶液中提取Li$^+$。离子交换树脂是一种功能型高分子材料，具有活性交换基团，在离子交换分离操作中发挥着重要作用。离子交换法的关键在于研制出具有较高锂吸附量和选择性的树脂，能够有效吸附溶液中的Li$^+$并屏蔽大量共存的其他金属离子的干扰。此外，离子交换树脂具有良好的化学稳定性，不溶于一般的有机溶剂及酸碱溶液，成为现代吸附分离回收有价金属离子的新选择。

4.3　湿法冶金技术的案例分析

4.3.1　国内外湿法冶金回收技术的应用案例

2021 年，全球锂离子电池市场总值达到 560 亿美元；预计到 2025 年，废旧锂离子电池的回收拆解价值将达到 177.96 亿元[63]。湿法冶金回收技术因其高效、低能耗和较高的金属回收率，在废旧锂离子电池回收中得到了广泛应用。全球范围内，多个国家和地区都开展了相关技术的研究和应用，取得了显著成效。

以国内的创业板股份有限公司（GEM）为例，废旧动力锂离子电池和原矿经过预处理步骤（图 4-28），如卸料、拆卸、破碎和分拣，产生废品。然后，用

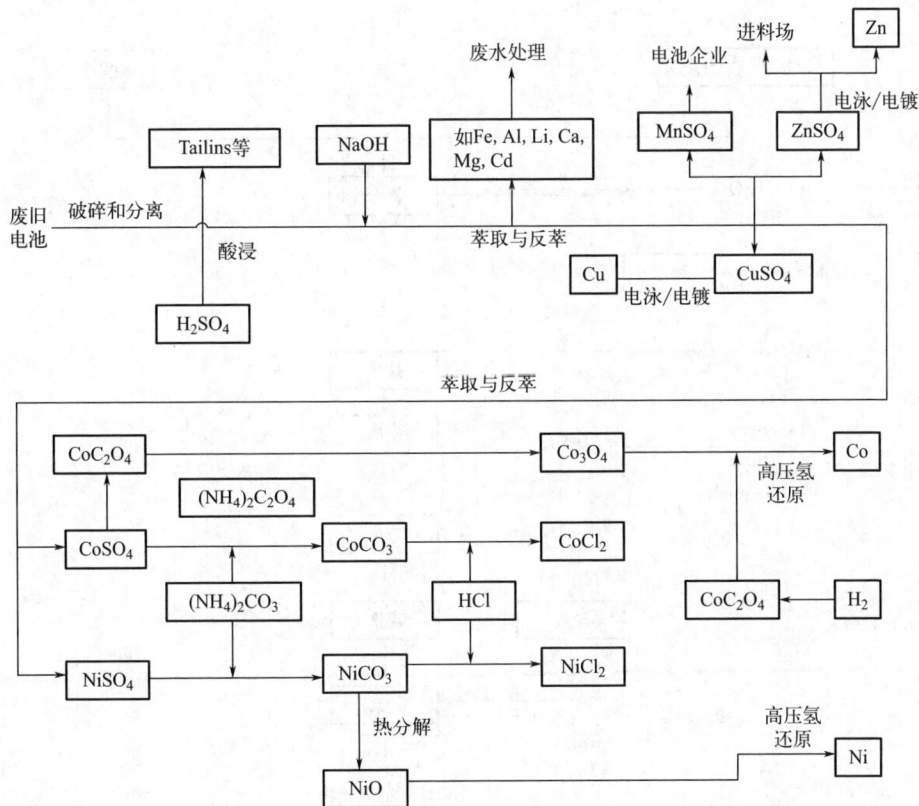

图 4-28　GEM 公司废旧 NCM 电池的回收过程[53]

硫酸浸取废料，滤液被送往下一步，收集滤渣进行后续处理。通过添加 NaOH 来调节滤液的 pH 值，以去除铁和铝等杂质。然后，通过多级萃取分离滤液中的锰、铜和锌。$MnSO_4$ 直接运往电池制造商，而铜和锌则通过电沉积进一步分离。滤液中剩余的镍和钴通过沉淀分离，生成碳酸盐。将 $NiCO_3$ 和 $CoCO_3$ 焙烧以产生 NiO 和 Co_3O_4。这些氧化物也可以用 H_2 还原生成单质金属。为了获得更高的收入，一些具有回收能力的公司会将其回收业务扩展到了产业链的下游，即进行回收再生的循环。例如，Brunp 集团参与了从浸出液的中间体生产新电池材料的领域。废旧动力锂离子电池经过多步预处理，获得含有钴和镍的浓缩材料。浓缩材料经过一系列处理，包括浸出、萃取、杂质去除和沉淀，产生 NCM 前驱体，即 $Ni_xCo_yMn_z(OH)_2$。将 NCM 前驱体洗涤并干燥，与 Li_2CO_3 按照比例完成球磨混合，并在氧气气氛中分阶段加热，以制备新的 NCM 正极材料，即锂镍钴锰氧化物（图 4-29）。

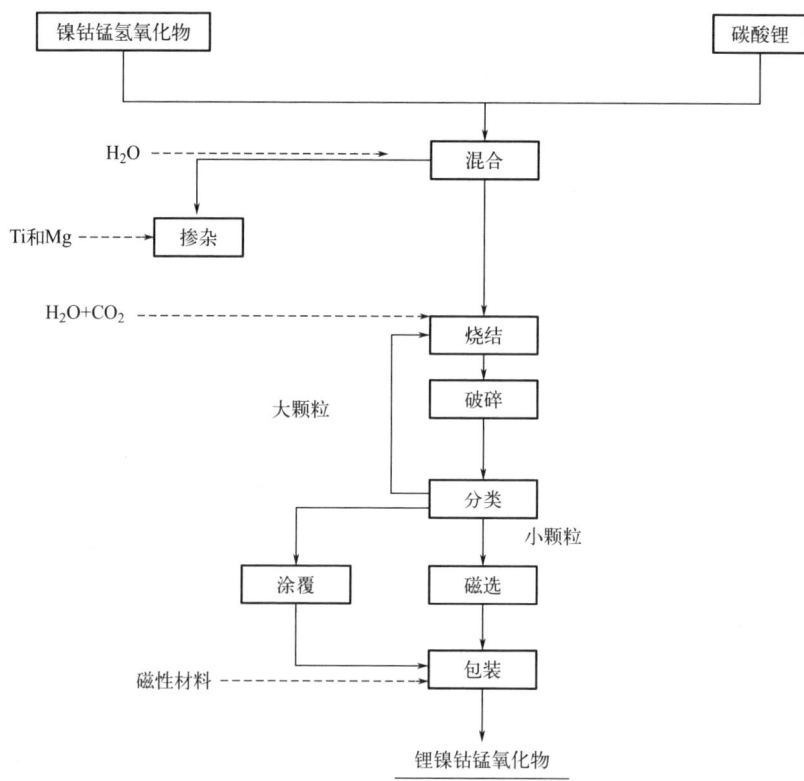

图 4-29　Brunp 集团从回收的中间体中生产 NCM 材料过程

国外方面，Retriev 有限公司（之前为 Toxco）运营一家工厂，通过湿法冶金工艺路线回收一次锂电池和二次锂离子电池。该工艺的重点是回收锂和其他成分。Retriev 过程的示意图如图 4-30 所示。

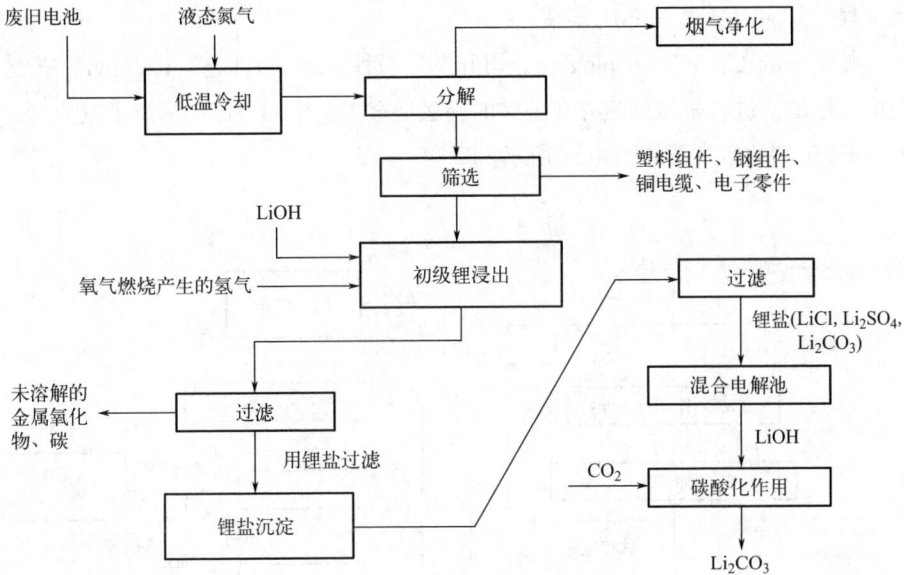

图 4-30　Retriev 过程示意图

废旧锂离子电池首先用液氮低温冷却到 $-200\,℃$ 左右，并不断补充液氮。将电池冷却几个小时才能停用。通过低温过程，锂的反应性与室温下的反应性相比降低了 5 或 6 个数量级。之后，电池在粉碎机或锤磨机中粉碎并筛选。大尺寸的部分，如混合塑料、钢壳、铜箔和铝箔从含有活性电极材料的小尺寸部分中分离出来。将活性电极材料浸入含有氢氧化锂（LiOH）的溶液中，该溶液用于溶解锂盐。将溶液的 pH 值保持在 10 以防止硫化氢水合物的形成。反应产生的氢气在溶液表面被有限量的氧气烧掉。未溶解的金属氧化物和石墨通过压滤机从溶液中分离并回收。滤液被送至蒸发器和储罐阵列，滤液中的锂盐，如氯化锂（LiCl）、碳酸锂（Li_2CO_3）和硫酸锂（Li_2SO_4），当它们的含量超过溶解度时沉淀。锂盐被泵送并通过压滤机过滤。然后，将含锂滤饼放入混合电解池中，混合电解池中含有稀硫酸，可将锂离子与阴离子和阴离子化合物分离。锂穿过膜并与碱反应形成

LiOH。形成的 LiOH 可以直接脱水或吸收二氧化碳转化为 Li_2CO_3。此外，可以在过滤阶段之前加入苏打灰以形成碳酸锂 Li_2CO_3，这种方法可代替混合电解池，与苏打灰反应形成的 Li_2CO_3 可以直接通过压滤机过滤。

虽然该过程不涉及高温处理，但低温处理本身是能量密集型的且危险的。Sonoc 等人估计，将电池冷却到 $-200℃$ 所需的能量为 219MJ，处理 1t 电池的粉碎过程所需的能量为 565MJ[64]。

美国 Pure Cycle Technologies 公司开发了一种 Recupyl 工艺。Recupyl 工艺是在惰性环境下进行机械加工并在随后的湿法冶金工艺中回收废旧锂离子电池[65]。Recupyl 工艺的示意图如图 4-31 所示。

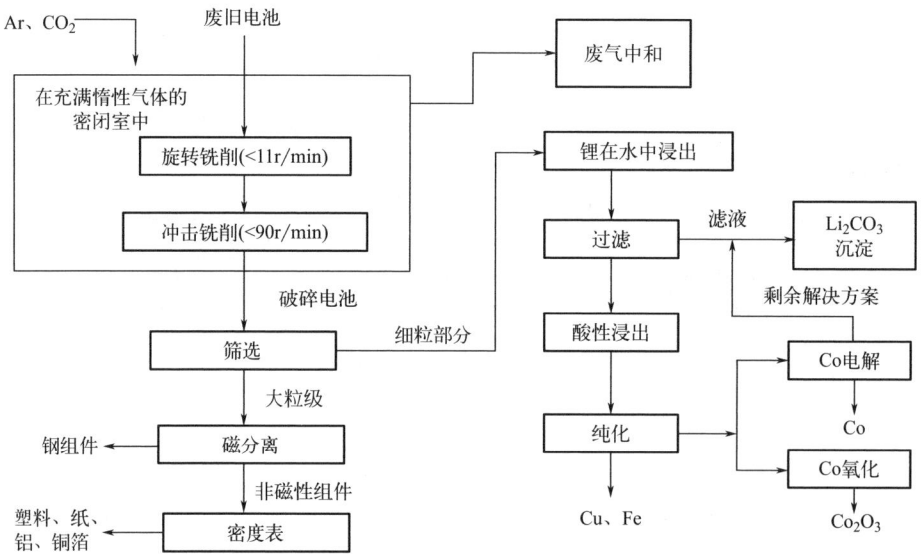

图 4-31　Recupyl 工艺示意图

电池在含有二氧化碳和氩气惰性气体的密闭室中进行分类和粉碎。粉碎分两步进行，第一次粉碎用旋转磨机以低于 11r/min 完成，第二次粉碎用冲击式磨机以低于 90r/min 完成。破碎过程中加入 CO_2，CO_2 气氛会引发电极表面上金属锂的钝化。同时，来自破碎过程的废气用水和苏打中和。然后对磨机排出物进行筛选，将精细的活性电极材料与大尺寸部分（例如钢壳、纸、塑料和箔）分离。高感应磁力分离器分离大部分钢成分。其他非磁性材料根据密度差异进行分离。

分离的活性电极材料中的锂在具有低氧水平的湍流气氛下在剧烈搅拌的水

中浸出。这种类型的气氛防止反应释放的氢气爆炸和氟化氢气体的形成。在可溶性锂溶解在水中之后,过滤剩余的固体以分离溶液。溶解在该滤液中的锂通过添加碳酸锂或磷酸沉淀为碳酸锂 Li_2CO_3 或磷酸锂 Li_3PO_4。将含有剩余电极材料的滤渣送至在 80℃下用 1mol/L 硫酸的浸出过程以回收钴。将溶液冷却至 60℃并过滤任何未溶解的碳。该溶液通过铜置换和铁沉淀分别在 pH 2 ～ 2.85 和 pH 3.85 下进一步纯化。纯化后,将溶液中和至 pH 5.8,并通过在 55℃下使用不锈钢阴极和锑 - 铅合金阳极以 400 ～ 600A/m^2 的电流密度电解回收钴。在该过程中,锰也以羟基氧化物或二氧化物形式沉淀。在纯化溶液中富含钴的情况下,在 pH 2.3 ～ 2.8 下用次氯酸钠氧化纯化溶液以沉淀氧化钴(Ⅲ)。将含有一些锂的剩余溶液中和至 pH 8.5,并送至本节前面所述的锂盐沉淀过程。

　　这些案例展示了湿法冶金技术在全球范围内的成功应用,通过不断优化和创新,提高了回收效率和经济效益,同时减少了环境影响,推动了废旧锂离子电池回收行业的发展。

4.3.2　湿法冶金技术的创新与发展趋势

　　近年来,湿法冶金技术在废旧锂离子电池回收中的应用取得了显著的进展[66]。生物湿法冶金技术,尤其是生物浸出技术的快速发展,是其中一个重要的创新点。生物浸出技术利用微生物的代谢活动,将难溶的金属转化为可溶性形式,从而实现金属的回收。这种方法不仅环保,而且能耗低,目前在湿法冶金中的应用比例从 5% 迅速增长到 13%。此外,生物湿法冶金技术在回收稀有金属如镍、钴、锰等方面显示出了巨大的潜力[67]。

　　另一个显著的发展是直接材料制备和离子印迹技术的应用。通过直接在湿法冶金过程中制备材料,可以避免一些不必要的步骤,如纯金属的提取,从而缩短工艺流程并降低成本。例如,在镍铜硫化矿的浸取过程中,可以通过调节溶液中的元素比例,直接制备镍钴锰前驱体材料,这种方法在锂离子电池的回收中具有广泛的应用前景。离子印迹技术则通过选择性吸附和分离金属离子,提高了金属回收的纯度和效率。

　　在技术手段方面,先进的仪器分析方法如 X 射线吸收精细结构(XAFS)、基因测序和微型计算机断层扫描(micro-CT)的应用,极大地推动了对湿法冶金机制的深入理解。这些技术能够提供更为精确的金属分布和化学状态信息,从而优化回收工艺。此外,溶剂萃取、离子交换、吸附、沉淀、气体还原和电沉积等传统技术在湿法冶金中的应用仍在不断改进，这些技术在金属浓缩和纯化过程中起到了关键作用。

随着环境保护要求的不断提高和矿石品位的下降，湿法冶金技术在生产有色金属中的作用日益突显[68]。未来的研究热点将集中在稀有金属和重要经济资源的回收利用上，特别是"城市矿山"的资源循环利用。发达国家和发展中国家在湿法冶金研究方面的投入和贡献将继续增加，以应对不断增长的资源需求和环境挑战。通过这些创新和技术进步，湿法冶金不仅提高了金属回收的效率和纯度，还减少了对环境的影响，推动了资源的可持续利用。

4.4 湿法冶金相关的回收产业与政策

4.4.1 废旧锂离子电池回收产业链概述

废旧锂离子电池回收产业链，主要是将废旧动力锂离子电池、消费锂离子电池及储能锂离子电池进行回收，并通过预处理、二次处理、深度处理将废旧锂离子电池中的可利用资源利用并提炼出锂、锡、钴、锰等可再生资源。废旧锂离子电池回收产业链上游为废旧锂离子电池回收，主要包括锂离子电池回收来源及锂离子电池回收渠道；中游为回收拆解利用，主要包括梯次利用流程、拆解回收流程；下游为梯次利用领域和拆解回收材料（图4-32）。

（1）上游分析

随着高碳排放、高污染的传统燃油车逐渐被新能源电动汽车所替代，锂离子电池的需求量也大幅增长。随之而来的是巨大的废旧锂离子电池市场。据统计，2018年我国锂离子电池累计产量为70.6GWh。随着人们对电动汽车和便携式电子设备需求的不断增长，锂离子电池的产量持续增加。到2020年，我国废旧锂离子电池总量已超过50万吨，预计2026年废旧锂离子电池总量将达到231.2万吨[69]。

目前，可回收电动汽车电池总量在近年内呈指数级增长。从2025年起，报废的电动汽车电池总量将超过消费电子电池，电动汽车电池将主导锂离子电池回收市场，到2040年，全球将有超过50%的锂离子电池（约430万吨）在中国得到回收。尽管在2020年初期，大部分可回收锂离子电池来自消费电子产品，但从2025年起，电动汽车行业将占据主导地位，并推动废旧锂离子电池回收市场

上游：废旧锂离子电池回收	
回收来源	回收渠道
废旧锂离子电池	电池厂、整车企业
锂离子电池生产废料	拆车厂、第三方运营公司

中游：回收拆解利用

梯次利用流程

电池包拆解	筛选检测	配对重组	系统集成

拆解回收流程

预放电	拆解	破碎	集流体分离	材料分离	材料回收	化学提成

下游：再生利用	
梯次利用领域	拆解回收材料
低速电动车	锂
电动自行车	锡
电动摩托车	锰
储能电池	钴
智能路灯等	塑料等

图 4-32　废旧锂离子电池回收产业链

的发展[70]。

废旧锂离子电池的回收来源主要有废旧锂离子电池和锂离子电池生产废料等，回收渠道包括电池厂、整车企业、拆车厂和第三方运营公司等。通过废旧锂离子电池源头来回收电池可以将其造成的环境污染降到最低。同时，湿法冶金回收技术能源消耗低，能够高效回收金属资源，提高资源利用率；有效回收有害物质，减少环境污染；实现资源再利用，降低生产成本，推动循环经济的发展。通过湿法冶金回收技术处理废旧锂离子电池具有广阔的应用前景和战略意义。

（2）中游分析

废旧锂离子电池经过梯次回收利用后，仍含有部分剩余电量，这些电量若不进行预处理释放，将可能在后续的破碎或拆解等过程中，给操作工人及工作环境带来严重的安全隐患。因此，废旧锂离子电池在回收处理前进行充分的放电处理是十分必要的。常用的两种放电方式为物理放电和化学放电。物理放电污染较少，但成本较高；化学放电成本低，但电池中的电解液极易渗漏出来，产生废水和 HF 等有害气体，造成二次污染。

废旧锂离子电池放电完成后，通常采用机械分离法对锂离子电池各组分进行筛分。机械整体破碎的研究虽然很多，但对于后期分选或化学萃取分离工艺的简便性考虑不足，增加了后期处理工艺的复杂性。基于锂离子电池的组成部分进行的"分步拆解"精细工艺，逐渐引起国内外诸多研究者的关注。

将废旧锂离子电池拆卸成模块的任务也可以在未来的工作中扩展到更深层次的拆卸，即电池单元水平甚至电池组件（电池外壳、正负极、电解质和隔膜等），可提高后续的电池回收步骤中活性材料的含量，降低火法冶金和湿法冶金过程的复杂性和能源消耗[71]。

废旧锂离子电池经拆解后得到多组分混合物，为提高后续回收利用率，有必要针对混合物中的外壳、电极片、隔膜等进行分选。剥离是将电极片中的集流体与电极材料分离的过程。集流体与电极材料通过黏结剂粘连，因此，去除黏结剂是较好的实现分离的方法。最后进行材料的回收与化学提成。

（3）下游分析

废旧锂离子电池作为一种潜在的资源宝库，将其转化为其他储能材料或催化剂的研究日益受到关注。通过一系列精细的化学处理，能够有效地提取废旧锂离子电池中的关键元素，如锂、钴、锰和锡等，并将其转化为具有优异性能的储能材料，如新型锂离子电池正极材料或超级电容器电极材料。同时，废旧锂离子电池中的过渡金属组分还可用于制备高效催化剂和化学反应的加速和优化。这些转化不仅实现了废旧锂离子电池的循环利用，减少了环境污染，还为新能源领域的发展注入了新的活力。

通过湿法冶金技术回收废旧锂离子电池正极材料中的有价金属，并将其转化为用于制备储能装置电极的功能性材料，实现了对废旧锂离子电池正极材料中有价金属的高值化升级回收，减少了有害废物的产生，降低了废旧锂离子电池回收工艺的运行成本，具有广泛的实际应用前景和显著的经济效益[72]。随着电动汽车和可再生能源的普及，废旧锂离子电池回收产业链的重要性也逐渐凸显。

通过湿法冶金技术回收废旧锂离子电池带动了多个产业的发展，包括但不限于以下领域：

① 化工领域：如高效分离技术、智能化技术等，提高了金属回收率和纯度，降低了能耗和成本，为化工行业的发展提供了技术支持。

② 新材料技术：通过回收废旧锂离子电池中的各种金属元素，开发新型冶金材料，湿法冶金技术提高了产品的性能和附加值，推动了新材料技术的发展和应用。

③ 环保节能型产业：随着环境保护要求的日益严格，湿法冶金回收技术的发展也促进了环保节能型产业的形成和发展，如固体废弃物处理、污水处理、垃圾处理等领域的新型环保成套设备。

④ 信息技术和教育培训：湿法冶金回收技术的应用还促进了信息技术的发展和应用，包括支持建设信息资源库及应用支撑平台，推动远程制造、虚拟网络制造和远程诊断、维护服务等，同时也推动了信息技术教育培训的开展。

⑤ 重大技术装备产业化：湿法冶金回收技术的发展还带动了重大技术装备的产业化，如新一代大流量、大生产能力的烟草加工成套设备，现代物流自动化成套设备，大型车床，镗铣床和加工中心等。

整个废旧锂离子电池回收产业链的发展旨在最大程度地回收有价值的材料，减少对自然资源的依赖，降低废弃物对环境的影响，并促进可持续发展。这对我国目前资源短缺的情况来讲，具有重要的战略意义。

4.4.2　相关政策法规和标准

废旧锂离子电池回收利用是全球关注热点，既是新能源产业可持续发展的末端，也是镍钴锂等战略资源绿色可持续供应的关键，更是应对气候变化、推动绿色发展的战略举措。

废旧锂离子电池的回收既能解决环境污染，也能解决战略资源问题。废旧锂离子电池回收行业的上游产业主要是报废锂离子动力电池（报废新能源汽车、报废电动摩托车、报废电动自行车等）、动力电池生产废料，废旧锂离子电池回收产业链下游为梯次利用领域（低速电动车、通信基站、储能电池、智能路灯等）及拆解回收材料（锡、锰、钴、锂等）。

为了促进废旧锂离子电池的回收利用，中国政府出台了一系列相关政策，建立了完善的锂离子电池回收体系，推动锂离子电池回收利用行业的健康发展。

（1）相关法律法规

我国废旧新能源汽车电池回收产业无直接法律，但在环境保护方面有以下法律：

《固体废物污染环境防治法》 生产者和经营者应当对其生产或者经营的产品负责，建立健全产品责任制度，采取有效措施预防固体废物对环境的污染。废旧锂离子电池作为一种特殊的固体废物，生产者和经营者有责任对其进行回收处理。2011年，我国对《固体废物污染环境防治法》进行了修订，新增了对固体废物回收利用的相关规定。其中明确规定，生产者和经营者应当对其生产或者经营的固体废物实施有效管理，采取措施保护环境，促进可回收利用和资源节约。若生产和销售的产品中含有危险废物，应当负责回收处理。

《环境保护法》 对于危险废物的管理，应当采取必要的措施以保护环境和人类健康。废旧锂离子电池作为一种危险废物，应当制定相关的管理办法和政策。加强对锂离子电池的回收处理和再利用。

《资源综合利用法》 鼓励和支持资源综合利用，促进资源的节约利用和循环经济的发展。废旧锂离子电池属于一种资源，应当采取相应措施，推动锂离子电池的回收和再利用。

这些法律对新能源汽车电池回收产业作原则性指导和约束。工业和信息化部、科技部、生态环境部、商务部等多部门对新能源汽车电池回收产业联合监管，目前主要通过制定规章、政策引导该行业有序发展。

这些法律的颁布，为我国动力电池回收政策体系的建立奠定了基石。国家各部委现有的动力电池回收利用方面的政策法规已有一百条以上，其中包括各地及国家、行业标准57条、行业管理类和宏观类政策各22条，以及支持类政策19条。

我国现有的各地及国家、行业标准对废旧动力电池回收利用过程中的各环节提出了相关要求，以2021年发布的《废锂离子动力蓄电池处理污染控制技术规范（试行）》为例，作为生态环境部针对废旧锂离子电池污染控制发布的首个标准，该标准对废旧锂离子动力蓄电池处理过程中的污染防治做出了详细规定，包括处理的总体要求、技术要求、排放要求、监测要求以及管理要求等多方面内容。

从国家法律法规现状来看，我国缺少针对废旧动力电池这一具体废弃物回收的专门法律，且各地受经济、地理、气候等因素影响，回收利用政策体系建设程度存在明显差异。建立成熟完善的废旧动力电池回收利用政策体系是"双碳"目标下的必要举措，需集中社会各方力量，包括政府、产业、机构和社会组织，积极推进科技创新、加强战略布局、构建绿色产业链，使废旧动力电池的回收利用成为一个循环经济的重要环节，促进资源的可持续利用和节约。

（2）相关政策文件

随着我国经济持续快速发展和城镇化进程加速推进，我国预判居民对汽车需求量将持续增长，将进一步加剧能源紧张和环境污染。因此，我国国务院于 2020 年颁布《节能与新能源汽车产业发展规划（2021—2035 年）》，在推动汽车产业可持续发展的基础上，强调加快培育和发展节能汽车与新能源汽车，促进汽车产业转型升级。近年来国家有关部门颁布多项与新能源汽车电池回收处理产业直接相关的政策性文件，促进新能源汽车动力电池回收处理产业规范和有序发展。

2018 年，生态环境部发布了《重点商品和材料回收制度建设推进方案》，对重点商品和材料的回收制度进行了明确规定。其中也包括了对锂电池回收利用的规定，要求建立健全锂电池回收利用制度，推动锂电池的循环利用。

在国家层面尚未对我国电池回收处理产业进行专门立法，现阶段主要以电池回收产业主管部门颁布的行业标准及鼓励性的政策性文件为主，各省市根据区域内经济发展情况制定具体的实施细则和落地执行政策，各区域电池回收处理产业发展模式不同，发展状况不一，一定程度上影响废旧电池回收体系的统一建立完善，短期来说有利于新模式的探索，但不利于新能源汽车行业的长远发展和循环发展，也不利于整个动力电池回收处理产业的普遍性、全局性发展。一些地方对外地汽车企业进入本地市场采取限制措施，甚至有些地方以当地车企的技术特征和产品特征为衡量标准，设置旨在把外地生产的新能源汽车排除在本地市场之外的技术目录和产品目录，并以此为市场准入的强制性依据。

充分发挥政策的引领性作用，需要政策性文件应在操作层面上能够更加明确具体。一是应明确和完善企业、消费者、监督管理部门之间责任追究的规定和程序，确保政策性文件的可执行性。完善企业新能源汽车电池回收产业的准入与退出机制、奖励与惩处机制。二是对需要联合制定和配合执行的政策，由主要负责部门牵头制定、协调和统筹规划，在政策中应明晰各部门权利与义务，避免权利和义务混淆交叉，职权不清。三是引导各个环节主体积极参与，确保公众积极了解并参与到电池回收产业中，增加公众参与的途径。只有确保制定和执行政策的延续性，才能促进产业稳定发展。

（3）锂离子电池回收的标准要求

随着锂离子电池的广泛使用，如何合理回收和处理废旧锂离子电池成为亟待解决的环保难题。为了统一回收和处理废旧锂离子电池，国家出台了相关的标准要求。

首先是回收标准。按照我国相关标准，回收企业必须具有合法的资质和生产设备，并遵守国家的相关法律法规，确保锂离子电池的回收过程安全无害、合规合法。同时，回收企业还应当制定完善的技术标准和管理规范，对回收所采取的技术和工艺进行严格的控制和监管。

其次是处理流程。废旧锂离子电池回收后，需要经过一系列的处理流程，包括分类、拆卸、分离等步骤。废旧锂离子电池中的有价金属、无价金属和有害物质需要进行分离和提取，以便于后续的再利用或安全处理。此外，处理过程中要遵循"先保证安全，再考虑效益"的原则，确保处理过程不会对环境、人身安全和财产造成损害。

最后是环保要求。回收企业需要严格遵守我国环境保护法和相关法律法规，进行环保评估和环保治理。废旧锂离子电池回收处理过程中产生的污染物和废弃物要经过规范的处理，并严格执行入场证制度和废弃物不良轨迹管理制度。同时，回收企业要制定详细的废旧锂离子电池回收处理记录规范，做好跟踪记录工作。

我国废旧电池回收标准体系如下。这些标准涵盖了废旧电池回收的各个方面，包括技术规范、作业流程、安全要求、环境保护等。具体来说，这些标准包括：

《废铅酸蓄电池回收技术规范》（GB/T 37281—2019）：这是针对废铅酸蓄电池回收的具体技术规范，规定了废铅酸蓄电池的收集、贮存、运输、转移过程的处理方法及管理措施，旨在规范生产企业对废铅酸蓄电池的回收利用，防止二次污染；

《电动汽车动力蓄电池回收利用技术政策（2015年版）》：这份政策文件详细规定了废旧动力蓄电池的再生利用规范，包括拆解、热解、破碎分选、冶炼等步骤的具体要求，以确保废旧动力蓄电池中有价资源的有效回收；

《车用动力电池回收利用 梯次利用》国家标准：包括《车用动力电池回收利用 梯次利用 第3部分：梯次利用要求》（GB/T 34015.3—2021）和《车用动

力电池回收利用　梯次利用　第 4 部分：梯次利用产品标识》（GB/T 34015.4—
2021），规定了车用动力电池梯次利用的总体要求、外观及性能要求和梯次利用
产品一般要求，以及梯次利用产品标识的构成、标志要求等；

　　《废旧电池回收技术规范》（GB/T 39224—2020）：这是一项综合性的废旧电
池回收技术规范，涵盖了废旧电池回收的全过程，包括收集、分类、贮存和运输
等，旨在促进废旧电池的有效回收和资源化利用；

　　其他相关标准：包括其他一些具体的技术标准和政策文档，如《城市公共设
施电动汽车充换电设施运营管理服务规范》等，这些标准共同构成了我国废旧电
池回收标准体系的重要部分。

　　这些标准的制定和实施，有助于规范废旧电池的回收过程，提高资源利用效
率，减少环境污染，促进循环经济的发展。

　　我国废旧电池回收标准体系由 7 个标准子体系组成：

　　① 通用基础标准子体系：主要包括术语与定义、分类与命名、符号、包装
标志与储存运输四个方面的标准，用于统一废旧电池回收相关概念，规范行业标
准化工作中的一般性问题和共性问题；

　　② 原材料标准子体系：主要包括电池原料、辅助材料的种类和材质及相关
性能标准等；

　　③ 处理方法标准子体系：主要包括火法回收、湿法回收、生物浸出回收和
其他回收等标准，对应目前国内废旧电池回收的常用处理方法；

　　④ 设备标准子体系：主要包括放电机、破碎机、高温炉、分离机等装置及
其他制备设备方面的标准，对废旧电池回收过程中所需各种设施设备及其使用要
求、性能要求、使用方法等进行规范；

　　⑤ 产品标准子体系：主要包括从废旧电池中回收的锂、钴、锰、镍等相关
产品标准；

　　⑥ 测试方法标准子体系：主要包括回收金属的纯度测试方法标准和性能测
试方法标准；

　　⑦ 管理标准子体系：主要包括安全管理标准、生产废料处理标准、环境保
护标准、人员管理标准等，对废旧电池回收处理过程中涉及的环境安全、人体健
康等提出要求。

　　系列废旧电池回收标准的发布实施，对于规范废旧电池运输、贮存、利用
和处置等各环节管理，完善废旧电池回收利用体系，促进废旧电池回收利用行业
有序发展具有重要意义，且有助于提升废旧电池回收产业的自主创新能力和竞争

力，优化废旧电池回收产业的创新发展环境。

4.4.3　湿法冶金的可持续发展路线

由于我国工业化发展速度的不断加快，重金属污染对环境造成了极大的破坏。而发展绿色冶金技术，不仅能够实现低能减排，提升冶金企业的整体效益，同时还符合可持续发展的要求。

发展绿色冶金技术的意义可以从三个角度出发进行理解，第一是保护环境，绿色冶金技术通过采用清洁能源、低碳技术以及有效的废弃物处理方法，可以显著减少污染物的排放，降低污染物对环境的影响。第二是节约资源，通过绿色冶金技术可优化生产工艺，提高资源利用效率，并引入循环经济理念，实现废弃物和副产物的资源化利用，可以有效减少对有限资源的依赖，促进资源的可持续利用。第三是提升经济效益，随着全球可持续发展意识的增强和环境法规的不断收紧，对环保要求更高、资源消耗更少的产品越来越受到市场青睐。通过引进和应用绿色冶金技术，企业能够生产出更清洁、高质量、低成本的产品，提高企业的市场竞争力，并为企业带来可持续的经济效益。

总之，发展绿色冶金技术是适应可持续发展要求的必然选择。它既有助于减少环境污染和资源浪费，保护生态环境，又能提升企业的经济效益和市场竞争力。因此，在可持续发展背景下，发展绿色冶金技术具有重要意义，应当不断推进其应用[73]。

湿法冶金的可持续发展路线涵盖多个方面，重点在于实现资源有效利用、环境友好和经济可行。

① 资源节约与循环利用：通过技术创新和工艺优化，减少原材料的消耗，并推动废料、废水和废气的循环利用。这可能涉及材料回收再利用、废料能源化利用等方面的措施。

② 能源效率与减排：采用节能技术、优化工艺流程和引入清洁能源，以减少能源消耗和排放物。例如，采用高效能源设备、热能回收系统和使用可再生能源等。

③ 绿色化学品和处理技术：研发更环保的化学品和处理技术，减少有害物质的使用和排放。这包括寻找更环保的溶剂、萃取剂，以及探索更有效的废物处理技术。

④ 社会责任与安全：注重员工安全与福利，遵守相关法规和道德标准，确

保生产过程对人员和社区的影响最小。同时，积极参与社区发展，为当地经济和
社会做出积极贡献。

⑤ 科技创新与信息化：持续进行科技创新，引入先进的信息技术和智能化系
统，实现生产过程的智能监测、优化控制和预测维护，提高生产效率和资源利用率。

这些可持续发展路线的制定是为了在湿法冶金领域实现生产方式和技术的持
续改进，从而在经济、环境和社会三个方面取得平衡发展，为未来的可持续性发
展奠定基础。

可持续发展背景下推进绿色冶金技术应用的有效举措包括：

① 积极推进技术研发与创新。通过增加对绿色冶金技术的研发投入，可以
提高技术创新能力，推动绿色冶金工艺的发展。进一步提高绿色冶金工艺的水
平，实现资源高效利用和环境友好型的冶金产业发展。

② 推动相关政策法规的制定。相关部门可以出台支持绿色冶金技术发展的
政策法规，明确绿色冶金技术的发展目标和优惠政策，为企业提供具体的指导和
激励措施。同时，政府可以加大对绿色冶金技术示范项目的支持力度，为企业提
供示范应用的机会和场地。

③ 积极参与国际合作与交流。参与国际绿色冶金技术交流与合作，可以借
鉴和吸收国外的先进经验和技术，促进国内绿色冶金技术的创新和发展。通过国
际合作，也可以共同应对全球性的环境问题和挑战。因为绿色冶金技术的应用与
环境保护息息相关，加强国际合作可以促进全球范围内的环保标准和规范的制
定，并共同努力实现全球绿色冶金产业的可持续发展。

绿色湿法冶金显然已经成为冶金行业的重要发展趋势和方向，通过不断技
术创新，推广绿色冶金技术的应用，推进冶金行业的绿色转型，不仅能够改善环
境，实现可持续发展，也能够为企业带来更高的效益。因此，我国相关企业需要
致力于绿色冶金技术的应用，进而为冶金行业注入新的发展活力。

4.5　湿法冶金工艺的经济与环境影响分析

4.5.1　湿法冶金工艺的经济效益分析

根据我国用车年限判断，在 2020 年，商用车和乘用车的动力电池报废量分
别达到 27GWh 和 4.2GWh，在 2023 年分别达到 84GWh 和 17.5GWh。根据权威

机构预测，在 2020 年从废旧动力锂电池中回收钴、镍、锰、锂等金属所创造的经济价值将达到 136 亿元，2023 年将超过 300 亿元。此外，我国电池原料中的金属价格不断增长，使得电池的生产成本也相应增加。而从废旧电池中回收到的锂、铁等金属，回收效率高，较直接从矿石中获得的更具有价格优势。因此，对废旧动力电池进行资源化回收利用，可以获得很好的经济效益，并且电池数量每年在不断增长，电池回收产业具有很好的发展前景[74]。

废旧手机中含有大量有价值的金属和非金属材料[75]。因此，从废弃手机中提取有价值的材料是一种比初级采矿更具成本效益的方法，是最大限度地回收二次资源和减少电子垃圾污染的关键步骤。湿法冶金工艺具有回收效率高、环境友好和经济可行的特点。

在分析经济效益时，主要考虑的因素是与废物管理和产品回收有关的不同类型的支出和收入。开支包括采购材料、燃料及电力、机器及设备、环境处理、劳工费及厂房租赁的成本，收益主要来自可再生产品及副产品的销售。此外，还有企业及时缴纳的税费。

处理过程中所用材料的成本与原辅材料的采购有关。辅助材料主要部署在人工拆卸过程、核心过程和环境安全处置中。废弃物回收过程中涉及的各种机器和设备，主要包括不同处理工艺所需的设备和环保处置设备。机器和设备的成本与直接购买以及维修有关。机器和设备的直接购买成本通常根据其使用寿命进行折旧和摊销。回收的过程不仅需要使用大量的材料，而且还需要以直接手工劳动和间接管理投入的形式进行大量的人力资源投资。劳工费除包括劳务工资外，还应包括卫生补助等相关费用。我们在对中试工厂进行全面调查的基础上计算了劳工费。除了生产副产品和再生产品外，回收过程还产生大量粉尘、冶炼废水和残渣。固体废弃物等无法就地处理的污染物被送往专业企业，采用最大限度减少环境污染的处理方法。要求回收企业承担一定比例的处置费用。废弃物回收的经济效益是建立回收企业的主要驱动力。废物管理和产品回收产生的收益主要来自处理过程中获得的再生产品及副产品。

经济效益是回收企业持续经营的最强动力。为了确保经济效益稳定，投资回报率应该超过银行贷款利率，从长远来看，银行贷款利率应该保持在 8% 左右[76]。我们对回收企业实际经营情况的现场调查表明，目前中国大部分回收企业依靠补贴来稳定经营，从长远来看，这是不可持续的。因此，对加工技术进行经济评价是其工业应用的一个关键先决条件，为制定适当的经济政策提供宝贵的建议。要求试点企业每年至少处理 2000 万部手机，因此，对加工技术的经济评价应以每年加工 2000 万部手机为基础。购买原材料是一项主要支出，因为中国的回收商现在必须向消费者支付回收废弃手机的费用。人工费是另一项重要支出，占总支出的 12% 以上。产品销售所产生的利润保证了企业的持续经营。总的来说，这种处理模式的 ROI 为 29%，远远超过了银行贷款利率 8%。从经济运行的角度来看，湿法冶金工艺回收产品可以使企业自给自足。

锂离子电池的使用寿命一般是 2 ~ 3 年，截至 2024 年，我国移动用户量达到 10.02 亿，按老手机 50% 的电池更换量计算，2024 年国内届时手机电池更换量为 3.76 亿只。

废旧锂离子电池资源化的成本主要包括以下几方面：废电池从消费者手中收集到废电池处理场的费用；废电池收集到处理场所后进行处理时所需的生产性支出，包括所需生产材料、人工、设备、水电以及维持企业正常运作等所必须支出的费用；回收废电池过程中的环保费用。

废旧锂离子电池回收利用的收益包括两方面：

① 从回收利用过程所得的材料销售收入。废电池中各类金属材料是回收利用的主要产品，其价值的高低决定于各类金属的回收率和相互分离的程度。

② 无害化回收利用废电池带来的环境效益。该部分收益往往是回收企业不能直接得到的经济回报，但对整个社会和电池行业而言是巨大的[77]。

目前，每年报废手机电池约 1 亿只，每只电池的质量平均约 20g，其中钴含量约 3g 以上，目前金属钴价格为 40 万元 / 吨，每吨废旧电池可回收金属 160kg 以上，价值 64000 元，全国仅就钴一项的回收价值就可达到数亿元。从废旧锂离子电池中还可以回收铝、铜以及有机电解液，价值都很高。进行再生资源化的成本主要是机械设备运行的电力消耗、人工费、原料、运输费和企业管理费等，即废旧电池回收成本。在有效的废弃手机电池回收体系的支撑下，预期年处理量为 100t，年销售收入至少达到 2250 万元，同时，回收废旧锂离子电池可实现材料的循环使用，具有重大的社会意义。

4.5.2　湿法冶金工艺的环境影响评估

随着新能源汽车产业的高速发展，行业已经走过了铅酸电池时代，目前正处于锂离子电池的绿色电池时代。锂离子电池的广泛使用，也带来大量的报废动力电池。这些废旧电池若无法安全处理，将对社会环境安全造成重大影响。国家高度重视废旧电池的回收利用，这在新能源领域具有战略意义。我国新能源汽车动力电池将进入规模化退役阶段，如何处理退役的废旧动力电池成为业界的重要议题。相应地，锂离子电池回收利用项目的环境影响评价工作也获得大量关注[78]。

虽然我国已经出台了一些政策法规要求对废旧电池进行回收处理，但还是有部分废旧电池会与生活垃圾一起被处理，通常会采用填埋或焚烧的方法进行处理。而一旦电池中的电解液或重金属进入土壤就会使土壤酸化或碱化，污染土壤和地下水等。这将会导致严重的环境污染并威胁到人类健康。回收利用废旧电池不仅保护了环境，还能变废为宝。

利用回收材料对锂离子电池进行再制造，可以显著降低电池制造过程中的碳排放和能源消耗，同时可以减少电池制造过程中排放对人体和生态造成的损害，并且缓解目前金属资源的短缺。湿法冶金再生材料再制造 NCM 电池的碳足迹和碳当量分别比原材料再制造低 34.1% 和 17.5%[79]。通过回收镍、钴和铝等材料，可以减少细颗粒物、陆地酸化和耗水量对环境的影响。电池再制造过程中，由于回收材料、投入材料、能耗的不同，它们对相应指标的影响存在差异。开发废旧锂离子电池的回收再制造技术，可以降低材料成本，缓解关键原材料供应紧张，减少对人类健康和生态系统的影响，实现电池的低碳可持续发展。

与处理污染排放相比，废旧手机回收过程中主要工艺排放引起的环境问题更加突出，尤其是在气候变化、生态毒性等环境问题上。主要工艺中所产生的产品和副产品一方面实现了可再生资源的流动和循环，另一方面抵消了新产品生产过程中原料提取对环境造成的破坏。回收的产品和副产品带来了显著的环境效益。总体而言，湿法冶金工艺回收废旧手机的综合环境效益是非常显著的。因此，从环境角度来看，湿法冶金工艺回收是可行的。

锂离子动力电池是新能源汽车产业发展的核心研究对象，锂离子动力电池产业的健康发展有助于我国应对能源安全和环境污染挑战，因此应关注锂离子电池生命周期的环境影响，尤其是废旧锂离子电池回收环节可能造成的环境污染影响。首先，应持续完善废旧锂离子电池回收体系建设，强化落实生产者责任延伸制度，提高废旧锂离子电池回收率，培育回收和资源化利用环节龙头企业，打通锂离子电池生产、使用、回收和资源化利用循环产业链；其次，加强废旧锂离子电池回收工艺和关键设备研发，进一步提高有价金属元素的回收效率和清洁生产水平；最后，完善相关标准和技术规范，强化废旧锂离子电池回收过程管理，监督相关企业全面落实各项污染防控措施，促进锂离子电池全产业链的健康可持续发展。

4.5.3　回收过程中的环保与安全管理

锂离子电池在过充、过放或过热时可能会发生电解液泄漏或爆炸等化学反应。为了确保废旧锂离子电池回收过程的安全性，首先需要对废旧电池进行深度放电，以避免充电电极暴露在空气中时释放出储存的能量而发生剧烈反应。其次，电池电解液六氟磷酸锂（$LiPF_6$）需要在不接触水的情况下进行提取，以避免通过反应释放有毒的氢氟酸（HF）。此外，如果在电池拆卸过程中由于部分内部短路而产生高热，则水分可能会变成蒸汽并与 $LiPF_6$ 反应，生成高腐蚀性 HF和氟氧化磷（POF_3）。

此外，在分解过程中，如果发生内部短路和热失控，会引起爆炸。为了避免热失控，最安全的方法是尽可能减少现场的废旧锂离子电池数量。然而，这与确保稳定的原料用于加工目的的要求相矛盾。安全存储的发展由于各种形式的因素影响和电池是否损坏而进一步复杂化。因此，必须在任何锂离子电池存储空间内实施关于托盘 / 容器间距、总存储密度和适当灭火系统应用的严格协议，以减轻与热失控和火灾相关的风险。

通过对材料的回收再制造，可以避免资源的开发和材料在加工过程中的部分能耗。随着可再生能源在电力结构中比例的不断扩大，煤电逐步淘汰，通过回收材料中的镍、钴、锰，电池碳排放量可减少38.8%。电池的生产，从原材料的开采到电池组件的制造和组装，最后到电池的成品，每个过程都需要不同的能源，包括以煤炭和柴油为主的化石能源。与使用废旧锂离子电池的回收材料进行电池回收相比，能源系统的脱碳可以减少碳排放。日前的结果可能是保守的，考虑到我国最近的气候政策，其在 2050 年减缓气候变化和能源需求的潜力可能会更大。

碳排放减少量的差异是由回收方法的不同过程造成的。由于煤电比重的降低和可再生能源发电比重的增加，我国的用电量存在较大差异。煤炭是碳密度能源，2021 年，煤炭发电占中国总发电量的 60.0%。预计到 2050 年，煤电比重将下降到 27.5%。中国可再生能源发电的份额将从 2021 年的 35.0% 大幅增加到2050 年的 63.0% 以上。能源去碳化可以显著降低电池回收过程中的碳排放，促进电池行业实现碳中和[79]。

由于我国各省份电力结构的不同，各省份在电池回收再制造过程中的碳足迹存在较大差异。在以煤炭发电为主要电力结构的地区，如内蒙古、黑龙江、山西等，这种电力结构间接导致了电池回收再制造过程中的高碳用量。在以可再生能源为主的四川、云南、青海等省，大力发展电池回收产业，缓解资源供应紧张，降低电池制造过程中的碳排放。在未来场景中，随着火电在我国电力结构中所占比重的不断下降，电池回收和再制造过程中碳排放量保守估计可分别减少 24.9% 和 38.8%。通过提高可再生能源在电网中的渗透率和促进能源系统脱碳，可以减少电池回收再制造过程中的碳排放。同时，有利于促进零碳电池行业的发展。

在采用相同技术路线的情况下，中国回收和再制造锂离子电池的碳排放量高于美国。与中国相比，当回收产品相同时，在美国回收锂离子电池的碳排放量可减少高达 10.8kg CO_2eq/kWh。这种差距源于中国对煤电的依赖和美国对天然气发电的依赖，导致美国的清洁电力水平更高。不同情景下，可再生能源在电力结构中的比例不同，预测结果差异较大。即使在最坏的情况下，使用再生材料的镍钴锰再制造电池的碳排放量也比原材料路线减少了 26.5%。在最好的情况下，到 2050 年，使用回收材料再制造镍钴锰的碳排放量仅为 39.6kg CO_2eq/kWh。提高可再生能源在未来电力结构中的使用率可以有效促进新能源行业实现碳中和。

对于废旧锂离子电池的安全管理，以下是一些关键步骤和建议：

① 分级处理：根据正极材料，不同类型的电池含有不同的有害物质，包括重金属、酸、碱、有机物等。了解这些成分有助于采取适当的处理方法。

② 合理存储：废旧锂离子电池应该存放在干燥、阴凉的储藏室里，避免阳光直射、潮湿、高温等环境，以防止电池自燃。使用适当的容器，如金属桶或塑料桶，来存储未处理的电池，并确保容器接地以防止静电火灾。

③ 交给专业机构处理：许多国家和地区都允许将废旧电池交给专业机构处理。找到负责任的回收商，他们了解如何安全地处理这些危险废物。

④ 提高公众意识：教育公众关于废旧锂离子电池的处理方法，特别是关于储存和处理未处理的电池的方法。

⑤ 避免随意丢弃：废旧锂离子电池应该避免与普通垃圾一起丢弃，因为其中的有害物质可能会对环境和人类健康造成威胁。

⑥ 及时更新：当新电池被购买并使用后，应该及时替换旧电池，以减少废弃的电池数量。

总的来说，废旧锂离子电池的安全管理需要谨慎，遵守相关法律法规，并采取适当的措施来防止环境污染和安全事故的发生。

4.6　湿法冶金工艺的未来展望

4.6.1　湿法冶金技术面临的挑战与机遇

目前，废旧锂离子电池处理方法的主要选择是填埋、再利用、火法和湿法回收或直接回收。填埋可能会造成污染，因为 Co、Li、Fe、Mn 和 Cu 等金属可能会慢慢渗入土壤、地下水或地表水。再利用废旧的电动汽车电池具有很大的意义，因为这些电池通常具有 70% ～ 80% 的剩余能量容量，并且可以支持长期的适当应用。然而，为了再使用，废旧电池需要进行测试、重新分类、重新配置，并配备合适的电池管理系统。这些测试的成本可能高于新电池。通过湿法冶金工艺回收有价值的金属，如 Ni、Co、Mn 和 Cu，并释放 Li、电解质和阳极材料。由于冶金工艺的高能耗，其经济性取决于金属价格，尤其是钴的价格。由于目前的研究趋势是减少锂离子电池中钴的含量，因此经济性挑战大[80]。

湿法冶金工艺的回收主要受价格驱动，因为技术不是关键的因素。尽管选择了不同的浸出剂或金属回收方法，但是湿法冶金工艺也会产生相同的最终产品。虽然在制造新阴极材料时，处理废阴极材料的成本低于处理原材料的成本，但在产生运输、拆卸和拆解成本后，采用湿法冶金工艺进行回收在经济上仍然不可行。此外，目前从盐水溶液生产锂的成本约为每吨 1800 美元，从硬岩生产锂的成本为每吨 5000 美元。锂生产的低成本为从废旧锂离子电池中回收锂制造了障碍。锂离子电池只含有一小部分的锂。与锂离子电池生产相关的平均锂成本不到生产成本的 3%。因此，尽管通过回收废阴极材料、电解质和 LTO 阳极，锂可以 100% 回收，但在废旧锂离子电池的体积呈指数级增长之前，回收锂不会成为焦点。

另一个阻碍行业发展的挑战是市场参与者发展专业化废物处理服务所需的长期金融投资。由于市场尚未开发，专业化流程和靠近汽车制造商或锂离子电池回收设施的专用小型回收厂可能是不久的将来的趋势。这些专门化的定制流程增加了所需的财务投资，并使投资的总体盈利能力变得未知，从而造成了做出此类承诺的模糊性和不确定性。

湿法冶金回收处理废旧锂离子电池的方法将对其回收的经济性产生巨大影响。寻找经济和环保的回收工艺迫在眉睫。为实现这些目标，可提出以下研究方向：

① 建立理论模型，为下游材料选择和效率提高提供对回收系统的基本理解。

② 研究含氟电解液的预处理方法和隔膜的回收方法，使含氟电解液的回收工艺能够与隔膜的回收工艺相结合。

③ 了解和控制进入回收过程的杂质，以生产高纯度和高价值的产品。

④ 寻找更经济的回收工艺，并从所有副产品中开发产品，以减少整个回收过程的成本。

⑤ 开发闭环循环工艺，重复使用试剂或再生试剂，以减少试剂消耗和排放，避免有毒气体和废液的产生。

为了应对挑战和抓住机遇，湿法冶金技术未来将朝着高效、环保、节能、智能化、多元化和复合化的方向发展。同时，加强国际合作与交流，引进先进技术和管理经验，提升我国湿法冶金技术的国际竞争力，对于推动我国化工领域的技术进步和产业升级具有重要意义。

4.6.2 湿法冶金的发展趋势与前景

废旧电池回收对经济、环境保护和资源循环利用至关重要。它缓解了废旧电池的积累、污染和对人类造成的伤害。同时，为缓解资源短缺和气候变暖做出了贡献。含有大量化学物质的电池与环境、经济、健康和资源之间存在着密切的联系。因此，回收废旧电池提供了巨大的效益。回收政策和策略为废旧电池回收提供了支持和保障。许多国家制定了受监管和指导的回收政策，重点是从废旧电池中回收有价金属（即锂、镍、锰和钴）。这些政策带动了整个回收产业链的标准化和可持续发展。

回收技术是废旧电池行业的一个关键领域。各种类型的电池具有不同的成分和处理要求，因此了解不同技术的特点可以选择正确的回收方法并提高回收效率。特别是，综合回收技术是目前最好的回收方法，生物回收技术尚未得到广泛采用，但其高回收率、绿色高效等特点使其具有良好的发展前景。此外，开发新的材料回收方法是未来研究的重点之一。综上所述，废旧电池回收对几个领域都具有重要意义。通过制定政策、采用适当的回收技术和进行新材料回收方法的研究，我们可以实现更有效、更环保和更可持续的废旧电池回收。

随着科技的发展和环保意识的增强，湿法冶金技术在未来可能会呈现出以下的发展趋势：

① 技术创新：随着技术的不断进步，湿法冶金技术也将不断创新。例如，

新型萃取剂、离子交换树脂和膜分离技术的应用，将提高金属的回收率和纯度；微生物湿法冶金技术的发展，将为低品位矿石和复杂原料的处理提供新的途径。

② 绿色环保：环保要求的日益严格将促使湿法冶金技术向绿色化方向发展。例如，采用无毒或低毒的浸出剂、减少废水和废渣的排放、提高资源利用率等，将成为湿法冶金技术发展的重要方向。

③ 自动化与智能化：自动化和智能化技术的应用将提高湿法冶金生产的效率和稳定性。例如，采用自动化控制系统、在线监测和分析技术等，将实现生产过程的优化控制和智能化管理。

④ 多元化与复合化：湿法冶金技术将与其他技术相结合，形成多元化和复合化的新工艺。例如，湿法冶金与火法冶金相结合、与生物冶金相结合等，将充分发挥各种技术的优势，提高金属的提取效率和质量。

⑤ 扩大应用领域：随着湿法冶金技术的不断发展和完善，其应用领域将不断扩大。除了传统的有色金属领域，湿法冶金技术还将在稀有金属、贵金属、稀土金属等领域得到更广泛的应用。

总的来说，湿法冶金技术在未来将有很大的发展前景。通过不断创新和发展，湿法冶金技术将为有色金属行业的可持续发展做出更大的贡献。

参考文献

［1］刘洪萍，杨志鸿.湿法冶金 浸出技术.2 版.北京：冶金工业出版社，2016.
［2］刘安.淮南万毕术.北京：中华书局，1985.
［3］陈家镛，杨守志，柯家骏，等.湿法冶金的研究与发展.北京：冶金工业出版社，1998.
［4］Wadsworth M E，吴永兴.湿法冶金的历史、现状和前景.湿法冶金，1984（02）：1-19.
［5］苏利民.国外湿法冶金发展概貌.化工冶金，1977（Z1）：34-72.
［6］杨显万，邱定蕃.湿法冶金.北京：冶金工业出版社，1998.
［7］刘英娇.针对具有数据缺失特点的湿法冶金过程浸出率预测及运行状态评价.沈阳：东北大学，2020.
［8］陈朔，蔡露，金熊梅，等.废旧电池回收处理利用进展概述.广州化工，2023，51（24）：4-6.
［9］Du K，Ang E H，Wu X，et al. Progresses in sustainable recycling technology of spent lithium-ion batteries. Energy & Environmental Materials，2022，5（4）：1012-

1036.

［10］张思宇，谷昆泓，鲁兵安，等．退役锂离子电池正极的湿法冶金回收工艺：可持续技术的进展与应用．物理化学学报，2024，40（10）：2309028.

［11］李丽．动力电池梯次利用与回收技术．北京：科学出版社，2020.

［12］马荣骏．湿法冶金新发展．湿法冶金，2007（01）：1-12.

［13］赵苹苹，胡锴，蔡苹，等．氧还原反应前沿与进展．大学化学，2019，34（5）：9.

［14］张金梁，李亚东．冶金设备．武汉：中国地质大学出版社，2023.

［15］朱屯．萃取与离子交换．北京：冶金工业出版社，2005.

［16］周弋惟，陈卓，徐建鸿．湿法冶金回收废旧锂电池正极材料的研究进展．化工学报，2022，73（01）：85-96.

［17］Shin S，Kim N，Sohn J，et al. Development of a metal recovery process from Li-ion battery wastes. Hydrometallurgy，2005，79（3）：172-181.

［18］潘英俊．以磷酸铁锂为正极材料的废旧锂离子电池回收及再利用．哈尔滨：哈尔滨工业大学，2012.

［19］Lv W，Wang Z，Cao H，et al. A critical review and analysis on the recycling of spent lithium-ion batteries. ACS Sustainable Chemistry & Engineering，2018，6（2）：1504-1521.

［20］Zhu Y，Ding Q，Zhao Y，et al. Study on the process of harmless treatment of residual electrolyte in battery disassembly. Waste Management & Research，2020，38（11）：1295-1300.

［21］杨生龙，母庆闯，张志华，等．废旧锂离子电池回收利用技术进展．广西师范大学学报（自然科学版），2023，41（02）：19-26.

［22］杜凯迪．废旧锂电氧化物电极材料的回收和再利用研究．长春：东北师范大学，2022.

［23］Zhao Y，Fang L Z，Kang Y Q，et al. A novel three-step approach to separate cathode components for lithium-ion battery recycling. Rare Metals，2021，40：1431-1436.

［24］Wang M，Tan Q，Liu L，et al. A facile，environmentally friendly，and low-temperature approach for decomposition of polyvinylidene fluoride from the cathode electrode of spent lithium-ion batteries. ACS Sustainable Chemistry & Engineering，2019，7（15）：12799-12806.

［25］Tran M K，Rodrigues M T F，Kato K，et al. Deep eutectic solvents for cathode recycling of Li-ion batteries. Nature Energy，2019，4（4）：339-345.

［26］Zhu Z，Yu D，Yang Y，et al. Gradient Li-rich oxide cathode particles immunized against oxygen release by a molten salt treatment. Nature Energy，2019，4（12）：1049-1058.

［27］Wang M M，Zhang C C，Zhang F S. An environmental benign process for cobalt and lithium recovery from spent lithium-ion batteries by mechanochemical approach. Waste Management，2016，51：239-244.

［28］He K，Zhang Z Y，Alai L，et al. A green process for exfoliating electrode materials and simultaneously extracting electrolyte from spent lithium-ion batteries. Journal of Hazardous Materials，2019，375：43-51.

［29］Chen X，Li S，Wu X，et al. In-situ recycling of coating materials and Al foils from spent lithium ion batteries by ultrasonic-assisted acid scrubbing. Journal of Cleaner Production，2020，258：120943.

［30］王百年，王宇，刘京，等．废旧磷酸铁锂电池中锂元素的回收技术．电源技术，2019，43（01）：57-59+116.

［31］Chen D，Rao S，Wang D，et al. Synergistic leaching of valuable metals from spent Li-ion batteries using sulfuric acid-L-ascorbic acid system. Chemical Engineering Journal，2020，388：124321.

［32］Natarajan S，Aravindan V. Recycling strategies for spent Li-ion battery mixed cathodes. ACS Energy Letters，2018，3（9）：2101-2103.

［33］Zhang Y，Wang W，Fang Q，et al. Improved recovery of valuable metals from spent lithium-ion batteries by efficient reduction roasting and facile acid leaching. Waste Management，2020，102：847-855.

［34］Fu Y，He Y，Chen H，et al. Effective leaching and extraction of valuable metals from electrode material of spent lithium-ion batteries using mixed organic acids leachant. Journal of Industrial and Engineering Chemistry，2019，79：154-162.

［35］Mossali E，Picone N，Gentilini L，et al. Lithium-ion batteries towards circular economy：A literature review of opportunities and issues of recycling treatments. Journal of Environmental Management，2020，264：110500.

［36］Li J，Li X，Hu Q，et al. Study of extraction and purification of Ni，Co and Mn from spent battery material. Hydrometallurgy，2009，99（1-2）：7-12.

［37］Meshram P，Pandey B D，Mankhand T R. Hydrometallurgical processing of spent lithium ion batteries（LIBs）in the presence of a reducing agent with emphasis on kinetics of leaching. Chemical Engineering Journal，2015，281：418-427.

［38］Li L，Dunn J B，Zhang X X，et al. Recovery of metals from spent lithium-ion batteries with organic acids as leaching reagents and environmental assessment. Journal of Power Sources，2013，233：180-189.

［39］Meshram P，Pandey B D，Mankhand T R，et al. Acid baking of spent lithium ion batteries for selective recovery of major metals：a two-step process. Journal of Industrial and Engineering Chemistry，2016，43：117-126.

［40］Zeng X，Li J，Shen B. Novel approach to recover cobalt and lithium from spent lithium-ion battery using oxalic acid. Journal of Hazardous Materials，2015，295：112-118.

［41］Fan E，Li L，Zhang X，et al. Selective recovery of Li and Fe from spent lithium-ion batteries by an environmentally friendly mechanochemical approach. ACS Sustainable Chemistry & Engineering，2018，6（8）：11029-11035.

［42］蔡晨. 废旧锂离子电池水热强化乙酸浸出与资源化回收研究. 武汉：华中科技大学，2020.

［43］Wang S，Wang C，Lai F，et al. Reduction-ammoniacal leaching to recycle lithium，cobalt，and nickel from spent lithium-ion batteries with a hydrothermal method：Effect of reductants and ammonium salts. Waste Management，2020，102：122-130.

［44］Hansen B B，Spittle S，Chen B，et al. Deep eutectic solvents：A review of fundamentals and applications. Chemical Reviews，2020，121（3）：1232-1285.

［45］Alhashim S H，Bhattacharyya S，Tromer R，et al. Mechanistic study of lithium-ion battery cathode recycling using deep eutectic solvents. ACS Sustainable Chemistry & Engineering，2023，11（18）：6914-6922.

［46］Lu Q，Chen L，Li X，et al. Sustainable and convenient recovery of valuable metals from spent Li-ion batteries by a one-pot extraction process. ACS Sustainable Chemistry & Engineering，2021，9（41）：13851-13861.

［47］Hua Y，Sun Y，Yan F，et al. Ionization potential-based design of deep eutectic solvent for recycling of spent lithium ion batteries. Chemical Engineering Journal，2022，436：133200.

［48］Morina R，Callegari D，Merli D，et al. Cathode active material recycling from spent lithium batteries：a green（circular）approach based on deep eutectic solvents. ChemSusChem，2022，15（2）：e202102080.

［49］Chen L，Chao Y，Li X，et al. Engineering a tandem leaching system for the highly selective recycling of valuable metals from spent Li-ion batteries. Green Chemistry，2021，23（5）：2177-2184.

［50］郭宇，于刚强，陈标华. 废锂离子电池的冶金回收工艺研究进展. 北京工业大学学报，2024（02）：230-245.

［51］Guo Y，Li Y，Lou X，et al. Improved extraction of cobalt and lithium by reductive acid from spent lithium-ion batteries via mechanical activation process. Journal of Materials Science，2018，53：13790-13800.

［52］Qu L，He Y，Fu Y，et al. Enhancement of leaching of cobalt and lithium from spent lithium-ion batteries by mechanochemical process. Transactions of Nonferrous Metals Society of China，2022，32（4）：1325-1335.

［53］Esmaeili M，Rastegar S O，Beigzadeh R，et al. Ultrasound-assisted leaching of spent lithium ion batteries by natural organic acids and H_2O_2. Chemosphere，2020，254：126670.

［54］Chen X，Li S，Wang Y，et al. Recycling of $LiFePO_4$ cathode materials from spent lithium-ion batteries through ultrasound-assisted Fenton reaction and lithium compensation. Waste Management，2021，136：67-75.

［55］Ning P，Meng Q，Dong P，et al. Recycling of cathode material from spent lithium ion batteries using an ultrasound-assisted DL-malic acid leaching system. Waste Management，2020，103：52-60.

［56］陈耀东. 氨基乙酸盐体系选择性浸出退役锂离子电池中有价金属元素的工艺研究. 镇江：江苏大学，2022.

［57］Ojovan M I，Lee W E，Kalmykov S N. An introduction to nuclear waste immobilization. England：Elsevier，2019.

［58］Yang X，Zhang Y，Meng Q，et al. Recovery of valuable metals from mixed spent lithium-ion batteries by multi-step directional precipitation. RSC Advances，2021，11（1）：268-277.

［59］Li Y，Fu Q，Qin H，et al. Separation of valuable metals from mixed cathode materials of spent lithium-ion batteries by single-stage extraction. Korean Journal of Chemical Engineering，2021，38：2113-2121.

［60］徐唐灿，钟怡玮，谢佳俊，等. 二次资源中有价金属湿法回收利用研究进展. 中国有色金属学报，2024，34（03）：855-876.

［61］Yang Y，Lei S，Song S，et al. Stepwise recycling of valuable metals from Ni-rich cathode material of spent lithium-ion batteries. Waste Management，2020，102：131-138.

［62］庞志博，何亚群，市能，等. 退役锂离子电池回收工艺与再生技术现状. 电池，2024，54（03）：408-412.

［63］Ojanen S，Lundström M，Santasalo-Aarnio A，et al. Challenging the concept of electrochemical discharge using salt solutions for lithium-ion batteries recycling. Waste Management，2018，76：242-249.

［64］Sonoc A，Jeswiet J，Soo V K. Opportunities to improve recycling of automotive lithium ion batteries. Procedia Cirp，2015，29：752-757.

［65］Tedjar F，Foudraz J C. Method for the mixed recycling of lithium-based anode batteries and cells：U.S. Patent 7，820，317. 2010-10-26.

［66］Yao Y，Zhu M，Zhao Z，et al. Hydrometallurgical processes for recycling spent lithium-ion batteries：a critical review. ACS Sustainable Chemistry & Engineering，2018，6（11）：13611-13627.

［67］Jia L，Huang J，Liu X，et al. Research and development trends of hydrometallurgy：An overview based on Hydrometallurgy literature from 1975 to 2019.

Transactions of Nonferrous Metals Society of China，2020，30（11）：3147-3160.

［68］Gunarathne V，Rajapaksha A U，Vithanage M，et al. Hydrometallurgical processes for heavy metals recovery from industrial sludges. Critical Reviews in Environmental Science and Technology，2022，52（6）：1022-1062.

［69］张宝，梁祯，张雁南，等 . 废旧锂离子电池正极材料回收研究进展 . 中国材料进展，2024，43（05）：380-391+407.

［70］付飞娥，张正惠，陈玲，等 . 废旧锂离子电池中有价金属的回收现状 . 广东化工，2023，50（14）：80-82.

［71］刘士静，陈丰，查文珂，等 . 废旧锂离子电池回收工艺研究进展 . 电池，2023，53（05）：582-585.

［72］梅延润，刘龙敏，陈然，等 . 废旧锂离子电池正极材料有价金属的回收及高值化利用研究进展 . 能源环境保护，2024，38（06）：1-12.

［73］张凯 . 可持续发展背景下的绿色冶金技术及其应用 . 山西冶金，2024，47（01）：91-92+107.

［74］张哲鸣，吴正斌 . 废旧动力电池回收政策及资源化研究 . 广州化工，2018，46（03）：132-135.

［75］Liu J，Xu H，Zhang L，et al. Economic and environmental feasibility of hydrometallurgical process for recycling waste mobile phones. Waste Management，2020，111：41-50.

［76］Ha V H，Lee J，Jeong J，et al. Thiosulfate leaching of gold from waste mobile phones. Journal of Hazardous Materials，2010，178（1-3）：1115-1119.

［77］李健，赵乾，崔宏祥 . 废旧手机锂离子电池回收利用效益分析 . 中国资源综合利用，2007（05）：15-18.

［78］黄雅娟，刘光生，蓝伟锋 . 镍氢、锂离子电池回收利用项目环境影响评价关键问题探讨 . 当代化工研究，2024（01）：74-76.

［79］Chen Q，Hou Y，Lai X，et al. Evaluating environmental impacts of different hydrometallurgical recycling technologies of the retired nickel-manganese-cobalt batteries from electric vehicles in China. Separation and Purification Technology，2023，311：123277.

［80］Jung J C Y，Sui P C，Zhang J. A review of recycling spent lithium-ion battery cathode materials using hydrometallurgical treatments. Journal of Energy Storage，2021，35：102217.

第 5 章

火法冶金回收技术

▲▲▲▲▲▲

5.1 火法冶金

5.1.1 火法冶金概述与发展历程

5.1.1.1 概述

火法冶金回收是一种高温冶炼工艺，是指在高温条件下，利用燃料燃烧产生的热、原料自身的潜热、电能产生的热以及某种化学反应放出的热，使含有价金属的原料经历一系列物理化学变化，令其中的金属与其他杂质分离的过程。

火法冶金回收方法是将预处理得到的活性材料，通过添加其他锂化合物调整其中金属离子的比例，经过高温煅烧得到新的电极材料。

Toxco[1]是创建于 1984 年的回收电池种类最多的公司，其回收技术是首先将废旧的锂离子电池在液氮中放电，然后进行机械破碎，同水混合于低温液氮中，锂和水发生反应生成氢气，氢气直接在混合液体的上方燃烧掉，得到的 LiOH 通过加碳酸盐生成 Li_2CO_3，其他金属合成新的化学材料。

RECYEC 是 1989 年瑞士发明的专门回收电池混合物的方法，电池在进行热解和磁力分选后，得到不含 Hg 的铁粉和锌粉，然后进入特定处理车间进行处理。

SUMIMOTO 是日本发明的回收除了 Ni-Cd 电池以外的所有类型的电池的方

法，它的基础是热解阶段，通过还原反应将 Hg 从产生的气体中回收，从灰尘中回收 Zn，形成 Fe-Mn 合金。瑞士 BATREC 的过程是在 SUMIMOTO 基础上的改良，SUMIMOTO 为便携式电池而设计，而 BATREC 能够处置各种含重金属的废弃物。

Ni-Cd 电池要分开来处理，其原因是：一方面，Cd 的存在使得通过蒸馏法回收 Hg 和 Zn 比较困难；另一方面，Ni 和 Fe 的分离比较困难。法国的 SNAM-SAVAM 和瑞典的 SAB-NIFE，都是用完全封闭的炉子，在 850～900℃下蒸馏得到 Cd，通过还原回收 Ni。在德国，一种回收 Ni 和 Cd 的方法是 ACCUREC，它是基于真空蒸馏得到 Cd 和 Fe-Ni 合金的方法，ACCUREC 公司还发展了真空蒸馏回收锂离子电池的方法。

回收锂离子电池的方法也在不断被研究，一种方法是 SONY 的方法，在焚烧步骤之后回收 Co。ACCUREC 公司发明了真空蒸馏回收 $LiMnO_2$ 电池的方法。法国 SNAM 也提出了回收二次锂电池的机制，但基本方法仍为热解和磁力分选。专门为电池回收设计的过程包含热解、还原和焚烧技术。

① 热解。水和汞被蒸发、分离、浓缩，有机组分被热解，和水一起以气态的形式释放。

② 还原。热解后留在炉中的金属部分要在 1500℃下被还原，还原剂为热解步骤产生的 C，生成金属合金。

③ 焚烧。热解过程产生的气体在 1000℃下焚烧，然后淬火以免产生二噁英，过程中产生的废渣含有汞，再进行蒸馏操作，过程中产生的废水通过废水处理厂处理。

5.1.1.2 发展历程

冶金的主要原料是精矿或矿石，主要产品是金属。人类自进入青铜器时代以来，与冶金的关系日益密切。人类衣食住行、从事生产或其他活动使用的工具和设施，都离不开金属材料，而金属材料靠冶金制造。可以说，没有冶金的发展，就没有人类的物质文明。人类早在远古时代，就开始利用金属，不过那时利用的是自然状态存在的少数几种金属，如金、银、铜及陨石铁，后来才逐步发现了从矿石中提取金属的方法。首先得到的是铜及其合金——青铜，后来又炼出了铁。从现有考古资料看，伊朗是世界上最早用金属并掌握金属冶炼技术的地区，发现的小铜针、铜锥等距今已有 9000 年以上的历史；我国甘肃马家窑文化遗址发现的青铜刀距今已有 5000 年历史；人类最早炼铁是在黑海南岸山区，距今已有

3000 多年的历史；我国使用铁器的历史也有 2500 多年。从使用石器、陶器到使用金属，是人类文明的重大飞跃。在新石器时期，人类开始使用金属，此时的制陶技术（用高温还原气氛烧制黑陶）促进了冶金的发展，为人类提供了青铜、铁等各种合金材料，人们用这些材料制造生活用具、生产工具和武器等，大大提高了社会生产力，极大地推动了社会的文明进步。

火法冶金的发展历程可以概括为以下几个阶段：

① 早期发展：火法冶金的起源可以追溯到古代文明，人们使用简单的技术进行金属的冶炼和提取。我国是世界上率先开始大规模冶炼金属的国家之一，并且在相当长的历史时期内，冶金技术水平始终保持在世界前列。《天工开物》中是这样描述的，"凡铁分生、熟，出炉未炒则生，既炒则熟。生熟相和，炼成则钢"。古代钢铁冶炼技术路线，大致分为两类：一种是块炼铁 - 块炼渗碳钢，比较原始；一种是生铁冶炼 - 生铁制钢，相对成熟。在人工冶铁的早期，由于炉温有限，只能炼出含有较多杂质的块炼铁，经过反复锻打可以成为熟铁，再经过加热、锻打、渗碳等流程制成钢。时间稍晚一些出现的冶铸生铁技术，产品质量提升很多，得以大范围推广。同时借助"炒钢法"，即在加热的半液态生铁中加入铁矿粉，并不停翻炒以增大与空气的接触面积，使得生铁中的碳含量和各种有害杂质不断减少，再经反复锻打，最终制成性能更为优良的钢产品。殊途同归，在南北朝时期，綦毋怀文更进一步改进了"灌钢法"，即利用生铁和熟铁混合熔炼成钢的先进技术，这种方法极大地节省了人力物力，在我国一直沿用至近代。

② 工业革命时期：随着工业革命的到来，火法冶金技术得到了进一步的发展，开始形成更为系统的工艺流程，如干燥、煅烧、烧结、熔炼和精炼等。

③ 20 世纪的发展：20 世纪初，火法冶金技术开始采用更为先进的设备和工艺，如转炉吹炼、鼓风炉熔炼等。

④ 现代化发展：随着技术的进步，现代化的火法冶金技术开始注重提高燃料热效率和减少烟气体积，出现了富氧和纯氧的熔炼工艺，以及热风熔炼工艺。

⑤ 稀土火法冶金技术：稀土元素的发现及其在工业上的应用，较铁、铜、金等金属元素晚了数千年。18 世纪末至 19 世纪是发现稀土元素和稀土矿物的重要时期，20 世纪下半叶是稀土元素开发应用的黄金时代。稀土元素及其矿产虽然发现得很晚，但随着现代科学技术的进步，它的发展速度和应用前景将会超越众多其他金属元素。我国氧化物电解制备稀土金属及其合金研究工作始于 20 世纪 70 年代，到 1984 年，包头稀土研究院率先解决了电解槽材料及槽型结构等问题，研究成功了敞开式氧化物电解槽。在此基础上，1985 年又成功地进行了氧

化物电解法制取镧、铈、镨单一稀土金属的工业试验。目前该工艺已在国内许多稀土金属生产厂家应用于工业生产，并且成为我国现行金属钕工业化生产的唯一方法[2]。

⑥ 废旧电池回收：传统的火法冶金工艺避免了如放电、粉碎、筛分和分离等复杂的预处理过程，但是锂离子损失严重，能耗需求高及污染气体排放量大等弊端阻碍了其应用发展。目前废旧三元锂电池火法冶金回收的研究集中在开发低温热解工艺以减少能耗和排放。碳热还原与盐化焙烧可以很好地解决该问题。Yang 等[3] 提出了一种先进的废旧三元锂离子电池闭环回收策略，通过与淀粉的还原焙烧、碳酸浸出、选择性氨水浸出及溶剂提取和氨气蒸发等步骤，实现了锂、镍、钴、铜和铝的高效回收，并且简化了前处理、溶液净化和溶剂提取过程，显著降低了难以处理的废渣产生量，提高了有价金属的回收率。

火法冶金技术的发展历程是一个不断进步和创新的过程，它随着社会的发展和科技的进步而不断完善。

5.1.2　火法冶金的优势与适用性

5.1.2.1　优势

传统的火法冶金回收方法分为化学还原焙烧和盐化焙烧，具有流程短、高效、对原材料要求小等优势[4]。火法冶金技术送料灵活、反应速率快，这意味着它具有巨大的原料处理能力，火法冶金技术拥有流程短、操作性简单、提取目标金属时损耗小、批次处理量大、设备占地面积小、可以同时利用废旧锂离子电池的正极和负极等优点。

火法冶金回收废旧锂电池有价金属主要是利用还原剂对氧的强亲和力，使正极活性材料中的有价金属 Ni、Co、Mn 还原成单质并形成合金，且可在调整为合适渣型条件下，将合金与炉渣较好分离，后续再对合金进行湿法冶金，从而实现有价金属的回收。如任国兴[5] 研究了无 Mn 铝壳锂离子电池、无 Mn 聚合物锂离子电池、含 Mn 聚合物锂离子电池、含 Cr 钢壳锂离子电池四种类型壳体材料和正极材料的废旧锂离子电池的还原熔炼回收工艺，主要回收有价金属 Co、Ni、Cu。在火法熔炼过程中，熔炼温度和氧分压是影响 Co、Ni、Cu 回收率的关键因素，Al、Mn、Cr 是影响氧分压及渣黏度的关键元素。一般熔炼温度在 1450℃、氧分压小于 10^{-11}，Co、Ni、Cu 在合金中的分布率均能达到 90% 以上，氧分压过高会使更多的 Al、Mn、Cr 等元素形成氧化物，导致渣的黏度增加，从而降低 Co、Ni、Cu 在合金中的分布。

火法冶金技术充分利用了含铝外壳、负极石墨碳素及隔膜塑料等材料的还原性与蕴含的能量[6]，具有对原料适用性强、处理能力大、流程短、效率高，可避免复杂的机械拆解与物理分选，实现正负极及外壳的混合处理特点，但反应过程会产生有毒气体，对温度控制要求严格，且过程需加装烟气净化设备，建设成本高。目前火法冶炼工艺已经工业化运行[7]，如比利时 Umicore 公司、瑞士的 BATREC 公司、日本 Mitsubishi 公司[8]。

5.1.2.2　适用性

火法冶金技术历史悠久，通常用于金属提取，最初应用于矿物冶金。后来，火法冶金技术被广泛用于从二次资源中回收有价值的金属，如锌、镍、镉和铜等。自然，由于电池之间的结构相似，这种技术逐渐用于处理废旧电池。

① 有色金属矿的火法冶金：采用直接提取或间接提取的方法从矿石中提取金属，如从含铜矿物中提炼出铜、从含铅矿物中提炼出铅、从含锌矿物中提炼出锌、从含钼矿物中提炼出钼等。火法冶金的工艺流程较长，生产周期长。需要的设备比较复杂，投资费用高。对于有色金属铝、镁、锌、铅、铜、贵金属和稀土元素矿来说，相比于湿法冶金，火法冶金一般具有高品位矿处理能力大，能够利用硫化矿中硫的燃烧热，可以经济地回收贵金属、稀有金属等优点。

② 黑色金属矿的火法冶金：黑色金属矿在选矿过程中得到的精矿或矿浆经过焙烧、烧结、炼铁等工艺生产出的产品称为铁水，其主要成分是铁、锰、硅、铝等。由于生产成本高，产品质量低，在冶金领域不被重视。

③ 其他金属矿和非金属矿的火法冶金：利用金属氧化物或金属化合物与氧气或空气反应产生含氧气体，用此气体作为还原剂将矿石或原料中的金属化合物还原出来而提取出金属；也可以利用矿石中本身含有的硫、磷等杂质和氧化钙、氧化镁等化合物反应生成硫酸盐、磷酸盐或硅酸盐而提取金属；此外还可利用其他物质分解产生气体，将固体废物变成气体并回收其能源等。

④ 废旧电池的回收：火法冶金技术在废旧电池回收领域中扮演着重要角色，尤其是在废旧锂离子电池（LIBs）的回收中。废旧电池首先需要经过预处理，这可能包括放电、拆解、粉碎和筛分等步骤，以便于后续的火法冶金过程，火法冶金涉及将电池材料在高温下进行熔炼或煅烧的过程，这有助于分离电池中的金属成分，如钴、锂、镍和锰等，通过高温处理，电池中的金属元素可以被还原并回

收。例如，高温熔炼法可以直接从废旧电池中回收金属合金。

5.1.3 火法冶金设备与工艺流程

5.1.3.1 工艺流程

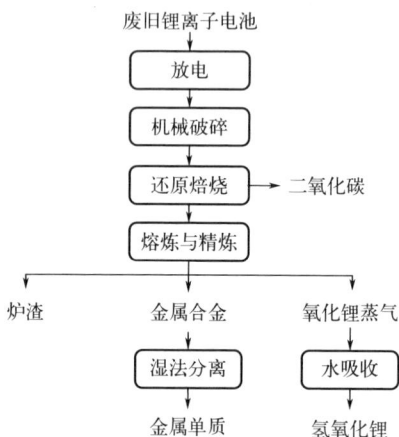

```
        废旧锂离子电池
              ↓
         ┌────────┐
         │  放电   │
         └────────┘
              ↓
         ┌────────┐
         │ 机械破碎 │
         └────────┘
              ↓
         ┌────────┐
         │ 还原焙烧 │──→ 二氧化碳
         └────────┘
              ↓
         ┌────────┐
         │ 熔炼与精炼 │
         └────────┘
        ↓     ↓      ↓
     炉渣  金属合金  氧化锂蒸气
              ↓         ↓
         ┌────────┐ ┌────────┐
         │ 湿法分离 │ │ 水吸收  │
         └────────┘ └────────┘
              ↓         ↓
           金属单质    氢氧化锂
```

图 5-1　火法冶金工艺处理废旧电池流程图

火法冶金主要工艺流程包括废旧电池预处理、还原焙烧、熔炼与精炼、渣金分离、合金材料分离等工序，具体流程如图 5-1 所示。

① 电池预处理。首先，需要去除废旧锂离子电池的外壳，以便后续处理电池内芯。将电池内芯与焦炭、石灰石等物料混合，以便在高温下进行反应。

② 还原焙烧。在高温环境下，将混合后的物料进行还原焙烧。这一过程中，电池中的金属元素（如锂、钴、镍、铝等）会与其他物质发生反应，形成金属合金或化合物。钴酸锂电池在熔炉中焙烧，通过添加碳还原剂，将有价金属 Co、Cu 等的化合物还原为金属合金，有机物以及电池壳在该过程中被氧化燃烧，可为反应体系提供一定的能量，而 Li 无法被还原，大部分以氧化物的形式挥发并被收集，少量 Li 残留在炉渣中，可以通过附加工序进行回收。

③ 熔炼与精炼。进一步通过熔炼和精炼过程，将金属合金或化合物中的杂质去除，得到较为纯净的金属元素。

④ 合金材料分离。根据 Cu、Co、Al 等金属元素化学性质的差异，采用湿法工艺，首先将其酸溶，随后通过控制电位、pH 值将其进行分离或者通过萃取工艺将其进行分离。

5.1.3.2 火法冶金设备

火法冶金工艺过程所需设备主要包括放电设备、拆解及粉碎设备、还原焙烧设备、熔炼设备、炉渣处理设备及烟气处理设备等。

（1）放电设备

锂离子电池是能量储存装置，报废之后仍会残存一定的电能。如果拆解不当便会引起爆炸、火灾等事故。因此，安全有效地拆解废旧锂离子电池是电池回收的前提。针对不同类型的电池有不同的电池失活方法，小型电池所含电量较少，可采用浸泡电解液短路的方式来使电池失活[9]，对于中大型废旧锂离子电池，因荷电量比较大，一般可采用放电设备对其进行放电处理，当电量降到一定程度后，再将电池拆解。

放电设备主要用于释放废旧锂离子电池中残留的电量，防止在后续处理过程中因电池内部短路或高温引发安全事故。常见的放电设备包括放电平台和放电溶液浸泡装置。

1）放电平台

结构：放电平台通常由导电材料制成，如铜或铝板，具有良好的导电性和稳定性。平台上设有多个电池固定装置，用于固定废旧锂离子电池，确保电池在放电过程中不会移动或倾倒。

工作条件：需要稳定的电源供应，以提供恒定的电流或电压进行放电。同时，平台应具备良好的散热性能，以防止电池在放电过程中过热。

工作原理：通过导电材料将废旧锂离子电池的正负极与放电平台连接，形成闭合电路。在电源的作用下，电池内部的锂离子从负极移动到正极，释放出电能，直至电池完全放电。

适用性：适用于各种型号和规格的废旧锂离子电池，尤其适合批量处理。

优点：放电过程可控，能够确保电池完全放电；适用于大规模处理废旧锂离子电池。

缺点：需要专门的设备和电源供应，成本较高；对于规格杂乱的废旧电池，处理效率可能较低。

2）放电溶液浸泡装置

结构：该装置通常由耐腐蚀的容器和电解液组成。容器内盛有适量的电解液（如盐水），废旧锂离子电池完全浸泡在电解液中。

工作条件：电解液需要保持一定的浓度和温度，以加速电池的自放电过程。同时，装置应具备良好的密封性和耐腐蚀性。

工作原理：电解液中的离子与电池内部的锂离子发生反应，加速电池的自放电过程。在浸泡一段时间后，电池内部的电量将显著降低或完全释放。

适用性：适用于批量处理废旧锂离子电池，尤其适合处理大量同型号的电池。

优点：设备简单，成本低廉；无需专门电源供应，操作简便。

缺点：可能对环境造成一定污染，放电效果受电解液浓度和温度影响较大，不适用于处理规格杂乱的废旧电池。

（2）拆解及粉碎设备

对于工业化回收，比较可行的方法是将电池整体机械粉碎。经机械粉碎的碎片中，隔膜材料由于重量轻，可通过风力摇床或水的浮选实现与其他材料的分离。

在火法冶金回收废旧锂离子电池的过程中，主要用到的设备包括撕碎机、破碎机等，这些设备在电池的拆解和粉碎阶段发挥着关键作用。

1）撕碎机

结构特点：撕碎机通常具有强大的刀轴和多个刀片，刀片采用高硬度、耐磨材料制成，以应对锂离子电池外壳及内部材料的硬度，确保长期稳定运行。这些刀片在旋转过程中能够切割和撕裂废旧锂离子电池，将其初步破碎成较小的碎片。

工作原理：①废旧锂离子电池被送入撕碎机的进料口；②刀片在电机驱动下高速旋转，对锂离子电池进行切割和撕裂；③初步破碎后的碎片通过出料口排出，进入下一道工序。

2）破碎机

结构特点：破碎机可能采用锤式、颚式或圆锥式等结构，通过高速旋转的锤头或相互挤压的破碎面将物料进一步破碎成更小的颗粒。破碎腔内部设计合理，确保物料在破碎过程中能够均匀受力，提高破碎效率。

工作原理：①初步破碎后的锂离子电池碎片被送入破碎机的破碎腔；②破碎机通过锤击、挤压等方式将碎片进一步破碎成更小的颗粒；③破碎后的物料通过筛网分离出不同粒径的颗粒，满足后续处理的要求。

撕碎机和破碎机的适用性：火法冶金回收废旧锂离子电池过程中使用的撕碎机和破碎机具有广泛的适用性。它们能够处理各种类型的废旧锂离子电池，包括不同品牌、型号和容量的电池。同时，这些设备还具有处理量大、效率高等优点，能够满足大规模废旧锂离子电池回收处理的需求。

撕碎机和破碎机的优缺点：

优点：① 高效性：能够快速将废旧锂离子电池破碎成较小颗粒，为后续处理提供便利；② 可靠性：设备结构坚固、耐用性好，能够长期稳定运行；③ 适用性广：能够处理各种类型的废旧锂离子电池。

缺点：① 能耗较高：设备在运行过程中需要消耗大量电能；② 噪声与粉尘：破碎过程中可能产生噪声和粉尘污染，需要采取相应的防护措施；③ 维护成本：设备维护需要专业技术和经验支持，维护成本相对较高。

（3）还原焙烧设备

焙烧大多是为下一步的熔炼或浸出等主要冶炼作业作准备，在冶炼流程中它常常属于炉料准备工序，但有时也可作为一个富集、脱杂、金属粉末制备或精炼过程。烧结和焙烧设备是实现这些冶金过程的重要保证。在焙烧过程中，绝大部分物料始终以固体状态存在，因此焙烧的温度以保证物料不明显熔化为上限。

在火法冶金回收废旧锂离子电池的过程中，还原焙烧是一个重要的步骤，它可以将废旧锂离子电池中的金属氧化物还原成金属或低价金属氧化物，便于后续的分离和提取，这些设备的基本原理都是通过提供高温和还原性气氛来实现废旧锂离子电池中金属氧化物的还原。常用的还原焙烧设备主要包括以下几种：

1）回转炉

结构：回转窑通常由一个圆筒形的窑体组成，内部装有耐火材料以承受高温；窑体通过支撑装置和传动装置进行旋转，以实现物料的连续输送和均匀加热。

工作条件：需要在高温和还原性气氛下工作，温度可高达数百摄氏度甚至更高。而且还需要精确控制气氛成分和温度，以确保还原反应的顺利进行。

工作原理：废旧锂离子电池原料从回转窑的一端进入，随着窑体的旋转逐渐向前移动；在移动过程中，原料与高温气体进行热交换，实现干燥、煅烧和还原等处理效果。还原反应产生的气体和固体产物分别通过排烟系统和出料装置排出。

适用性：回转窑适用于各种规模的废旧锂离子电池回收项目。

优点：处理能力大，连续操作，生产效率高；热能利用效率高；适应性强，操作灵活，可处理多种物料。

缺点：设计和操作复杂，能源消耗较大，维护和保养要求较高。

2）流体床（或称为流化床、沸腾炉）

结构：流化床通常由一个矩形或圆形的炉体组成，内部装有气体分布装置和固体颗粒层。气体通过气体分布装置进入炉体，使固体颗粒层呈现流态化状态。

工作条件：需要在高温和高速气流条件下工作，以确保固体颗粒的悬浮和与气体的充分接触。

工作原理：废旧锂离子电池原料以固体颗粒的形式进入流化床。在高速气流的作用下，固体颗粒呈现流态化状态，与还原性气体进行充分接触和反应。还原反应产生的气体和固体产物分别通过排烟系统和出料装置排出。

适用性：流化床适用于处理颗粒状物料。

优点：传热面积大，传热效率高，易于实现自动化生产，催化剂利用率高。

缺点：物料返混大，粒子磨损严重；需要回收和集尘装置；内构件复杂，操作要求高。

3）固定式反应器

结构：固定式反应器主要由反应器本体、催化剂床层、进料装置、出料装置、加热装置和温度控制系统等组成。催化剂床层由颗粒状催化剂或固体反应物堆积而成，为一定高度的床层。

工作条件：火法冶金回收废旧锂离子电池过程时，固定式反应器需要在高温条件下工作，以确保废旧锂离子电池中的有机物和挥发性成分能够充分蒸发，金属氧化物能够被还原。同时，需要控制适当的反应气氛（如还原性气氛）和气体流速，以保证反应的高效进行。

工作原理：废旧锂离子电池原料通过进料装置进入固定式反应器，与催化剂床层中的催化剂或固体反应物接触并发生反应。在高温和还原性气氛下，锂离子电池中的有机物和挥发性成分蒸发，金属氧化物被还原成金属或低价金属氧化物。反应后的产物通过出料装置排出，进行后续处理。

适用性：固定式反应器适用于处理颗粒状或粉状物料，并且需要较长时间保持催化剂或反应物稳定的反应过程。在火法冶金回收废旧锂离子电池过程中，它可能用于处理经过预处理（如破碎、筛分等）的电池材料。

优点：结构简单，操作方便；催化剂或反应物床层稳定，有利于反应的连续进行。

缺点：传热性能相对较差，可能导致反应温度分布不均；催化剂或反应物床层需要定期更换或再生，增加了操作成本。

4）移动式反应器

结构：移动式反应器通常由反应器本体、移动床层、进料装置、出料装置、加热装置和传动装置等组成。移动床层中的催化剂或反应物颗粒通过传动装置实现连续移动，形成动态的反应过程。

工作条件：与固定式反应器类似，移动式反应器也需要在高温和还原性气氛下工作。同时，需要控制适当的移动速度和气体流速，以保证废旧锂离子电池原料与催化剂或反应物的充分接触和反应。

工作原理：废旧锂离子电池原料通过进料装置进入移动式反应器，与移动床层中的催化剂或反应物颗粒接触并发生反应。随着催化剂或反应物颗粒的移动，原料不断被带入新的反应区域，从而实现连续的反应过程。反应后的产物通过出料装置排出。

适用性：移动床反应器适用于需要连续处理大量物料且催化剂或反应物需要频繁更换或再生的反应过程。然而，在火法冶金回收废旧锂离子电池的具体应用中，其适用性可能受到回收工艺和设备设计的限制。

优点：能够实现连续处理大量物料，催化剂或反应物颗粒的移动有助于减少传热和传质阻力。

缺点：结构相对复杂，操作和维护成本较高；催化剂或反应物颗粒的移动可能导致磨损和破碎。

（4）熔炼设备

把金属矿物与熔剂熔化，完成冶金化学反应，实现矿石中金属与脉石成分分离的冶金过程叫作熔炼。熔炼是人们获得大多数金属的主要方法。各个金属的熔炼设备不尽相同。根据熔炼原理的不同，熔炼设备也截然不同。根据冶金目的的不同，熔炼设备有粗炼设备和精炼设备之分。粗炼设备主要为熔炼炉，精炼设备主要包括精炼炉、电解精炼槽等。它们用于在高温下进行氧化还原反应，使矿石中的有价金属成分得以分离和富集。

在火法冶金回收废旧锂离子电池的过程中，熔炼设备是核心组成部分，它们对废旧锂离子电池中金属材料的回收与再利用起着至关重要的作用。

1）粗炼设备

粗炼设备为熔炼炉。

结构：熔炼炉通常由炉体、加热系统、熔炼室、排渣口、进料口和出料口等部分组成。炉体通常采用耐高温材料制成，加热系统可以是电加热、燃气加热或燃油加热等，熔炼室用于容纳待熔化的废旧锂离子电池材料。

工作条件：熔炼炉需要在高温环境下工作，通常温度可达上千摄氏度，以确保废旧锂离子电池中的金属成分能够完全熔化。此外，还需要控制炉内的气氛（如还原性气氛或惰性气氛），以防止金属被氧化或与其他气体发生反应。

工作原理：废旧锂离子电池经过预处理（如拆解、破碎等）后，将含有金属的材料送入熔炼炉内。在高温下，金属成分熔化形成金属熔液，而杂质和非金属材料则以渣的形式浮在熔液表面或沉积在炉底。通过控制熔炼温度和时间，可以实现金属的有效回收。

适用性：熔炼炉适用于处理各种含有金属成分的废旧材料，包括废旧锂离子电池。

优点：处理量大，能够高效地将废旧锂离子电池中的金属成分熔化并分离出来，为后续精炼过程提供基础。

缺点：能耗较高，且熔炼过程中可能产生有害气体和粉尘，需要配套相应的环保设施进行处理。

2）精炼设备

① 精炼炉

结构：精炼炉通常由炉体、加热系统、搅拌系统、排气系统和出料系统等组成。炉体采用耐高温材料制成，加热系统通过电加热、燃气加热或燃油加热等方式提供热量，搅拌系统用于促进金属熔液中的杂质均匀分布和反应，排气系统用于排出反应过程中产生的有害气体，出料系统则用于将精炼后的金属熔液排出。

工作条件：精炼炉需要在高温环境下工作，温度通常根据待精炼金属的熔点和反应特性来确定。此外，还需要控制炉内的气氛（如惰性气氛），以防止金属被氧化或与其他气体发生反应。

工作原理：废旧锂离子电池中的金属成分经过熔炼后形成金属熔液，然后送入精炼炉进行进一步提纯。在精炼炉中，通过添加精炼剂（如脱硫剂、脱氧剂等）和搅拌作用，金属熔液中的杂质与精炼剂反应生成不溶于金属的化合物或气体，并通过排气系统排出。同时，通过控制精炼温度和时间，可以进一步去除金属中的杂质和气体，提高金属的纯度。

适用性：精炼炉适用于各种金属的精炼过程，包括废旧锂离子电池回收中的金属精炼。

优点：处理量大，能够高效地去除金属熔液中的杂质和气体，提高金属的纯度和品质。

缺点：能耗较高，且需要定期清理炉内结渣和更换精炼剂；精炼过程中可能产生有害气体和粉尘，需要配套相应的环保设施进行处理。

② 电解精炼槽

结构：电解精炼槽主要由电解槽体、电解液循环系统、电极系统、电源系统和控制系统等组成。电解槽体通常采用耐腐蚀材料制成，电解液循环系统用于将电解液在槽内循环流动，电极系统包括阴极和阳极，电源系统提供电解所需的电压和电流，控制系统则用于监控和调节电解过程。

工作条件：电解精炼槽需要在适当的电解液成分、温度、电压和电流密度等条件下进行工作。这些条件的选择取决于待精炼金属的电化学性质和电解液的特性。

工作原理：在电解精炼槽中，金属离子在电场作用下向阴极移动并在其上被还原成金属单质而沉积下来，同时阳极上则发生氧化反应产生气体或离子而进入电解液中。通过控制电解条件和电解时间，可以实现对金属离子的选择性还原和提纯。

适用性：电解精炼槽特别适用于那些难以通过传统精炼方法提纯的金属或合金的精炼过程。在废旧锂离子电池回收中，电解精炼槽可以用于提取和提纯锂、钴、镍等有价值的金属元素。

优点：能够选择性地还原和提纯金属离子，提纯效果好，适用于多种金属和合金的精炼过程。

缺点：能耗较高，电解过程中可能产生有害气体和废液，需要定期更换电解液和电极材料，设备投资和维护成本较高。

（5）炉渣处理设备

在火法冶金回收废旧锂离子电池的过程中，炉渣处理设备是关键的设备之一，它们主要用于处理精炼炉等火法冶金设备产生的炉渣，以减少环境污染并提高资源回收率。以下是对炉渣处理设备的详细分析：

1）破碎机

结构：破碎机通常由进料口、破碎腔、破碎锤（或刀片）、筛网、出料口以及驱动装置等组成。不同类型的破碎机（如颚式破碎机、锤式破碎机、反击式破碎机等）在结构上可能有所差异，但基本原理相似。

工作条件：需要承受高温炉渣的冲击和磨损，工作环境可能伴有粉尘和噪声，需要稳定的电力或液压/气压驱动。

工作原理：通过破碎锤或刀片的高速旋转或冲击，将大块炉渣破碎成较小的颗粒或碎片，以便后续处理。

适用性：广泛适用于各种硬度的炉渣破碎，是炉渣处理的第一步。

优点：处理效率高，能够快速将大块炉渣破碎成小块。

缺点：可能产生噪声和粉尘污染，需要配套除尘设备；破碎锤或刀片磨损较快，需要定期更换。

2）筛分机

结构：筛分机主要由筛网、振动器、机架和出料口等组成。筛网根据颗粒大小分为不同的层级，以便将炉渣分级。

工作条件：需要稳定的振动源来驱动筛网振动，工作环境可能伴有粉尘。

工作原理：通过振动器的作用，筛网产生振动，炉渣在筛网上进行分级，大颗粒被筛留在上层筛网上，小颗粒则通过筛网落入下层或出料口。

适用性：适用于炉渣的初步分级处理，为后续处理提供便利。

优点：分级效率高，能够有效地将炉渣按颗粒大小进行分类。

缺点：筛网容易堵塞，需要定期清理；工作环境可能伴有粉尘污染。

3）磁选机

结构：磁选机主要由磁系统（包括磁源和磁极）、给料装置、分选区和收集装置等组成。磁系统产生强大的磁场，用于吸引铁磁性物质。

工作条件：需要稳定的电力供应以维持磁场的产生，工作环境应避免强磁场干扰。

工作原理：炉渣通过给料装置进入分选区，铁磁性物质在磁场的作用下被吸引并附着在磁极上或特定区域，非铁磁性物质则继续流动并被收集。随后，通过某种方式（如机械刮板、水流冲洗等）将铁磁性物质从磁极上分离并收集。

适用性：特别适用于回收炉渣中的铁、镍等铁磁性金属。

优点：能够高效地回收炉渣中的铁磁性金属，提高资源利用率。

缺点：对非铁磁性物质的分离效果有限，可能受到炉渣中其他物质的干扰而影响分离效果。

（6）烟气处理设备

在火法冶金回收废旧锂离子电池的过程中，烟气处理设备是确保环保排放和减少空气污染的关键设备，布袋除尘器、静电除尘器和旋风除尘器是常见的烟气处理设备。以下是对常见烟气处理设备的分析，包括它们的结构、工作条件、工作原理、适用性和优缺点：

1）布袋除尘器

结构：布袋除尘器主要由滤袋、骨架、清灰系统和箱体等组成。滤袋是除尘器的核心部件，用于捕集烟气中的粉尘颗粒。

工作条件：烟气温度需控制在滤袋允许的温度范围内，避免高温损坏滤袋；烟气湿度应适中，避免结露导致滤袋堵塞；需要稳定的电力供应以维持清灰系统的运行。

工作原理：含尘烟气从除尘器进气口进入，通过滤袋时，粉尘颗粒被滤袋捕集并沉积在滤袋表面，而干净的气体则从滤袋内部排出。随着粉尘的积累，滤袋的阻力逐渐增大，此时需要启动清灰系统，通过压缩空气或脉冲喷吹等方式清除滤袋上的粉尘，以保持除尘器的连续运行。

适用性：布袋除尘器特别适用于处理高温、高湿、腐蚀性强的烟气，以及细粒度的粉尘。在火法冶金回收废旧锂离子电池过程中，由于烟气中可能含有酸性气体和细粒度粉尘，布袋除尘器是一种较为合适的选择。

优点：除尘效率高，可达 99% 以上；对负荷变化适应性好，运行稳定可靠；捕集的粉尘便于处理和回收利用。

缺点：滤袋易磨损，需定期更换；对烟气温度和湿度有一定要求。

2）静电除尘器

结构：静电除尘器主要由放电电极（阴极）、集尘电极（阳极）、振打装置和壳体等组成。放电电极和集尘电极之间形成高压电场，可使烟气中的粉尘颗粒带电并沉积在集尘电极上。

工作条件：需要稳定的电力供应以维持高压电场的运行；烟气温度应适中，避免影响粉尘的带电性能和沉积效果。

工作原理：利用高压电场使烟气中的粉尘颗粒带电，粉尘颗粒在电场力的作用下向集尘电极移动并沉积下来。沉积在集尘电极上的粉尘通过振打装置振落并收集。

适用性：静电除尘器适用于处理大风量、低浓度的烟气，特别适用于火法冶金回收废旧锂离子电池过程中产生的含尘烟气。

优点：处理风量大，阻力小；除尘效率高，能捕集细粒度的粉尘。

缺点：设备复杂，造价较高；对粉尘的比电阻有一定要求，可能不适用于所有类型的粉尘。

3）旋风除尘器

结构：旋风除尘器主要由进风口、旋风筒、排气管和排尘口等组成。烟气从进风口切向进入旋风筒，在筒内形成旋转气流，粉尘颗粒在离心力的作用下被甩向筒壁并沉积下来。

工作条件：旋风除尘器对烟气温度和压力有一定的适应性，但不宜过高或过低；需要定期清理沉积在筒壁和排尘口的粉尘。

工作原理：利用气流在旋转过程中产生的离心力将粉尘颗粒从烟气中分离出来并沉积在筒壁和排尘口处。

适用性：旋风除尘器适用于处理含尘浓度较高的烟气，特别适用于火法冶金回收废旧锂离子电池过程中的初级除尘阶段。

优点：结构简单，造价低廉；无需消耗电力或外部能源；对大颗粒粉尘具有较高的去除效率。

缺点：对细颗粒粉尘的去除效果较差，设备占地面积较大，运行过程中可能产生较大的阻力和压力损失。

4）脱硫脱硝装置

结构：脱硫脱硝装置通常包括吸收塔、喷淋系统、氧化系统、吸收剂制备系统等部分。吸收塔是核心设备，用于烟气与吸收剂之间的反应。

工作条件：需要稳定的电力和热源供应以维持设备运行和反应温度，需要定期补充吸收剂和处理产生的废水、废渣等。

工作原理：通过喷淋系统将吸收剂（如石灰石浆液）均匀喷洒在吸收塔内，吸收剂与烟气中的二氧化硫和氮氧化物发生化学反应，生成硫酸盐和硝酸盐等无害物质。同时，通过氧化系统向烟气中注入氧气或臭氧等氧化剂，促进氮氧化物的氧化和去除。

适用性：适用于火法冶金回收废旧锂离子电池工艺中产生的含有二氧化硫和氮氧化物的烟气处理。

优点：能够有效去除烟气中的二氧化硫和氮氧化物等有害物质，减少空气污染；同时产生的副产物（如石膏）还具有一定的经济价值。

缺点：设备复杂、造价较高，运行过程中需要消耗大量的吸收剂和能源，同时产生的废水、废渣等也需要妥善处理。

5.1.4 火法冶金的基本原理与反应机制

火法冶金技术路线是利用高温破坏废旧锂离子电池中活性物质中的化学键，从而使有价金属元素转变为易于分离提纯的金属单质、金属盐类化合物、金属氧化物等产品。

火法冶金通过高温增强的物理和化学转化，从矿石中提取目标金属和浓缩物，易于挥发的金属也可通过火法冶金技术得以回收。高温冶炼还原是火法冶金提取废旧锂离子电池中有价金属的典型过程，通过该过程，有价金属被还原为合金形式得以回收。熔炼和还原是典型的火法冶金主导路径中的关键过程[10]。

火法冶金回收工艺包括还原熔炼、还原焙烧、硫化焙烧等方法，由于具有有价金属化学转化率高、回收流程短的优点，有利于实现工业化应用，相关技术得到广泛研究[11]。

（1）还原熔炼法

还原熔炼法是利用还原剂对废旧锂离子电池的电极材料在高温下进行还原熔炼，使得正极材料中的有价金属以合金形式回收的方法。王芳等[6]和郭学益等[12]采用该工艺，直接将废旧锂离子电池投入竖炉中在高温下进行还原熔炼，得到 Cu-Co-Ni 合金后再进行分离，实现有价金属的循环利用。Xiao 等[13]向废旧锂离子电池中添加还原剂 C 和 $MnO\text{-}SiO_2\text{-}Al_2O_3$ 造渣剂体系，在 1000℃以上高温条件下进行还原熔炼，使其所含有价金属转化为合金，并在渣中回收含 Li 化合物。任国兴等[14]使用还原剂和 $CaO\text{-}SiO_2\text{-}Al_2O_3\text{-}MgO$ 造渣剂体系还原高锰型废旧锂离子电池，控制造渣条件 CaO/SiO_2 为 0.75，MgO 含量为 5%，造渣剂为电池材料质量的 2 倍，在 1450℃下还原 15min，得到 Cu-Co-Ni 合金。其中发生的主要反应如下所示。

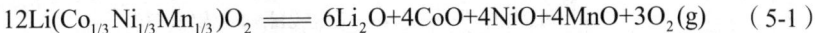

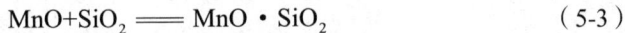

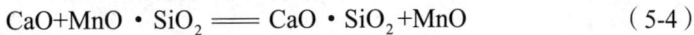

$$12Li(Co_{1/3}Ni_{1/3}Mn_{1/3})O_2 = 6Li_2O+4CoO+4NiO+4MnO+3O_2(g) \quad (5\text{-}1)$$

$$MnO+C = Mn+CO(g) \quad (5\text{-}2)$$

$$MnO+SiO_2 = MnO \cdot SiO_2 \quad (5\text{-}3)$$

$$CaO+MnO \cdot SiO_2 = CaO \cdot SiO_2+MnO \quad (5\text{-}4)$$

（2）还原焙烧法

还原焙烧法是在还原熔炼法的基础上发展而来的新型火法冶金回收工艺，是将废旧锂离子电池正极材料与还原剂 C 或 Al 混合均匀后置于高温条件（>600℃）下进行还原反应，使其中的有价金属高价氧化物还原为 Ni、Co、Mn 等有价金属单质或低价氧化物的方法。碳热还原废旧锂离子电池正极材料中有价金属的主要反应原理如下所示[15]。

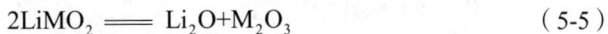

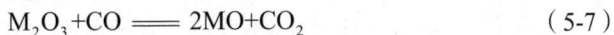

$$2LiMO_2 = Li_2O+M_2O_3 \quad (5\text{-}5)$$

$$M_2O_3+C = 2MO+CO \quad (5\text{-}6)$$

$$M_2O_3+CO = 2MO+CO_2 \quad (5\text{-}7)$$

$$MO+C \stackrel{}{=\!=\!=} M+CO \tag{5-8}$$

$$MO+CO \stackrel{}{=\!=\!=} M+CO_2 \tag{5-9}$$

$$Li_2O+CO_2 \stackrel{}{=\!=\!=} Li_2CO_3 \tag{5-10}$$

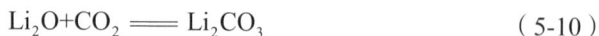

式中，M 为 Ni、Co、Mn。

（3）硫化焙烧法

硫化焙烧法是指利用含硫化合物分解产生的 SO_2 中 +4 价 S 的还原性，将废旧锂离子电池正极材料中的高价有价金属氧化物还原至低价，后者与生成的硫酸根离子形成硫酸盐。该方法的特点是将不溶于水的有价金属化合物转化为易溶于水的硫酸盐。

孙建勇等[16] 将废旧 NCM-333 型三元锂电池正极材料分别与 $NaHSO_4 \cdot H_2O$、$KHSO_4$、$Na_2S_2O_7$ 等含硫盐类进行硫化焙烧，结果发现，$NaHSO_4 \cdot H_2O$ 的硫化效果最好，整个体系发生的是有价金属 Ni、Co、Mn 各自复式硫酸盐的产生，焙烧产物是 $LiNaSO_4$、$Na_2Ni(SO_4)_2$、$Na_2Co(SO_4)_2$ 和 $Na_2Mn(SO_4)_2$，Ni、Co、Mn 和 Li 的回收率接近 100%。主要反应原理如下所示。

$$NaHSO_4 \cdot H_2O \stackrel{}{=\!=\!=} NaHSO_4+H_2O \tag{5-11}$$

$$4NaHSO_4 \stackrel{}{=\!=\!=} 2Na_2SO_4+2H_2O+2SO_2+O_2 \tag{5-12}$$

$$6LiNi_{1/3}Co_{1/3}Mn_{1/3}O_2+9SO_2+9Na_2SO_4+3O_2 \stackrel{}{=\!=\!=} 6LiNaSO_4+2Na_2Ni(SO_4)_2$$
$$+2Na_2Co(SO_4)_2+2Na_2Mn(SO_4)_2 \tag{5-13}$$

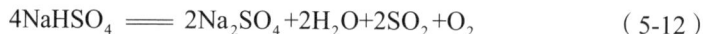

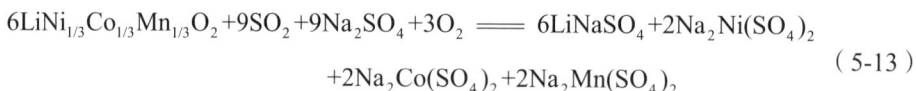

硫化焙烧法作为一种传统技术，由于 SO_x 排放严重，与当今绿色化学的理念背道而驰。区别于传统硫化焙烧法，Lin 等[17] 提出以 H_2SO_4 为硫化剂代替传统含硫化合物进行硫化焙烧。首先将物料与 H_2SO_4 溶液混合并在 120℃条件下陈化 720min，当部分 $LiCoO_2$ 转化为 Li_2SO_4 和 $CoSO_4$ 后，升温至 800℃进行硫化焙烧，其余 $LiCoO_2$ 在 Co^{2+} 存在的情况下分解为 Li_2SO_4、CoO 和 O_2。相较于传统的硫化焙烧法，该方法可有效减少杂质离子的引入，实现有价金属的选择性回收。主要反应原理如下所示。

$$4LiCoO_2+6H_2SO_4+22H_2O \stackrel{}{=\!=\!=} 2Li_2SO_4+4CoSO_4 \cdot 7H_2O+O_2 \tag{5-14}$$

$$2CoSO_4+4LiCoO_2 \stackrel{}{=\!=\!=} 2Li_2SO_4+6CoO+O_2 \tag{5-15}$$

$$H_2SO_4+3CoO \stackrel{}{=\!=\!=} Co_3O_4+H_2O+SO_2 \tag{5-16}$$

（4）微波辅助碳热还原

微波作为一种新型的加热方式日渐受到研究人员的重视。根据不同材料的吸波性能不同，微波可以对特定材料进行选择性加热。与传统的电阻棒/丝依靠热辐射和热传导进行加热不同，微波通过引起原子的振动加热物料，在微波可及的范围内，所需加热的物料都能被加热，提高了能量的利用效率。微波加热的方式解决了传统加热方式对于大型物料加热能力的不足，有利于热场的平均与稳定。

Zhao 等[18]探讨了微波加热方式还原废旧 NCM 三元锂电池正极材料中有价金属的可行性，结果表明废旧三元锂电池正极材料在 25 ～ 900℃温度范围内与负极石墨混合时具有良好的吸波性能，且材料的介电性能随着温度的升高迅速提高，促进碳热还原反应的发生。微波辅助碳热还原以微波加热代替常规加热方式，从材料内部开始加热，使材料均匀受热，还原反应能够更充分地进行，为微波加热回收锂离子电池电极废料中的有价金属提供了理论依据。

李之钦等[19]报道了微波焙烧能够显著提高废旧锂离子电池正极材料中有价金属的浸出率，各有价金属的浸出率随微波焙烧功率的增大呈增加趋势，但不同微波焙烧功率条件下均存在其最优焙烧时间，焙烧时间过长或过短均不利于金属的浸出反应。确定微波焙烧功率 600W、焙烧时间 6min 为最优的实验条件，并以 $H_2SO_4+H_2O$ 为浸出体系，在固液比为 20g/L、反应温度为 80℃的条件下浸出 60min，Li、Ni、Co、Mn 的浸出率分别达到 96%、85%、76%、52%。

李之钦等还总结了微波焙烧有效提高废旧锂离子电池正极材料中有价金属的浸出率的作用机理。研究发现，微波加热可以使物料表面出现瞬时高温，微波烧结产生的瞬时高温破坏了锂离子电池正极废料的层状结构［见公式（5-17）］[20]，生成 NiO、CoO 和 MnO_2 等有价金属氧化物；同时正极废料中的部分金属物质在高温条件下与乙炔黑发生还原反应［见公式（5-18）］，生成 Li_2CO_3 和 Ni、Co 等产物，这一过程的发生使金属转换为更易于浸出的形态，有助于后续有价金属浸出[21]。而且，微波焙烧过程可有效去除正极活性材料中金属颗粒表面包覆的有机物，使得金属颗粒表面裸露出来，增加金属与浸出溶液的接触面积，提高了浸出反应的传质效率，进而提高了金属的浸出效率。

$$12LiNi_{1/3}Co_{1/3}Mn_{1/3}O_2 = 6Li_2O+4CoO+4NiO+4MnO_2+O_2(g) \quad （5-17）$$

$$12LiNi_{1/3}Co_{1/3}Mn_{1/3}O_2+6O_2+7C = 6Li_2CO_3+4CoO+4NiO+4MnO_2+CO_2 \quad （5-18）$$

5.1.5 火法冶金中的热传导与传质过程

5.1.5.1 热传导过程

（1）定义与原理

热传导是热量从高温物体传向低温物体，或同一物体的高温部分传向低温部分的过程。在火法冶金中，热传导主要通过燃料燃烧、电能或化学反应产生的热量来实现，使矿石、精矿或废旧锂离子电池达到熔化所需的温度。废旧锂离子电池被投入高温炉中，热量通过以下方式传递。

1）辐射传热

火焰、高温炉膛壁面和加热元件通过电磁波的形式将热量辐射到矿石、精矿或废旧锂离子电池。辐射传热不需要介质，且在高温下非常有效。

2）对流传热

炉膛内的气体（如燃烧产生的烟气）流动时，将热量传递给矿石、精矿或废旧锂离子电池。对流传热的速度取决于气体的流速和温度差。

3）传导传热

当矿石、精矿或废旧锂离子电池与炉膛壁面或熔体接触时，热量通过固体间的直接接触传递。传导传热的速度较慢，但在火法冶金过程中也起到一定作用。

（2）影响因素

1）温度

温度是影响热传导效率的关键因素。在火法冶金回收中，高温能够加速电池内部物质的热运动，从而增强热传导效果。然而，过高的温度也可能导致电池材料的热解、熔化或挥发，对后续处理造成不利影响。

2）材料热导率

材料热导率是指材料传导热量的能力，是衡量材料热传导性能的重要物理量。不同材料的热导率差异较大，这直接决定了热量在材料内部传递的速度和效率。在火法冶金回收过程中，电池材料的热导率是影响热传导效果的关键因素之一。

3）电池结构

电池的结构设计（如电极排列、材料层厚度等）也会影响热传导过程。合理的结构设计有助于热量在电池内部快速、均匀地传递。

4）接触热阻

接触热阻是指热量在通过两个接触面时遇到的阻力，它会影响热量的传递效率。在火法冶金回收过程中，如果电池各组分之间的接触不良或存在间隙，会导致接触热阻增大，从而影响热量的传递效果。

5）加热方式和设备

加热方式和设备的选择也会影响热传导效果。例如，采用高效的加热设备和均匀的加热方式可以提高热传导效率，减少热量损失。

5.1.5.2　传质过程

（1）定义与原理

传质是指物质在不同相（如固相、液相、气相）之间或同一相内部不同浓度区域之间的迁移过程。在火法冶金中，传质过程主要涉及金属元素及其化合物在矿石（废旧锂离子电池）、熔体、炉渣和烟气之间的迁移和转化。

（2）主要方式

扩散传质：由于浓度差引起的物质迁移。在火法冶金中，金属元素在熔体中的扩散是传质的主要方式之一。

对流传质：伴随流体流动而发生的物质迁移。在炉膛内，金属元素随熔体或烟气的流动而迁移。

化学反应传质：通过化学反应实现的物质迁移。例如，在熔炼过程中，金属氧化物与还原剂发生还原反应，生成金属单质并迁移到熔体中。

（3）影响因素

1）温度

温度是影响传质速率的关键因素。随着温度的升高，分子的热运动加剧，从而提高了物质的扩散速率，促进了传质过程的进行。在火法冶金回收中，适当提高温度可以显著加快传质速率，但过高的温度可能导致电池材料的热解、熔化或挥发，对后续处理造成不利影响。

2）浓度梯度

浓度梯度是指物质在空间中浓度分布的不均匀性，它是传质过程的驱动力之一。在火法冶金回收过程中，电池内部各组分之间的浓度差异会形成浓度梯度，驱动物质从高浓度区域向低浓度区域迁移。浓度梯度越大，传质速率越快。

3）物质性质

不同物质的扩散系数、溶解度等性质差异较大，这些性质直接决定了物质在传质过程中的迁移能力和效率。在火法冶金回收中，电池材料的性质会影响传质过程的进行。例如，某些金属元素的扩散系数较高，容易在传质过程中迁移；而某些化合物则可能具有较高的稳定性，难以分解或转化。

4）反应动力学

反应动力学是研究化学反应速率及其影响因素的科学。在火法冶金回收过程中，电池内部可能发生的化学反应会影响传质过程的进行。反应速率较快的化学反应可以加速物质的转化和迁移，而反应速率较慢的化学反应则可能成为传质过程的瓶颈。

5）流体力学条件

流体的流动状态（如流速、流型等）会影响物质在流体中的分布和迁移。在火法冶金回收中，如果采用流体化处理方式（如熔融盐电解法等），流体的流动状态将直接影响传质过程的进行。合理的流体力学条件可以促进物质的混合和扩散，提高传质效率。

6）气体氛围

在火法冶金回收过程中，气体氛围也会对传质过程产生影响。不同的气体氛围可能影响电池材料的氧化、还原等反应过程，从而影响物质的迁移和转化。例如，在惰性气体氛围下进行火法冶金回收可以减少电池材料的氧化损失，而还原性气体氛围则可能促进某些金属元素的还原和回收。

综上所述，火法冶金的热传导和传质过程是相互关联、相互影响的复杂过程。通过优化炉膛结构、提高燃料燃烧效率、控制炉膛温度和流体流速等措施，可以提高火法冶金的热传导和传质效率，从而提高金属提取率和产品质量。

5.2 火法冶金技术

5.2.1 预处理

预处理工艺旨在提高废旧锂离子电池的回收效率，使其更好地符合高效、经济和环保的标准。预处理过程可大致分为两个步骤，即电池放电和分离活性材料。电池放电的目的是保证后续拆卸电池的安全性，避免废旧 LIBs 发生爆炸甚至火灾的危害。发生危险的原因多是操作不当造成正负极短路。最常用的做法是通过 5% 的 NaCl 的稀溶液浸泡，其进行主动放电的过程[22]。另一个预处理的步骤则为分离活性材料，它可方便后续操作的顺利进行。良好的分离工作不仅仅可以节约回收成本，甚至还可以为后续得到纯度较高的金属元素做准备。Yu 等人[23]通过破碎和筛选，成功将活性材料和铝箔 / 铜箔分离，并通过多步沉淀和水热处理，得到了一系列高质量的产品 [CuO、$NaAlCO_3(OH)_2$、Li_2CO_3]。

　　火法冶金回收废旧锂离子电池的预处理是回收过程中的重要环节，它直接关系到后续熔炼和分离的效果。预处理的主要目的是去除废旧锂离子电池中的外壳、电解液等不需要的成分，以便更高效地回收其中的有价金属。火法冶金回收废旧锂离子电池的具体步骤如图 5-2 所示。

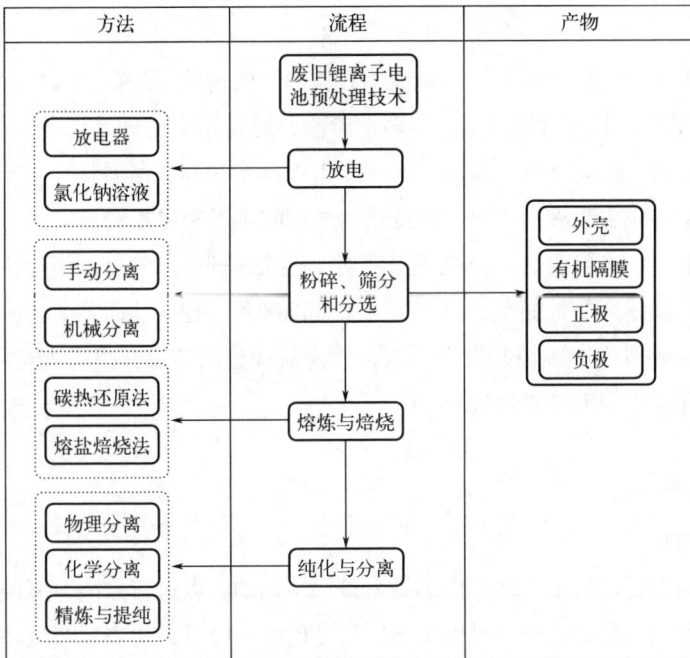

图 5-2　火法冶金回收废旧锂离子电池的具体步骤

　　出于安全考虑，应该首先将 SLIBs 放电，以消耗其剩余容量，避免发生自燃和短路的潜在危险。Ku 等[24]将 SLIBs 电池组连接到放电器，然后将电池组放电至低于 0.1V。显然，此方法由于过程烦琐不适用于处理大量 SLIBs。He 等[25]将 SLIBs 浸泡在 5%（质量分数）NaCl 溶液中以使其完全放电。Li 等[26]研究了NaCl 溶液浓度和放电时间对 SLIBs 放电效率的影响。结果表明，10% 的 NaCl 溶液可以在较短的时间内获得理想的放电效率（358min 的放电效率为 71.96%），并且成本更低。

5.2.2　粉碎、筛分和分选

（1）粉碎

1）目的

粉碎的主要目的是将废旧锂离子电池的外部壳体、内部结构等破碎成较小的颗粒，以便后续的分选和回收处理。通过粉碎，可以去除电池的外壳，使内部的电极材料、集流体等暴露出来，便于后续的火法冶金技术处理。

2）方法

干法破碎：干法破碎是在没有液体介质参与的情况下进行的破碎过程。它通常包括粗破碎、中破碎和细破碎等多个阶段，通过不同的破碎设备（如撕碎机、锤击式破碎机、振动磨等）将废旧锂离子电池逐步破碎至所需粒度。干法破碎的优点在于能够减少废液的产生，降低后续处理的难度和成本。

湿法破碎：虽然湿法破碎在废旧锂离子电池处理中不常见，但理论上也可以加入适量的液体介质（如水、溶剂等）来辅助破碎过程。然而，湿法破碎容易将所有组分破碎成细小颗粒并混在一起，使得后续分离较难并损失大量活性材料，因此在实际应用中需要谨慎选择。

（2）筛分

1）目的

筛分的主要目的是将破碎后的物料按照不同的粒度进行分离，以便后续的分选和回收处理。通过筛分，可以将不同粒度的物料分开，提高后续处理的效率和回收率。

2）方法

使用不同目数的筛子对破碎后的物料进行筛分。筛子的目数越大，筛分出的物料粒度越细。通过多级筛分，可以得到不同粒度的物料。

筛分过程中还可以结合振动、气流等辅助手段，提高筛分效率和质量。

总之，火法冶金回收废旧锂离子电池的过程中，粉碎和筛分是两个相辅相成的步骤。通过合理的粉碎和筛分工艺设计，可以有效地将废旧锂离子电池的组分分离开来，为后续的火法冶金技术处理提供有利条件。同时，还需要注意控制处理过程中的参数和条件，确保处理过程的安全性和环保性。

（3）分选

1）浮选

原理：浮选是基于物料表面性质的差异，利用气泡的吸附作用将有用矿物与脉石矿物或其他矿物分离的过程。在废旧锂离子电池的回收中，浮选主要用于分离出具有特定表面性质的物质，如某些金属化合物或有机物。

应用：在火法冶金回收废旧锂离子电池的过程中，浮选可能不是直接用于分离电池材料的主要方法，因为电池材料的浮选性质可能并不明显。然而，在某些情况下，浮选可以作为辅助手段，用于从破碎后的物料中去除或富集某些特定成分。

2）磁选

原理：磁选是利用物质在磁场中磁性的差异进行分离的方法。在废旧锂离子电池的回收中，磁选主要用于分离出具有磁性的物质，如铁、镍等金属及其化合物。

应用：在火法冶金回收废旧锂离子电池的过程中，磁选是一种重要的物理分选方法。通过磁选，可以将破碎后的物料中的铁磁性物质（如铁壳、铁钉等）快速分离出来，减少后续处理过程中的杂质含量，提高回收效率。

总之，在火法冶金回收废旧锂离子电池的过程中，浮选和磁选作为物理分选方法，各有其独特的应用场景和注意事项。虽然浮选在电池材料回收中的直接应用可能较少，但可以作为辅助手段进行特定成分的分离；而磁选则是分离铁磁性物质的重要手段，对于提高回收效率和纯度具有重要意义。在实际操作中，应根据物料特性和处理需求选择合适的分选方法，并严格控制操作条件，以确保处理效果和环境安全。

3）其他物理分选方法

风选：利用物料颗粒在气流中的悬浮性质差异进行分离，常用于分离轻质物料（如塑料）和重质物料（如金属）。

电选：利用物料颗粒在电场中的电性差异进行分离，适用于具有不同导电性或介电常数的物料。

光选：利用物料的光学性质（如颜色、反射率等）进行分离，虽然在废旧锂离子电池回收中不常见，但在某些特定情况下可能有用。

（4）清洗与干燥

目的：去除物料表面的残留物，确保物料的干净和干燥，以便后续处理。

操作：使用水或其他清洗剂对物料进行清洗，并通过干燥设备将物料干燥至一定水分含量以下。

5.2.3　熔炼与焙烧

火法冶金回收废旧锂离子电池的熔炼与焙烧是相辅相成的两个步骤。熔炼主要关注于金属元素的提取和液态分离，而焙烧则侧重于物料的预热处理和杂质的去除。通过这两个步骤的联合作用，可以高效地回收废旧锂离子电池中的有价金属元素，实现资源的再利用。同时，在熔炼与焙烧过程中需要注意控制各种参数和处理产生的废弃物，以确保回收过程的环保性和可持续性。

（1）熔炼

定义与目的：熔炼是将废旧锂离子电池中的物料在高温下加热至熔融状态，通过物理和化学变化金属元素从化合物中分离出来的过程。其目的是将电池中的金属元素以液态或合金的形式提取出来，便于后续的分离和提纯。

方法与流程：

① 高温熔炼：将预处理后的废旧锂离子电池物料（如电极材料、集流体等）送入高温熔炉中，在炉内高温条件下进行熔炼。熔炼过程中，电池中的有机物会燃烧分解，金属氧化物被还原成金属单质或合金。

② 还原剂使用：碳热还原法是常用的还原方法之一，在火法冶金回收中，可能使用的还原剂，如焦炭、煤等。这些还原剂在高温下与金属氧化物反应，生成金属单质或合金。

③ 液态分离：熔炼后的物质会形成多种熔体或液态层，其中金属锂可能以液态形式存在。通过液态分离技术（如倾析、离心分离等），可以将金属锂从其他熔体中分离出来。

（2）焙烧

定义与目的：焙烧是将废旧锂离子电池中的物料在低于熔点的温度下加热，

通过物理和化学变化物料中的某些成分发生分解、氧化或还原反应的过程。其目的是去除物料中的有机物、挥发分等杂质，提高物料的纯度和可处理性。

方法与流程：

① 预热处理：在焙烧前，通常需要对物料进行预热处理，以提高焙烧效率。

② 焙烧过程：将预热后的物料送入焙烧炉中，在设定的温度下进行焙烧。焙烧过程中，物料中的有机物会燃烧分解，金属氧化物可能发生还原反应。

③ 产物处理：焙烧后的产物包括金属氧化物、炉渣等。这些产物需要进行进一步的处理和分离，以提取出有价值的金属元素。

5.2.3.1　碳热还原法

基本原理：碳热还原法利用碳（如石墨）在高温下的还原性，将废旧锂离子电池中的金属氧化物还原为金属单质或其化合物，同时实现锂的选择性回收。在高温条件下，碳与金属氧化物发生还原反应，生成金属单质、碳的氧化物（如 CO 或 CO_2）以及可能的锂化合物（如 Li_2CO_3 或 Li_2O）。

火法冶金回收废旧锂离子电池的碳热还原法通常包括以下几个步骤：

预处理：对废旧锂离子电池进行放电、拆解、破碎和分类等预处理操作，以分离出电池中的不同组分，特别是正极材料。

混合与焙烧：将预处理后的正极材料与适量的碳源（如石墨）混合均匀，然后置于高温炉中进行焙烧。焙烧过程中，碳与金属氧化物发生还原反应，生成所需的金属或化合物。

浸出与分离：焙烧后的产物经过破碎、研磨等处理，然后通过水浸或其他溶剂浸出工艺，将锂化合物（如 Li_2CO_3 或 Li_2O）从其他不溶物中分离出来。浸出液经过进一步处理，可以得到高纯度的锂产品。

后续处理：对浸出渣进行进一步处理，以回收其中的镍、钴、锰等过渡金属元素。这些金属元素可以通过湿法冶金或其他方法进行回收和利用。

优势：碳热还原法能够高效地回收废旧锂离子电池中的锂元素，同时实现其他金属元素的回收和利用。

该方法具有工艺简单、操作方便、原料来源广泛等优点。

5.2.3.2　熔盐焙烧法

基本原理：熔盐焙烧法是在火法冶金回收的基础上，引入熔盐作为反应介质。熔盐具有较低的熔点和良好的热稳定性，能够提供一个高温且均匀的液相环境，有利于电池中各组分的分解和金属元素的提取。

优点：熔盐环境促进了电池内部各组分的分解和金属元素的溶解，提高了回收效率。熔盐的引入降低了反应所需的温度，从而减少了能源消耗。熔盐焙烧法能够减少杂质的引入，提高回收金属的质量。

缺点：熔盐焙烧法需要精确控制熔盐的种类、温度、反应时间等参数，技术难度较大。需要耐高温、耐腐蚀的设备来承受熔盐环境下的高温和腐蚀性。

具体过程：

预处理：对废旧锂离子电池进行放电、拆解等预处理工作，去除电池中的电解液和其他有害成分。

熔盐配制：选择合适的熔盐种类和配比，配制出适合电池回收的熔盐体系。

焙烧处理：将预处理后的电池材料放入熔盐中进行高温焙烧处理，使电池中的金属元素溶解在熔盐中。

金属提取：通过物理或化学方法将溶解在熔盐中的金属元素提取出来，并进行后续的纯化和精炼工作。

5.2.3.3 其他方法

火法冶金回收废旧锂离子电池的过程中，还可采用其他方法，但需要注意的是，这些方法在废旧锂离子电池回收中的具体应用可能因技术成熟度、设备要求、成本效益等因素而有所不同。

（1）直接高温焚烧法

这是最简单的火法冶金回收方式，即将废旧锂离子电池放电后直接送入熔炉，在高温下进行熔炼。在这个过程中，电池中的塑料、电解质和含碳成分等有机物被去除，而有价值的金属元素（如钴、镍、铜等）则会以熔融金属或合金的形式被收集。然而，这种方法通常不回收锂，因为锂容易与其他难熔氧化物一起作为熔渣流失。此外，该方法能耗较高，且容易对环境造成二次污染。

（2）真空冶炼法

真空冶炼法是在真空或惰性气体保护下进行的冶炼过程。由于真空环境可以减少氧气的存在，因此可以避免金属在高温下被氧化，从而提高回收效率和产品质量。然而，真空冶炼法对设备的要求较高，且成本相对较高。

（3）熔融盐电解法

熔融盐电解法是利用熔融盐作为电解质，在电解过程中将金属元素从其化合物中还原出来的方法。这种方法在金属冶炼领域有广泛应用，但在废旧锂离子电池回收中的应用相对较少。不过，随着技术的发展和成本的降低，熔融盐电解法未来有可能成为废旧锂离子电池回收的一种重要方法。

（4）其他火法冶金回收方法

除了上述方法外，还可能存在其他火法冶金回收方法，如等离子熔炼法、微波加热法等。这些方法各具特点，但目前在废旧锂离子电池回收领域的应用尚不广泛。

总之，火法冶金回收废旧锂离子电池的方法多种多样，每种方法都有其优缺点。在实际应用中，需要根据具体情况选择合适的回收方法。同时，随着技术的不断进步和成本的降低，未来可能会有更多高效、环保的火法冶金回收方法出现。

5.2.4　纯化与分离

（1）物理分离

利用金属元素之间密度、熔点、磁性等物理性质的差异，通过重力分离、磁选分离、筛分等方法进一步分离金属元素。例如，可以利用磁选机将铁磁性物质（如铁、镍等）从非磁性物质中分离出来。

（2）化学分离

对于难以通过物理方法分离的金属元素，可以采用化学方法进行处理。例如，利用化学反应将金属元素从其化合物中还原出来，或通过溶剂萃取、离子交换等方式将金属元素从溶液中提取出来。化学分离方法能够更精确地控制金属元素的分离和纯化过程。

（3）精炼与提纯

经过物理和化学分离后得到的金属产品可能仍含有一定量的杂质。为了获得高纯度的金属产品，需要对其进行精炼和提纯处理。精炼过程可以通过电解精炼、区域熔炼等方法进行，以去除金属中的杂质和提高纯度。

5.3 火法冶金技术的案例分析

火法冶金回收技术是冶金生产中一项重要的技术，同时也是目前世界上最普遍的一种冶金技术。火法冶金回收技术的应用可以提高金属的回收率，改善冶炼流程中金属元素的利用效率，是一种将有色金属直接转变为有用产品的冶金方法。但是由于火法冶金回收技术在应用过程中存在一定的局限性，其在实际应用过程中受到了限制。为了有效提高火法冶金回收技术在应用过程中的利用率，必须结合具体情况来合理选择应用火法冶金回收技术，同时要将各种影响因素充分考虑到，这样才能有效发挥火法冶金回收技术的应用优势。

5.3.1 国内外火法冶金回收技术的应用案例

在我国有色金属的冶炼生产过程中，火法冶金回收技术是一种重要的冶炼方法，通过火法冶金回收技术的应用，可以将有色金属中的有价值元素进行有效提取，将其中的铜、金等金属元素直接转变为有用产品，从而有效提高有色金属的综合利用率。在我国有色金属冶炼生产过程中，火法冶金回收技术具有广泛的应用，对我国有色金属冶炼生产水平的提升具有重要意义。

国内中伟循环公司采用火法冶金回收废旧电池，工艺流程包括预处理、热处理和金属提取三个主要步骤。工艺流程图如图 5-3 所示。

在预处理阶段，废旧电池首先经过破碎和筛分，分离出金属和非金属材料。随后，经过焙烧炉高温焙烧（500 ～ 700℃）以去除有机物和挥发物，接着在熔炼炉中以 1200 ～ 1500℃的高温熔化分离金属成分。在金属提取过程中，通过添加还原剂（如碳粉或焦炭）在还原炉中以 800 ～ 1000℃还原金属氧化物，并将提取出的金属冷却铸锭。关键设备包括破碎机、筛分机、焙烧炉、熔炼炉、还原炉和铸锭机，助熔剂如石灰和硅酸钠可帮助降低熔点并提高流动性。

整个流程通过精准控制温度和时间，确保高效经济地回收金属，同时最大限度地减少环境污染。

国外方面，火法冶金回收技术也得到了广泛应用，但是在实际应用过程中也存在一定的局限性。国外火法冶金回收技术主要包括电炉精炼、氧气底吹精炼以及富氧顶吹精炼等工艺。其中电炉精炼工艺是一种典型的火法冶金回收技术，通过电炉对金属进行高温还原处理，从而有效提高金属的利用率。在电炉精炼过程

废旧锂离子电池 → 放电 → 破碎 → 筛分

筛分 → 非金属材料

筛分 → 金属材料 → 焙烧炉（500～700℃）

废气净化

焙烧炉 → 废气 → 熔炼炉（1200～1500℃）

石灰和硅酸钠 → 熔炼炉

熔炼炉 → 还原炉（800～1000℃）

碳粉，焦炭 → 还原炉

还原炉 → 金属合金 → 铸锭机 → 定制合金

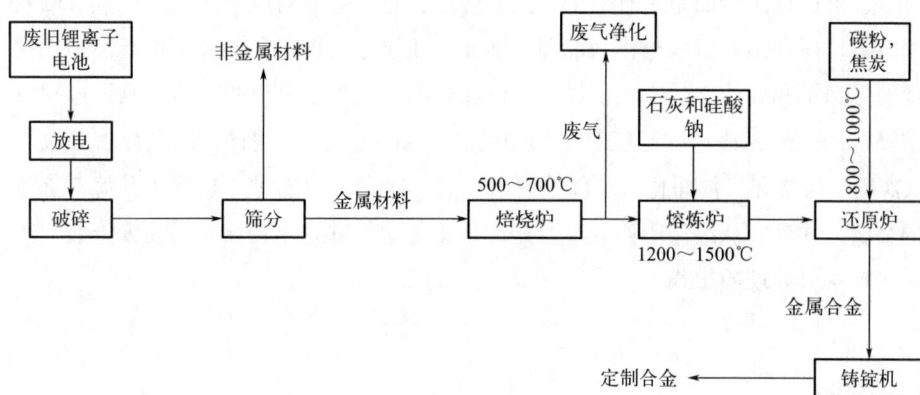

图 5-3　中伟循环公司火法冶金回收废旧电池工艺流程

中可以将铜、铅、锌等金属元素直接转变为有用产品，从而有效提高了金属元素的利用效率。在国外很多大型火法冶金回收企业都已经将这种技术广泛应用到了生产实践中。

比利时优美科（Umicore）公司的火法 - 湿法冶金工艺可用于锂离子电池和镍氢电池。该工艺的火法冶金部分生产镍钴铜铁合金，随后的湿法冶金工艺进一步精炼金属。Umicore 工艺的示意图如图 5-4 所示。

废旧电池与冶金焦炭、造渣剂和一些金属氧化物一起直接送入竖炉。竖炉从顶部开始分为三个部分：预热区（<300℃）、塑料热解区（<700℃）和金属熔炼还原区（1200～1450℃）。富氧空气通过风口从炉底喷入。在预热区，电解液通过缓慢升高温度而蒸发，从而降低了爆炸的风险。在塑料热解区，电池组中的塑料熔化、被氧化并为废气提供能量。在金属熔炼还原区中，来自电池壳的碳和铝被氧化，并还原钴和镍。控制金属氧化物和空气以获得适当的氧化还原电位。对于足够低的黏度和足够高的熔点，废渣组合物具有至少 $SiO_2/CaO = 1$ 的比率。产品合金含有镍、钴、铜和铁，其中 35% 的重量来自钴和镍。废渣含有铝、锂、硅、钙和一些铁。来自竖炉的废气通过等离子体炬加热至 1150℃以上，并被送到后燃烧室，在后燃烧室中，通过注入钙或钠基产品或氧化锌来捕获卤素。然后通过水蒸气快速冷却废气，以避免有机化合物与卤素重新结合或形成二噁英和呋喃。

镍 - 钴 - 铜 - 铁合金在溶剂萃取工艺之前通过酸浸工艺处理去除铜、铁、锌和锰。使用硫酸的溶剂萃取工艺可将镍与钴分离出高纯度产品。镍和钴都可以再循环以再生阴极前体。

这个过程比较简单，有一个很大的优点：它不需要对电池进行分类或机械处理，并且还利用有机成分作为能源。然而，瓶颈在于该过程的经济可行性很大程度上受到钴和镍价格的影响。如果含钴和含镍电池少于进料的30%，则该过程将不经济。此外，该过程是能源密集型的；Sonoc等人[27]估计，该过程需要大约5GJ用于熔炼和气体净化系统以处理1t电池。此外，该方法不能回收其他有价值的金属，如锂。从废渣中回收金属是能量密集型的并且不经济，因此废渣通常作为建筑材料处理或出售。

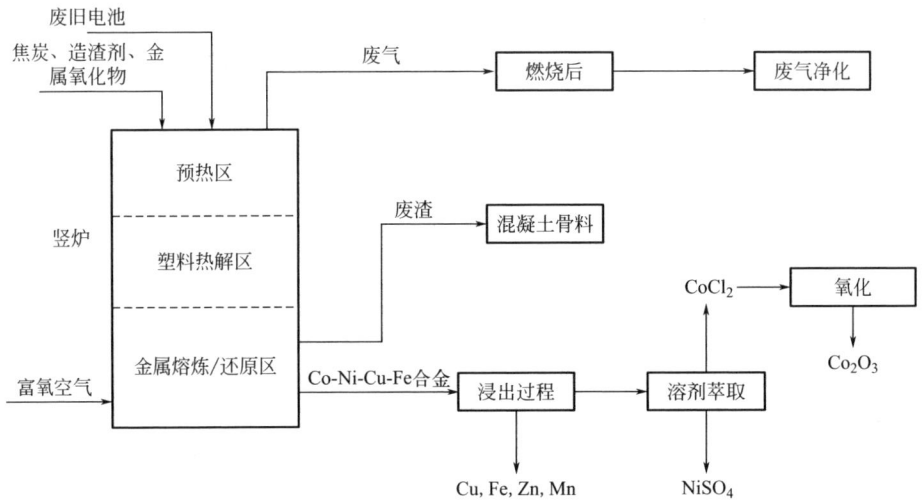

图5-4　Umicore工艺示意图

Inmetco（国际金属回收公司）经营着一个火法冶金设施，该设施处理金属废料和EOL电池。Inmetco工艺的示意图如图5-5所示。该工艺的主要目的是回收钴、镍和铁，用于生产铁基合金。与Umicore工艺类似，锂和铝被造渣，有机材料和碳被用作能源和还原剂[28]。

该工艺最初设计用于处理不锈钢生产过程中产生的废物，如烟道灰、氧化皮和切屑。目前，该工艺可以接受废旧电池作为二次进料。主进料是不锈钢废料，首先进行研磨和筛选。然后，将筛选后的废料与还原剂碳和含镍和镉的液体废料混合并造粒。作为二次进料的废旧电池被打开，塑料材料和电解质被去除。其余部分煅烧以蒸发和除去镉。然后将电池切碎，得到的颗粒与主进料和有机材料一起进入转底炉中的还原阶段。还原阶段在1260℃下操作。来自转底炉的废气被洗涤，洗涤溶液被送到废水处理设施以回收镉、锌和铅。还原得到的金属在电弧炉中进一步熔化，在电弧炉中产生铁‐钴‐镍合金和含锂和铝的废渣。含锌的电弧炉废气在袋式除尘器中进行处理，以回收锌和少量其他金属。

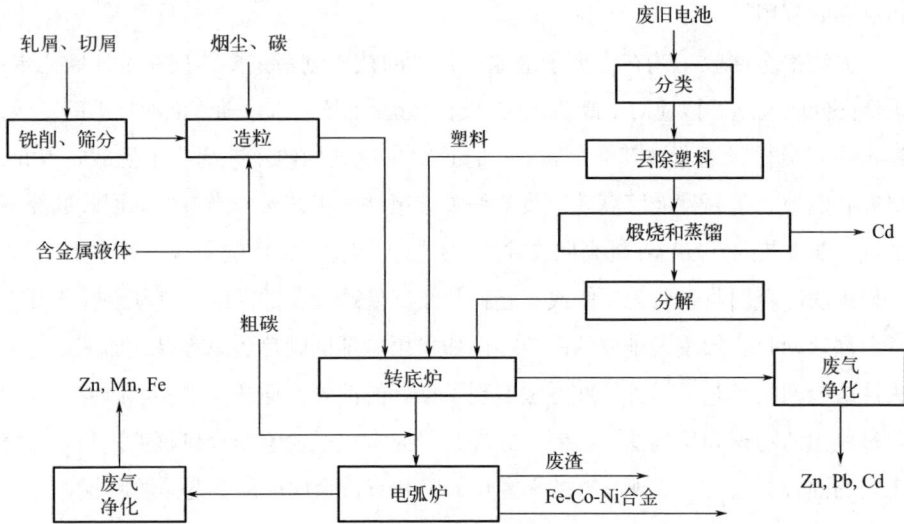

图 5-5　Inmetco 工艺示意图

随着科学技术的不断发展和进步，火法冶金回收技术也得到了快速发展和进步。目前火法冶金回收技术已经广泛应用到了多种冶炼工艺之中，如火法湿法、火法半干法以及火法焙烧等工艺。随着科学技术的不断发展，火法湿法以及火法焙烧已经成为了现阶段世界上最流行、最成熟的一种冶金回收技术。

5.3.2　火法冶金回收技术的创新与发展趋势

在火法冶金回收技术研究过程中，首先要从原理上对其进行研究，了解其内部运行机制。例如通过对火法冶金回收技术的研究发现，火法冶金回收技术主要是将金属元素和非金属元素分离出来，然后通过对二者进行二次利用或者是三次利用。通过对不同金属元素进行分离可以有效提高金属元素的利用率，提高金属资源利用率。

目前我国在火法冶金回收技术研究方面取得了一定的进展，同时也得到了一定的成果。在火法冶金回收技术研究过程中，可以将其与其他生产工艺结合起来进行研究，同时要结合实际情况来对其进行完善和改进。例如通过对铜、铅、锌等有色金属进行分离可以提高有色金属资源利用率和生产效率，同时也可以获得工业生产中所需的各种金属元素。通过对火法冶金回收技术进行完善和改进可以有效减少冶炼过程中产生的各种污染物质和气体，保证生产过程中所需资源能够得到有效利用。

火法冶金回收工艺在锂离子电池回收中的技术创新主要体现在设计低成本、灵活的回收设施，以应对不断变化的电池成分和市场需求。随着电池技术的发展，钴作为阴极材料逐渐被其他金属取代，这对传统的回收工艺提出了挑战。因此，研究者们致力于开发能够高效回收各种关键组件的工艺，以维持电池回收的经济效益。新工艺的开发旨在提高回收效益，并降低因金属替代带来的技术过时风险。

火法冶金回收工艺需要解决高能耗和废气处理复杂的问题。创新点在于开发资源高效回收、低废气排放的系统，例如采用盐辅助碳热还原等温和加工条件的火法冶金回收工艺。尽管这些方法展现了良好的前景，但还需进一步研究其在回收过程中的物理和化学变化机制。此外，研究者也在探索结合热解工艺和氨焙烧工艺的混合方法，以实现废气的无害化处理和有价金属的高效选择性回收。

火法冶金回收工艺的发展还受到政策和法规的影响。高回收率不仅依赖于技术突破，还需要严格的立法和政府激励措施。随着政策对 SLIB（废旧锂离子电池）回收要求的提高，火法冶金回收技术作为一种重要分支，将在该领域占据不可替代的地位。未来的技术改进方向包括添加剂辅助焙烧技术以降低能耗，以及碳热法和盐焙烧法以优先回收锂，同时避免环境污染。废旧阴极和阳极材料的高值化利用研究也将成为未来的重点。

随着科学技术的不断发展，火法冶金回收技术也在不断创新，各种新型火法冶金回收技术层出不穷，这也为火法冶金行业未来发展带来了巨大的空间。

5.4 火法冶金回收工艺相关的产业链与政策

5.4.1 火法冶金回收工艺产业链概述

火法冶金回收技术主要是将有色金属直接转变为有用产品的冶金技术，其能够有效提高有色金属资源的利用率，在冶金行业中得到了广泛应用。但是由于火法冶金回收技术在实际应用过程中存在一定局限性，其在应用过程中受到了一定限制。为了能够有效解决火法冶金回收技术在应用过程中存在的局限性问题，相关人员需要结合实际情况来合理选择应用火法冶金回收技术。首先需要对矿石进行处理，然后根据具体情况来选择合适的冶炼工艺。其中，选矿环节主要是利用机械方法对矿石进行破碎处理，从而为后续的冶炼工艺提供必要的原料。在对矿石进行破碎处理后还需要将矿石中含有的水分以及杂质清理掉。破碎处理完成后就可以将矿石投入冶炼炉中进行冶炼处理。冶炼结束后需要将冶炼产生的产品与粗精矿等进行分离处理。

火法冶金回收工艺产业链主要包括以下环节：

① 原料收集：收集含有有色金属的废料或废旧产品，如废旧电池、电子设备等，这些原料中含有需要回收的金属成分。

② 预处理：对收集到的原料进行初步处理，如拆解、破碎、分选等，以便后续的冶金过程能够更有效地进行。

③ 高温熔炼：将预处理后的原料放入高温熔炉中进行熔炼。通过高温金属与其他杂质分离。

④ 还原与精炼：在熔炼过程中，可能需要加入还原剂等物质，以促进金属的还原和精炼，提高金属的纯度。

⑤ 金属回收：从熔炼产物中回收目标金属，如金、银、钯、铜、锌、锡、镍等。

⑥ 尾气处理：处理熔炼过程中产生的废气，以减少对环境的污染，需符合相关的环保标准。

⑦ 废渣处理：对熔炼产生的废渣进行合理处理和处置，以防止环境污染，并尽可能地回收其中的剩余价值。

火法冶金回收工艺属于化学工艺，其特点是只回收贵金属，能耗高，回收率不稳定，经济效益低；同时具有二次污染风险高、环保成本高的问题，国内目前鲜有企业应用此工艺。

随着技术的发展，一些企业采用"湿法 - 火法"结合的方法来实现有色金属类危险废物处置及再生资源回收利用。例如，通过"湿法 - 火法"结合，将金属品位低、杂质含量差异较大的危险废物中的有色金属充分富集，在实现废品中有色金属的资源回收利用的同时，有效控制成本，实现较好的经济效益。

另外，在动力电池回收领域，国内主要采用的是湿法冶金回收技术。该技术通过酸 / 碱、萃取剂、沉淀剂等将金属离子转化为相应的氧化物或硫酸盐，以回收贵金属。但这种技术设备生产线投入高，工艺流程，环保处理成本高。

相比之下，物理法回收工艺具有一定优势，如环保投入成本低，工艺生产线中不存在二次污染风险；工艺流程短，生产成本低；固定资产投入成本低，折旧成本低；全组分回收率高，回收经济附加值高等。不过，当前物理法回收工艺也存在修复材料批次差异、降级应用等需进一步提升的地方。未来，湿法冶金和物理法有可能通过合作实现回收效益和应用场景的最大化。

火法冶金回收工艺的发展带动了多个相关产业的进步：

（1）设备制造产业

为了满足火法冶金回收的需求，需要各种专业的高温熔炉、精炼设备、废气处理设备、废渣处理设备等。这促进了设备制造企业不断研发和改进技术，提高设备的性能和效率。例如，一些知名的熔炉制造企业会加大研发投入，生产出更节能、高效且环保的熔炉。

（2）原材料供应产业

火法冶金需要大量的燃料，如煤炭、天然气等，以及还原剂、添加剂等化学原料。这带动了相关原材料的生产和供应行业的发展。以煤炭行业为例，为了满足火法冶金对高质量煤炭的需求，煤炭企业会优化开采和加工工艺。

（3）环保产业

火法冶金过程中产生的废气和废渣需要进行严格的处理以符合环保标准，这推动了环保技术和设备的研发与应用。比如，专业的废气处理公司会研发更高效的净化装置，以降低废气中的有害物质排放。

（4）物流运输产业

大量的废旧原料需要收集和运输到回收工厂，回收后的金属产品也需要运输到市场，从而刺激了物流运输行业的业务增长。特别是在长途运输中，专业化的物流企业能够确保原料和产品安全、准时送达。

（5）科研与咨询服务产业

由于火法冶金技术在不断发展和改进，相关的科研机构和企业会加大研发投入，探索更高效、环保的回收方法。同时，也会有专业的咨询服务公司为企业提供技术指导、市场分析和政策解读等服务。

（6）下游应用产业

回收得到的金属可以应用于电子、汽车、航空航天等众多领域。这不仅为这些产业提供了稳定的原材料供应，降低了生产成本，还促进了它们的技术创新和产品升级。例如，在电子行业，回收的金属可以用于制造更高性能的芯片和电路板。

整个火法冶金回收工艺产业链的发展显著降低了工业企业的原材料成本，减少了工业生产中的能源消耗和温室气体排放，有助于实现工业的绿色发展。同时完善了工业产业链，带动了上下游相关产业的协同发展。从废旧金属的收集、运输，到回收处理及后续的产品应用，形成了一个相互关联的产业体系，优化了工业结构。因此，火法冶金回收工艺在资源、环境、经济和社会等多个方面都具有重要意义，对于实现可持续发展目标具有积极的推动作用。

5.4.2　相关政策法规与标准

国家制定的相关政策与法规，可以有效提高火法冶金回收技术在实际应用过程中的可操作性，为其在实际应用过程中的安全性与高效性提供有效的保障，对火法冶金回收技术在应用过程中产生的各项成本进行严格控制，避免浪费与损失，为工业生产提供良好的环境。在实际生产过程中，要将资源节约作为一项基本原则，并且要将其作为重要手段，通过制定合理的政策法规，来加强对资源节约的监督管理，促使企业能够在经济利益最大化的原则下有效利用各种资源，为火法冶金回收技术在实际应用过程中提供良好的环境。同时还要制定出合理的管理制度与标准，来提高我国火法冶金回收技术的应用水平。具体措施如下：

① 国家相关部门要制定出合理的法律法规，规范企业生产行为，从法律层面上保证火法冶金回收技术的应用能够实现安全、高效。

② 国家应该要制定出合理的资源节约政策与法规，从经济层面上来对企业的生产行为进行规范，促使企业能够在资源节约的原则下有效利用各种资源，为火法冶金回收技术在实际应用过程中的安全性与高效性提供保障。

5.4.2.1　关于火法冶金回收的相关政策

我国对于火法冶金回收的相关政策通常是在资源综合利用、环境保护、新能源产业发展等方面的政策框架下体现的。例如，一些地方政府会出台支持新能源汽车产业发展的政策，其中可能涉及动力电池回收利用的内容。这些政策旨在推动包括火法冶金回收在内的各种回收技术的发展，以提高动力电池的规范化回收率，促进资源的循环利用。另外，在环保政策方面，会强调火法冶金回收过程中的节能减排要求，以减少能源消耗和环境污染。同时，随着技术的不断进步，政策也可能会鼓励企业和科研机构进行技术创新，研发更加高效、环保的火法冶金回收技术和工艺。一些科研团队也在积极探索火法冶金回收技术的改进和创新。例如，中南大学特聘副教授万兴邦的团队研究发现，传统火法冶金反应温度过高会消耗大量能源，而目前的冶炼厂正在改进，减少焦煤使用，转向使用天然气等相对清洁能源。他们还提出了一种组合式火法 - 湿法冶金工艺，该工艺在实验室中被证明可以有效回收二次资源（废旧铜渣）中的有价金属（铜、镍、钴），并能将其与铁高效清洁分离，有着广阔的工业应用场景。

然而，具体的政策内容会因地区、时间和行业的不同而有所差异。以济南市为例，2023 年济南市人民政府办公厅印发的《济南市支持新能源汽车产业高质量发展和推广应用行动计划（2023—2025 年）》，就支持新能源汽车产业发展提出了相关举措。该计划指出济南在新能源汽车产业方面虽有一定发展，但缺乏动力电池回收规范性企业是其存在的短板之一。山东省工信厅相关负责人在山东动力电池回收利用协会成立大会上表示，未来 5 年大量新能源汽车动力电池将进入报废期，山东省动力电池综合利用产业将迎来快速发展，要加大回收体系建设，加快培育骨干企业，不断提升产业发展水平。

5.4.2.2 关于火法冶金回收的相关法规

我国目前没有专门针对火法冶金回收的具体法规，但在一些相关政策和法规中会涉及火法冶金回收的部分内容，例如在铅、锌行业准入条件、资源综合利用、环境保护以及新能源汽车动力电池回收利用等方面。

相关法律法规主要包括《固体废物污染环境防治法》《环境保护法》《安全生产法》《资源税法》以及《废弃电器电子产品回收处理管理条例》。

《固体废物污染环境防治法》主要规范了危险废物的管理和处置，要求废物处理设施必须满足一定的条件，并进行环境效益分析和风险评估，以促进废弃物的回收利用，减少资源的浪费和环境污染。

《环境保护法》规定了金属冶炼企业应当采取有效措施，防治在生产建设或者其他活动中产生的废气、废水、废渣等对环境的污染和危害，建立环境保护责任制度，确保环境保护设施正常运行，防止污染环境事故的发生。

《安全生产法》规定了金属冶炼企业应当遵守安全生产法律法规和标准，加强安全生产管理，建立完善的安全生产责任制度，提高员工的安全意识和技能，预防生产安全事故的发生。

《资源税法》规定了金属冶炼企业应当按照国家规定缴纳资源税，对开采的资源征税，以保护和合理利用资源，促进资源的可持续利用。

《废弃电器电子产品回收处理管理条例》规定了金属冶炼企业应当按照国家规定对废弃电器电子产品进行回收处理，防止环境污染，建立废弃电器电子产品回收处理管理制度，确保废弃电器电子产品得到妥善处理。

在新能源汽车动力电池回收利用方面，相关法律法规也在不断完善。例如，美国从联邦、州和地方三个层面建立了健全的动力电池回收利用法律法规框架，借助许可证对电池生产企业和废旧电池回收企业进行监管，利用相关法案规范废旧电池生产、运输等环节，并通过价格机制引导零售商、消费者等参与废旧电池回收工作。德国制定了《循环经济法》《电池回收法案》《报废汽车回收法案》等法律，明确了各环节的分工和责任，强调生产者责任延伸制度，并资助相关示范项目。日本也出台了相应的法律法规，规定新能源汽车生产企业有义务承担动力电池的回收利用和处理。

我国在这方面也在积极推进相关工作，以提高动力电池回收利用水平，保护环境和资源：

① 加快动力电池回收利用顶层设计及法律法规制定，做好顶层设计和前瞻布局，制定相关法律法规，对动力电池结构设计、连接方式、工艺技术、集成安装的标准化做系统梳理和规定，进一步落实动力电池编码制度及可追溯体系。

② 建立健全动力电池回收利用体系，完善回收、运输、拆解和综合利用等环节的管理制度。

③ 提高动力电池回收技术和工艺水平，开展循环制造为目标的回收技术研究，以及资源回收再利用及锂离子电池循环再制造技术的研究等。

具体的法规要求可能因地区、行业和时间的不同而有所差异。同时，相关企业在进行火法冶金回收时，需严格遵守环保、安全等方面的法律法规，确保回收过程合法合规，减少对环境的影响。

5.4.2.3　关于火法冶金回收的相关标准

火法冶金回收的相关标准主要包括《铜冶炼烟灰提取有价金属技术规范》（GB/T 39203—2020）和《废旧有色金属回收技术标准》。

《铜冶炼烟灰提取有价金属技术规范》（GB/T 39203—2020）是一项中华人民

共和国国家标准，实施于 2021 年 5 月 1 日，该标准规定了铜冶炼烟灰提取有价金属的基本要求、工艺流程和技术要求，适用于铜冶炼企业对火法铜冶炼工艺过程中产生的烟灰提取铜、镉、锌、铅、铋等有价金属。这项标准不适用于烟灰与其他物料协同处理提取有价金属的情况。

《废旧有色金属回收技术标准》包括一系列国家标准，如《铜及铜合金废料》（GB/T 13587—2020）、《铅及铅合金废料》（GB/T 13588—2006）、《锌及锌合金废料》（GB/T 13589—2007）等，这些标准涵盖了不同有色金属废料和废件的分类和回收技术条件，为废旧有色金属的回收提供了技术指导和标准。

这些标准的制定和实施，有助于规范火法冶金回收过程中的操作，提高资源利用效率，同时减少环境污染。

5.4.3　火法冶金回收的可持续发展路线

火法冶金回收技术在实际应用过程中需要根据具体情况来选择应用，同时还要做好相应的优化工作，这样才能有效提高该技术在实际应用过程中的利用率。对于火法冶金回收技术而言，其在实际应用过程中可以有效提高金属的回收率，改善冶炼流程中金属元素的利用效率，降低企业生产成本，同时还可以有效减少环境污染。但是由于火法冶金回收技术具有一定的局限性，其在实际应用过程中受到了限制。因此必须要结合具体情况来合理选择应用火法冶金回收技术，同时还要将各种影响因素充分考虑到，这样才能有效发挥出火法冶金回收技术的应用效果。

在我国，火法冶金回收技术的应用时间并不长，同时在实际应用过程中还存在一些问题，导致其在实际应用过程中存在一定的局限性，同时还会对环境造成一定的影响。火法冶金回收的可持续发展路线主要涉及技术创新和环境保护两个方面，通过引入新的燃料和熔剂、优化工艺流程、提高能源效率和减少废物排放，适应环境保护和可持续发展的要求。具体来说，火法冶金回收的可持续发展路线包括以下几个方面。

① 技术创新：研发更高效的熔炼和精炼技术，以提高金属回收率，减少资源浪费。例如，开发新型的熔炉设计和熔炼工艺，优化热量传递和反应条件。探索低温火法冶金技术，降低能源消耗和温室气体排放。改进废气和废渣处理技术，实现污染物的深度净化和资源回收。

② 资源综合利用：不仅仅关注主要金属的回收，还要重视伴生金属和稀有金属的提取，提高资源利用效率。对废渣进行再处理，从中回收剩余的有价成

分，并将剩余废渣用于建筑材料等领域，实现废渣的零排放。

③ 能源管理：采用清洁能源，如太阳能、风能等，部分替代传统的化石能源，减少碳排放。加强能源回收系统的建设，利用余热和余能发电，提高能源的自给率。

④ 环境保护：建立严格的环境监测和管理体系，确保废气、废水和废渣的达标排放。加大对环保设备和技术的投资，例如安装高效的除尘器和脱硫脱硝装置。

⑤ 产业链协同：加强与上下游企业的合作，形成从原料供应、火法冶金回收、产品深加工到终端应用的完整产业链，提高资源配置效率。促进产学研合作，共同攻克技术难题，推动行业的可持续发展。

⑥ 政策与法规遵循：严格遵守国家和地方的环保法规、资源利用政策，确保企业的生产经营活动合法合规。积极响应政府的产业引导政策，争取相关的扶持和奖励。

⑦ 人才培养：培养和吸引具有专业知识和创新能力的技术人才和管理人才，为行业的可持续发展提供智力支持。

例如，某火法冶金企业通过与科研机构合作，成功研发出一种新型的低温熔炼技术，使能源消耗降低了30%，同时金属回收率提高了10%。并且，该企业对废渣进行精细化处理，从中提取出了稀有金属，废渣剩余部分则被加工成环保砖，用于建筑行业，实现了资源的充分利用和废弃物的最小化。又如，另一企业积极引入太阳能光伏发电系统，为部分生产环节提供电力，减少了对传统电网的依赖，降低了碳足迹。同时，该企业与周边的矿山企业建立了长期合作关系，实现了原料的稳定供应和协同发展，共同推动了整个产业链的可持续进步。

通过上述措施，火法冶金回收不仅能够在技术创新方面取得突破，还能在环境保护和可持续发展方面作出贡献，从而确保了火法冶金回收的可持续发展路线。

5.5　火法冶金回收工艺的经济效益与环境影响分析

5.5.1　火法冶金回收工艺的经济效益分析

火法冶金回收工艺是一种通过高温冶炼将废旧材料中的有价金属转化为合金或金属化合物的方式。这种工艺的经济效益分析涉及多个方面，包括原料成本、能源消耗、环境影响、金属回收率以及最终产品的市场价值。

（1）原料成本和能源消耗

火法冶金回收工艺通常不需要对废旧材料进行复杂的预处理，因此可以减少前期的处理成本。此外，由于火法冶金的能量转换效率相对较高，尤其是在处理含有较高热能的废料时，可以有效降低整体的能源消耗。

（2）环境影响

火法冶金回收工艺相比传统湿法冶金工艺，可以减少有害化学品的使用和废弃物的产生，从而减轻对环境的影响。例如，恒邦股份采用的火法无氰冶金工艺可以避免产生大量的氰化渣，实现了无氰炼金，这对于环境保护和可持续发展具有重要意义。

（3）金属回收率

火法冶金回收工艺能够实现较高的金属回收率，特别是对于复杂金精矿的处理，火法冶金回收工艺展现出明显的优势。恒邦股份的火法冶金回收工艺能够提高金、银的回收率，并实现多元素的同时回收，增加了生产效益。

（4）最终产品的市场价值

火法冶金回收工艺能够回收的金属种类繁多，包括金、银、铜、铅、锌等，这些金属在市场上具有较高的价值。通过提高回收率和实现全元素产品化，火法冶金回收工艺有助于提升企业的经济效益和增加国家的战略资源储备。

综上所述，火法冶金回收工艺在经济效益方面具有多方面的优势，包括降低成本、减少环境影响、提高金属回收率和增强市场竞争力。这些优势使得火法冶金回收成为有色金属回收领域的一个重要和经济可行的技术路线。

5.5.2 火法冶金回收工艺的环境影响评估

钢铁冶炼过程中会产生大量的废水、废气和废渣，其中的污染物会对环境造成严重的污染。如果处理不当，这些污染物不仅会危害环境，还会影响人类健康，甚至造成人类死亡。因此，如何处理这些污染物是非常重要的。火法冶金工艺主要包括烧结、炼铁和炼钢等步骤，这些过程产生的污染物也是不同的。

在烧结、炼铁和炼钢等工序中，都会产生大量的废气，这些废气主要是二氧化硫和氮氧化物等有害气体。这些气体主要由钢铁生产过程中产生的各种烟气组成。钢铁生产过程中产生的烟气包含 CO、SO_2 等气体，对大气造成污染。因此在钢铁生产过程中应积极推广除尘技术，减少污染物的排放。

炼钢和炼铁这两个工序对于环境的影响也是非常大的，由于炼钢过程中需要使用大量的燃料，因此会产生大量固体废弃物和各种废气，这些固体废弃物和废气主要由碳氧化物、硫化物等有害物质组成[26]。如果处理不当会造成大气污染、水污染和土地污染等各种环境问题。因此在生产过程中应积极推广节能减排技术，实现钢铁生产行业可持续发展。

火法冶金回收工艺的环境影响评估主要包括以下几个方面：

（1）大气污染

火法冶金回收过程中，燃料燃烧和化学反应会释放大量的废气，如二氧化硫（SO_2）、氮氧化物（NO_x）、一氧化碳（CO）、颗粒物等。这些污染物会导致空气质量下降，引发酸雨，对生态系统和人类健康造成危害。例如，二氧化硫排放可能损害植物叶片，影响光合作用；颗粒物可引发呼吸道疾病。

（2）水污染

生产过程中的冷却用水、冲洗水等可能含有重金属离子、酸、碱等污染物。如果未经妥善处理直接排放，会污染地表水和地下水，影响水生生物的生存，破坏水生态平衡。比如，重金属污染的水可能导致鱼类死亡和水生植物枯萎。

（3）废渣污染

冶炼过程会产生大量的废渣，其中可能含有未完全回收的金属以及其他有害物质。废渣的堆积不仅占用土地资源，还可能通过雨水淋溶等方式释放有害物质，造成土壤污染。

（4）能源消耗与温室气体排放

高温熔炼需要消耗大量能源，通常导致较高的二氧化碳（CO_2）排放量，加剧温室效应。

（5）噪声污染

大型设备的运行、物料运输等会产生噪声，对周边居民和生态环境造成影响。

（6）生态破坏

开采矿石作为原料可能导致植被破坏、水土流失，影响当地的生态系统稳定性和生物多样性。

减轻环境影响的措施：

① 安装高效的废气处理设备，如脱硫脱硝装置、布袋除尘器等，减少大气污染物排放。

② 建设完善的污水处理设施，实现废水达标排放或回用。

③ 对废渣进行安全填埋、无害化处理或综合利用。

④ 采用节能技术和清洁能源，降低能源消耗和温室气体排放。

火法冶金回收工艺的环境影响评估有助于识别和量化火法冶金回收过程中产生的各类污染物，如废气、废水、废渣等的排放情况，从而采取针对性的治理措施，减少对大气、水、土壤等环境要素的污染，保护生态平衡和生物多样性。同时为火法冶金行业的可持续发展提供了科学依据。环境影响评估，可以促使企业在追求经济效益的同时，关注环境影响，采用更清洁、高效的生产技术和工艺，实现资源的合理利用和环境友好发展。

5.5.3 火法冶金回收过程中的环保与安全管理

火法冶金工艺是一种高能耗、高污染的生产工艺，在其生产过程中，会产生大量的废气、废水、废渣等污染物，对环境造成严重的污染。所以在实际操作过程中，必须要加强对火法冶金工艺的环保与安全管理，保证环境与资源的可持续发展。在实际操作过程中，可以使用湿法冶金技术进行火法冶金工艺的生产。在火法冶金回收的过程中，可以采用先进的技术和设备进行回收，如对金属铜、锌等进行熔炼，可以采用湿法冶炼技术来获得高纯度的铜和锌等。在进行金属铜、锌等材料的回收时，一般是先将含铜、锌等重金属的废渣进行处理后再回收。

火法冶金回收过程中的环保与安全管理主要包括以下几个方面：

（1）环保管理

1）废气处理

安装高效的废气净化设备，如布袋除尘器、静电除尘器、脱硫脱硝装置等，以去除颗粒物、二氧化硫、氮氧化物等污染物；对熔炉和烟道进行优化设计，提高燃烧效率，减少废气产生量；定期监测废气排放，确保符合国家和地方的环保标准。

2）废水处理

建立完善的废水处理系统，采用物理、化学和生物处理方法，去除废水中的重金属、酸、碱、有机物等有害物质；实施废水回用措施，减少新鲜水的使用和废水排放。

3）废渣处理

对废渣进行分类、储存和处理。危险废渣应按照相关规定进行安全处置，如固化、稳定化后填埋；非危险废渣可进行综合利用，如用于建筑材料生产。加强废渣堆放场的管理，防止废渣泄漏和扬尘。

4）节能减排

采用先进的节能设备和技术，降低能源消耗；优化工艺参数，提高资源利用率，减少废弃物的产生。

5）环境监测与评估

建立环境监测体系，定期对周边环境进行监测，包括大气、水、土壤等；根据监测结果进行环境影响评估，及时发现问题并采取改进措施。

（2）安全管理

1）设备安全

对高温熔炉、压力设备、电气设备等进行定期检查、维护和保养，确保设备的正常运行和安全性；安装安全防护装置，如安全阀、防爆阀、联锁装置等。

2）防火防爆

控制火源，严禁在易燃区域吸烟、动火；对易燃易爆气体和粉尘进行监测和控制，采取通风、防爆电气等措施；配备足够的消防器材和设施，并定期进行演练。

3）人员安全

对操作人员进行安全培训，使其熟悉操作规程和应急处理措施；提供必要的个人防护用品，如安全帽、防护眼镜、防护服等；建立安全管理制度，加强现场管理，杜绝违章作业。

4）应急管理

制定完善的应急预案，包括火灾、爆炸、泄漏等事故的应对措施；定期组织应急演练，提高员工的应急响应能力。设立应急救援队伍和物资储备，确保在事故发生时能够迅速有效地进行救援。

例如，某火法冶金回收企业在生产过程中，严格执行环保和安全管理制度。他们定期对废气处理设备进行维护，确保二氧化硫排放达标；对废水进行深度处理后回用，节约了水资源。同时，加强设备巡检，及时更换老化的部件，预防了设备故障引发的安全事故。通过这些措施，该企业实现了环保与安全的双重保障，保证了生产的稳定运行。

在处理的过程中，要严格遵守国家有关环保规定，要将废气、废水、废渣进行分类回收和处理，如果不能进行分类回收和处理，必须进行妥善处理。在回收的过程中，要严格控制废气、废水、废渣等的排放，避免对环境造成污染。在进行废气处理时，必须配备相应的过滤设备。对废水处理时，要使用相应的分离装置进行处理，在保证废水可以达标排放的前提下，可以循环利用。对于废渣的处理，要严格控制废渣中重金属和有毒物质的含量。在进行废渣处理时，要严格遵守国家有关安全管理规定。如果安全措施不到位或操作不当，极有可能会发生事故，造成人员伤亡和财产损失。所以在操作中必须要加强安全管理工作，提高操作人员的安全意识和自我保护意识。在保证安全的前提下才能进行废渣和废水等废物的回收和处理工作。

5.6　火法冶金工艺的未来展望

5.6.1　火法冶金技术面临的挑战与机遇

火法冶金技术虽然具有很好的经济效益，但是在其发展过程中也存在一些问题。首先，由于火法冶金工艺需要使用大量的能源，因此如果大量的能源无法得到合理利用，就会造成能源浪费。另外，在火法冶金过程中还会产生大量的废气、废水和废渣等污染物，这会对环境造成严重污染。因此在未来发展中必须加强对火法冶金技术的研究。火法冶金技术面临的挑战与机遇并存，具体表现在以下几个方面：

5.6.1.1　面临的挑战

（1）环保压力增大

随着全球环保意识的提高和环保政策的加强，火法冶金企业需要面临更严格的环保要求。如何减少冶炼过程中的污染物排放，实现达标排放，是企业需要解决的重要问题。

（2）资源供给不足

随着金属需求量的不断增加，资源供给成为制约火法冶金行业发展的瓶颈。企业需要加强资源整合和循环利用，提高资源利用效率，以应对资源供给不足的挑战。

（3）技术创新需求迫切

传统的火法冶金工艺和设备已逐渐无法满足市场对高品质产品的需求。企业需要加强技术创新，研发新型冶炼技术和设备，以提高冶炼效率、降低能耗和减少排放。

（4）市场竞争激烈

在国内外市场上，火法冶金企业面临着激烈的竞争。大型企业凭借规模优势、技术优势和品牌优势占据市场主导地位，而中小型企业则需要通过灵活的经营策略、低成本和差异化产品等方式在市场中寻求突破。

（5）技术传承与人才培养

在火法冶金技术发展过程中，很多技术资料都存放在技术人员的大脑中，存在散失的风险。因此，企业需要重视技术的传承和沉淀，同时加强技术人员的培养和引进，提高技术队伍的整体素质。

5.6.1.2　未来的机遇

（1）市场需求增长

随着全球经济的复苏和基础设施建设的推进，冶金产品的市场需求持续增长，特别是建筑、汽车、航空航天等领域的快速发展对钢材、有色金属等冶金产品的需求不断增加。

（2）新兴市场崛起

新兴市场的崛起为火法冶金行业提供了广阔的市场空间。这些市场具有巨大的发展潜力，对冶金产品的需求也将不断增加。

（3）技术创新推动产业升级

随着科技的进步和产业升级，火法冶金行业将更加注重技术创新和绿色发展。通过引入智能化技术、优化冶炼工艺等手段，企业可以提升生产效率和产品质量，推动行业向高端化、绿色化方向发展。

（4）政策支持

政府出台了一系列政策来支持冶金行业的发展，包括鼓励技术创新、加强环保监管等。这些政策为火法冶金行业的发展提供了有力的保障和支持。

总之，火法冶金技术需要积极应对挑战并抓住机遇，通过加强技术创新、环保投入、资源整合和市场拓展等措施，实现可持续发展，对于推动行业进步、保护环境、促进经济增长和实现社会可持续发展都具有不可忽视的重要意义。

5.6.2 火法冶金的发展趋势与前景

火法冶金工艺中，有很多是处理难处理的矿石和冶炼金属，并从中提取金属。因此，在未来的发展中，应积极开发新技术，提高冶金效率，降低能源消耗和环境污染。

随着全球对环境保护的日益重视，火法冶金工艺逐渐向节能减排、绿色环保方向发展。

5.6.2.1 发展趋势

① 技术创新：随着科技的不断进步，火法冶金技术也在不断创新。企业会加强技术研发，致力于提高冶炼效率、降低能耗和减少排放。例如，富氧熔池熔炼等新技术正在被广泛应用，这些技术具有能耗低、资源回收率高等优势。

② 绿色发展：在全球环保意识不断提高的背景下，火法冶金企业需要加大环保投入，推动绿色发展。这包括采用更加清洁、高效的冶炼技术，减少污染物的排放，实现达标排放。

③ 智能化改造：智能化技术在火法冶金中的应用将越来越广泛。通过引入智能化技术，企业可以提升生产效率和产品质量，推动行业的转型升级。

④ 资源整合与循环利用：随着资源日益紧张，火法冶金企业需要加强资源

整合和循环利用，提高资源利用效率。例如，对冶炼过程中产生的废弃物进行综合回收利用，减少资源浪费。

⑤ 国际化发展：随着全球经济一体化的深入发展，火法冶金企业需要加强国际化发展，拓展国际市场，提高国际竞争力。在国际市场上，企业需要关注国际宏观经济环境、市场需求和竞争格局的变化，制定相应的发展策略。

5.6.2.2　前景预测

① 市场需求增长：随着全球经济的逐渐复苏和基础设施建设的推进，冶金产品的市场需求有望持续增长，特别是建筑、汽车、航空航天等领域的快速发展对钢材、有色金属等冶金产品的需求持续增加。

② 新兴市场崛起：新兴市场的崛起为火法冶金行业提供了广阔的市场空间。这些市场具有巨大的发展潜力，对冶金产品的需求也将不断增加。

③ 高端化发展：随着科技的进步和产业升级，火法冶金行业将向高端化、个性化方向发展。企业需要加强技术研发，提高产品质量和附加值，以满足市场对高品质产品的需求。

④ 环保要求提高：在全球气候变化和环保意识日益增强的背景下，火法冶金行业将面临更加严格的环保要求。企业需要加大环保投入，采用更加清洁、高效的冶炼技术，推动行业向绿色、低碳方向发展。

综上所述，火法冶金行业在未来的发展中将面临诸多机遇和挑战。为了实现可持续发展，行业需要持续投入研发，不断创新和改进技术，以适应市场需求和社会发展的要求。同时，加强国际合作与交流，促进技术共享和共同进步，也是推动火法冶金发展的重要途径。

通过以上研究我们可以看出，火法冶金工艺不仅有巨大的环境效益，还可以在经济上实现节能减排。因此在未来发展中应积极开发新技术和新工艺，实现环保和节能减排。

参考文献

［1］Lain M J. Recycling of lithium-ion cells and batteries. Journal of Power Sources，2000，97-98（4）：736-738.

［2］中国稀土学会 . 中国稀土科技进展 . 北京：冶金工业出版社，2000.

［3］Yang C，Zhang J，Liang G，et al. An advanced strategy of "metallurgy before sorting" for recycling spent entire ternary lithium - ion batteries. Journal of Cleaner Production，2022，361：132268.

［4］王文龙，李苏，孙静，等.废旧三元锂电池正极材料资源化再生的研究进展. 工程科学学报，2023；45（09）：1470-1481.

［5］任国兴.废旧锂离子电池直接还原熔炼高效分离回收有价金属研究.长沙：长沙矿冶研究院，2014.

［6］王芳，张邦胜，刘贵清，等.废旧动力电池资源再生利用技术进展.中国资源综合利用，2018，36（10）：106-111.

［7］刘贵清，王芳.锂离子动力电池湿法回收工艺研究现状.中国资源综合利用，2018，36（05）：88-92.

［8］刘诚，陈宋璇，吕东，等.废旧动力电池回收关键技术探讨.中国有色冶金，2018，47（02）：44-48+62.

［9］Lu M，Zhang H，Wang B C，et al. The re-synthesis of $LiCo_2$ from spent lthium ion batteries separated by vacuum-assisted heat-treating method. International Journal of Electrochemical Science，2013（8）：8201-8209.

［10］Bernardes A M，Espinosa D C R，Tenório J A S.Recycling of batteries：a review of current processes and technologies. Journal of Power Sources，2004，130（1）：291-298.

［11］田庆华，邹艾玲，童汇，等.废旧三元锂离子电池正极材料回收技术研究进展.材料导报，2021，35（1）：1011-1022.

［12］郭学益，田庆华，刘咏，等.有色金属资源循环研究应用进展.中国有色金属学报，2019，29（9）：1859-1901.

［13］Xiao S W，Ren G X，Xie M Q，et al. Recovery of valuable metals from spent lithium-ion batteries by smelting reduction process based on $MnO-SiO_2-Al_2O_3$ slag system. Journal of Sustainable Metallurgy，2017，3（4）：703-710.

［14］任国兴，潘炳，谢美求，等.含锰废旧聚合物锂离子电池还原熔炼回收有价金属试验研究.矿冶工程，2015，35（03）：75-78.

［15］Li J，Lal Y M，Zhu X Q，et al. Pyrolysis kinetics and reaction mechanism of the electrode materials during the spent $LiCoO_2$ batteries recovery process. Journal of Hazardous Materials，2020，398：122955.

［16］孙建勇.采用硫酸化焙烧 - 水浸出工艺从 $LiNi_{\frac{1}{3}}Co_{\frac{1}{3}}O_2$ 中回收金属的研究.兰州：兰州理工大学，2018.

［17］Lin J，Liu C W，Cao H B，et al. Environmentally benign process for selective recovery of valuable metals from spent lithium-ion batteries by using conventional sulfation roasting. Green Chemistry，2019，21（21）：5904-5913.

［18］Zhao Y Z，Liu B G，Zhang L B，et al. Microwave-absorbing properties of cathode material during reduction roasting for spent lithium-ion battery recycling. Journal of Hazardous Materials，2020，384：121487.

［19］李之钦，李商略，庄绪宁，等 . 微波焙烧强化废锂离子电池中的金属回收研究 . 中国环境科学，2021，41（10）：4712-4719.

［20］Demirskyi D，Agrawal D，Ragulya A. Neck formation between copper spherical particles under single-mode and multimode microwave sintering. Materials Science and Engineering A，2010，527：2142-2145.

［21］刘鹏程 . 废弃三元电池材料的回收过程动力学与再生 $LiNi_{0.5}Co_{0.2}Mn_{0.3}O_2$ 工艺研究 . 株洲：湖南工业大学，2019.

［22］Yao L P，Zeng Q，Qi T，et al. An environmentally friendly discharge technology to pretreat spent lithium-ion batteries. Journal of Cleaner Production，2020，245：118820.

［23］Wang R，Zhang Y，Sun K，et al. Emerging green technologies for recovery and reuse of spent lithium-ion batteries - a review. Journal of Materials Chemistry A，2022，10（33）：17053-17076.

［24］Ku H，Jung Y，Jo M，et al. Recycling of spent lithium-ion battery cathode materials by ammoniacal leaching. Journal of Hazardous Materials，2016，313：138-146.

［25］He L P，Sun S Y，Mu Y Y，et al. Recovery of lithium，nickel，cobalt，and manganese from spent lithium-ion batteries using L-tartaric acid as a leachant. ACS Sustainable Chemistry & Engineering，2017，5（1）：714-721.

［26］Li J，Wang G，Xu Z. Generation and detection of metal ions and volatile organic compounds（VOCs）emissions from the pretreatment processes for recycling spent lithium-ion batteries. Waste Management，2016，52：221-227.

［27］Sonoc A，Jeswiet J，Soo V K. Opportunities to improve recycling of automotive lithium ion batteries. Procedia Cirp，2015，29：752-757.

［28］Georgi-Maschler T，Friedrich B，Weyhe R，et al. Development of a recycling process for Li-ion batteries. Journal of Power Sources，2012，207：173-182.

第6章

生物冶金
回收技术

▲▲▲▲▲▲▲

6.1　生物冶金

6.1.1　生物冶金概述与发展历程

（1）生物冶金概述

生物冶金，简而言之，是利用富含微生物的浸出液与矿石发生反应，从中提取出有价值的金属的过程，这一过程亦被称为微生物浸矿技术。在此过程中，微生物扮演了关键角色，它们以矿石为营养源，通过氧化反应获取生长所需的能量。这一氧化作用使得原本难溶于水的矿石成分变得可溶，进而便于从处理液中分离并提取出金属矿物。生物冶金技术特别适用于处理低品位矿石、废弃矿料、尾矿以及冶金过程中产生的炉渣等，为回收诸如贵金属和稀有金属等宝贵资源提供了一种有效手段[1]。

微生物的种类按温度可分类为：中温菌、中等嗜热菌和极端嗜高温菌。常用的微生物主要属于原核生物界，它们中的大多数是自养菌，能够在极端环境（如酸性、高温等）下生存并发挥浸矿作用。例如，氧化亚铁硫杆菌（*Thiobacillus ferrooxidans*）是最常见的生物冶金微生物之一，能够氧化亚铁离子（Fe^{2+}）为铁离子（Fe^{3+}），并在此过程中获取能量。同时，它还能氧化元素硫和某些还原性硫化物。氧化硫硫杆菌（*Acidithiobacillus thiooxidans*）能够氧化元素硫或还原性硫化物为硫酸，从而获取能量。在生物冶金过程中，它与氧化亚铁硫杆菌协同作用，提高浸出效率。某些嗜酸古菌（*Acidophilic archaea*）也在生物冶金中发挥着重要作用，尤其是在高温酸性环境中。它们能够耐受极端条件，并有效氧化硫化矿物[2]。

目前，生物冶金技术已在铜矿、金矿以及关键元素铀的提炼中取得了显著的成就。这一创新工艺不仅展现了其在低品位矿、表外矿及尾矿资源高效利用上的巨大潜力，还极大地促进了节能减排，显著降低了电力、煤炭及石油等能源的消耗，并有效减少了废气与废水的排放。特别是在铜冶炼领域，由于新工艺显著提升了原生硫化矿的浸出效率，原本难以利用的资源变得可开采，从而极大地拓宽了铜资源的利用范围，直接促使我国铜储量的保障年限从原先的 10 年大幅延长至 50 年之久[1]。

（2）生物冶金的发展历程

生物冶金是一种前沿技术，它巧妙地利用以矿物为能量来源的微生物群体，通过微生物的氧化分解作用，将矿物中的金属元素释放出来并溶解于溶液中。随后，经过精细的纯化与浓缩步骤，从溶液中提取出纯净的金属。其核心本质在于加速和优化自然界中硫化矿物缓慢转化为氧化物的过程，形成了独特的湿法冶金新路径。这项技术集成了多个学科领域的智慧结晶，包括湿法冶金学的提炼技术、微生物学的生物转化原理、矿物加工学的矿物处理经验、化学工程的分离纯化方法，以及环境工程对可持续性和环保要求的深刻理解，构成了生物冶金这一跨学科的综合性技术体系。从文献记载来看，生物冶金技术源远流长，其萌芽可追溯至公元前 2 世纪，堆浸法就已经被用于生产铜，这是生物冶金技术的早期雏形。中国作为先驱，自古以来便运用了自然界中的自养细菌进行铜、铁等矿物的浸出，成为世界上最早实践微生物浸矿技术的国家。在欧洲，这项技术至少自公元 2 世纪起便有所应用，早期发展步伐缓慢，如 1687 年瑞典 Falun 矿虽已成功利用微生物技术浸出高达 200 万吨的铜，但当时对其内在机制仍知之甚少。时至今日，生物冶金技术已实现了飞跃式的发展，其应用范围广泛拓展至铜、铀、金、锰、铅、镍、铬、钴、铁、砷、锌、铝等众多硫化矿的浸出领域。加纳的 Ashanti 生物氧化系统，作为全球首座大型细菌处理厂，自 1995 年扩建后，其设计处理能力已达每日 960t，成为生物冶金产业化的重要里程碑。在产业化进程中，智利、澳大利亚、美国、南非、日本等国家处于领先地位，而中国及欧盟近年来也加大了对生物冶金研究的投入力度。自 2004 年起，由中南大学邱冠周教授领衔的国家重点基础研究规划发展项目（973项目），深入探索微生物冶金这一领域的奥秘。在产业化实践方面，中国同样取得了显著成就，如江西德兴铜矿的堆浸项目、福建紫金矿业紫金山低品位铜矿的原位堆浸应用，以及广东梅州低品位铜矿生物冶金国家高技术示范工程等，均为生物冶金技术的广泛应用与产业化发展树立了典范[3]。

生物冶金浸出类型的发展是一个逐步深入和多样化的过程，其主要类型包括生物浸出、生物氧化和生物分解[4]。

1）生物浸出

生物浸出是指利用微生物的催化氧化作用，将矿物中的有价金属以离子的形式溶解到浸出液中，进而进行回收的过程。这是生物冶金技术中最基础且应用最广泛的一种类型。1947年，Colmer与Hinkel首次从酸性矿坑水中分离出氧化亚铁硫杆菌（*Thiobacillus ferrooxidans*），这种细菌能够将Fe^{2+}氧化为Fe^{3+}，并对硫化矿具有明显的氧化作用。1955年，生物堆浸的专利首次被申请并应用于美国Kennecott铜矿公司，标志着生物湿法冶金的现代工业应用开始。

2）生物氧化

生物氧化是生物冶金技术中的另一种重要类型，它主要利用微生物的氧化作用，将矿物中的有害元素或杂质溶解并除去，从而提高金属的回收率和纯度。对于难处理金矿，金常以固-液体或次显微形态被包裹于砷黄铁矿（FeAsS）、黄铁矿（FeS_2）等载体硫化矿物中，应用传统的方法难以提取，很不经济。应用生物技术可预氧化载体矿物，使载金矿体发生某种变化，使包裹在其中的金解离出来，为下一步的氰化浸出创造条件，从而使金易于提取。

3）生物分解

生物分解是生物冶金技术中较为特殊的一种类型，它主要利用微生物的分解作用，将矿物中的复杂化合物分解为简单的可溶性物质，从而便于后续的提取和处理。对于铝土矿存在许多细菌，该类微生物可分解碳酸盐和磷酸盐矿物。例如：*Bacillus mucilaginous*分泌出的多糖可和铝土矿中的硅酸盐、铁及钙的氧化物作用，应用*Aspergillusniger*、*Bacilluscirculans*、*Bacilluspolymyxa*和*Pseudomonus aeroginosa*可从低品位铝土矿中选择性浸出铁和钙。

6.1.2 生物冶金的优势和适用性

生物冶金技术，又称生物浸出技术，主要利用微生物的催化氧化作用，将矿物中的有价金属以离子形式溶解到浸出液中并回收，或将其中的有害元素溶解并去除。其优势主要体现在以下几个方面[3]：

① 污染小。生物冶金技术不产生或较少产生二氧化硫等有害气体，显著降低了对环境的污染。一定程度上可认为无废物、废水排放，可改善环境，增加生产安全性。

② 废弃物易于处理。与传统湿法冶金工艺相比，以生物代谢产物代替化学试剂作浸出试剂，可减少产生的废水量，废水中残余的生物浸出试剂更易于降解处理，可减少后续处理的负担。

③ 低成本、低能耗。生物冶金技术相比传统冶金方法，在设备要求、能源消耗、试剂消耗等方面都有显著降低，从而降低了生产成本。

④ 资源利用率高。生物冶金技术矿产资源适用范围广，生物冶金技术不仅能使更多不同种类的高品位、普通矿产资源得到有效利用，而且能应用于各种其他冶金技术无法适用的低品位矿物资源开采。

⑤ 工艺流程短、设备简单。生物冶金技术可以处理较大粒度的矿石，无需破碎，简化了处理流程。

⑥ 不需要添加有毒化学物质从而避免产生有毒或危险副产品。并且微生物在浸矿过程中可以重复利用，提高了资源利用效率。

生物冶金的适用性非常广泛，主要体现在以下几个方面：

① 适合处理低品位矿石和复杂的矿石。这些矿石可能含有多种金属元素，且含量较低，传统冶炼方法难以经济有效地提取。生物冶金通过微生物的催化作用，能够在较低的成本下实现金属的有效回收[5]。

② 在矿物加工、三废治理等领域展示了广阔的应用前景，能满足可持续发展的要求，并取得了较好的经济效益[4]。

③ 生物冶金技术特别适用于贫矿、废矿、表外矿及难采、难选、难冶矿的堆浸和就地浸出，并具有过程简单、成本低、能耗低、对环境污染小等突出优点，已在工业生产中得到广泛应用[3]。

6.1.3　生物冶金设备与工艺流程

6.1.3.1　生物冶金设备

生物冶金设备为微生物生长和金属浸出提供了适合的环境，在生物冶金中起着关键作用。生物冶金设备一般包括冶炼箱、进料斗、搅拌装置、曝气装置、出气管等设备[6]。

（1）冶炼箱

这是生物冶金过程中的核心设备，用于容纳微生物溶剂和矿石，进行氧化反应。冶炼箱的设计应考虑到微生物的生长条件，如温度、pH 值、氧气含量等。

① 冶炼箱种类：冶炼箱的种类繁多，根据不同的分类标准有不同的划分。按功能划分，可以分为普通冶炼箱、调温负压式冶炼箱、真空冶炼炉等；按结构划分，可分为固定式冶炼箱、移动式冶炼箱等。其中，调温负压式冶炼箱和真空冶炼炉是较为特殊的类型，它们在特定冶炼工艺中发挥着重要作用[7]。

② 冶炼箱的结构：箱体（由耐高温、耐腐蚀的材料制成，如不锈钢、铸铁等，以承受冶炼过程中的高温和化学反应）、加热系统（包括电加热丝、燃气燃烧器等，用于提供冶炼所需的热量）、控制系统（用于监控和调节冶炼过程中的温度、压力等参数，确保冶炼过程的安全和效率）。

③ 冶炼箱工作原理：冶炼箱的工作原理主要基于热力学和化学反应原理。在加热系统的作用下，冶炼箱内的物料被加热至高温状态，发生熔化、氧化还原等化学反应。对于真空冶炼炉等特殊类型，还通过抽真空等手段降低冶炼环境中的氧含量和杂质含量，提高冶炼产品的质量和纯度。

④ 适用范围：冶炼箱的适用范围广泛，涵盖了冶金、化工、材料科学等多个领域。例如在金属冶炼、合金制备及化合物合成等领域有所应用。

⑤ 优点：高效性（能够迅速加热物料至高温状态，促进化学反应的进行）、可控性（通过先进的控制系统精确控制冶炼过程中的温度、压力等参数）、灵活性（适用于多种物料的冶炼和加工，满足不同领域的需求）。

⑥ 缺点：能耗高（冶炼过程中需要消耗大量的能源来加热物料）、设备复杂（部分冶炼箱结构复杂，维护和保养成本较高）、环境污染（冶炼过程中可能产生有害气体和废渣，需要采取相应的环保措施进行处理）。

（2）进料斗

用于将微生物溶剂和矿石投入冶炼箱中。进料斗的设计应便于操作，且能防止溶剂和矿石在投入过程中发生溅洒。

① 进料斗的种类：进料斗的种类繁多，根据不同的分类标准可以划分为多种类型。例如，根据物料性质，进料斗可分为适用于自由流动的块、颗粒和粉末

材料的普通进料斗，适用于排放不良的非光滑材料的筒仓振动器振动料斗，以及适用于流化浇注料的带预喂料器的导流料斗等。

②进料斗结构：进料斗的结构设计通常考虑物料的流动性、输送效率以及设备的整体布局。一般来说，进料斗由斗体、进料口、出料口以及可能的辅助部件组成。

③进料斗工作原理：进料斗的工作原理主要依赖于物料的重力和可能的辅助动力（如振动、气流等）。在自由流动的情况下，物料通过进料口进入斗体，并在重力的作用下沿斗体下滑至出料口。对于流动性较差的物料，可能需要借助振动或气流等辅助动力来促进物料的流动。

④适用范围：进料斗的适用范围非常广泛，几乎涵盖了所有需要物料输送和处理的行业。例如，在化工、石油、汽车、轻工、食品、选矿、水处理、冶金、染料、纺织、制药、电镀等领域中，都可以看到进料斗的身影。

⑤优点：通用性（不同种类的进料斗可以适应不同性质的物料和不同的设备需求）、结构简单（进料斗的结构相对简单，易于制造和维护）、提高输送效率（通过合理的设计和优化，进料斗可以显著提高物料的输送效率）。

⑥缺点：易堵塞（流动性较差的物料使得进料斗容易发生堵塞现象，影响设备的正常运行）、磨损严重（物料在进料斗中的流动会对斗体造成磨损，需要定期更换或维护）。

（3）搅拌装置

包括电机、转杆等部件，用于对冶炼箱内的微生物溶剂和矿石进行搅拌，以确保反应均匀进行。搅拌装置的设计应考虑到搅拌效果和能耗的平衡。

①种类：按搅拌器类型分为搅拌桨、螺旋桨、涡轮、锚式搅拌器等；按搅拌器数量分为单搅拌器、双搅拌器、多搅拌器；按传动方式分为机械传动、磁力传动、气动传动搅拌器等。

②结构：搅拌器、轴、电机、机架。

③原理：搅拌装置的工作原理通常是通过电机或减速机驱动搅拌器在容器内做旋转运动，类似于泵的叶轮，向液体提供能量，促使液体在容器内做循环流动或形成涡流，从而实现混合、搅拌、分散、溶解、反应等工艺操作。

④适用范围：搅拌装置广泛应用于各个工业领域，在化工、食品、石油、冶金、环保等领域都有所应用。

⑤优点：操作简单（大多数搅拌装置的操作简单，易于掌握），维护方便

（部分搅拌装置的结构简单，易于拆卸和清洗，维护方便）。

⑥ 缺点：噪声大（部分搅拌装置在运转时会产生一定的噪声，需要采取隔声措施），能耗高（搅拌装置需要消耗一定的能量来完成搅拌工作，因此其能耗相对较高），需要定期维护（为确保搅拌装置的正常运行和延长使用寿命，需要定期进行维护和保养）。

（4）曝气装置

用于向冶炼箱中提供氧气，以满足微生物的生长需求。曝气装置的设计应确保氧气能够均匀分布到冶炼箱的各个角落。

1）鼓风曝气装置

结构：主要由鼓风机、空气输送管道和曝气器组成。曝气器可分为微气泡型、中气泡型、大气泡型、水力剪切型等。

原理：鼓风机将加压空气通过管道送入水下的曝气器，气泡在扩散过程中与水体充分接触，完成氧由气相向液相的转移。

适用范围：广泛应用于各类污水处理和生物反应池中。

优点：氧利用率高，充氧能力强，适用于大规模处理。

缺点：设备复杂，能耗较高，且易堵塞，需定期维护。

2）机械曝气装置

结构：主要由水下曝气机及扩散装置组成，如叶轮曝气机、转刷曝气机等。

原理：通过机械传动的叶轮或旋刷旋转，水体表面产生水跃，把大量水滴和片状水幕抛出水面，实现水和空气的充分接触，将氧溶入水体。

适用范围：适用于中小型污水处理设施，特别是深度较浅的水体。

优点：结构简单，维护方便，动力效率高。

缺点：曝气效果主要局限于上层水面，不能进行深层曝气，且对水体搅动较大，可能影响沉淀效果。

3）潜水射流曝气装置

结构：由专用水泵、进气导管、喷嘴、混气室、扩散管所组成。

原理：水流经喷嘴高速射入混气室，与吸入的空气混合后，经扩散管排出形成微小气泡，实现增氧。

适用范围：适用于各种规模的污水处理和生物反应池。

优点：充氧能力强，搅拌效果好，不易堵塞。

缺点：设备复杂，能耗较高，且需定期维护。

（5）出气管

用于排出冶炼箱内的废气，保持冶炼箱内的空气流通。出气管的设计应考虑到废气的处理和排放要求。

6.1.3.2　生物冶金工艺流程

生物冶金工艺一般包括预处理、生物浸出、固液相分离、金属后处理及回收、浸出液再生回流等工序，其中生物浸出是核心和关键[3]。

（1）预处理

废旧电池或含金属物质经过初步处理，例如粉碎和分类，以获得适合生物冶金处理的颗粒大小和形态。

（2）生物浸出

在微生物的作用下矿石中的金属元素被氧化并溶解到浸出液中。微生物通过其代谢活动产生的有机酸、酶或其他代谢产物与矿石中的金属元素发生化学反应，将其从矿石中释放出来。

1）堆浸工艺

堆浸法是现有的生物冶金工艺中最为成熟的技术，应用范围也最广，广泛应用于处理废矿、尾矿及贫矿。如图 6-1 所示，该法是将矿石在矿坑外堆积成截头

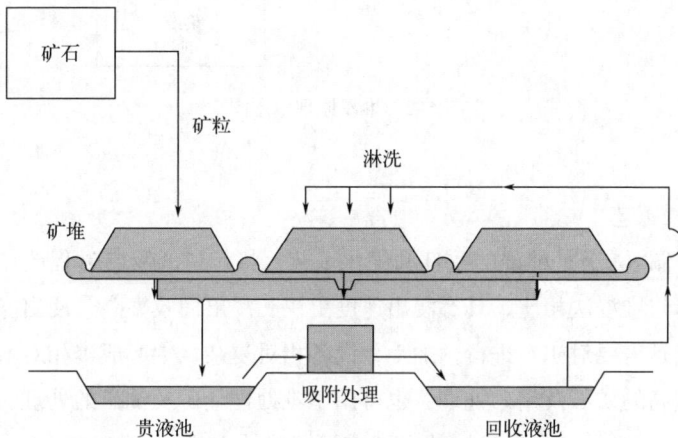

图 6-1　堆浸工艺流程示意图

的锥体，从矿堆上部喷淋酸性浸矿溶液，浸矿溶液流经矿堆，矿料通过与其接触发生生物反应而浸出。此法处理的矿料粒径大小无严格限制。堆浸的周期主要取决于矿料的性质，从几十天到几百天不等。浸出率可以达 80% 以上。由于浸出周期太长，在精矿处理方面没有优势，在经济性方面无法与传统方法竞争。该法最大的优点是操作简便，初期投资小，生产成本低，因而在废矿、尾矿、贫矿处理方面具有明显的优势，尤其是在可露天开采的大型贫矿处理方面较传统方法更有利。

堆浸法的原理：如图 6-2 所示，喷洒于矿堆上含有细菌和化学溶剂的水溶液流经矿堆时，缓慢流动的处于非饱和流状态的溶液，经过矿石孔隙与矿石表面接触，易溶解的金属即溶解在溶液中，这样永远保证固液相表面溶剂有比较大的浓差。

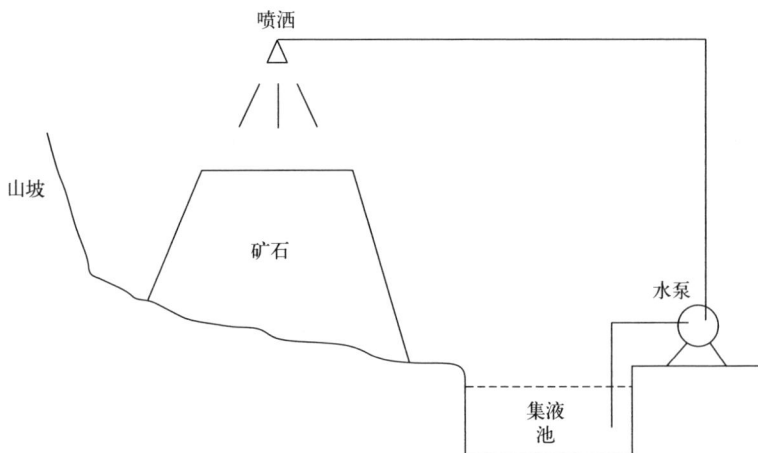

图 6-2　堆浸原理示意图

2）槽浸工艺

槽浸（图 6-3）是堆浸的改良和优化工艺，将矿料的浸出过程放在搅拌槽中完成，因而与堆浸法相比，具有浸出速度更快、浸出回收率高、浸出操控性好的优点。缺点是需要对矿石进行预加工，设备相对复杂，生产成本相对增加，一般用于品位较高的矿石及精矿处理，也可用于难处理金矿及铀矿的处理。经过处理的矿料粒径小于 5mm。浸矿搅拌通常有机械搅拌方式和空气搅拌方式。不同性质的矿石浸出温度条件不同，例如硫化铜矿通常采用中温菌浸出，黄铜矿需采用高温菌连续浸出，方可以得到较好的浸出效果。

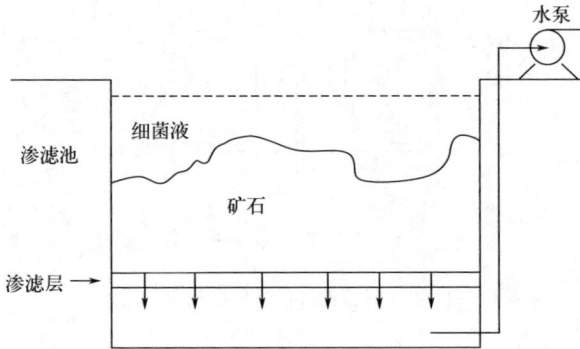

图 6-3　渗滤槽浸示意图

3）原位浸出工艺

原位浸出在矿藏体中直接实施，在矿体上设计好的位置预先破碎、钻孔，开凿集液通道，将浸矿溶液灌注入孔中，浸出液经集液通道再抽至地表进行处理回收。该工艺主要用于处理开采难度大且品位较低的矿石，最显著的特点是省略采矿作业而通过浸矿液直接回收金属，因此又被称为就地浸出法、矿床内浸出法。与传统的"开采—选矿—冶炼"工艺相比，生产成本可以节约 30% 以上，甚至达到 50%，与露天开采堆浸工艺相比，每吨生产能力的基础建设投资可以节约50% 左右。

4）搅拌浸出法

搅拌浸出法是指利用搅拌装置使溶剂与固体物料充分接触，从而提高浸出效率的一种提取方法。在搅拌浸出过程中，搅拌装置产生的剪切力能够破坏固体物料表面的结构，使溶剂更容易进入固体内部，从而提高浸出效率。

搅拌浸出的原理：搅拌浸出是固液传质的过程，通过磨细物料增大固相的接触表面，使被包裹的有用组分（如铀矿物）充分暴露出来，从而增大了有用组分与浸出剂的接触概率。同时，在搅拌条件下，强化固相表面浸出剂的更新概率，不断保持有用组分表面浸出剂在比较高的浓度下，保证固液表面的浸出剂有比较大的浓差，从而达到提高浸出效率的目的。

按搅拌方法分类：机械搅拌浸出法（图 6-4）、气流搅拌浸出法（图 6-5）、气流 - 机械混合搅拌浸出法（图 6-6）。

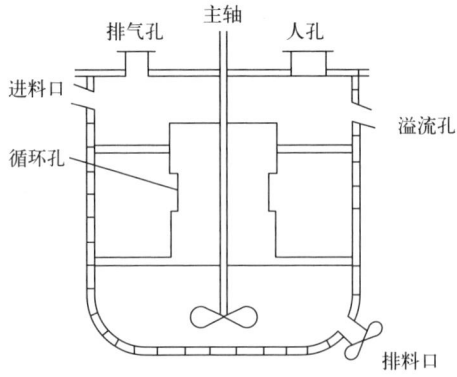

图 6-4　机械搅拌浸出槽结构示意图

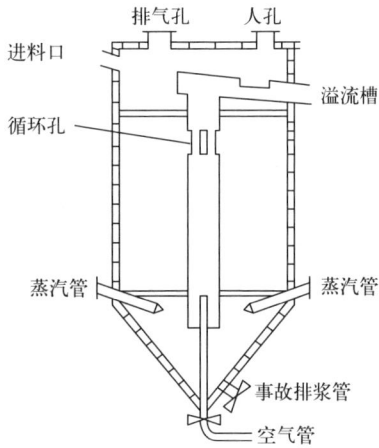

图 6-5　气流搅拌浸出槽结构示意图

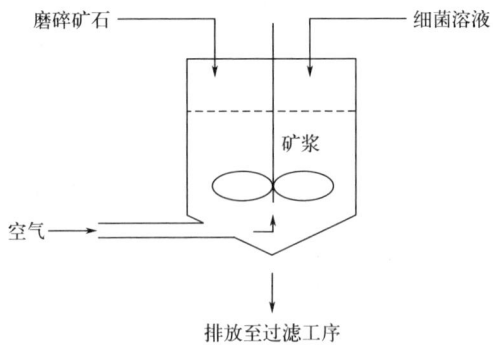

图 6-6　气流－机械混合单槽搅拌示意图

（3）固液相分离

在生物冶金中，微生物通过氧化作用将矿石中的不溶性金属转化为可溶性的硫酸盐，而贵金属则可能仍然以不溶物的形式留在残留物中。此时，通过固液相分离技术，可以将含有金属的溶液与残留物有效分离，从而进一步提取和回收金属。

（4）金属后处理及回收

金属后处理是指从生物浸出过程得到的浸出液中提取和纯化金属的过程。金属回收是生物冶金技术的重要目标之一，通过回收废旧金属资源，可以减少对原生矿产资源的依赖，降低生产成本，并减少环境污染。

（5）浸出液再生回流

在生物冶金（图 6-7）过程中，浸出液是微生物与矿石反应后得到的含有金属离子的溶液。通过再生回流，可以将浸出液中的有用成分再次利用，减少对新浸出剂的需求，降低生产成本，并减少废水排放，实现资源的可持续利用和环境保护。

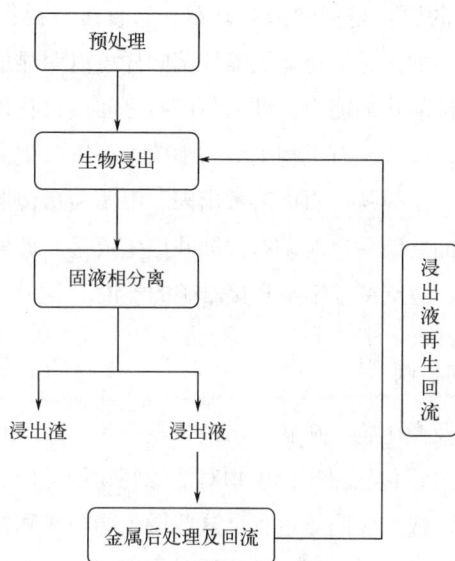

图 6-7　生物冶金工艺流程图

6.1.4 生物冶金的基本原理与机制

（1）直接浸出与间接浸出 [8]

1）间接浸出

间接浸出的原理是基于细菌生命活动中生成的代谢物的间接作用或纯化学浸出，后者是指通过细菌作用产生硫酸和硫酸铁，然后通过硫酸或硫酸铁作为溶剂浸出矿石中的有用金属。硫酸和硫酸铁溶液是一般硫化物矿和其他矿物化学浸出法中普遍使用的有效溶剂，例如氧化硫硫杆菌和聚硫杆菌把矿石中的硫氧化成硫酸，氧化亚铁硫杆菌能把硫酸亚铁氧化成硫酸铁。其反应式如下：

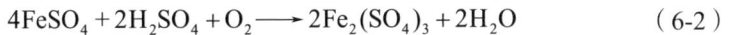

$$2S + 3O_2 + 2H_2O \longrightarrow 2H_2SO_4 \tag{6-1}$$

$$4FeSO_4 + 2H_2SO_4 + O_2 \longrightarrow 2Fe_2(SO_4)_3 + 2H_2O \tag{6-2}$$

通过上述反应，细菌得到了所需要的能量，而硫酸铁可将矿石中的铁或铜等转变为可溶性化合物而从矿石中溶解出来，其化学过程是：

$$FeS_2(黄铁矿) + 7Fe_2(SO_4)_3 + 8H_2O \longrightarrow 15FeSO_4 + 8H_2SO_4 \tag{6-3}$$

$$Cu_2S(辉铜矿) + 2Fe_2(SO_4)_3 \longrightarrow 4FeSO_4 + 2CuSO_4 + S \tag{6-4}$$

金属硫化矿经细菌溶浸后，收集含酸溶液，通过置换、萃取、电解或离子交换等方法将各种金属加以浓缩和沉淀。

2）直接浸出

微生物直接浸出的原理是指细菌对矿石具有直接浸提作用。一些不含铁的铜矿如辉铜矿等不需要加铁，氧化亚铁硫杆菌同样可以明显地将铜浸出。也就是说，细菌对矿石有直接氧化的能力，细菌与矿石之间通过物理化学反应把金属溶解出来。经研究发现，某些靠有机物生活的细菌，可以产生一种有机物，与矿石中金属成分嵌合从而使金属从矿石中溶解出来。电子显微镜照片也证实，氧化硫硫杆菌在硫结晶的表面集结后，对矿石浸蚀并产生痕迹。此外，微生物菌体在矿石表面能产生各种酶，也支持了细菌直接浸矿的学说。

（2）生物冶金的机制 [9]

生物浸出过程涉及微生物、矿物、溶液、空气（CO_2、O_2 等）间的多相界面作用（图 6-8），作用过程包括浸矿微生物对能源底物的适应、矿物的溶解、微生物生长以及生物膜的形成与脱附等过程。这些微生物与矿物之间的作用方式可以分为直接接触作用、间接接触作用以及非接触作用 3 类。此外，根据硫化铜矿生物浸出过程中的硫化学，研究者们还提出"硫代硫酸盐途径"和"多聚硫化物途径"。"硫代硫酸盐途径"适用于酸不溶性硫化矿，如黄铁矿，通过 Fe^{3+} 的氧化作用在矿物表面形成 $S_2O_3^{2-}$，并把金属元素释放到浸出液中，$S_2O_3^{2-}$ 进一步被硫氧化微生物氧化并最终形成硫酸。"多聚硫化物途径"适用于酸溶性矿物的溶解，如黄铜矿，在 Fe^{3+} 和 H^+ 的协同作用下溶解，矿物表面产生 S_2^{2-}、S_n^{2-} 和 S_8 等中间产物，并最终被硫氧化微生物氧化为硫酸。

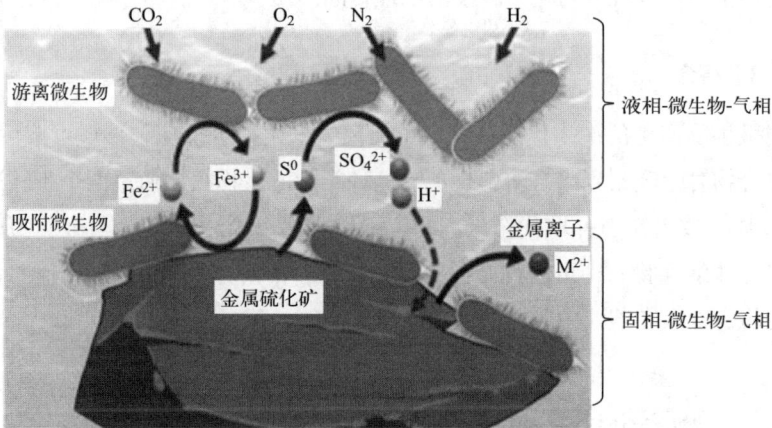

图 6-8　硫化矿生物浸出体系多相界面作用模式图

6.1.5　微生物在生物冶金中的作用和功能

生物浸出过程中，微生物的作用和功能可分为氧化还原、酸解和络合三种类型[10]。

（1）氧化还原

在氧化还原的情况下，细菌借助细胞外聚合物和生物膜的形成附着在矿物表面，然后通过固体原料中的电子转移到微生物中，将金属带入溶液中。氧化还原也可以通过将亚铁离子氧化为铁离子来完成，而铁离子反过来又攻击矿物并引起金属溶解。这种类型的浸出甚至可以在不需要细菌接触矿石或二次资源的情况下进行。微生物（如氧化亚铁硫杆菌）促进 Fe^{2+} 被氧化为 Fe^{3+}，然后铁离子氧化还原矿物（如黄铜矿，$CuFeS_2$）并被还原为亚铁离子。

（2）酸解

酸解是在质子或酸的帮助下，将不溶的金属物质转化为可溶的形式。在生物浸出的情况下，这些酸是由微生物产生的。例如，氧化硫杆菌可以利用单质硫生产生物源性硫酸，生物源性硫酸用于溶解目标原料中的金属。黑曲霉菌等真菌可以产生柠檬酸、草酸等有机酸，它们与目标金属进行反应。生物源性酸离解形成质子，它们攻击存在于金属表面的氧。H^+ 与氧和水一起导致金属从原材料中浸出。这种生物酸解机制与化学酸浸的原理相同。

（3）络合

当微生物产生的次生代谢产物与金属离子发生螯合反应，形成可溶性金属-有机复合物时会观察到络合溶解现象。这种类型的生物浸出通过两个步骤溶解金属：① 质子攻击矿石并取代金属离子，引发金属离子运动；② 与金属阳离子形成有机配体络合物，即可溶性金属络合物。络合溶解途径受系统 pH 值、各种络合物的稳定常数和溶液中各种离子浓度的影响。

6.1.6　生物冶金与电池回收的关联与交叉耦合

废旧锂离子电池中含有大量的金属资源，对其进行回收，不仅可以避免其中的有毒有害物质污染环境和威胁人体健康，还有助于缓解金属资源短缺的问题。金属回收技术在保证回收效率的同时，需要向低成本方向优化。尤其是环境成本，传统回收技术往往伴随高污染，例如，火法冶金主要依赖高温回收金属资源，能耗大且会产生大量的废气和废渣；湿法冶金使用的溶液介质通常具有强酸/碱性，排放的废水大大增加了后续处理的成本负担。生物浸出属于生物冶金技术，与传统的冶金回收技术相比具有二次污染少、成本低等特点[11]。

近几十年来，人们对生物浸出技术的兴趣显著增加，该技术通常被认为是"绿色技术"。它是指微生物的氧化作用产生的代谢产物（硫酸、有机酸和铁离子 Fe^{3+}）攻击固体化合物，将不溶性金属成分转化为水溶性金属成分，导致重金属释放到浸出液中。与传统的物理和化学工艺相比，生物浸出具有环境和经济优势，减少了污染、能源消耗和废物的产生，具有环保、安全、成本低廉等优点。生物浸出技术被广泛应用于黄铁矿和黄铜矿等硫化矿物的处理过程。据文献报道，截至 2010 年，全球湿法冶金铜总产量的 38% 是通过生物浸出产生的，铜年产量为 1257500t，显示了该方法的巨大潜力。近年来，生物浸出技术被用以浸出各种城市矿物，如废旧 LIBs、废旧电路板和废弃的液晶显示器等。该工艺旨在将废旧 LIBs 的金属成分单独分离出来，并使用它们生产新 LIBs，以节能和具有成本效益的方式减少废旧 LIBs 的资源浪费和环境危害。其中 Debaraj 等最早采用嗜酸性细菌（*Acidithiobacillus ferrooxidans*）开展废旧 LIBs 生物浸出的研究。Naseri 等利用 *Acidithiobacillus thiooxidans* 浸取废旧 LIBs，实现了 99%Li、60%Co 和 20%Mn 的浸出。除了嗜酸菌外，也有部分真菌被用于浸取废旧 LIBs，如 *Aspergillus tubingensis* 和 *Aspergillus niger*。这些真菌利用葡萄糖等碳基质作为主要营养物质，通过产生有机酸代谢产物，如葡萄糖酸、草酸、柠檬酸、酒石酸和苹果酸等作为浸出剂溶出废旧 LIBs 中的金属。Bahaloo-Horeh 等在 LIBs 固体浓度为 10g/L 的条件下，采用黑曲霉菌浸取废旧 LIBs，Li、Mn、Ni 和 Co 的浸出率分别为 100%、72%、45% 和 38%。因此，采用生物浸出技术回收废旧 LIBs 中高值金属是一种可行的办法[12]。

　　生物冶金与电池回收之间的关联表现在废旧电池的有效处理和金属的回收利用上。生物冶金技术不仅能够从废旧电池中提取有价值的金属，而且作为一种环保技术，与电池回收的可持续性目标相契合，为资源的循环利用和环境保护提供了新思路。

　　微生物在电池回收中的应用：

　　① 微生物提取：生物冶金可以用于处理废旧电池中含有的金属元素，通过微生物的作用，金属可以被有效地提取和回收。利用微生物（如细菌、真菌）分泌的有机酸、氨基酸等物质，将电池废料中的难溶性金属（如钴、镍、锰等）转化成可溶性金属离子，进而实现金属的分离回收。

　　② 微生物吸附：利用微生物细胞壁等结构对金属离子的特异性吸附作用，使金属离子富集于细胞表面，再通过 pH 值调节等方式解吸，实现金属分离回收。这种方法在电池回收中同样具有应用潜力。

　　③ 微生物氧化还原：利用微生物的氧化还原酶系，催化金属离子价态变化，进而促进金属净化和资源循环。这在处理含有多种金属元素的废旧电池时尤为重要。

　　微生物新陈代谢产生的无机酸、有机酸、氰化物、铁氧化物和硫氧化物等代谢产物，在浸出体系中可以与废旧锂离子电池粉末相互作用，将固体粉末溶解到溶液体系中，生物浸出就是利用生物质和生物代谢产物实现金属的回收。与传统湿法冶金工艺相比，以生物代谢产物代替化学试剂作浸出试剂，可减少产生的废水量，废水中残余的生物浸出试剂更易于降解处理，可减少后续处理的负担，总体的浸出成本可以缩减至传统浸出工艺的一半以下。与传统湿法冶金工艺相比，生物浸出虽然产生的二次污染较少且处理成本低，但在微生物培养阶段的时间成本较高，微生物对培养和浸出条件要求苛刻，此外，技术的配套工艺尚不完备，因此，目前生物浸出工艺无法在锂离子电池回收领域进行大规模的工业化应用。为解决这些问题，当前生物浸出研究的重点是寻找更合适的菌种和探索更优的浸出条件，为实现工业化、提高废旧锂离子电池的回收效果和环境友好性创造有利条件。

6.2 生物冶金技术

6.2.1 预处理

预处理是生物冶金技术中不可或缺的一环，它涉及对矿石或矿物的初步处理，以便于后续的微生物浸出过程，去除矿浆中的杂质，为后续的金属浸出创造了条件。

预处理的目的为：提高矿石的可浸出性（通过预处理，改变矿石的物理化学性质，如矿石的结构、孔隙度、表面积等，从而提高矿石中目标金属的可浸出性）；去除有害杂质（某些矿石中可能含有对微生物有害的物质，如砷、硫等，预处理可以去除这些杂质，为微生物提供一个良好的生长环境）；调整矿石的粒度（适当的粒度有助于微生物与矿石的充分接触，提高浸出效率）。

（1）焙烧法

焙烧法是使用较早的预处理方法，20世纪80年代中期开始有焙烧冶炼厂建设并相继投产，特别是对含硫、含砷较高的物料，焙烧法可以使硫化物分解，砷、硫氧化挥发，将包裹金裸露出来，为氰化提金提供良好的条件。焙烧原则工艺见图6-9。

焙烧法对矿物的适应性强，可以处理较为复杂的矿物，尤其是含有机碳的矿石，副产品也可以回收利用，但是该工艺对操作参数比较敏感，容易造成欠烧或过烧情况，形成二次包裹，降低金的回收率。过程中产生 As_2O_3 和 SO_2，三氧化二砷虽可作为副产品回收，但含砷的 SO_2 烟气不容易达到制硫酸的要求，对环境造成污染，受到市场酸价格影响，制酸工艺的经济效益被制约。为了适应目前的经济情况以及环保要求，现在越来越多的焙烧厂停产或者采用其他低污染的氧化工艺。

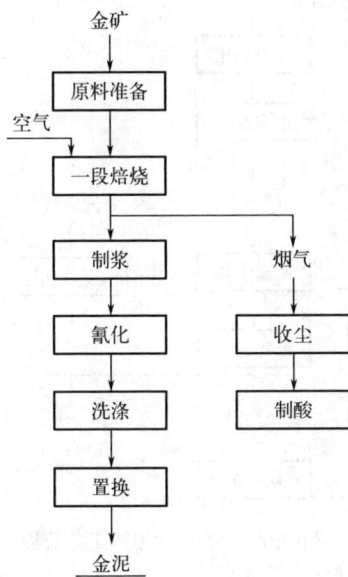

图 6-9　焙烧原则工艺流程

（2）生物氧化法

　　生物氧化技术是利用细菌可以氧化浸出硫、砷、铁等元素的机理，使包裹的金暴露出来，以便为下一步用氰化法提取金创造条件。生物氧化技术在我国应用于黄金工业生产的研究起始于 20 世纪 80 年代，主要用于处理难处理的金矿石。90年代以后，该技术得到迅速发展，陆续有多家企业进行了生物氧化的工业生产实践，为细菌技术的应用积累了宝贵经验。在国内采用生物氧化预处理的生产企业先后有烟台黄金冶炼厂、莱州黄金冶炼厂、陕西中矿生物矿业工程有限责任公司冶炼厂、辽宁天利、新疆阿希金矿、贵州烂泥沟锦丰澳华黄金与哈图金矿等企业。

　　近些年来，由于各国对环境保护的重视以及可持续发展的要求，"绿色冶金"观念不断加强，生物氧化工艺的开发与研究在选冶界得到重视，并取得了可喜的进展。生物氧化法以其全新的思路、成本低、无污染、设备简单、易于操作、浸出指标高等特点而成为最具竞争力的新工艺，生物氧化技术流程一般包括五个工序：原料准备、生物氧化、固液分离、金属回收以及浸出剂再生等。图 6-10 为生物氧化原则工艺流程图。

金精矿浆

↓

| 球磨 |

细菌 → ↓

| 生物氧化 |

↓

| 矿浆洗涤 |

浸出渣   洗涤液

↓   ↓

| 矿浆中和 | | 处理回用 |

↓

| 氰化浸出 |

贵液   尾渣
             (尾渣系统)

↓

| 回收金 |

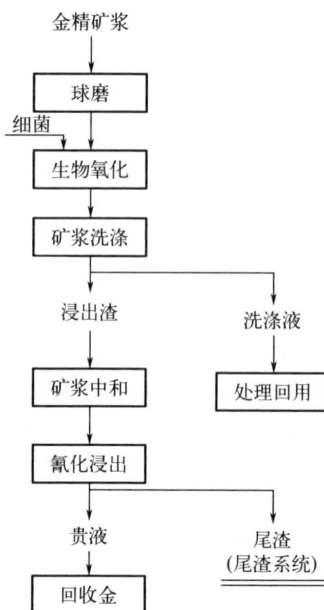

图 6-10　生物氧化原则工艺流程

随着生物氧化预处理技术的不断发展，也暴露出许多缺点：采用生物氧化的规模较小，一般日处理能力大多在 100t 金精矿左右。生物氧化工艺的缺点是其对难处理金精矿氧化速度慢，操作条件要求高，对原料适应性不强。细菌生存和繁殖条件较为苛刻，对温度要求比较严格，当温度太高（40℃以上）时细菌容易死亡，而温度太低（16℃以下）时其生长和繁殖缓慢。生物氧化预处理提取金，金的回收率能达到 92% ~ 95%。

（3）加压氧化浸出法

加压氧化浸出技术是利用高温、高压、富氧环境将含硫矿物进行分解，使金粒裸露出来，为后续的提取金过程创造条件。加压氧化浸出技术始于 20 世纪 50 年代，是浸出技术发展的一个里程碑，1984 年此法首先应用于 Homestake、Mclanlgh 金矿，并从此得到快速发展。目前国外有代表性的加压氧化厂有十几家，2017 年 1 月由紫金矿业集团公司试验研发的、中国恩菲工程技术有限公司设计的国内首个难选冶黄金加压预氧化项目正式投产成功，标志着加压氧化浸出技术在国内实现了工业化。加压氧化浸出技术的原则工艺流程图见图 6-11。

金矿
↓

```
┌──────────┐
│  原料准备  │
└──────────┘
```
空气 ───→
```
┌──────────┐
│   预处理   │
└──────────┘

┌──────────┐
│  加压氧化  │
└──────────┘

┌──────────┐
│  液固分离  │
└──────────┘

┌──────────┐        ┌──────────┐
│   再浆化   │        │  废液处理  │
└──────────┘        └──────────┘

┌──────────┐        ┌──────────┐
│  氰化提金  │        │  废液回用  │
└──────────┘        └──────────┘

   金泥              ┌──────────┐
                    │  废渣管理  │
                    └──────────┘
```

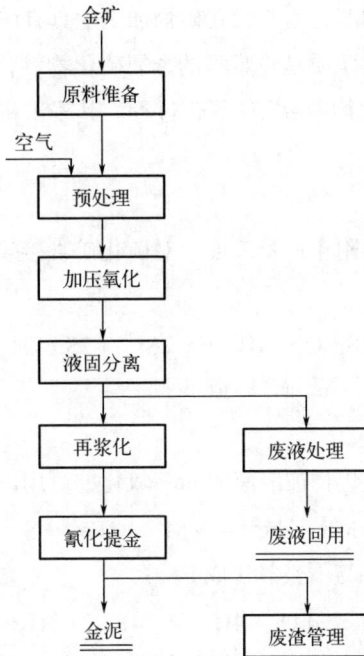

图 6-11　加压氧化浸出技术的原则工艺流程

　　预处理对生物冶金的影响：① 改善微生物的生长环境（通过预处理去除有害杂质，调整矿石的粒度，为微生物提供一个适宜的生长环境）；② 提高浸出效率（预处理后的矿石更容易被微生物浸取，从而提高目标金属的回收率）；③ 降低生产成本（预处理虽然增加了前期投入，但可以提高浸出效率，减少后续处理过程中的物料消耗和能源消耗，从而降低生产成本）。

　　在实际应用中，必须根据矿石性质和条件选择合适的预处理方法和工艺，以保证生物冶金技术能够获得更好的效果；此外，还需要加强对生物冶金过程中细菌活性及代谢活动规律的研究工作。

6.2.2　生物浸出与生物淋滤技术

（1）生物浸出技术

　　生物浸出是利用微生物将金属离子氧化成易溶于水的化合物，然后用化学方法分离出被浸出的金属离子。生物浸出在生产实践中已得到了广泛应用，其最大优点在于可以代替传统的湿法冶金，在矿物加工中具有广阔的应用前景。

硫化矿的生物浸出的实质是将难溶的金属硫化物氧化成金属阳离子而溶入浸出液，浸出过程也是硫化物中 S^{2-} 的氧化过程。其浸出机理包括直接作用和间接作用两方面。

1) 直接作用

直接作用是指细菌吸附于矿物表面，对硫化矿直接氧化分解的作用。可用反应方程式表示为：

$$2MS + O_2 + 4H^+ \longrightarrow 2M^{2+} + 2S + 2H_2O \tag{6-5}$$

式中，M 为 Zn、Pb、Co、Ni 等金属。

2) 间接作用

间接作用是指金属硫化物被溶液中 Fe^{3+} 氧化，可用以下反应式表示：

$$MS + 2Fe^{3+} \longrightarrow M^{2+} + 2Fe^{2+} + S \tag{6-6}$$

所生成的 Fe^{2+} 在细菌的参与下被氧化成 Fe^{3+}：

$$4Fe^{2+} + O_2 + 4H^+ \longrightarrow 4Fe^{3+} + 2H_2O \tag{6-7}$$

原电池效应是指两种或两种以上的固相相互接触并同时浸没在电解质溶液中时各自有其电位，组成了原电池，电子从电位低的地方向高的地方转移并产生电流。例如对于由黄铁矿、黄铜矿、闪锌矿组成的矿物体系，在浸出过程中静电位高的矿物充当阴极，静电位低的矿物则充当阳极。

阳极反应：

$$ZnS \longrightarrow Zn^{2+} + S + 2e \tag{6-8}$$

$$CuFeS_2 \longrightarrow Cu^{2+} + Fe^{2+} + 2S + 4e \tag{6-9}$$

阴极反应：

$$O_2 + 4H^+ + 4e \longrightarrow 2H_2O \tag{6-10}$$

原电池的形成会加速阳极矿物的氧化，同时细菌的存在会强化原电池效应。

（2）生物淋滤技术

生物淋滤法是指利用自然界中一些微生物的直接作用或其代谢产物的间接作用，产生氧化、还原、络合、吸附或溶解作用，将固相中某些不溶性成分（如重金属、硫及其他金属）分离浸提出来的一种技术。它应用于难浸提矿石或贫矿中金属的溶出与回收，又称微生物湿法冶金（biohydrometallurgy）。

主要机理：微生物通过酸解作用、络合作用、生物还原作用和碱化作用 4 个作用淋洗迁移固体物质中的金属。

1）酸解作用

由于微生物产生酸性代谢物或者消耗碱性底物，导致环境 pH 值下降，使矿物的溶解速度加快。有机物的生物氧化可以产生一些没有络合能力或络合能力弱的酸如碳酸、硝酸、硫酸、乙酸、甲酸、乳酸、琥珀酸、葡萄糖酸等。在有机酸中，由细菌产生的酮古洛糖酸以及由真菌产生的柠檬酸、草酸可以有效地溶解硅酸盐矿物，它们能够提供质子，通过质子化和催化作用使 Si—O 和 Al—O 键断裂。

Gadd 认为几种不同的机制可以引发"异养淋洗"，但在整个过程中，有机酸占据了核心位置，不仅提供了质子，而且还提供了金属配位有机酸阴离子如柠檬酸离子。

2）络合作用

通过微生物产生的络合或螯合基团作用，铁、铝、锌、镍、锰、钙、镁等元素可以溶解。微生物通过发酵作用或降解有机大分子化合物等多条途径，可以产生、分泌具有络合基团的有机化合物，这些有机化合物可以和矿物中的金属离子形成可溶性的稳定金属离子络合物，从而加速矿物的溶解。除了产生低分子量的化合物，微生物也可以产生高分子量的化合物如胞外多糖，胞外多糖也可以和溶液中的金属离子形成络合物，加速矿物溶解。

3）生物还原作用

一些微生物可以通过还原作用溶解矿物，例如褐铁矿、针铁矿、赤铁矿。某些微生物产生的有机酸可以将 Fe^{3+} 还原成为 Fe^{2+}，加快矿物的溶解过程。

4）碱化作用

培养体系的碱化作用也可以使硅酸盐矿物分解，在这种条件下，Si—O 键断开。有研究证实，尿素八叠球菌在有尿素存在的培养基中可以产生氨，使培养体系的 pH 值上升，这样可以从霞石、斜长岩等矿物中释放出硅。有研究表明，利用异养微生物的碱化作用使酸性矿山废水形成过程减速，减少矿山处理成本。

6.2.3 生物还原与生物吸附技术

（1）生物还原技术

生物还原是指生物体或生物质材料在一定条件下，通过氧化还原反应改变环境溶液中金属离子价态的过程。这一过程中，起还原作用的可以是生物自身代谢过程中产生的生物活性物质，也可以是生物质本身。

生物还原技术主要包括微生物还原法和植物还原法两种。

1）微生物还原法

酶催化还原：基于活的微生物体代谢所产生的酶起催化剂的作用，酶作为电子传递体将还原性物质的电子转移给金属离子以将其还原。还原位点可以在细胞周质中、细胞外表面上和细胞体外，不同微生物产生的参与金属离子催化还原过程的酶也不同。

非酶催化还原：利用死的菌体或菌体细胞壁上的某些成分与金属离子发生反应，实现还原过程。

2）植物还原法

利用植物体内的生物活性物质或植物本身对金属离子的吸附和还原能力，制备金属纳米颗粒或其他还原产物。这种方法具有绿色、环保、可持续等优点。

（2）生物吸附技术

生物吸附表示生物菌体对重金属的吸附作用。生物吸附的概念最早是由 Ruchhoft 在 1949 年提出来的，他利用活性污泥去除水中的放射性元素 Pu，并认为 Pu 的去除是由于微生物的繁殖形成具有较大面积的凝胶网，而使微生物具有吸附能力。如果吸附剂是活菌体，重金属还会进入菌体细胞内发生生物富集。细胞的不同部位对重金属的吸附机理包括络合、离子交换、氧化还原、无机微沉淀等，上述机理中的任何一种或者几种的组合都具有将一种或几种重金属固定到生物吸附剂上的能力。同时，金属离子可以被细胞表面的负电荷所吸附。许多阴离子也参与结合金属离子，如蛋白质上的磷酸基、烃基等。活性生物细胞对金属的吸附可能与细胞上某种酶的活性有关，吸附由两个阶段组成：第一阶段是重金属在细胞表面的吸附，即细胞外多聚物、细胞壁上的官能团与金属离子的结合，其特点是快速、可逆、不依赖于能量代谢，因此又称为被动吸附；第二阶段是细胞表面吸附的金属离子与细胞表面的某些酶（如透膜酶、水解酶等）相结合而转移至细胞内，其特点是速度慢、不可逆、与能量代谢有关，因此又称为主动吸收。而非活性细胞对金属的吸附仅仅停留在第一阶段，这个被动吸附的过程包括络合、配位、离子交换、一般吸附及无机微元沉淀过程。

生物吸附重金属的性能取决于许多物理和化学因素，如 pH 值、光、温度、金属离子浓度和共存离子等，也取决于某些生理条件，如生物细胞是活性或非活性的。不论细胞是活的还是死的，许多生物都具有同样好的吸附性能。用于吸附重金属离子的生物细胞可以是活性的，也可以是非活性的细胞，而非活性细胞因为不需要考虑生物活性、营养供给等问题而更适合处理重金属废水。使用死的生物细胞的优点是生物的繁殖与应用可以分开，从而能更好地控制生物吸附剂对重金属的吸附性能。

6.2.4　纯化与分离

纯化与分离的基本原理：生物冶金技术利用特定的微生物（如化能自养菌）将矿石中的金属硫化物氧化成可溶性的硫酸盐，使金属离子进入溶液；随后，通过物理、化学或生物方法将金属离子从溶液中分离出来，并进一步纯化以去除杂质，最终得到高纯度的金属产品。纯化与分离主要包括溶液与固体分离、金属离子回收、纯化和不同金属分离四个步骤。

（1）溶液与固体分离

首先，将微生物处理后的矿浆或溶液与未溶解的固体残渣进行分离。这通常通过过滤、沉降或离心等方法实现，以确保溶液中的金属离子能够顺利进入后续的纯化流程。

（2）金属离子回收

在溶液与固体分离后，采用溶剂萃取、离子交换、吸附等方法回收溶液中的金属离子。这些方法利用特定材料对金属离子的选择性吸附或结合能力，将金属离子从溶液中提取出来。

（3）纯化

回收的金属离子的溶液中往往含有一定量的杂质，需要通过进一步的纯化步骤来提高金属的纯度。纯化方法包括电解精炼、化学沉淀、膜分离等。电解精炼是一种常用的金属纯化方法，通过电解作用将金属离子还原成金属单质，并沉积在阴极上，从而得到高纯度的金属产品。

（4）不同金属分离

如果溶液中同时含有多种金属离子，还需要通过适当的分离方法将不同金属分离开来。这通常通过调整溶液条件（如 pH 值、温度）、使用选择性萃取剂或结合其他分离技术（如色谱分离）来实现。

纯化与分离的特点：

① 高效性：生物冶金技术结合了微生物的氧化能力和传统的金属提取、纯化技术，能够高效地从低品位矿石中提取金属，并实现金属离子的有效分离和纯化。

② 环保性：与传统冶金技术相比，生物冶金技术减少了化学试剂的使用和废弃物的产生，降低了对环境的污染。同时，纯化与分离过程中采用的许多方法（如溶剂萃取、离子交换）也具有较高的环保性能。

③ 灵活性：生物冶金技术中的纯化与分离步骤可以根据矿石类型、金属种类和目标纯度等因素进行调整和优化。这使得该技术能够适应不同的生产需求和市场需求。

6.3 生物冶金技术的案例分析

生物冶金技术在废旧锂离子电池回收方面扮演着至关重要的角色，提供了一种环境友好且成本效益高的回收方法。这种技术主要利用微生物的代谢过程，将废旧锂离子电池中的有价金属如锂、钴、镍和锰等溶解出来，进而实现回收。

在生物冶金过程中，特定的微生物如硫酸盐还原细菌（SRB）在厌氧条件下将硫酸盐还原成硫化氢（H_2S），H_2S 与电池中的金属离子反应生成不溶性的金属硫化物沉淀，从而实现金属的选择性回收。此方法相比传统的火法和湿法冶金技术，具有能耗低、操作安全、无二次污染等优点。

此外，生物冶金技术能够提高资源的循环利用率，减少对新矿产资源的依赖，对于推动可持续发展和循环经济具有重要意义。随着技术的进步和优化，生物冶金技术有望成为废旧锂离子电池回收的主流技术之一，为电池制造业提供可持续的原材料来源，同时减少废旧电池对环境的潜在污染。

6.3.1 国内外生物冶金回收技术的应用案例

6.3.1.1 国内生物冶金回收技术的应用案例

紫金山铜矿是一个含砷低品位大型矿床，一直以来，由于原矿品位低、含砷量高，采用传统的浮选 - 火法炼铜工艺达不到预期目标，并会造成低品位铜矿资源的巨大浪费。紫金矿业股份有限公司与原北京有色金属研究总院合作，以紫金山铜矿为试验基地，对湿法提铜工艺进行研究和开发，并成功实现了生物湿法冶金技术的应用。

2000 年 12 月 26 日，我国第一座 50t/d 难浸金精矿生物氧化 - 氰化提金车间在烟台市黄金冶炼厂投产。该车间由中国有色工程设计研究总院进行总体设计和非标准设备设计，由长春黄金研究院提供的菌种，生产操作条件完全应用国内设备和仪表，基建施工和在工业设备中培育菌种的时间不足半年便一次投产成功。在短短两年之内，我国已经成为拥有生物氧化 - 氰化提金工厂最多的国家，它为我国大规模开发、利用难处理金矿资源开创了有利条件。从环境保护的角度看，生物氧化 - 氰化工艺明显优于焙烧氧化 - 氰化工艺。烟台市黄金冶炼厂生物氧化车间由磨矿、生物氧化、洗涤、中和及中和渣过滤、氰化及氰化渣过滤、金回收共 6 个工序组成，其中生物氧化工序在基建投资和生产成本方面所占比重最大。与国外生物氧化工艺模式相比此工艺已经拥有一些专有技术并且更适合中国国情。

6.3.1.2　国外生物冶金回收技术的应用案例

智利、美国等国家的大型铜矿广泛采用微生物浸出技术，利用特定微生物（如氧化亚铁硫杆菌、氧化硫硫杆菌等）的氧化作用，将铜矿中的硫化铜转化为可溶性的硫酸铜，进而通过后续工艺提取铜。这种技术不仅提高了铜的浸出率和回收率，还显著降低了生产成本和环境污染。

南非、澳大利亚等国家的金矿采用生物氧化预处理技术，通过微生物的氧化作用，将包裹在硫化物中的金暴露出来，便于后续的氰化浸出或浮选等工艺提取金。这种技术不仅提高了金的回收率和品位，还减少了氰化物等有害物质的使用。

1986 年，南非金科公司的 Fairview 金矿建立了世界上第一个细菌氧化提金厂，实现了难浸金矿细菌氧化预处理法在世界上的首次商用。这一技术的成功应用，为金矿开采行业带来了新的革命性变化。

菲律宾、古巴等国家的镍钴矿采用微生物浸出技术，利用特定微生物的氧化作用，将镍钴矿中的硫化镍、硫化钴转化为可溶性的硫酸镍、硫酸钴，进而通过后续工艺提取镍、钴。此外，该技术还可应用于废旧电池等含镍、钴废料的回收处理。微生物浸出技术在镍钴矿提取中的应用，不仅提高了镍、钴的浸出率和回收率，还降低了生产成本和环境污染。同时，该技术为废旧电池等含镍、钴废料的回收利用提供了新的途径。

　　除了上述铜矿、金矿和镍钴矿外，国外生物冶金回收技术还广泛应用于锌、铀等金属的提取。例如，加拿大在细菌浸铀方面有着丰富的经验和成果，安大略省伊利埃特湖区三铀矿公司利用微生物浸出技术成功回收了大量的铀资源。

　　国外生物冶金回收技术的应用案例表明，该技术具有广阔的应用前景和巨大的经济效益。随着科学技术的不断进步和环保意识的日益增强，生物冶金回收技术将在全球范围内得到更加广泛的应用和推广。

6.3.2　生物冶金的技术创新与发展趋势

6.3.2.1　生物冶金的技术创新

　　生物冶金在废旧锂离子电池回收中有着许多可以创新的技术，锂离子电池富含 Co、Cu、Li、Mn 和 Ni 的多相多金属化合物，由于应用不同，锂离子电池的元素组成也会有很大差异，所有生物冶金的工艺就需要有较高的灵活性。在湿法冶金过程中，从浸出液中回收目标金属是决定整个技术整体经济可行性的重要的最后一步。其中，生物沉淀法、生物吸附法和生物电化学法是较有前途的生物湿法冶金方法。

（1）生物沉淀法

　　生物沉淀法是一种环保且经济有效的重金属废水处理技术。它通过微生物在特定条件下产生的新陈代谢产物与废水中的重金属离子反应，生成不溶性的金属硫化物沉淀，从而达到去除重金属离子的目的。

　　① 原理：生物沉淀法的主要原理是利用硫酸盐还原菌（SRB）在厌氧条件下产生硫化氢（H_2S），H_2S 与废水中的重金属离子反应，生成难溶的金属硫化物沉淀。由于大多数重金属硫化物的溶度积常数很小，因此具有较高的去除效率。此外，SRB 的培养可利用一般有机废水，从而降低了处理成本。

　　② 流程：生物沉淀法处理重金属废水的典型流程包括以下几个步骤：

　　（a）预处理：对废水进行初步的过滤、调节 pH 值等操作，以去除大颗粒杂质和调节反应条件。

　　（b）微生物培养：在厌氧反应器中接种并培养硫酸盐还原菌（SRB）。

　　（c）反应沉淀：将预处理后的废水引入反应器，SRB 在厌氧条件下产生

H_2S，后者与废水中的重金属离子反应生成金属硫化物沉淀。

（d）固液分离：通过沉淀、过滤等方式将金属硫化物沉淀从废水中分离出来。

（e）后续处理：对分离后的上清液进行进一步处理，确保出水达标排放。

③ 反应：生物沉淀法的核心反应是硫酸盐还原菌产生的 H_2S 与重金属离子的反应，生成难溶的金属硫化物沉淀。以铜离子为例，反应方程式可表示为：

$$Cu^{2+}+H_2S \longrightarrow CuS\downarrow + 2H^+$$

④ 优缺点

（a）优点

处理成本低：SRB 的培养可利用一般有机废水，降低了处理费用。

去除效率高：大多数重金属硫化物的溶度积常数很小，因此重金属去除率高。

环保：处理过程中不产生二次污染。

适用范围广：可用于处理多种重金属废水。

（b）缺点

反应条件苛刻：需要严格的厌氧条件，对反应器的密封性要求较高。

处理周期长：微生物培养需要一定时间，整个处理过程相对较长。

对微生物依赖性高：微生物的活性和数量直接影响处理效果。

综上所述，生物沉淀法是一种具有广阔应用前景的废旧锂离子电池回收处理方法，但在实际应用中需要注意反应条件的控制和微生物的管理。

（2）生物吸附法

生物吸附法又称接触稳定法或吸附再生法，是活性污泥法的一种。该方法利用生物体（如细菌、真菌、藻类、酵母等）自身的化学结构或成分特性来吸附水中的污染物（如重金属、有机物等），并通过固液分离技术从水中分离出被吸附的污染物。生物吸附法具有成本低、吸附和解吸速率快、易于回收重金属等优点，在污水处理领域具有广阔的应用前景。

1）原理

生物吸附法的原理主要基于生物体表面的功能基团（如羧基、羟基、氨基、巯基等）与污染物之间的相互作用。这些功能基团可以与污染物形成化学键或物理吸附，从而将污染物从水溶液中分离出来。生物吸附过程可能涉及静电吸引、离子交换、配合作用、细胞转化和细胞吸收等多种机制。

2）流程

生物吸附法处理废水的典型流程包括以下几个步骤：

（a）预处理：对废水进行初步的过滤、调节 pH 值等操作，以去除大颗粒杂质和调节反应条件。

（b）生物吸附：将预处理后的废水与生物吸附剂（如活性污泥、细菌、真菌、藻类等）混合，使生物体表面的功能基团与废水中的污染物发生吸附作用。

（c）固液分离：通过沉淀、过滤或离心等方式将吸附了污染物的生物体与废水分离。

（d）再生与回收（可选）：对吸附了污染物的生物体进行再生处理，以回收吸附的污染物并重复利用生物吸附剂。再生方法可能包括使用强酸、金属盐、络合物等脱附剂。

3）反应

生物吸附过程中的反应复杂多样，可能涉及多种机制。以重金属吸附为例，可能的反应包括重金属离子与生物体表面的功能基团发生静电吸引、离子交换或络合作用等。这些反应导致重金属离子被牢固地吸附在生物体表面，从而实现从废水中的分离。

4）优缺点

（a）优点

成本低廉：生物吸附剂来源广泛，易于获取，且可再生利用，降低了处理成本。

吸附效率高：生物体表面具有大量的功能基团，能够高效吸附废水中的污染物。

操作简便：生物吸附法操作简单，无需复杂的设备和条件。

环保无污染：生物吸附过程中无须添加化学试剂，无二次污染，符合绿色化学原则。

（b）缺点

对生物体依赖性强：生物吸附效果受生物体种类、活性等因素影响较大。

再生困难：部分生物吸附剂在吸附污染物后难以有效再生，限制了其重复使用次数。

处理周期长：对于某些难降解的污染物，生物吸附过程可能需要较长时间才能达到理想效果。

综上所述，生物吸附法作为一种环保、高效的废旧锂离子电池回收技术，在废旧电池回收领域具有广阔的应用前景。然而，在实际应用中需要注意生物体的选择和培养、吸附条件的优化以及吸附剂的再生与回收等问题。

（3）生物电化学法

生物电化学是一门交叉学科，它结合了电生物学、生物物理学、生物化学以及电化学等多门学科的知识，研究生物体系中的电荷分布、传输和转移等化学本质和规律。生物电化学法通过电极测定生物体产生或消耗的电荷，从而提供分析信号，广泛应用于生物医学、环境治理、能源储存和转换等领域。

1）原理

生物电化学法的原理主要基于微生物在代谢过程中产生的电子传输链。这些电子传输链能够将生物化学反应和电化学反应结合在一起，实现溶液中电能的产生或其他化学物质的转化。例如，微生物在分解有机物时会产生电子，这些电子可以通过电极传递出来，形成电流，同时有机物被氧化分解。

2）流程

生物电化学法的典型流程包括以下几个步骤：

（a）微生物培养：首先，需要培养适当的微生物菌群，这些微生物应具有良好的电化学活性，能够在代谢过程中产生电子。

（b）反应器构建：构建生物电化学反应器，其通常包括阳极室、阴极室以及分隔两者的离子交换膜。阳极室中放置微生物菌群，阴极室中放置接收电子的电极。

（c）启动与运行：向反应器中投入待处理的废水或底物，启动反应器。在微生物的代谢作用下，有机物被氧化分解，产生电子和质子。电子通过阳极传递到外电路，形成电流，同时质子通过离子交换膜传递到阴极室，与电子结合生成氢气或其他产物。

（d）产物收集与处理：收集阴极室中产生的气体或液体产物，并进行后续处理或利用。

3）反应

生物电化学法中的反应主要涉及微生物的代谢过程和电化学反应。以微生物燃料电池（MFC）为例，反应过程如下。

（a）微生物在阳极室中分解有机物（如葡萄糖），产生电子、质子和二氧化碳。

（b）电子通过微生物体内的电子传输链传递到阳极表面，并通过外电路传递到阴极。

（c）质子通过离子交换膜传递到阴极室。

（d）在阴极室中，电子与质子结合生成氢气（或其他还原产物），同时氧气（或其他氧化剂）被还原。

4）优缺点

（a）优点

环保无污染：生物电化学法在处理废水时无需添加化学试剂，不产生二次污染。

能源回收：能够将废水中的有机物转化为电能或其他有价值的化学物质，实现能源的回收和利用。

适用范围广：适用于处理各种类型的废水，包括含有重金属离子、氨氮、硝酸盐等有害物质的废水。

（b）缺点

微生物依赖性强：反应效果受微生物种类和活性影响较大，需要筛选和驯化合适的微生物菌群。

反应速率较慢：相比于化学法或物理法，生物电化学法的反应速率较慢，需要较长的时间才能达到理想效果。

设备成本较高：构建生物电化学反应器需要特殊的材料和设备，成本相对较高。

综上所述，生物电化学法作为一种新型废旧锂离子电池回收技术，具有广阔的应用前景。然而，在实际应用中需要注意微生物的筛选和驯化、反应条件的优化以及设备成本的降低等问题。

目前从废旧锂离子电池中回收关键金属的生物技术仍处于起步阶段，需要大量的研究来提高效率和选择性。未来的研究应该主要集中在优化生物浸出参数，以便在更高的矿浆密度下进行操作，获得更高的金属浸出效率，以便应用于大规模的工业生产。工艺过程中产生的一些废水、污泥等也需要安全管理和合理处置，形成一系列工艺的闭环管理，以满足经济社会发展和环境保护需要。

6.3.2.2　生物冶金的发展趋势

生物浸出技术是一种新兴的废旧锂离子电池回收方法，具有环保、操作安全、降低运营成本和能源需求等优点。这种技术通过微生物的代谢过程实现对废旧锂离子电池中金属元素的选择性浸出，主要应用于从矿石、精矿和回收或残留材料中提取金属[1]。与传统的火法冶金和湿法冶金相比，生物浸出技术在提取和回收有价金属方面具有明显的优势，尤其是在低浓度金属的回收上。

废旧锂离子电池中含有大量有价值的金属，如锂、镍、钴、锰等，这些金属对于电池行业至关重要。生物浸出技术通过微生物催化的过程，使得正极材料中的有价金属以离子形式进入液相，随后从后续过程中回收金属。该技术在成本低廉、环境友好等方面具有显著优势，但目前仍在开发中，尚未商业化。

在生物浸出过程中，常用的微生物包括硫氧化菌和铁氧化菌，它们能够通过氧化还原、酸浸和络合作用，促进金属的浸出。此外，生物浸出法还涉及微生物应激反应和代谢激活、强化策略、浸出特性和界面现象、工艺评价等方面[2]。

然而，生物浸出技术也面临一些挑战，如金属浸出率不高、浸出周期长、浸出流程复杂、微生物的培养条件苛刻以及培养时间长等。为了克服这些挑战，研究人员正在探索提高浸出效率的方法，例如通过调整温度、初始 pH 值、纸浆密度、通气量以及培养基和细胞营养素等参数来优化生物浸出过程。

总体来看，生物浸出技术在废旧锂离子电池回收方面具有很大的发展潜力，但要实现其商业化应用，还需要进一步的研究和技术创新。随着对环境和资源可持续性的关注日益增加，生物浸出技术有望成为废旧锂离子电池回收的重要手段之一。

6.4 生物冶金相关的回收产业与政策

6.4.1 生物冶金回收工艺产业链概述

生物冶金废旧锂离子电池回收产业链是一个综合性的系统，它涵盖了废旧锂离子电池收集与预处理（分类、筛选、去除非金属部分）→微生物浸出（微生物菌类代谢浸出金属元素）→ 金属回收→ 废弃物处理（图 6-12）。以下是对该产业链的详细叙述：

（1）产业链上游

1）废旧锂离子电池收集

回收来源：废旧锂离子电池主要来源于废旧电动汽车、智能手机、电动自行车等各类电子产品。这些废旧电池经过消费者丢弃或回收站收集后，进入回收体系。

回收渠道：通过建立废旧电池回收网络，包括回收站、回收点等，以及与电子产品制造商、销售商等合作，实现废旧电池的集中收集。

上游：废旧锂离子电池收集与预处理	
废旧锂离子电池收集	
回收来源	回收渠道
废旧电动汽车、智能手机等	消费者或者回收站
预处理	
初步筛选	放电处理	拆解与分类
中游：微生物浸出	
利用微生物的代谢活动，对拆解后的电池材料进行浸出处理	
下游：金属回收与废弃物处理	
金属回收	
溶液处理	精炼与加工
废弃物处理	

图 6-12　生物冶金回收工艺产业链图

2）预处理

初步筛选：对收集的废旧电池进行初步筛选，去除无价值或损坏严重的电池。

放电处理：对有价值的电池进行放电处理，以确保后续处理过程的安全。

拆解与分类：将放电后的电池进行拆解，将正极、负极、电解质、隔膜等材料分离出来，并进行分类存放。

（2）产业链中游

微生物浸出：利用微生物（如细菌、真菌等）的代谢活动，对拆解后的电池材料进行浸出处理。微生物通过分泌有机酸、酶等物质，与电池材料中的金属元素发生反应，将其从固态转化为液态。相比传统化学方法，生物冶金具有能耗低、污染小、选择性高等优势。它能够在温和的条件下实现金属的有效回收，同时减少对环境的影响。

（3）产业链下游

1）金属回收

溶液处理：对微生物浸出后的溶液进行进一步处理，通过沉淀、离子交换、萃取等方法提取出目标金属元素（如锂、钴、镍等）。

精炼与加工：对提取出的金属进行精炼处理，以提高其纯度和品质。随后，将精炼后的金属加工成各种形状的产品（如板材、线材、管材等），以满足不同领域的需求。

2）废弃物处理

对生物冶金过程中产生的废弃物进行妥善处理，以减少对环境的污染。这可能包括废水的净化处理、固体废弃物的无害化处置等。

产业链整体特点分析：生物冶金废旧锂离子电池回收产业链强调环保性，通过减少污染物的排放和废弃物的产生，实现废旧电池的资源化利用。废旧锂离子电池中含有大量可回收的高价值金属元素，通过生物冶金技术实现这些金属的回收和再利用，能够产生显著的经济效益。废旧锂离子电池的组成复杂，且不同品牌和型号的电池材料成分存在差异。因此，在生物冶金过程中需要克服技术上的挑战，确保回收效率和回收质量。

生物冶金回收废旧锂离子电池带动了多个产业的发展，包括但不限于以下领域：

① 环保技术产业：生物浸出法作为一种环保的金属回收技术，减少了传统火法和湿法冶金过程中的环境污染问题，符合当前环保技术产业的发展趋势[1]。

② 可再生能源产业：通过回收废旧锂离子电池中的金属元素，如锂、钴、镍等，可以支持可再生能源技术的发展，例如金属元素在储能系统中的应用[1]。

③ 电动汽车产业：回收的金属可以重新用于制造新的锂离子电池，这对于电动汽车产业尤为重要，因为它有助于降低电池成本并提高其环境友好性[1]。

④ 储能设备产业：回收得到的金属可以用于制造储能设备，如钠离子电池和钾离子电池，推动储能技术的发展。

⑤ 电解水产业：回收的金属硫化物在碱性电解质中进行电催化，用于电解水制氢，推动清洁能源产业的发展。

综上所述，生物冶金废旧锂离子电池回收产业链是一个具有环保性、经济性和技术挑战性的综合性系统。随着科技的不断进步和环保意识的日益增强，该产业链有望在未来得到更广泛的应用和发展。

6.4.2 相关政策法规与标准

（1）相关法律法规

生物浸出作为一种废旧锂离子电池的回收技术，涉及的法律法规主要集中在废旧电池的回收、处理和污染控制等方面。以下是一些与生物浸出回收废旧锂离子电池相关的法律法规：

① 根据《废弃电器电子产品回收处理管理条例》，要求含有锂离子电池的废旧电子电器产品，应当按照国家有关规定实行回收。这为废旧锂离子电池的回收提供了法律基础。

② 《新能源汽车动力蓄电池回收利用管理暂行办法》由工业和信息化部等联合制定，明确了新能源汽车动力蓄电池的回收利用管理规定，包括设计、生产、回收责任以及综合利用等方面，旨在加强新能源汽车动力蓄电池的回收利用管理，规范行业发展，推进资源综合利用，保护环境和人体健康，保障安全，促进新能源汽车行业持续健康发展[3,4]。

③ 尽管《病原微生物实验室生物安全管理条例》主要针对病原微生物实验室的安全管理，但其中部分规定可能对使用微生物进行生物浸出回收废旧锂离子电池的实验室具有参考意义，特别是在实验室的设立、管理、感染控制以及监督管理等方面[5]。

④ 除此之外，部分地方也出台了地方性法规，要求对废旧锂离子电池实施分类回收。这些地方性法规可能根据当地的实际情况，对废旧锂离子电池的回收提出了更具体的要求，包括回收方式、回收标准等。国家还制定了一系列锂离子电池回收行业标准，要求规范回收行为，确保回收利用效果。这些标准和规范为生物冶金技术的研发和应用提供了指导，有助于推动该技术在废旧锂离子电池回收领域的应用和发展。

这些法律法规为废旧锂离子电池的回收利用提供了法律框架和操作指南，确保了回收过程的环保性、安全性和合规性。随着技术的发展和行业的进步，可能会有更多专门针对生物浸出技术的法规出台，以规范和促进这一技术的健康发展。

（2）相关政策文件

随着锂离子电池在电动汽车、储能系统、便携式电子设备等领域的广泛应用，废旧锂离子电池的数量也在迅速增加。这些废旧电池如果处理不当，不仅会造成资源浪费，还可能对环境和人体健康造成危害。因此，推动废旧锂离子电池的回收处理，实现资源的循环利用和环境保护，已成为全球关注的焦点。生物浸出技术在废旧锂离子电池回收领域的应用得到了国家政策的支持和规范。以下是相关的国家政策文件。

① 《矿山生态环境保护与污染防治技术政策》：强调了矿产资源开发与生态环境保护的协调发展，提出了发展绿色开采技术、减少废弃物产生等技术原则，并鼓励采用生物浸出技术回收废石中的有价金属[6]。

② 《"十四五"生物经济发展规划》：由国家发展改革委印发，明确了生物经济发展的具体任务和目标，强调了生物技术在健康、农业、能源、环保等领域的应用，推动生物经济高质量发展[7]。

③ 《新能源汽车动力蓄电池回收利用管理暂行办法》：由工业和信息化部、科技部、生态环境部、交通运输部、商务部、质检总局、能源局联合制定，旨在加强新能源汽车动力蓄电池的回收利用管理，规范行业发展，推进资源综合利用，保护环境和人体健康[4]。

④ 《新能源汽车动力蓄电池梯次利用管理办法》：由工业和信息化部、科技部、生态环境部、商务部、市场监管总局联合制定，旨在加强新能源汽车动力蓄电池梯次利用管理，提升资源综合利用水平，保障梯次利用电池产品的质量，保护生态环境[8]。

⑤ 《国务院办公厅关于加快构建废弃物循环利用体系的意见》：提出加快构建废弃物循环利用体系，强调了废旧动力电池的循环利用，鼓励废旧动力电池的梯次利用和再生利用，推动动力电池回收利用模式创新[9]。

这些政策文件为生物浸出技术在废旧锂离子电池回收领域的应用提供了政策支持和规范指导，促进了资源的循环利用和环境保护，涉及产业发展规划、产业链及供应链协同稳定发展、绿色制造、资源循环利用等多个方面。

6.4.3 生物冶金的可持续发展路线

可持续发展是一个重要的概念，它指的是通过技术工艺和技术方法的不断改进，在增加经济效益的同时，实现环境和资源的可持续利用。生物冶金技术在电池回收领域具有可持续发展的潜力，利用生物冶金技术回收废旧锂离子电池的可持续发展路线，需要综合考虑多个方面，以确保技术的可行性、经济性和环境友好性。以下是一些关键方面：

（1）技术可行性

微生物选择与优化：选择能够有效浸出废旧锂离子电池中有价金属的微生物种类，如某些细菌或真菌。优化微生物的生长条件，包括温度、pH 值、营养物质供应等，以提高浸出效率和稳定性。

浸出工艺优化：研究和开发高效的浸出工艺，包括浸出时间、温度、搅拌速度等参数的优化。探索不同微生物组合或混合培养的可能性，以提高浸出效果和金属回收率。

金属回收与纯化：研究从浸出液中回收和纯化金属的方法，如电解、沉淀、离子交换等。确保回收的金属达到再利用的标准，减少杂质含量。

（2）经济性

成本控制：降低微生物培养、浸出工艺和金属回收等环节的成本，提高整体经济效益。通过规模化生产和技术创新来降低成本，提高市场竞争力。

资源回收价值：提高废旧锂离子电池中有价金属的回收率，增加资源回收价值。探索回收金属在新能源汽车、储能系统等领域的应用，拓宽市场需求。

（3）环境友好性

减少污染：确保生物冶金过程中不产生或极少产生污染物，如废水、废气等。对产生的污染物进行妥善处理，避免对环境造成二次污染。

节能减排：优化生物冶金工艺，降低能耗和碳排放量。推广绿色能源在生物冶金过程中的应用，如太阳能、风能等。

（4）政策支持与法规遵循

政策支持：争取国家和地方政府的政策支持，包括财政补贴、税收优惠等。参与相关政策的制定和修订，推动生物冶金技术在废旧锂离子电池回收领域的广泛应用。

法规遵循：严格遵守国家和地方关于废旧电池回收处理的法律法规。确保生物冶金技术符合环保和安全要求，避免违法违规行为的发生。

随着科学技术的不断发展和人类对可持续发展认识的加深，生物冶金回收废旧锂离子电池技术的可持续发展将在未来发挥更加重要的作用。我们期待更多的创新性技术和解决方案的出现，以进一步推动可持续发展的实现。同时，政府、企业和公众也需要共同努力，加大对可持续发展技术的投入和支持，以实现经济、社会和环境的协调发展。

6.5　生物冶金工艺的经济与环境影响分析

6.5.1　生物冶金工艺的经济效益分析

生物冶金工艺在废旧锂离子电池回收中的经济效益分析涉及多个方面，包括技术可行性与环境友好性、经济可行性、市场前景等。以下是根据最新研究和报告的详细分析：

（1）技术可行性与环境友好性

生物冶金技术，特别是微生物金属溶解或生物浸出，被认为是一种环保、操作安全且能降低运营成本和能源需求的方法。这种技术在从矿石、精矿和回收或残留材料中提取金属方面越来越受欢迎。生物冶金技术不仅能提高矿产资源的综合利用率，还能避免对生态环境造成干扰和破坏[10]。

（2）经济可行性

① 资本支出与运营支出：在工业规模上，生物浸出技术的经济可行性已被证明。例如，使用生物浸出法从针铁矿中提取铜在经济上是可行的，尤其是在使用曝气搅拌生物反应器时，资本支出（CAPEX）为 119816550 美元 / 年，运营支出（OPEX）为 5896580 美元 / 年，预计工厂投产一年后将开始盈利[11]。

② 金属回收的经济性：废旧锂离子电池中的正极材料含有高价值金属如锂、钴、镍和锰。从废旧 LIBs 中回收这些贵金属具有显著的经济吸引力。例如，2011 年钴的价格是镍的两倍，是铜的 1.5 倍[12]。

（3）市场前景

① 锂电池回收市场规模：随着新能源汽车和储能市场规模的快速增长，锂电池回收市场前景广阔。预计到 2030 年，废旧锂离子电池回收拆解与梯次利用行业的市场规模将超过 1000 亿元，达到 1053.6 亿元[13]。

② 三元电池与磷酸铁锂电池回收：三元电池通过材料回收方法具有一定经济性，预计 2020 ～ 2030 年三元电池累计回收市场空间将达 1305 亿元。磷酸铁锂电池的累计回收市场空间在现价情况下，2020 ～ 2030 年将达到 163 亿元[14]。

（4）成本分析

企业的电池总回收成本主要由原材料成本、燃料成本、环境治理成本、辅助材料成本、人工成本等构成，其中原材料成本占比最大，可达 75% ～ 90%[15]。

单位经济性：以 1t 三元锂电池为例，每吨废料毛利为 3.84 万元，每吨碳酸锂毛利为 1.92 万元，共计每吨回收毛利为 3.84 万元[15]。

（5）政策与法规

政府在推动废旧锂离子电池回收方面扮演着重要角色。通过制定政策和法规、提供补贴和激励措施，可以鼓励各方参与回收工作，促进循环经济的发展[12]。

综上所述，生物冶金工艺应用于废旧锂离子电池回收的经济效益显著，不仅能够实现资源的高效利用，还能带来显著的经济回报，同时具有环境友好性。随着技术的进步和市场的扩大，生物冶金工艺有望在未来发挥更大的作用。

6.5.2　生物冶金工艺的环境影响评估

生物冶金工艺是一种环境友好型的金属提取技术，与传统的冶金方法相比，具有显著的环境保护优势。以下是生物冶金工艺的环境影响评估：

① 环境友好性：生物冶金技术被认为是一种温和氧化、温和还原、节能环保的技术，具有成本低、操作简单的特点。这种技术在常温、常压下进行，不产生二氧化硫，排放废水中的铜离子含量可以控制在远低于国家排放标准的水平[10]。

② 减少污染：与常规的高碳冶金过程相比，生物冶金技术大幅减少了三废（废水、废气、固体废弃物）的排放，对环境的污染程度较低。例如，我国有色金属工业的三废达标排放率远高于全国平均水平，而生物冶金技术可以有效降低这一差距[10]。

③ 资源的高效利用：生物冶金技术能够处理低品位矿石，扩大了资源储量，提高了矿产资源的综合利用率，同时还避免了对生态环境的破坏[10]。

④ 促进生态修复：在矿山重金属污染场地的原位修复中，生物冶金技术可

以利用微生物的代谢作用去除土壤中的重金属，促进土壤生态系统的恢复。

综上所述，生物冶金技术在环境影响方面具有明显优势，不仅能有效减少污染物排放，还能提高资源的利用效率，是一种符合生态文明建设要求的绿色技术。随着科研工作的不断深入和工业化应用的逐步推广，生物冶金技术有望在未来发挥更大的作用。

6.5.3　回收过程中的环保与安全管理

生物冶金工艺中存在的环境问题主要有：废物、废水和废气。废物主要包括固体废弃物和液体废物两大类，其中固体废弃物主要包括矿渣、尾矿、废渣等，对环境危害较大。废水主要包括生物浸出液、浓缩液和氧化反应液等，其污染程度相对较小，但若处理不好，会导致环境污染。废气主要是生物反应器中产生的臭气和有毒气体，对环境具有严重的危害。在回收过程中，确保环保和安全管理是至关重要的。以下是关于生物冶金工艺在回收过程中的环保与安全管理方面的分析：

① 安全生产法规：根据《冶金企业和有色金属企业安全生产规定》[16]，企业是安全生产的责任主体，需要遵守国家有关安全生产和职业病防治的法律、法规和标准。这包括在新建、改建、扩建工程项目中，安全设施和职业病防护设施应与主体工程同时设计、施工和投入使用。

② 风险辨识与应急管理：企业必须对存在的各类危险因素进行辨识，并在有较大危险因素的场所和设施上设置安全警示标志。对于重大危险源，企业应进行登记建档、监测监控，并制定应急预案，定期开展应急演练[16]。

③ 安全措施：生物冶金工艺流程中应采取适当的安全措施，例如在浸出、萃取作业时，应采取防火防爆、防冒槽喷溅和防中毒等安全措施。此外，企业在产生酸雾危害的电解作业时，应采取防止酸雾扩散及槽体、厂房防腐措施[16]。

④ 环境效益：生物冶金技术作为一种温和氧化、温和还原、节能环保的技术，相较于传统冶金技术，具有成本低、操作简单、环境友好等优点。在矿产资源综合利用的过程中，能够提高矿产资源的综合利用率，同时避免对生态环境造成干扰和破坏。

⑤ 安全风险防控：冶金工业安全风险防控应急管理部重点实验室致力于提升冶金行业安全技术，包括安全监控与风险研判、装备研发与智能干预等，以提高冶金工业安全风险防控能力[17]。

⑥ 政策支持与培训：实验室还提供技术咨询与安全培训，旨在形成技术创新、技术咨询、政策支撑和人才培养的多元一体化平台，助力冶金工业安全技术发展[17]。

综上所述，生物冶金工艺在回收过程中的环保与安全管理方面，不仅需要遵守安全生产法规，采取有效的风险辨识与应急管理措施，而且要利用技术进步与创新来提高环境效益和安全生产水平。同时，政策支持和安全培训对于提升整个行业的安全管理和环保意识也起到了关键作用。

6.6　生物冶金工艺的未来展望

6.6.1　生物冶金技术面临的挑战与机遇

生物冶金回收废旧锂离子电池技术作为一种新兴的环保资源回收方式，既面临着一些挑战，也具备显著的机遇。以下是对其面临的挑战与机遇的详细分析：

6.6.1.1　生物冶金技术面临的挑战

① 技术成熟度与效率：第一为技术不成熟。目前，生物冶金技术在废旧锂离子电池回收领域的应用仍处于探索阶段，技术相对不够成熟。相较于传统的机械分解法、高温热解法、湿法冶金等方法，生物冶金在废旧锂离子电池回收中的效率可能较低，需要更长时间来完成金属提取过程。第二为反应条件需要精准控制。微生物的生长和活性受环境条件影响较大，如温度、pH 值、营养物质等，这些都需要精确控制以确保回收过程的稳定性和效率。

② 微生物适应性：首先是菌种选择。废旧锂离子电池中含有多种金属元素和复杂的化学物质，需要筛选和培育出能够高效、稳定地处理这些物质的微生物菌种。然而，目前针对废旧锂离子电池回收的微生物菌种研究相对较少，且菌种适应性有限。其次是耐毒性。锂离子电池中的电解液等化学物质可能对微生物产生毒性影响，降低微生物的活性甚至导致其死亡，从而影响回收效果。

③ 经济成本：首先是初期投入，生物冶金技术需要建立专门的微生物培养系统和处理设施，初期投入较大。此外，微生物的培育和维护成本也相对较高。然后是经济效益，由于技术效率和微生物适应性的限制，生物冶金回收废旧锂离子电池的经济效益可能不如其他传统方法显著。

④ 市场接受度：生物冶金技术在废旧锂离子电池回收领域的应用尚不广泛，市场对其认知度较低。这可能导致该技术在推广和应用过程中面临一定困难。

6.6.1.2　生物冶金技术面临的机遇

① 环保与可持续发展：生物冶金技术作为一种环保、低能耗的回收方式，符合全球对环保和可持续发展的要求。随着环保意识的不断提高，生物冶金技术在废旧锂离子电池回收领域的应用前景广阔。

② 资源回收利用：废旧锂离子电池中含有锂、钴、镍等有价值的金属元素，通过生物冶金技术可以实现这些元素的回收再利用，从而节约资源。

③ 政策支持：各国政府越来越重视废旧电池的回收处理工作，并出台了一系列政策措施来推动这一领域的发展。这为生物冶金技术在废旧锂离子电池回收领域的应用提供了良好的政策环境。

④ 技术进步与创新：随着科学技术的不断进步和创新，生物冶金技术有望克服现有的技术瓶颈，提高回收效率和稳定性。同时，新型微生物菌种的发现和培育也将为生物冶金技术的发展注入新的活力。

综上所述，生物冶金回收废旧锂离子电池技术面临着技术成熟度与效率、微生物适应性、经济成本和市场接受度等方面的挑战。然而，随着环保意识的提高、政策的支持以及技术的不断进步和创新，该技术也具备显著的机遇和广阔的发展前景。

6.6.2　生物冶金的发展趋势与前景

生物冶金回收废旧锂离子电池的发展趋势与前景呈现出积极向好的态势。以下是对其发展趋势与前景的详细分析。

6.6.2.1　生物冶金的发展趋势

① 技术进步与创新：生物冶金技术在废旧锂离子电池回收中的应用越来越广泛。微生物溶解金属或生物浸出技术因其环保、操作安全，并可降低运营成本和节约能源，逐渐受到重视[1]，促进生物冶金技术进步与创新。

② 环境友好性：生物冶金技术因其环境友好特性，在废旧锂离子电池回收中具有明显优势。这种技术不仅减少了有害化学物质的使用，还避免了有毒或有害副产品的产生。

③ 资源回收价值：废旧锂离子电池中含有大量有价值的金属，如锂、钴、镍和锰。生物冶金技术能够有效回收这些关键金属，缓解资源短缺问题。例如，废旧锂离子电池的金属成分已超过天然矿床的含量，从废旧 LIB 中分离金属比从天然矿物中分离更容易[12]。

④ 政策与法规支持：随着全球对可持续发展和循环经济的重视，政府在推动废旧锂离子电池回收方面扮演着重要角色。通过制定政策和法规，提供补贴和激励措施，可以鼓励各方参与回收工作[12]。

6.6.2.2 生物冶金的前景

① 市场需求增长：随着电动汽车和储能设备的普及，废旧锂离子电池的回收市场需求将持续增长。预计到2030年，全球将处理1100万吨废旧锂离子电池[12]。这为生物冶金技术提供了广阔的市场空间。

② 技术集成与优化：未来的发展趋势是将生物冶金技术与其他回收技术（如火法冶金、湿法冶金）集成，形成更为高效和环保的回收流程。

③ 经济价值：从经济角度来看，从废旧锂离子电池中回收贵金属如钴和锂具有显著的经济吸引力。随着金属价格的上涨，回收这些金属的经济价值也在不断增加。

④ 技术创新与应用：生物冶金技术在废旧锂离子电池回收中的应用前景广阔，未来可能会有更多创新技术出现，进一步提高回收效率和降低成本。

⑤ 社会与环境效益：生物冶金技术不仅能够提高资源的利用效率，还能减少环境污染，符合可持续发展的要求。通过合理回收废旧锂离子电池，可以减少对环境的负面影响，促进循环经济的发展。

综上所述，生物冶金技术在废旧锂离子电池回收领域具有广阔的发展前景，随着技术的进步和市场需求的增长，这种技术有望在未来发挥更大的作用。

参考文献

［1］胡长松. 转底炉处理低品位红土镍矿的中试研究. 中国有色冶金，2014，43（2）：74-78.

［2］阮仁满，温建康. 第30章生物冶金技术. 当代世界的矿物加工技术与装备——第十届选矿年评. 2006：462-495.

［3］李敏.生物冶金技术研究综述.山西冶金，2014，37（1）：9-10.

［4］李学亚，叶茜.微生物冶金技术及其应用.矿业工程，2006，4（2）：49-51.

［5］杨杰.微生物冶金的发展趋势.新疆有色金属，2012，35（5）：60，63.

［6］倪彬彬.一种高效率生物冶金设备：中国，201720147126.0. 2017-11-17.

［7］侯如升.一种调温负压式化工冶炼箱：中国，201710115893.8. 2017-06-20.

［8］李浩然，冯雅丽.微生物冶金的新进展.冶金信息导刊，1999（3）：29-33.

［9］杨宝军，刘洋，刘红昌，等.生物冶金技术的研究现状及发展趋势.生物学杂志，2024，41（3）：1-10.

［10］宫姝丽，李晶莹.生物法回收废旧锂离子电池关键金属的研究进展.山东化工，2024，53（2）：138-140.

［11］吕鸣钰，邓晓燕，宫姝丽，等.生物浸出法回收废旧锂离子电池的研究进展.电池，2023，53（5）：563-567.

［12］廖小健.还原剂强化生物浸出废旧锂离子电池及其作用机理的研究.广州：广东工业大学，2023.

［13］殷书岩，赵鹏飞，李少龙，等.难处理金矿预处理技术的选择.中国有色冶金，2018，47（02）：30-34.

［14］陈薇.微生物浸出技术研究及其应用现状.盐业与化工，2014，43（12）：8-11.

［15］周鸣.生物淋滤技术去除矿区土壤中的铜、锌、铅研究.长沙：湖南大学，2008.

［16］张帅.2,4-二硝基苯甲醚的零价铁强化生物还原技术研究.南京：南京理工大学，2015.

［17］Roy J J，Cao B，Madhvai S. A review on the recycling of spent lithium-ion batteries（LIBs）by the bioleaching approach. Chemosphere，2021，282：130944.

第7章

锂离子电池电解液回收与无害化技术

到目前为止，人们在开发正极（Li、Co、Mn 和 Ni 金属元素）和负极的有效回收工艺方面付出了巨大的努力。然而，其他成分，如有机电解质、添加剂等通常只受到有限的关注，并且在废旧锂离子电池的回收过程中总是被烧毁或废弃。废旧锂离子电池的危险特性主要源于上述被忽视的成分。当这些成分直接燃烧或被废弃时，会排放出有毒气体和粉尘，造成严重的环境污染并危害人类健康。特别是电解质是最危险的成分，因为它们很容易与空气和微量水发生反应，然后释放出有毒物质[1-4]。如图 7-1 所示，电解液包含三部分：锂盐、有机溶剂和添加剂。敏感的锂盐如 $LiPF_6$ 很容易与微量水反应生成有毒的含氟和磷化合物（POF_3、PF_5、HF 和 H_3PO_4 等）。同时，挥发性碳酸乙酯（EMC）、碳酸乙烯酯（EC）、碳酸二甲酯（DMC）等，会产生少量挥发性有机化合物（VOCs）。此外，少量阻燃剂等添加剂在燃烧过程中会转化为致癌物质。因此，这些源自电解液的有害物质很容易扩散到水、土壤和空气中，造成严重的环境污染并威胁人类生命。然而，在废旧锂离子电池回收过程中，有害电解质的处理往往被忽视[5]。值得注意的是，电解液在电池生产成本中占比约 12%，而其利润却高达 40%，使其成为锂离子电池材料成本中盈利能力较强的成分。因此，回收废旧锂离子电池电解液具有显著的经济效益和环境效益。为了应对这一挑战，开发有效的电解液回收与无害化技术显得尤为迫切。

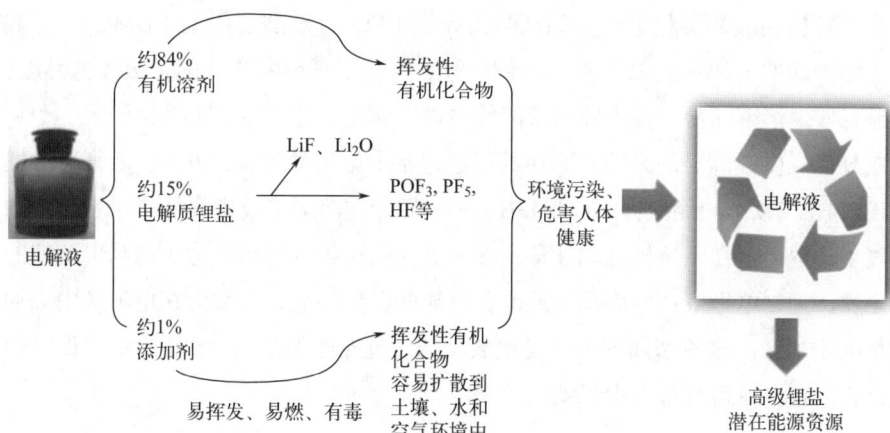

图 7-1 废旧锂离子电池电解液的危险和有价值的特性[5]

本章重点介绍目前废旧锂离子电池回收利用工艺中电解液的处理方法,从环境保护和资源利用的角度,对各种电解液的处理方法进行分析、讨论。

7.1 锂离子电池电解液特性与处理方法

锂离子电池电解液的特性对于确定其回收和处理方法至关重要。这些特性包括化学组成、热稳定性、电化学稳定性、毒性以及潜在的环境危害。深入理解这些特性有助于制定有效的回收策略,旨在最大限度地减少对环境的影响,并实现有价值材料的回收利用。

7.1.1 电解液的组成与化学特性

电解液是锂离子电池中的关键组成部分,它承担着传递锂离子的重要任务,从而使得电池能够进行充放电循环。电解液的组成和化学特性对电池的性能、安全性以及寿命都有着至关重要的影响。

7.1.1.1 电解液的组成

图 7-2 为锂离子电池电解液的组成部分及相关性质,一般来说,锂离子电池电解液主要由三部分构成:有机溶剂、锂盐和添加剂[6-9]。电解液中的有机溶剂

通常是有机碳酸酯类化合物，如碳酸乙烯酯（EC）、碳酸二甲酯（DMC）、碳酸二乙酯（DEC）和碳酸甲乙酯（EMC）等。这些溶剂具有高介电常数和低黏度，能够有效地溶解锂盐，并为锂离子的传输提供介质。锂盐是电解液中的另一个重要成分，提供锂离子的来源。常用的锂盐包括六氟磷酸锂（LiPF$_6$）、四氟硼酸锂（LiBF$_4$）、二氟草酸硼酸锂（LIODFB）等。锂盐在溶剂中离解成锂离子和相应的阴离子，锂离子在正负极之间迁移，参与电池的充放电过程。为了提高电解液的稳定性、抑制电极表面的副反应或改善电池的循环性能，通常会在电解液中添加少量的添加剂。这些添加剂可以是抗氧化剂、过充电保护剂、SEI 膜形成促进剂等，它们在电池运行过程中起到关键作用。

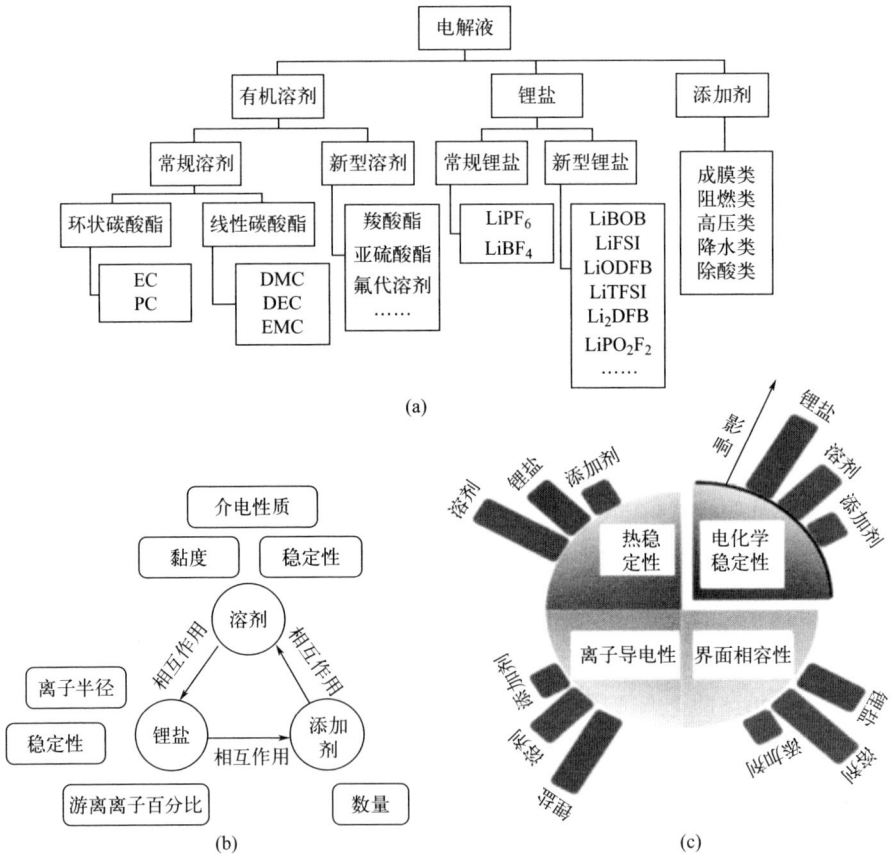

图 7-2 锂离子电池电解液组成结构（a）；传统液态电解质设计原理（b）；
电解质的不同物理和电化学特性（c）
矩形的高度代表这些因素的影响权重：锂盐、溶剂和添加剂[10,11]

7.1.1.2 电解液的化学特性

锂离子电池电解液的化学特性主要包括以下几点[12-16]：① 导电性：电解液需要具备良好的导电性，以便锂离子能够在正负极之间有效迁移，这直接影响到电池的充放电效率和功率密度；② 化学稳定性：电解液在电池的工作电压范围内需要保持稳定，不发生分解或其他化学反应，以保证电池的循环稳定性和安全性；③ 热稳定性：在高温条件下，电解液也应保持相对稳定，避免热失控导致的安全问题；④ 兼容性：电解液需要与电池的其他组件，特别是电极材料和隔膜，具有良好的兼容性，不引起腐蚀或其他不良反应；⑤ 环境友好性：随着环保意识的提高，电解液的环境友好性也越来越受到重视，这要求电解液在使用和处理过程中对环境的影响尽可能小。

综上所述，锂离子电池电解液的组成和化学特性对于电池的整体性能至关重要，研究人员和工程师们不断探索和优化电解液的配方，以期达到更好的电池性能和更长的使用寿命。

7.1.2 电解液的表征与分析方法

表征与分析锂离子电池电解液的方法多种多样，这些方法旨在揭示电解液的化学组成、物理性质以及在电池工作过程中的行为。以下是一些常用的电解液表征与分析方法：

① 电化学分析：包括循环伏安法（CV）、电化学阻抗谱（EIS）和恒电流充放电测试等。这些方法可以用以评估电解液中溶质的氧化还原特性、分析电解液的导电性和界面特性、测试电解液在实际工作条件下的性能。

② 光谱分析方法：如红外光谱（IR）、紫外 - 可见光谱（UV）、傅里叶变换红外光谱（FTIR）、拉曼光谱等，这些方法能够提供电解液中分子结构的详细信息，帮助研究者识别和定量电解液中的组分；检测电解液中有机溶剂和添加剂的存在；能够识别电解液中的化学键和功能团。

③ 色谱分析：如气相色谱和液相色谱，这些方法可以分析电解液中挥发性有机化合物，检测和定量电解液中的溶解组分。

④ 质谱分析：用于详细分析电解液组分的分子量和结构。

⑤ 热分析方法：如差示扫描量热法（DSC）和热重分析（TGA），这些技术可以用来研究电解液的热稳定性和分解行为，对于评估电池的安全性至关重要。

⑥ 显微镜分析：如扫描电子显微镜（SEM）和透射电子显微镜（TEM），这些显微镜技术可以用来观察电解液在微观层面上的结构特征，以及电极／电解液界面上的变化。

⑦ 表面分析技术：如 X 射线光电子能谱（XPS）和原子力显微镜（AFM），这些方法能够提供关于电极表面和电解液相互作用的详细信息。

⑧ 物理性质测试：包括黏度、密度、电导率等参数的测量，这些物理性质直接影响电池的性能，如能量密度、功率输出和充电速度。

通过对锂离子电池电解液进行全面的表征与分析，研究者可以优化电解液的配方，提高电池的性能和安全性，同时这些表征与分析也为开发新型高性能电解液提供了科学依据。随着电池技术的不断进步，电解液的表征与分析方法也将不断创新，以适应新的研究需求和挑战。

7.1.3 电解液处理方法的分类与评估

锂离子电池电解液的处理方法通常侧重于电解液的回收和净化，这对环境保护和资源循环利用非常重要。锂离子电池电解液的处理方法可以分为物理处理方法、化学处理方法和机械处理方法三大类。

① 物理处理方法：主要依赖于物理作用来改善电解液的性能。常见的物理处理方法包括过滤、离心、蒸发浓缩等。这些方法可以去除电解液中的不溶性杂质和水分，提高电解液的纯度和稳定性。

② 化学处理方法：通过化学反应来改变电解液的成分或性质。例如，通过添加适量的添加剂来抑制电解液中的副反应，或者通过氧化还原反应来去除电解液中的有害成分。化学处理方法可以提高电解液的电导率和热稳定性，从而提升电池的性能。

③ 机械处理方法：涉及对电解液进行物理搅拌、超声波处理等，能改善电解液的均匀性和流动性。这些方法有助于减少电解液中的气泡和沉淀物，保证电池的一致性和可靠性。

对于这些处理方法的评估，需要从多个角度进行考虑。选择适合的处理方法取决于电解液的具体成分、处理目的以及环境与经济因素。选择何种处理方法以及对选择的处理方法进行评估，通常考虑以下因素：① 成本：包括初期投资、运营成本以及能耗。② 效率：回收率和纯化度对电池性能的影响。③ 环境影响：处理过程中产生的二次污染和资源消耗。④ 工艺复杂度：设备和操作的复杂程度。⑤ 安全性：化学稳定性和潜在的安全风险。综上所述，锂离子电池电解液的处理方法多样，每种方法都有其优势和局限性。在实际生产中，通常需要根据具体的电池设计和性能要求，选择合适的处理方法，或者将多种方法结合起来，以达到最佳的处理效果。随着材料科学和工艺技术的不断进步，未来有望开发出更高效、环保的电解液处理技术，进一步推动锂离子电池回收技术的发展。

7.2 锂离子电池电解液回收技术

针对已经退役的锂离子电池，其电解液的资源化回收工作主要集中在回收电解液中所含的有机溶剂及锂盐。目前，研究人员和相关企业已经开发了多种技术来回收电解液中的有机溶剂和锂盐。这些技术旨在将电解液中的有价值成分分离出来，以便它们可以被重新利用或者经过适当的处理后安全地排放或处置。回收有机溶剂的方法通常包括蒸馏、离心、吸附等物理化学过程，通过这些方法可以有效地将有机溶剂从电解液中分离出来，并且进行净化处理，使其达到可以重新使用的标准。而锂盐的回收则更加复杂，需要采用电化学方法、沉淀法或者离子交换技术等，以确保锂盐的有效回收和再利用。

通过这些先进的回收技术，不仅能够减少对环境的潜在危害，还能够实现资源的循环利用，降低新材料生产的成本和能源消耗。因此，退役锂离子电池电解液的资源化回收，不仅是环境保护的需要，也是实现可持续发展战略的重要环节。随着技术的不断进步和规模化应用，未来这一领域有望实现更大的经济和环境效益。

7.2.1 预处理技术

废旧电池的处理通常需先通过放电来去除电池中残余电量以防止电池自燃或短路，放电完成后分离电池结构，从而得到可回收利用的材料。图 7-3 为预处理中常用技术方法及特点。

7.2.1.1 预放电

在锂离子电池的回收过程中，为了确保操作的安全性，必须首先进行预放电。预放电的目的是将电池中残留的电能释放出来，以防止在后续处理过程中发生短路、过热或其他安全事故。预放电的方法有多种，其中最常见的包括[17-19]：

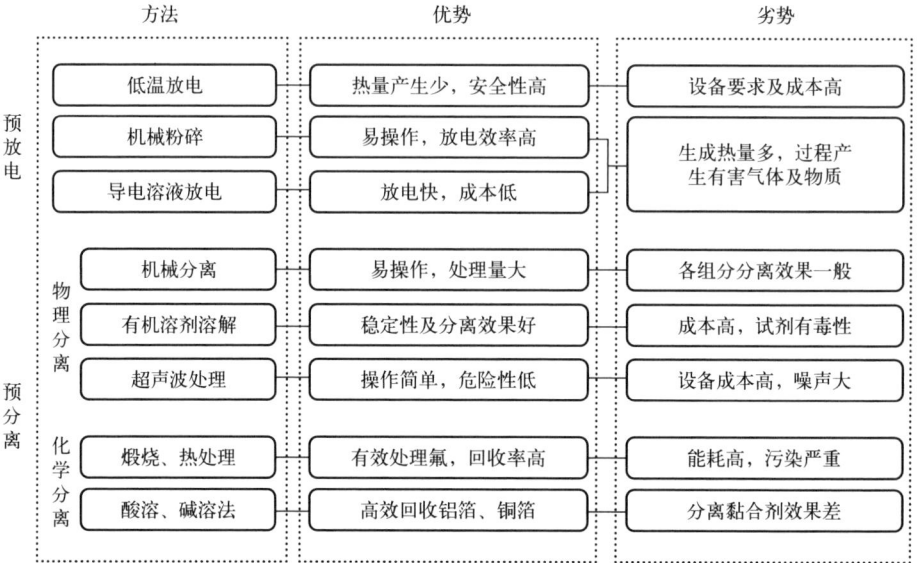

图 7-3　预处理常用技术方法及特点[24]

①导电溶液放电法：这种方法通过将废旧电池放入一个装有特定浓度导电溶液的容器中，利用溶液的导电性质使电池短路放电。常用的导电物质是氯化钠（NaCl），因为它是一种成本低廉且效果良好的导电介质。浸泡法因其简单易行，成为目前应用最广泛的预放电方法之一。

②机械粉碎法：通过物理破碎电池结构，促使内部电极接触引发短路，从而快速释放剩余电能，确保后续处理安全。

③低温放电法：在某些情况下，可以将电池置于低温环境中，使其内部的化学反应速率减慢，从而实现安全放电。

7.2.1.2　预分离

在锂离子电池的回收过程中，除了预放电外，还需要进行预分离步骤。预分离的目的是将电池中的活性物质与非活性成分（如铝箔、塑料、隔膜等）有效分离，以便于后续的浸出和回收工作，特别是含有高价值金属如钴、锂等元素的电极材料。常见的预分离方法包括[20-23]：

① 手工拆解：是一种劳动密集型的方法，通过人工的方式逐一拆解电池的各个部分，虽然效率较低，但在处理某些特殊类型的电池时可能是必要的。

② 机械分离：利用机械设备将电池破碎，然后通过筛分或风选等物理方法将不同密度和大小的物质分离开来。

③ 有机溶剂溶解：使用特定的化学溶剂来溶解电池的某些组成部分，如黏合剂或塑料，从而使活性物质与非活性物质分离。

④ 热处理：加热电池至一定温度，使某些组分燃烧或分解，从而实现材料的分离。

这些预分离方法各有优势和局限性，通常需要根据具体的电池类型和回收目标选择合适的方法或多种方法的组合，以达到最佳的回收效果。

7.2.2　真空蒸馏法

真空蒸馏法的核心在于利用真空环境下物质沸点降低的特性，将电解液中的有价值成分与杂质分离，从而实现资源的再利用和环境的保护。

周启等[25]提出一种废旧锂离子电池电解液回收资源化利用的方法，如图 7-4 所示，包括以下步骤：

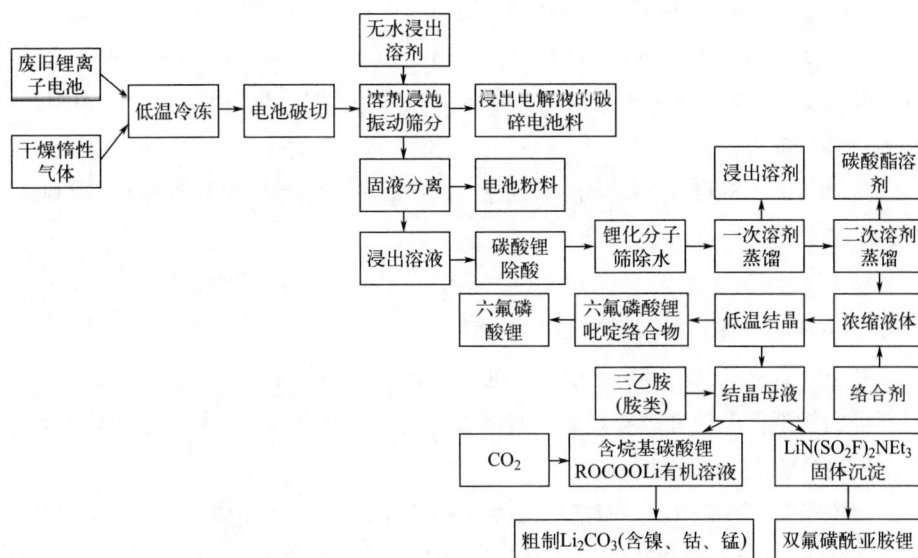

图 7-4　真空蒸馏法回收电解液的工艺流程图[25]

① 将废旧锂离子电池置于 −20℃的低温下进行冷冻，冷冻环境保持充满干燥的 N_2 或惰性气体；

② 将电池冷冻 8h 后进行破切操作，将废旧锂离子电池破切成多段；

③ 将步骤②中的电池破切料投入乙醚溶剂中进行 8h 的浸出，并进行搅拌振动筛分，得到破切电池物料和含粉体的溶液，对溶液进行固液分离，得到浸出溶液和电池粉料；

④ 使用碳酸锂对浸出溶液进行除酸操作，碳酸锂的投入量为浸出溶液的 0.5%；

⑤ 对步骤④中经过除酸操作的浸出溶液进行锂化分子筛除水；

⑥ 对经过除酸、除水操作的浸出溶液在 50℃下进行一次蒸馏 3h，蒸出沸点较低的乙醚浸出溶剂；

⑦ 在步骤⑥的基础上提高温度，在 80℃和 50kPa 下进行减压二次蒸馏 4h，蒸出沸点较高的碳酸酯类溶剂；

⑧ 在二次蒸馏的母液中加入无水吡啶络合剂对六氟磷酸锂进行络合，吡啶络合剂与母液的体积比为 1:10，降低溶液温度至 20℃后对六氟磷酸锂络合物进行结晶沉淀 6 h；

⑨ 进行固液分离得到六氟磷酸锂吡啶络合物固体与六氟磷酸锂的结晶母液，取部分六氟磷酸锂吡啶络合物固体进行核磁共振氢谱分析，六氟磷酸锂吡啶络合物在 60℃和 30 kPa 下保温 10 h 进行解离，得到六氟磷酸锂固体；

⑩ 在六氟磷酸锂的结晶母液中加入体积分数为 2% 的三乙胺，在 40℃下搅拌 10h，过滤分离得到含各类烷基碳酸锂 ROCOOLi 的有机溶液和 LiN（SO_2F）$_2$ NEt_3 固体沉淀；

⑪ 将 LiN（SO_2F）$_2NEt_3$ 固体沉淀在 10 kPa 下，加热到 80℃热解 6 h 得到纯净的 LiN（SO_2F）$_2$ 固体；

⑫ 向含各类烷基碳酸锂 ROCOOLi 的有机溶液中通入体积比 CO_2：HCl = 1:0.05 的混合气体，得到粗制 Li_2CO_3 沉淀。

真空蒸馏法不仅能够高效地回收电解液中的有价值成分，还能显著减少废液对环境的污染，但处理过程复杂，对设备和工艺条件要求高，并且电解质 $LiPF_6$ 遇水汽易分解，无法回收电解质。

万艳鹏等[26]采用真空蒸馏法回收废旧锂离子电池中的电解液。具体步骤如下：① 将废旧动力锂离子电池在氮气保护下切割，去掉外壳，取出电芯，对电芯进行切割；② 在切割后得到的电芯碎片中添加二氯乙烷进行浸出，然后负压抽滤，得到浸出液；③ 将浸出液在 35 ～ 50℃状况下常压蒸馏，冷却回流得到二氯甲烷；④ 对回流后剩余液体进行抽真空至 1000 Pa，80℃情况下减压蒸馏分离得到电解液有机溶剂以及电解质 $LiPF_6$。采用本方法回收废旧动力电池中的电解液，工艺简单，回收效率高，而且对环境没有污染。

7.2.3　碱液吸收法

碱液吸收法回收废旧锂离子电池电解液是一种基于特定化学原理的回收技术。这种方法的核心在于利用碱液与锂离子电池中的有害物质发生化学反应，从而实现对这些有害物质的有效分离和回收。碱液吸收法在操作上相对简单，成本较低，有利于在工业规模上的应用和推广。

浅野聪等[27] 提供的一种锂的回收方法，能够从废旧锂离子电池中有六氟磷酸锂的溶液中有效地回收不含磷、氟杂质的锂，实验流程如图 7-5 所示。具体工序为：

① 在放电工序中，使用硫酸钠水溶液、氯化钠水溶液等放电液，将使用过的电池浸渍在该水溶液中，从而使其放电。在放电处理之后浆料被过滤而该放电液被排出，所排出的放电液中由于放电处理而溶出的有构成锂离子电池的电解质、电解液的成分。

② 在破碎 / 解碎工序中，使用通常的破碎机、解碎机将电池无害化解体成适度的大小。

③ 在洗涤工序中，通过将经由破碎 / 解碎工序得到的电池解体物用水或醇进行洗涤，去除电解液和电解质。

④ 在正极活性物质剥离工序中将电池解体物投入硫酸水溶液等酸性溶液、表面活性剂溶液中并搅拌，从而能够将正极活性物质与铝箔以固体的状态进行分离。

⑤ 在浸出工序中，将在正极活性物质剥离工序中被剥离回收的正极活性物质在固定碳含有物、还原效果好的金属等的存在下用酸性溶液浸出而制成浆料。通过该浸出工序，将正极活性物质溶解于酸性溶液，将构成正极活性物质的有价金属（镍、钴等）制成金属离子。

⑥ 在硫化工序中，通过将经由浸出工序得到的溶液导入反应容器中，并添加硫化剂来发生硫化反应，生成镍钴混合硫化物。由此，从锂离子电池回收作为有价金属的镍、钴。可以使用硫化钠、氢硫化钠或硫化氢气体等硫化碱等作为硫化剂。

⑦ 在沉淀形成工序中，由上述的放电或洗涤工序所排出的放电液或洗涤液等处理液、硫化工序得到的滤液即含有六氟磷酸锂的含锂溶液形成磷酸盐和氟化

物盐的沉淀。

⑧ 在锂回收工序中，分离去除在上述沉淀形成工序中形成的磷酸盐、氟化物盐的沉淀，然后，从滤液回收锂。

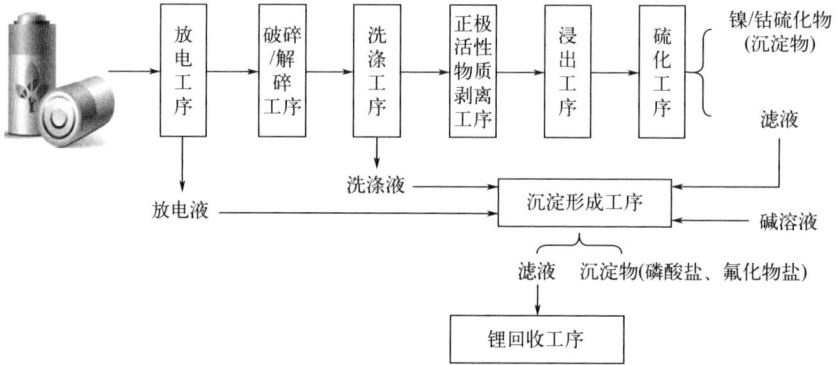

图 7-5　废旧锂离子电池的含锂溶液中回收锂的实验流程示意图[27]

崔宏祥等[28]采用氢氧化钙溶液进行三级碱化处理，尾气通过水喷淋进行无害化处理后排放，步骤如图 7-6 所示。将废旧锂离子电池在常温下进行分拣，经液氮低温冷却后破碎；放入 Ca(OH)₂ 溶液中进行三级碱化处理；三级碱化处理后的液体排入凝聚池，通过加入无机盐凝聚剂进一步沉淀；经三级碱化处理后的尾气，通过水喷淋进行无害化处理后排放。该无害化处理装置由分拣机、料斗、低温处理器、密闭剪切式破碎机、三级反应罐、凝聚池和喷淋塔组成，并通过管道串联。该方法的优点是：设计简单，操作简单易行，容易实施，无害化处理效果好，且碱性溶剂可经过调配重复使用，既环保又有良好的经济效益。

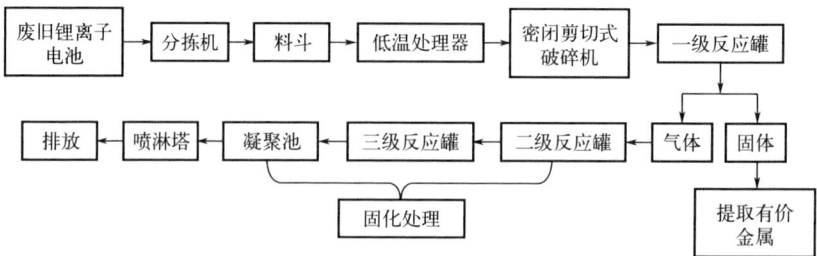

图 7-6　废旧锂离子电池电解液的无害化处理流程示意图[28]

7.2.4　膜分离法

废弃锂离子电池电解液回收方法中，膜分离技术是一种高效且环保的方法。膜分离技术利用特定孔径和化学特性的膜材料，通过物理筛选和化学作用，实现不同组分的分离。在锂离子电池电解液的回收过程中，可以通过膜过滤来分离和提纯电解质和其他有价值的成分。在回收过程中，膜分离技术可以与其他方法如预处理、火法冶金、湿法冶金等相结合，以提高回收效率和纯度。例如，可以通过膜过滤来去除电解液中的杂质，或者在液体萃取过程中使用膜来分离出特定的化学物质。

近年来，研究者们在膜分离技术方面进行了不断的创新，设计出了多种新型膜材料和膜过程，以适应不同类型电解液的回收需求。这些创新有助于提高回收效率，降低能耗，并减少环境污染。针对锂离子电池回收行业缺乏专用设备、回收工艺冗长、三废排放强度大等行业共性问题，青海盐湖研究所王敏研究员团队依据锂离子电池的组成和电芯结构特点，研发了废旧锂离子电池精准分选与短流程再生技术，并建成了 500 吨 / 年废旧锂离子电池资源化回收中试线[29]。研究团队在项目实施过程中将膜分离技术应用于酸浸液提锂，优化提锂工艺，回收制备的碳酸锂含量达到 99.69%；有价金属元素再生利用阶段将分离过程与再生工艺相耦合，经离子调控直接制备三元前驱体并合成正极材料，经测试其电化学性能与纯新材料相媲美，大大缩短了再生工艺流程，为废旧锂离子电池的绿色高效回收利用提供了新途径。项目开发的废旧锂离子电池资源化回收技术，有望解决当下大量废旧锂离子电池退役带来的环境压力。

尽管膜分离技术在电解液回收中具有潜力，但仍面临一些挑战，如电解质的分解变质、有机溶剂吸附在极片表面难以回收等问题。这些问题需要通过进一步的技术改进和优化来解决。

7.2.5　化学法

化学法处理废旧锂离子电池主要是通过添加化学试剂来引发电解液的化学反应，解决了 $LiPF_6$ 遇水易分解的问题，并提高了直接法回收利用的效率。通过添加 NaOH、KOH 等试剂，电解液发生化学转化，生成的稳定锂盐如 $LiPO_2F_2$ 和 Li_2CO_3 可以被有效回收，减少了电解液分解对环境的影响[24,30]。

He 等[31]将废旧锂离子电池放电后，从顶部切开，分成负极板、正极板、隔膜、外壳和凸（极）耳，然后将电解液转移到提取液中，电解液在 25min 内基本完全溶解，其中的 EC 和碳酸丙烯酯（PC）可溶于水，$LiPF_6$ 可与提取液反应形成水溶性锂盐和 $NaPF_6$，然后将溶液混合并转移到旋转蒸发冷凝器中，通过蒸馏从水溶液中回收电解液，电解液的回收率达到 95.6%，锂盐和 $NaPF_6$ 则通过过滤回收。

林浩志等[32]将一种碳酸酯类的清洗溶剂注入电池，使电解质与清洗溶剂混合后，加入水或无机酸分解 $LiPF_6$，加热减压使 HF 蒸发，HF 经钙化反应无害化处理成为 CaF_2 后进行回收，其余溶剂经蒸馏提纯后回收［如图 7-7（a）所示］。陈夏雨[33]用碳酸酯提取电解液后，减压蒸馏提取液得到锂盐的浓缩液，将浓缩液在 $-30 \sim -20℃$ 温度下冷却 $1.5 \sim 3h$，通过精密过滤器得到 $LiPF_6$。该 $LiPF_6$ 溶液包含有电解液的其他成分，分析成分后，按照电解液配方补充溶剂和添加剂，可重新配制成电解液产品再使用［如图 7-7（b）所示］。

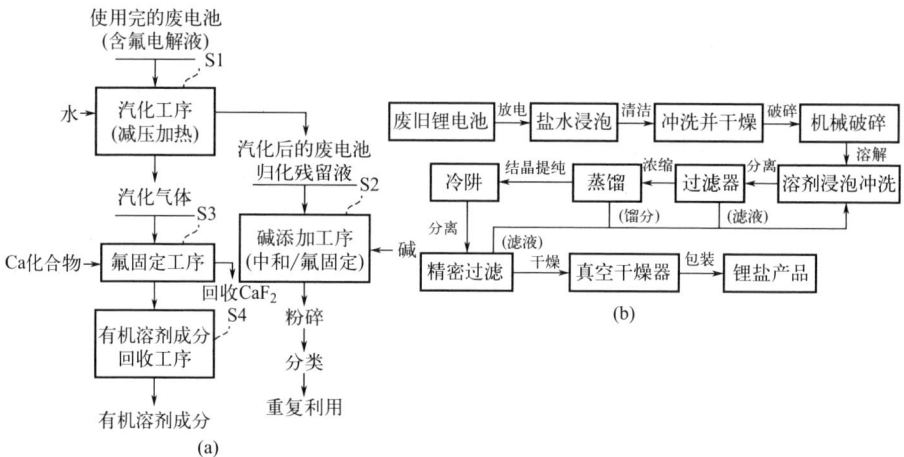

图 7-7 含氟电解液的处理方法的工艺流程图（a）和锂离子电池电解液回收方法的工艺流程图（b）[32,33]

陈亚等[34]配制含 0.1mol/LKCl 和 $0.4mol/LC_8H_{20}ClN$ 的混合溶液 310mL，室温下边搅拌边加入 150mL 锂离子废电解液，添加完毕后继续搅拌反应 180min。搅拌反应完成后过滤分离沉淀物和含锂溶液。向分离出来的含锂溶液中加入 KOH 调整 pH 值到 13，并在 60℃加热反应 60min，待溶液冷却后过滤，得到净化液。将净化液加热到 90℃并边搅拌边加入 300g/L 碳酸钠溶液，加入完成后继续反应 120min，反应完成后立即过滤，将所得碳酸锂用热水洗涤后 100℃下干燥 12h，称量计算得到锂的回收率为 82.1%，所得碳酸锂的纯度为 98.8%。

7.2.6　物理法

废旧锂离子电池电解液的物理法处理，即采用冷冻、蒸馏、离心等非破坏性方法将电解液从电池中分离出来，采用这种方法时电解液可以回收利用。

赵煜娟等[35] 针对废旧动力锂离子电池回收过程中电解液处理的难题，提出了一种结合低温冷冻和蒸馏水催化的处理方法。该方法旨在减少电解液挥发和六氟磷酸锂电解液分解带来的危害，并实现电解液的安全无害化处理。具体操作流程为：

①将动力磷酸铁锂电池放电至 0V；

②用机械方法打开电池外壳；

③在手套箱中将电芯取出，将电芯迅速放入液氮箱中冷冻，内部呈液态的电解液都可以被冷冻；

④用夹具将电芯从液氮中取出，略作抖动，然后将电芯密封放置或回暖后进行材料分离和回收处理，优选将电芯放置在密封箱内；

⑤将步骤③液氮中得到的电解液冰块状颗粒收集，放入蒸馏烧瓶中，通过加热蒸馏装置将变为液体的电解液在 95 ～ 120℃下蒸馏，有害气体经过尾气吸收装置形成无毒且稳定的 NaF；

⑥在步骤⑤中不再有馏分流出后，向蒸馏烧瓶中加入 5 ～ 10mL 水作催化剂，继续加热至烧瓶内不再有白雾产生；

⑦待体系降温后将剩余馏分加入含有 Ca(OH)$_2$ 的水溶液中，进行沉淀处理，得到的沉淀为 CaF$_2$ 和少量 LiF；

⑧由于产生的有毒气体 HF 和 PF$_5$ 等被尾气吸收液吸收，电解液中的锂仍留在剩余馏分中以 LiF 的形式存在，又因为 CaF$_2$ 的溶度积远大于 LiF，所以在这个体系中最终会形成 CaF$_2$ 沉淀和 LiOH 溶液，达到无害化的目的。

电解液冷冻成固体的主要目的是减少其在处理过程中的挥发，从而降低对环境和人体健康的潜在危害。这种方法确实可以有效消除刺鼻的气味，并减少电解液燃烧的风险，提高了整个电池拆解过程的安全性。但在实际应用中需要权衡其经济性和可行性。对于大规模工业化应用，可能需要进一步的技术改进和成本效益分析，以确保这种方法既环保又经济。

李长青等[36]将电池外壳破坏后在隔绝空气的条件下，于 50～300℃用蒸发的方式得到碳酸酯类。处理过程中不使用有机溶剂，实现废液零排放。实验流程如下：

① 将 1000 kg 初始额定电压为 3.2V 的废弃磷酸铁锂圆柱形钢壳电池在氯化钠水溶液中进行放电处理，使电压回归于零。

② 待充分干燥后，在氩气保护下于含水量控制在 0.002% 以内的干燥手套箱中，使用电锯锯开钢壳，露出里面的卷芯，然后通过无氧无水的过渡箱进入抽真空的反应釜中，在真空条件下，反应釜升温至 150～200℃，关闭真空泵。

③ 蒸馏出的电解液蒸气从冷凝管导入收集罐，而由废旧电池芯产生的无法冷凝的气体则被排出，由处理含氟废气的喷淋装置充分吸收，确保排出的尾气中氟化氢含量低于 $10mg/m^3$，去除电解液的电芯从减压反应釜冷却出来，经过脱壳去极耳后，剩下的电芯经过粉碎、分级、吸粉处理，利用集流体与电极材料密度上的差异，实现铜箔或铝箔集流体与电极材料之间的分离。

④ 向分离出来的正负极粉体材料中加入 300L 的 2mol/L 盐酸溶液，搅拌溶解其中的磷酸铁锂正极材料，含有氟化氢的反应气通过含氟废气喷淋装置充分吸收后排出，过滤产生的滤渣为碳材料，包括碳负极与导电炭黑，滤液含有与磷酸铁锂反应生成的产物 $LiCl$、$FeCl_2$，滤渣经洗涤、干燥变成可以重新利用的电极材料。

⑤ 向滤液中加入 4mol/L 的氨水溶液，调节 pH 值到 5～6，并在 80℃下加热，反应 4h，过滤、干燥得到铁黄 $Fe_2O_3 \cdot H_2O$。

⑥ 向滤液中加入碳酸氢铵溶液，反应 2h，并过滤，得到碳酸锂滤渣。滤液为含有氯化铵、磷酸三钠的溶液，用 2mol/L 的盐酸溶液除掉过量碳酸氢铵溶液，通过溶液蒸发冷却回收磷酸三钠及氯化钠晶体，留下的母液一部分用来浸泡废旧锂离子电池，另一部分加入碳酸锂过滤后留下的滤液中，用于回收磷酸三钠及氯化钠晶体。

该实验以干法与湿法化学工艺相结合的方式实现了电池材料的分离回收，投入成本低、能耗少，特别突出的是对于危害环境的六氟磷酸锂及易燃品碳酸酯的回收处理方法，确保回收过程不会带来二次污染，此外，过程中不使用任何有机溶剂，实现废液"零排放"，适宜规模化回收生产。

潘美姿等[37]通过离心法将电解液分离并回收，该方法不仅工艺简单、投入资金比较小，并且清理比较干净，高效环保回收后的产品可以进行二次利用，节省了能源。其实验流程如下：

① 将收集到的废旧锂离子电池进行分类筛选，舍弃破损的不符合要求的残次品；

② 将筛选后的电池清理并采用乙醇清洗干净，然后在 40℃低温下烘干；

③ 烘干后的电池在惰性气体保护下将其外壳打开，打开的部位为电池的两端端盖，使电池内的电解液流出，并进行收集；

④ 将残留有电解液的电池装入密封的容器，在惰性气体保护下，采用高速离心法将残留电解液进行分离并回收，离心机的转速为 20000 r/min；

⑤ 采用有机溶剂对步骤④得到的电池进行清洗，然后再次在惰性气体保护下，采用高速离心法进行分离，并回收液体；

⑥ 将步骤③、④ 和⑤ 收集到的液体混合，得到废旧锂离子电池回收电解液；

⑦ 将回收电解液过滤，将滤渣与电池的正极和负极一起，在 7 倍以上三者重量总和的浓硝酸中浸泡 5 h，浸泡后过滤，将两次滤液混合；

⑧ 在步骤⑦混合的两次滤液内添加 NaOH，并调节 pH $\geqslant$ 9，一般为 10.5，过滤后得沉淀 $Mn(OH)_2$、$Co(OH)_2$ 和 $Fe(OH)_3$，然后在滤液中添加丁二酮肟得到丁二酮肟镍沉淀，过滤后在滤液中添加碳酸钠得碳酸锂沉淀，将最后的滤液通过萃取、精馏进行分离。

7.2.7　溶剂萃取法

溶剂萃取法[8]是利用电解液溶于特定有机溶剂的特性，将电解液从锂离子电池电芯中转移至萃取剂中，再通过蒸馏操作分离萃取剂与电解液组分，回收的萃取剂可以循环使用（如图 7-8 所示）。

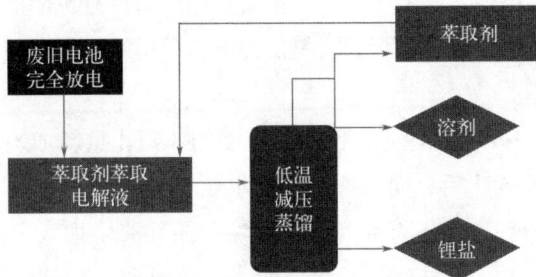

图 7-8　溶剂萃取法回收锂离子电池电解液示意图[8]

胡家佳等[38]利用溶剂溶解正负极片和隔膜中的六氟磷酸锂，六氟磷酸锂的回收率高而且该方法生产投入较少，以较便宜的物料回收价格高昂的六氟磷酸锂，而且回收过程中物料损耗较少，既创造了可观的经济效益，避免了锂资源的浪费，又防止了六氟磷酸锂和电解液对环境的污染。具体操作流程如下：

① 将废旧锂离子电池通过外接电阻方式放电至 1 V 以下；

② 将上述废旧锂离子电池进行清洗干燥预处理；

③ 将上述预处理后的废旧锂离子电池转移至干燥房中，干燥房中露点控制在 −40℃以下；

④ 将废旧锂离子电池进行拆解，去除外壳及盖板，取出卷芯；

⑤ 将卷芯放置入碳酸乙烯酯中浸泡，浸泡温度为 25℃，浸泡时间为 30 min，并搅拌，充分浸出卷芯中的六氟磷酸锂，得到电池电解液的提取液；

⑥ 将电池电解液的提取液进行过滤，去除比较大的正负极料，离心，并通入无水 HF 气体，以提高溶液中六氟磷酸锂纯度；

⑦ 在 3000Pa、140℃条件下对上述电解液的提取液进行蒸馏，得到纯度较高的六氟磷酸锂晶体，将蒸馏后冷凝得到的碳酸乙烯酯回收再用于卷芯中六氟磷酸锂的浸取。

赵云等[39]使用含盐水溶液作为萃取剂萃取锂离子电池电解液，从分离的下层有机相中回收有机溶剂，在上层水溶液中添加水溶性碳酸盐和 / 或磷酸盐回收锂。然而，在萃取过程中，LiPF$_6$ 的水解会产生 HF 和磷酸，可能腐蚀设备和产生危险。下面是该实验的具体流程（图 7-9），其萃取结果如表 7-1 所示。

① 在收集到的废旧电解液中按照体积比为 1∶1 加入 100% 饱和氯化钠去离子水溶液，搅拌混合均匀，然后静置待其分层，分离出下层有机溶液和上层水溶液。

② 向步骤①中得到的下层有机溶液中按照 1∶1 的体积比加入新的 100% 饱和氯化钠去离子水溶液，重复 3 次，向最终得到的下层有机溶液中分别加入无水硫酸钠和干燥分子筛，静置半天后，精馏提纯，即得纯净的碳酸二甲酯、碳酸钾乙酯和碳酸乙烯酯。

③ 将步骤①中得到的上层水溶液按 1∶1 的体积比重新加入新的废旧电解液中，重复萃取分离 5 次后，向最终得到的上层水溶液中加入一定量的碳酸钠溶液，过滤，分离得到碳酸锂沉淀和滤液；然后向滤液中加入一定量的氢氧化钙溶液并加热至 140℃，充分反应后，过滤、分离得到磷酸钙和氟化钙的混合物沉淀。

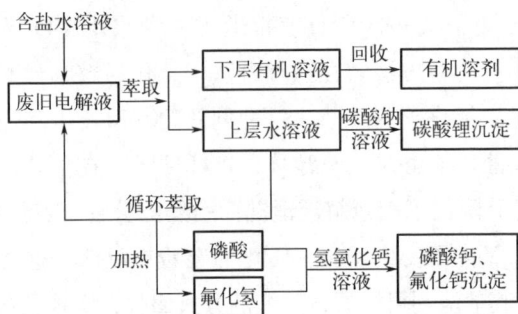

图 7-9　废旧锂离子电池电解液的回收方法流程图[39]

表 7-1　同一废旧电解液萃取 3 次后的锂盐浓度[39]

萃取次数	锂盐浓度 /（mg/L）
1	510
2	78
3	5

超临界 CO_2 回收废旧锂离子电池电解液是指以超临界 CO_2 为萃取剂，分离锂离子电池隔膜和活性物质中吸附的电解液的过程。该方法巧妙地利用了超临界 CO_2 的压力和温度两个热力学参数与其溶解能力的关系（图 7-10）：在萃取时，调节 CO_2 的压力和温度高于临界点使 CO_2 处于超临界态，具有溶解能力并溶解电解液。由于超临界 CO_2 的可压缩性较强，因此增加超临界 CO_2 的压力即可有效提高其密度，从而加大溶质 - 溶剂间的相互作用，更均

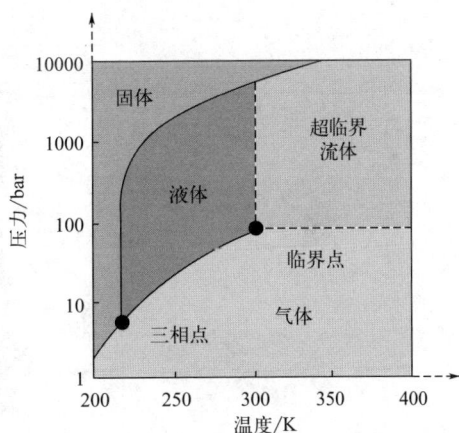

图 7-10　物质的压力和温度的关系曲线（$1bar=10^5Pa$）[42]

匀地与固体基质混合以及更有效地穿透固体基质上的毛细孔洞，从而溶解其中的溶质。在收集时，将溶解了电解液的超临界 CO_2 泵入收集系统，降温、降压使 CO_2 恢复气态，失去溶解能力并析出电解液，气液分离即完成 CO_2 与电解液的分离[40,41]。

2002 年，美国史蒂文·E·斯鲁普报道了一种采用超临界萃取技术从锂离子电池中提取电解液的新方法。在这种方法中，作为超临界萃取剂的是非质子无水溶剂，其中以二氧化碳为首选。这种创新的萃取技术利用了工艺本身产生的压力，使超临界液体能够进入电池体，这样便无需在预处理阶段对电池进行破开操作，从而显著降低了因电解液泄漏而引发的分解或爆炸风险[43]。在萃取过程中，锂盐与二氧化碳发生反应，转化为碳酸锂沉淀，这有助于电解质的分离。同时，使用的其他溶剂可以通过蒸馏的方式回收，实现了资源的循环利用。

Mu 等[44] 利用超临界 CO_2 萃取废旧电池中的电解液，通过调整压力、温度和萃取时间等工艺参数进行系列实验，提取出有机溶剂、锂盐和添加剂，回收率在 90% 以上。Liu 等[45] 开发了一种包括超临界 CO_2 萃取、弱碱性阴离子交换树脂脱酸、分子筛脱水和成分补充的电解液回收方法（图 7-11）。在 20℃时，电解液的离子电导率为 0.19 mS/cm，与相同组成的商用电解液相当，电化学稳定性高达 5.4 V（vs. Li/Li⁺）。此法避免了电解液中溶剂杂质的增多，简化了萃取物的提纯工艺，有效地回收了废旧电池中的电解质并提高其离子电导率及电化学稳定性（图 7-12）。

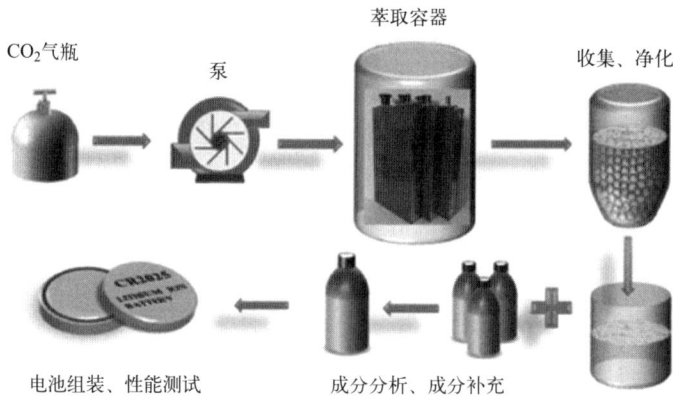

图 7-11　废旧锂离子电池电解液回收示意图[45]

郑学同等人[46] 提出一种基于超临界二氧化碳流体回收锂离子电池电解液的方法，整个工艺流程简单易操作，萃取分离速度快，且无需烦琐的后处理。当萃取温度为 35℃，压力为 8 MPa，静态萃取 10 min，动态萃取 20 min，流量为 3 L/min 时在不使用夹带剂乙基丁基甲酮时，二氧化碳流体对电解液有机溶剂的回收率为 62.3%；在相同的萃取条件下，在 100mL 的萃取釜中，加入 1mL 的夹带剂乙基丁基甲酮时，二氧化碳流体对电解液有机溶剂的回收率为 92.8%（图 7-13）。可以看出，采用夹带剂使电解液回收率明显提高。

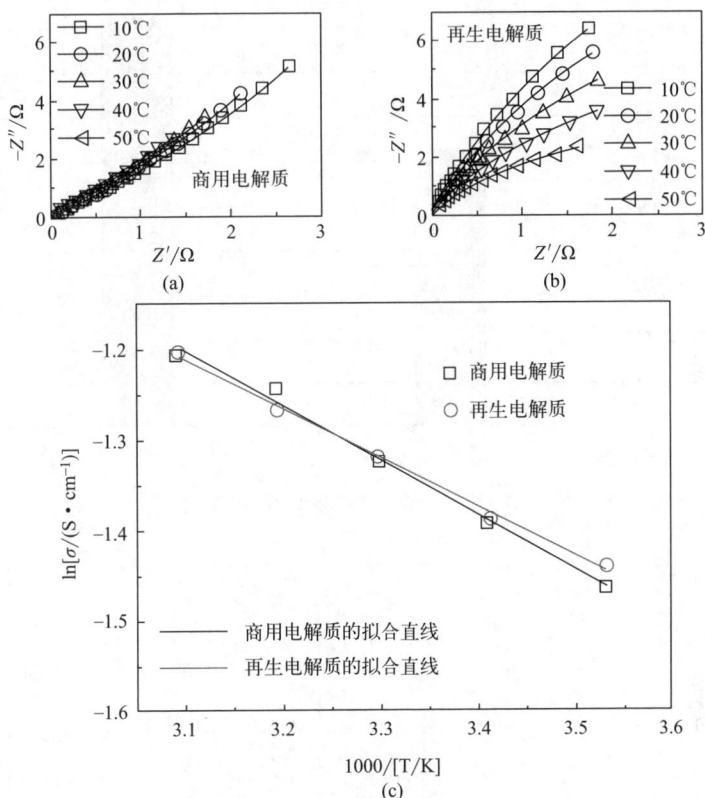

图 7-12　10℃、20℃、30℃、40℃和 50℃时商用电解质（a）和再生电解质（b）的阻抗谱；
不同温度下离子电导率的阿伦尼乌斯图（c）[45]

在 2014 年，德国敏斯特大学的 Grützke 等人[47]开展了一项研究，旨在探索利用超临界二氧化碳（CO$_2$）萃取技术回收锂离子电池电解液的可行性。他们采用了超临界氦压头二氧化碳（scHHPCO$_2$）静态萃取法，试图从聚乙烯隔膜和多孔玻璃纤维隔膜中回收吸附的锂离子电池电解液。通过离子色谱（IC）、气相色谱-质谱联用（GC-MS）和气相色谱-火焰离解检测器（GC-FID）对电解液萃取产物进行分析（图 7-14），结果显示，超临界 CO$_2$ 萃取技术是一种高效的锂离子电池电解液分离方法，能够有效地保持电解液成分的完整性。然而，研究也发现，LiPF$_6$在萃取过程中存在一定程度的分解，但具体的分解机制尚未明确。

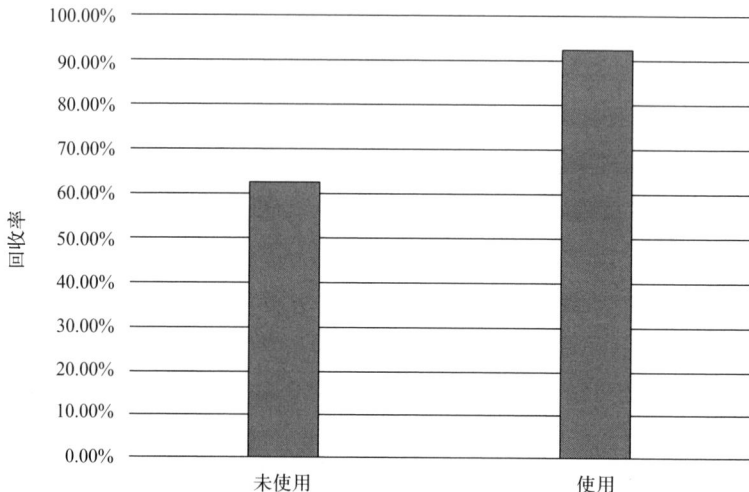

图 7-13　废旧锂离子电池电解液的回收率[46]

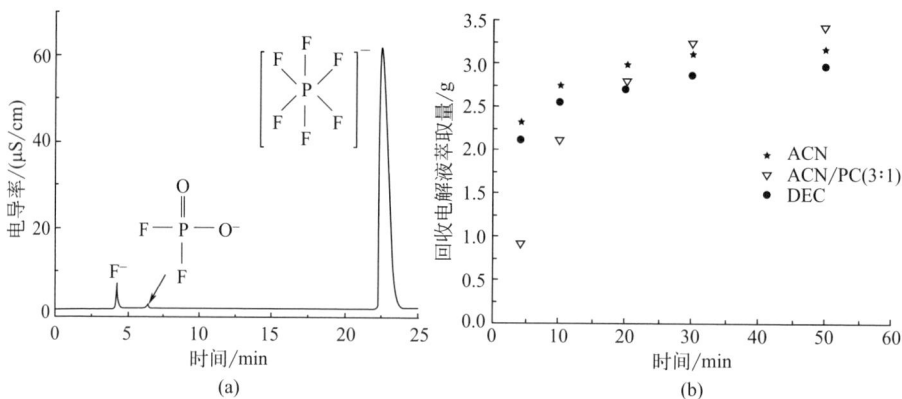

图 7-14　PE 隔膜电解液萃取产物的电导率色谱图（离子色谱，阴离子）（a）；使用 0.5mL·min^{-1}
夹带剂和液态 CO$_2$ 时 18650 电池电解液的萃取量随萃取时间的变化规律（b）[47]

通过实践可以证明，超临界 CO$_2$ 能够有效溶解非极性物质，可将电解液从废旧的锂离子电池中分离，并且 CO$_2$ 具有稳定、无毒且价格低廉的特点，能够实现分离和回收一体化操作，因此在锂离子电池电解液的回收过程中发挥了极大作用。

7.2.8 其他方法

锂离子电池电解液中最常使用的电解质 $LiPF_6$ 化学性质活泼，与水反应和受热都易分解为有毒和腐蚀性强的物质，这为后续分离和纯化造成巨大压力。转化回收法则是通过添加特定的试剂与 $LiPF_6$ 反应，将其转化为化学性质稳定的锂盐、氟盐、六氟磷酸盐或者磷酸盐，然后利用这些物质各自的理化特性进行分步回收（图 7-15）[8]。

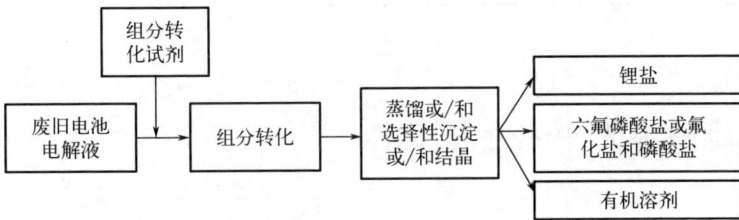

图 7-15 转化回收法回收退役锂离子电池电解液示意图[8]

刘雅婷等[48]将废旧电解液和磷酸铵溶液加入连续反应器中，在 $75 \sim 90℃$ 下反应，得到油相、水相和磷酸锂沉淀，水相经过蒸发结晶得到六氟磷酸盐，油相经过脱水和分子筛处理得到有机溶剂。该方法实现锂离子和六氟磷酸根离子的回收率均大于 97%。余海军等[49]开发了一种液下破碎锂离子电池回收电解液的方法，将氯化钙混合溶液和锂离子电池加入破碎机中进行液下破碎。蒸馏滤液去除甲醇后得到有机相层和水相层，用四氯化碳对水相进行萃取，静置分离得有机相和萃余液，有机相进入精馏工艺，萃余液经纳滤膜分离得到锂盐溶液和 $CaCl_2$ 溶液，电解液总回收率达到 91.2%。

筛选法是利用分子筛的吸附、筛分功能分离回收废旧锂离子电池中的电解液。吸附功能主要通过分子筛的物理吸附实现，分子筛可以吸附大部分极性分子和一些不饱和分子，其中还利用了晶体所拥有的较强极性和库仑场；筛分功能主要利用分子筛筛分出直径大小不一的分子而实现。因此，该方法仅适用于水溶液或者酸度超标的废旧锂离子电池电解液[50]。徐斌等[51]公开了一种锂型分子筛处理锂离子电池的办法。首先将重量为电解液 2% ~ 10% 的锂型分子筛加入废旧电解液中进行 12 ~ 24h 的除水降酸处理，然后加压过滤电解液，最终得到的电解液产品可以达到再次使用的要求（表 7-2）。整个工艺都需要在氮气氛围下进行，以免电解液水解。

表 7-2 处理后电解液与 2200mAh 匹配电解液电性能对比[51]

循环次数 / 次	容量保持率	
	处理后的电解液	2200mAh 匹配电解液
50	95.27%	95.43%
100	92.70%	93.22%
200	89.60%	88.90%
300	85.95%	85.16%

7.3 电解液无害化处理技术

锂离子电池的回收利用，已经不能仅仅局限于有价金属资源，无论从经济效益还是从环境保护角度考虑，占电池成本 10% 的电解液都有回收利用的必要。目前，已经涌现了一些回收利用锂离子电池电解液的措施，在一定程度上弥补了技术上的不足，避免了资源的浪费。大多数研究者认为，电解质 $LiPF_6$ 在电池粉碎的过程中会分解为 LiF 和 PF_5，并且会在随后的酸浸过程中溶解，而有机溶剂 PC（碳酸丙烯酯）和 DEC（碳酸二乙酯）会在粉碎过程中蒸发，因此没有在锂离子电池回收过程中设计针对电解液的处理步骤。事实上，火法处理时电解液挥发或燃烧分解，产生温室气体 CO_2，并最终形成含氟烟气和大量粉尘；湿法处理时，可溶性的氟化物会造成水体氟污染，通过环境中的转化和迁移，直接或间接地危害人体健康。因此，必须重点解决无害化回收电解液、提高电解液中成分的回收率等问题。虽然废旧锂离子电池的清洁回收任务艰巨，但清洁回收符合我国绿色发展的理念，有利于推动我国新能源领域健康可持续发展。

7.3.1 无害化处理的目标与要求

废旧锂离子电池电解液的无害化处理的目标是在保护环境和人类健康的前提下，将其中的有害成分去除或转化，使其不再对环境造成污染或危害。以下是废旧锂离子电池电解液无害化处理的一般目标与要求：

① 避免环境污染：废旧锂离子电池电解液中可能含有有害物质，如重金属离子（例如铜、镍、钴等）、有机溶剂等。目标是从电解液中去除或转化这些有害物质，以防止其对土壤、地下水和大气造成污染。

② 避免人体健康风险：废旧锂离子电池电解液的有害成分可能对人体健康有害。无害化处理的目标是减少或消除这些有害成分，以确保处理过程中的工作者和环境中的人群不受其影响。

③ 节约资源和能源：废旧锂离子电池电解液可能还包含有价值的成分，如锂、镍、钴等。有效的无害化处理方法应该能够回收这些有价值的成分，以促进资源的回收利用和节约能源。

④ 安全性：废旧锂离子电池电解液无害化处理过程应具备良好的安全性，防止发生事故或危险情况。相关措施应采取以确保工作者和周围环境的安全。

⑤ 经济可行性：无害化处理方法应具备一定的经济可行性，确保成本在可接受范围内，并与废旧锂离子电池回收产业链中的其他环节相协调。

7.3.2　有害物质的去除与转化

废旧锂离子电池电解液中的有害物质可以通过以下方式进行去除或转化：

① 分离和过滤：废旧锂离子电池电解液首先可以通过物理分离和过滤步骤去除较大的固体杂质，如碎片、颗粒和沉淀物等。这可以通过过滤器、离心机等设备实现。

② 中和和沉淀：废旧锂离子电池电解液中可能存在酸性或碱性成分，需要进行中和处理。可以通过添加适量的碱性或酸性溶液来中和电解液，使其达到中性。此外，某些有害金属离子，如镍、铜、钴等，可以通过添加适当的沉淀剂，发生沉淀反应转化为不溶于水的沉淀物。沉淀物可以通过过滤或离心分离来去除。

③ 离子交换：离子交换是将废旧锂离子电池电解液中的特定离子吸附到具有特殊功能基团的离子交换树脂上的过程。适当选择的离子交换树脂可以选择性地吸附和去除电解液中的有害离子，如铜、镍、钴等。这可以通过将电解液流经离子交换柱或床来实现。

④ 蒸发和浓缩：废旧锂离子电池电解液中的水分可以通过蒸发和浓缩过程去除，从而得到更纯净的电解液。这些过程可以通过蒸发器、真空浓缩设备等实现。在这个过程中，可以通过控制温度和压力来分离和去除水分和其他挥发性成分。

⑤ 进一步处理和回收：对于剩余的电解液，可以使用其他化学方法进行进

一步处理和回收。例如，电解液中的有价值物质，如锂离子，可以通过化学反应、电化学方法或纯化技术进行回收和提纯。这些处理方法可以基于特定的化学性质和性能，选择合适的工艺进行操作。

7.3.3　无害化处理的生物方法

废旧锂离子电池电解液的无害化处理中，生物方法回收[52-55]处理废旧锂离子电池相对成本低，设备要求不高，主要通过一些特殊微生物的代谢过程来促进废旧锂离子电池中有价金属的溶解浸出，如 Zn、Ag、Ni、Li、Mn 等大多数金属可通过一些微生物来进行回收处理。根据其操作条件和浸出机制，生物浸出法可分为三类：① 酸性溶解作用；② 氧化作用；③ 配位作用。生物法因其成本低且微生物可以重复使用、污染小，成为当前前沿研究热点，需要指出的是，生物方法在废旧锂离子电池电解液处理中仍处于研究阶段，并且具体应用需要根据电解液的特性和有害物质的组成进行选择。此外，处理过程需要考虑温度、pH 值、氧气需求等微生物生长条件的控制，以确保生物方法的有效性和稳定性。

综上所述，生物方法在废旧锂离子电池电解液的无害化处理中具有潜力，但仍需要进一步的研究和实践来提高处理效果和优化操作条件。

7.3.4　其他方法

郭雅峰等[56]认为锂离子电池的电解质 LiPF$_6$ 的热稳定性和抗水性比较差，LiPF$_6$ 与水反应产生 HF 等有毒气体，使用去离子水浸泡放电拆解后得到的电芯，然后使用 Na$_2$CO$_3$ 中和含有 HF 的浸泡液。溶液浸泡法可以将电解液中的电解质锂盐溶解于溶液中，充分考虑了电解液中锂盐分解带来的问题，避免了有毒气体对人体带来的危害，但电解液中的有机溶剂经过水解反应，生成的有毒小分子有机物，如甲醇、乙醛、甲酸等，易溶于水且难降解，可能会造成水体的污染。

AEA 公司[57]的目标是回收所有锂离子电池产生的废物，包括电解液。具体方法是首先将废旧锂离子电池置于液氮或液氩中冷却到 -198.3℃，使其中有害物质的反应活性降低，反应可控性增加，再机械粉碎并将其溶解在水中，其中的锂离子与水反应的主要产物是氢氧化锂，该过程可以有效控制电池内的有害物质扩散。低温冷冻处理是一种有效的处理手段，但不能最终解决电解液的处理和回收问题，仍然需要与其他方法相结合，最终实现电解液的有效回收。

夏永高等[58]人提供了一种废旧动力电池电解液的无害化处理方法，如图 7-16 所示。首先将废旧电池拆解，得到包括混合固体和电解液的电池物料，再采用有机浸取溶剂对上述电池物料冲洗，即得到混合电解液和第一有机浸取溶剂，然后将混合电解液和碱液反应，分液后即得到第一碱液和与第一碱液形成分层的有机溶剂，将第一碱液蒸发后得到固体盐和有机溶剂，最后将上述两个步骤中得到的有机溶剂作为有机浸取溶剂再次进行废旧电池的清洗，用固体盐配制的碱液再次进入上述循环中。这是一种操作简便、容易实施、环保且重复循环利用的废旧动力电池电解液的无害化处理方法。

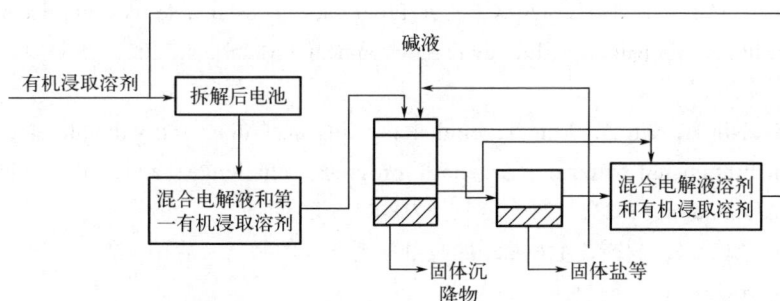

图 7-16　废旧动力电池电解液的无害化处理流程示意图[58]

7.4　总结与展望

锂离子电池在新能源汽车和电化学储能系统的发展中扮演着举足轻重的角色，它不仅是实现国家可持续发展战略和达成"碳中和"目标的核心储能技术，也随着新能源汽车的广泛推广和可再生能源的大规模应用，在储能领域的重要性日益凸显。与此同时，电池回收问题亦随之成为关注的焦点。

传统的电池回收工艺主要关注于高价值金属元素的提取与再利用，而对于电池中的电解液部分，其回收和再利用却相对被忽视。然而，电解液中含有大量的有机溶剂和锂盐，若处理不慎，将可能对环境和人类健康构成威胁。

为了实现电解液的有效回收和高值化利用，并推动这一技术向规模化应用迈进，我们必须确保其满足"三高一可"的原则，即高值化、高安全、高兼容以及可持续性。这不仅能保障技术的经济效益，还能确保其环境友好性和社会责任，从而为实现绿色、可持续的能源未来作出贡献。

参考文献

［1］Arshad F，Li L，Amin K，et al. A comprehensive review of the advancement in recycling the anode and electrolyte from spent lithium ion batteries. ACS Sustainable Chemistry & Engineering，2020，8（36）：13527-13554.

［2］Zhang R，Shi X，Esan O C，et al. Organic electrolytes recycling from spent lithium-ion batteries. Global Challenges，2022，6（12）：2200050.

［3］Ordoñez J，Gago E J，Girard A. Processes and technologies for the recycling and recovery of spent lithium-ion batteries. Renewable and Sustainable Energy Reviews，2016，60：195-205.

［4］Du K，Ang E H，Wu X，et al. Progresses in sustainable recycling technology of spent lithium-ion batteries. Energy & Environmental Materials，2022，5（4）：1012-1036.

［5］Niu B，Xu Z，Xiao J，et al. Recycling hazardous and valuable electrolyte in spent lithium-ion batteries：urgency，progress，challenge，and viable approach. Chemical Reviews，2023，123（13）：8718-8735.

［6］魏继兴，罗霞，毛树标. 四氟草酸磷酸锂的制备及应用. 浙江化工，2024，55（2）：6-15.

［7］张君才，陈佑宁，耿薇. 电解液组成对锂离子电池电化学性能的影响. 咸阳师范学院学报，2006（6）：27-30.

［8］朱宗将，王刚，魏元峰，等. 退役锂离子电池电解液资源化回收技术进展与展望. 无机盐工业，2024（7）：11-17.

［9］韩晓改，张俊喜，范靖康，等. 废旧锂离子电池电解液回收处理方法综述. 电池，2021，51（2）：205-208.

［10］张群斌，董陶，李晶晶，等. 废旧电池电解液回收及高值化利用研发进展. 储能科学与技术，2022，11（9）：2798-2810.

［11］Zhang J，Yao X，Misra R K，et al. Progress in electrolytes for beyond-lithium-ion batteries. Journal of Materials Science & Technology，2020，44：237-257.

［12］Meyer W H. Polymer electrolytes for lithium-ion batteries. Advanced Materials，1998，10（6）：439-448.

［13］谢晓华. 锂离子电池低温用有机液体电解质的性能研究. 上海：中国科学院研究生院（上海微系统与信息技术研究所），2008.

［14］王海，陈伟平，邱亚明，等. 锂离子电池液态有机电解液的研究进展. 广东化工，2023，50（20）：44-45+37.

［15］Tang X，Lv S，Jiang K，et al. Recent development of ionic liquid-based electrolytes in lithium-ion batteries. Journal of Power Sources，2022，542：231792.

［16］Sun H，Wei Q. Polyfluorinated electrolyte solutions and additives for high voltage non-flammable lithium batteries. ECS Transactions，2013，50（26）：349-354.

［17］昝振峰．废旧 LiCoO₂ 锂离子电池回收及再利用研究．哈尔滨：哈尔滨工业大学，2014.

［18］朱虹，洪剑波，彭正军．废旧锂离子电池回收利用研究进展．盐湖研究，2018，26（3）：70-75.

［19］Georgi-Maschler T，Friedrich B，Weyhe R，et al. Development of a recycling process for Li-ion batteries. Journal of Power Sources，2012，207：173-182.

［20］Chen L，Tang X，Zhang Y，et al. Process for the recovery of cobalt oxalate from spent lithium-ion batteries. Hydrometallurgy，2011，108（1-2）：80-86.

［21］陈志鹏．一种废旧锂离子电池各组分高效解离与分类回收方法．2017-10-24.

［22］邓孝荣，曾桂生．废弃锂离子电池中金属的回收及钴酸锂的湿法合成．环境工程学报，2011，5（12）：2869-2872.

［23］卢毅屏，夏自发，冯其明，等．废锂离子电池中集流体与活性物质的分离．中国有色金属学报，2007（6）：997-1001.

［24］李亚广，韩东战，齐利娟．废旧锂离子电池预处理及电解液回收技术研究现状．无机盐工业，2024，56（2）：1-16.

［25］周启，郑宇，石泉清，等．一种废旧锂电池电解液回收资源化利用的方法．2023-06-06.

［26］万艳鹏，赖辛宇，肖晓华，等．一种废旧动力锂离子电池中电解液的回收方法．2018-01-26.

［27］浅野聪，石田人士，中井隆行．锂的回收方法．2014-10-15.

［28］崔宏祥，王志远，徐宁，等．一种废旧锂离子电池电解液的无害化处理工艺及装置．2009-04-01.

［29］李丹．废旧锂离子电池资源化回收关键技术研究取得重要进展．兰州日报，2022-06-28：008.

［30］路向飞，付强，孙强，等．废旧锂离子电池电解液回收研究进展．绿色矿冶，2023，39（1）：75-79+84.

［31］He K，Zhang Z Y，Alai L，et al. A green process for exfoliating electrode materials and simultaneously extracting electrolyte from spent lithium-ion batteries. Journal of Hazardous Materials，2019，375：43-51.

［32］林浩志，平田浩一郎，鹤卷英范，等．含氟电解液的处理方法．2018-07-06.

［33］陈夏雨．一种锂离子电池电解液回收方法．2016-03-09.

［34］陈亚，曹利涛，关杰豪，等．一种从锂离子电池废电解液中回收锂的方法．2018-06-12.

［35］赵煜娟，孙玉成，纪常伟，等．一种废旧锂离子电池电解液回收处理方法．2014-05-28.

［36］李长青，庞雷，汪晓伟，等．废旧锂电池的资源化回收处理方法．2016-09-07.

［37］潘美姿，马伟华，刘旭，等．废旧锂离子电池的回收处理方法．2014-08-27.

［38］胡家佳，王晨旭，曹利娜．一种废旧锂离子电池中六氟磷酸锂回收方法．2016-10-12.

［39］赵云，亢玉琼，李宝华，等．一种锂离子电池废旧电解液的回收方法．2022-07-15.

［40］刘元龙．碳酸酯基锂离子电池电解液超临界 CO_2 回收及再利用研究．哈尔滨：哈尔滨工业大学，2018.

［41］胡敏艺，欧阳全胜，蒋光辉，等．废旧锂离子电池电解液处理技术现状与展望．湖南有色金属，2020，36（2）：58-62.

［42］王威．基于超临界 CO_2 萃取技术的锂离子电池电解液回收及再利用研究．常州：常州大学，2022.

［43］张勇耀，项文勤，赵卫娟，等．废旧锂离子电池电解液回收研究．浙江化工，2018，49（8）：12-15+19.

［44］Mu D，Liu Y，Li R，et al. Transcritical CO_2 extraction of electrolytes for lithium-ion batteries：optimization of the recycling process and quality-quantity variation. New Journal of Chemistry，2017，41（15）：7177-7185.

［45］Liu Y，Mu D，Li R，et al. Purification and characterization of reclaimed electrolytes from spent lithium-ion batteries. The Journal of Physical Chemistry C，2017，121（8）：4181-4187.

［46］郑学同，陈艳丽，魏萌，等．一种采用超临界二氧化碳流体回收锂离子电池电解液的方法．2018-07-17.

［47］Grützke M，Kraft V，Weber W，et al. Supercritical carbon dioxide extraction of lithium-ion battery electrolytes. The Journal of Supercritical Fluids，2014，94：216-222.

［48］刘雅婷，魏文添，林海强，等．一种废旧锂离子电池电解液回收方法．2023-09-19.

［49］余海军，王涛，李爱霞，等．废旧锂离子电池水下破碎回收电解液的方法．2022-11-11.

［50］陆剑伟，潘曜灵，郑灵霞，等．锂离子电池电解液的清洁回收利用及废气治理方法．浙江化工，2021，52（10）：40-45.

［51］徐斌，齐爱，张建飞，等．一种废次锂离子电池电解液的处理再利用方法．2019-01-15.

［52］赵光金．锂离子电池电解液回收处理技术进展及展望．电源技术，2020，44（1）：139-141.

［53］郑鸿帅．废旧锂离子电池正极材料分离回收锂的研究．北京：中国科学院

大学（中国科学院过程工程研究所），2022.

［54］昝文宇，马北越，刘国强 . 退役动力锂电池回收工艺研究进展 . 材料研究与应用，2021，15（3）：297-305.

［55］付飞娥，张正惠，陈玲，等 . 废旧锂离子电池中有价金属的回收现状 . 广东化工，2023，50（14）：80-82.

［56］郭雅峰，夏志东，毛倩瑾，等 . 超声辅助处理回收锂离子电池正极材料 . 电子元件与材料，2007（5）：36-38.

［57］Lain M J. Recycling of lithium ion cells and batteries. Journal of Power Sources，2001，97-98：736-738.

［58］夏永高，左秀霞，程亚军 . 一种废旧动力电池电解液的无害化处理方法与系统 . 2019-11-05.

第 8 章

锂离子电池正极材料的资源化利用

　　锂离子电池正极材料资源再生综合利用技术是通过正极材料回收再生技术，将退役锂离子电池正极材料的回收产物或正极活性废料进行再设计、再加工、再合成、修复再生新材料的一种产物高值化的资源利用技术。与传统的回收再利用技术相比，资源再生综合利用技术可以通过技术优化、工艺优化、结构优化，以较低生产成本达到合成高附加值产物的目标。

　　目前，利用退役锂离子电池回收处理技术得到的产物，重新添加电极材料中缺失的金属元素，运用合成电极材料工艺生成新的正极材料，以实现废料产物的闭环回收链工艺技术受到了人们的广泛关注。但是在重新合成过程中，杂质进入电极材料的途径会比工业生产电极材料更加复杂，同时，冗长的工艺流程也制约着新材料的生产成本。因此，研究高值化的合成路线和短程修复技术是未来技术发展的新趋势。通过对现有技术的梳理，本章从以下部分进行分析：锂离子电池正极材料回收处理技术、直接再生技术及再生高附加值材料，分别对应最终产物的状态，即新合成正极材料、高附加值其他材料。以目标产物为切入点，分析综合利用技术并总结和展望。

8.1　锂离子电池正极材料回收处理技术

　　锂离子电池正极材料的通用回收处理技术研究，大多是将其置于不同的环境介质中，利用高温裂解、高温还原或低温化学溶解、选择性萃取及化学沉淀等方式将正极材料中的有价金属以氧化物、可溶盐、合金等产物的形式回收利用。但目前的研究主要关注其回收过程的浸出率和回收率，而对正极材料在不同环境介质、不同反应体系、不同影响因素等条件下的物理化学演变机制的研究较少，这从某种意义上制约了锂离子电池正极材料回收利用技术的发展。因此如何健全回收利用体系、完善技术创新理论、发展生态效益高的技术路线已成为当前亟待解决的技术难题。近年来，越来越多的学者提出了回收废旧 LFP 电池的新方法。如用低成本环保的盐溶液浸取正极材料，电化学工艺沉淀锂以及一些可以应用于非电池领域的正极材料回收方法。尽管工业部门的研究活动非常密集且进展显著，但锂离子电池的回收利用技术仍处于起步阶段，需要大力发展。目前，大多数回收技术都基于火法冶金、湿法冶金等工艺。

8.1.1　火法冶金回收技术

　　火法冶金回收技术是目前行业内最成熟的几大高效处理技术之一。废旧三元锂电池中含有钴、镍、锰等有价值的金属元素，通过火法冶金回收技术可以将这些金属分离出来并加以利用。火法冶金回收技术通常通过高温过程来熔炼报废正极材料，其中有价金属元素经过多次提纯和分离过程后被烧结成合金形式，因此，该过程通常需要高能量消耗并且不可避免地会产生有毒和高腐蚀性气体，如 HF[1]。

　　近年来，对火法冶金回收技术的研究逐渐深入，提出了一系列解决方案和改进措施。例如，对废旧电池进行预处理，包括去除外壳和包装材料、剥离极片等步骤，能够减少熔炼过程中的气体产生，降低环境污染。此外，在熔炼过程中添加还原剂能够促进金属元素的还原和分离，提高回收效率。而对废气的处理则包括对其进行净化以达到排放标准，或者采用封闭式熔炼工艺以防止废气外泄。

　　在实践中，火法冶金回收技术已经得到了广泛应用。一些具有规模和先进技术的企业已经建立了完整的废旧电池回收体系，包括研发、生产、销售等环节。同时，一些科研机构也在不断探索和改进火法冶金回收技术，以提高回收效率、降低成本，并减少环境污染。因此，综合来看，火法冶金回收技术虽然存在环保问题，但仍是处理废旧三元锂电池中有价值金属的有效方式之一。未来，需要继续加强技术创新、优化流程设计以及环境控制，实现更加可持续的资源回收。

需要特别注意，在金属元素的提取分离过程中，很多有机物都是有毒有害物质，因此在去除有机物的过程中要尽可能规避有害烟气对人以及周边空气造成污染。这需要回收公司具有完备的设施设备，以此来保证有机物的烟气可以得到及时净化，以免造成大气污染。所以，建议各回收公司结合自身条件，或借助当地政府和环保部门提供的相关扶持政策和补贴，适当更新和创新完善现有的设施设备。

火法冶金回收工艺的特点如下：

① 回收率低：阳极（石墨）、隔膜、电解质和塑料在较高温度下燃烧（损失）。

② 回收性能低：尤其是再生的磷酸铁锂杂质较多，导致性能不稳定。对于不含贵重过渡金属元素的磷酸铁锂，常见的火法冶金回收方法并不适用。改进的火法冶金回收技术通过煅烧去除有机黏合剂，并将磷酸铁锂正极材料与铝箔分离。加入适当的原料，得到所需的锂、铁、磷摩尔比，经过 $600 \sim 850℃$ 的高温合成新的磷酸铁锂。

因此，传统的火法冶金回收方法可以在回收价值方面进行更直接的改善。这可能适合于对最终产品进行系统评估的开发阶段。

8.1.2　湿法冶金回收技术

湿法冶金回收技术主要是借助酸性介质或者碱性介质，将回收的废旧锂离子电池进行化学处理。与火法冶金回收技术的步骤一致，湿法技术也是先去除电池中的有机物。对于有机物的去除，回收公司采用较多的是萃取法，分离后再以金属化合物的形态提取出来，最后即可得到电池组分中的有价金属。

针对废旧锂离子电池正极材料中的 Li、Ni、Co、Mn 等元素，可以通过湿法冶金的方式将这些贵金属元素由固相转移至液相，实现资源回收利用[2]。湿法冶金的基本原理是将含有价金属的物料放入酸性或其他类型的溶液中，通过化学反应金属以离子形式溶解在溶液中，然后通过一系列化学和物理过程进行分离、富集和提取。湿法冶金技术的发展经历了多个阶段，从最初的简单浸出到现代的各种高效分离技术。19 世纪晚期，随着矿石开采难度的增加和对金属需求量的增长，湿法冶金开始显示出优势。20 世纪 20 年代，新的化学试剂被引入，提高了效率并减少了环境影响。湿法冶金技术不仅用于传统有色金属、稀有金属的提取，还扩展到了稀土金属、贵金属等领域。同时，它还涉及相关材料（如萃取剂、离子交换树脂等）的合成工艺，以及冶金过程自动控制系统和设备的研发技术。随着技术的不断进步，湿法冶金在环境保护和资源循环利用方面的应用也逐渐广泛，例如被用于废旧电池的回收与再利用。

同时，对于金属元素的提取，回收企业或单位机构也可以根据自身情况及其具备的技术条件选择其他相对应的操作方法，比如沉淀法。采用沉淀法回收废旧锂离子电池中的金属材料，主要是使用不同的沉淀剂来获取金属材料。该方法最容易获取到钴、锂、镍。

正极材料中以金属材料居多，所以回收再利用正极废料这一环节也比较关键，借助沉淀法，可以分出钴和锂。回收磷酸铁锂，主要采用浸出沉淀法，即在预处理后的磷酸铁锂中加入适量的酸性溶液（如 H_2SO_4、HCl、柠檬酸等）或碱性溶液（如 NaOH、$NH_3 \cdot H_2O$ 等）。在浸出过程中，通过调整 pH 值、添加沉淀剂、提高浸出液浓度，将 Li、Fe、P 等元素以氧化物或盐类的形式选择性回收。表 8-1 总结了不同类型正极材料的几种典型湿法冶金回收工艺。

表 8-1　目前湿法冶金回收方法

正极材料	工艺	试剂	产品	回收率
NCM 混合阴极	无机酸浸出	HCl	MnO_2; Mn_3O_4; $Na_{0.55}Mn_2O_4 \cdot 1.5H_2O$; $CoCO_3$; Li_2CO_3	98% Co; 99% Mn; 99.2% Li
NCM111	无机酸浸出	H_2SO_4; H_2O_2	$NiSO_4$; $CoSO_4$; $MnSO_4$; Li_2SO_4	99.7% Ni; 99.7%Co; 99.7% Mn; 99.7% Li
LFP	无机酸浸出	H_2SO_4; H_2O_2	Li_3PO_4; $FePO_4$	96.85% Li; 1.95%P; 0.027% Fe
NCM523	无机酸浸出	H_2SO_4; H_2O_2	Ni-$(C_4H_8N_2O_2)_2$; MnO_2; CoC_2O_4; Li_2CO_3	96.84% Ni; 81.46% Co; 92.65% Mn; 91.39% Li
LFP	无机酸浸出	HCl; $NH_3 \cdot H_2O$	$FePO_4 \cdot 2H_2O$	未检出
LFP	无机酸浸出	H_2SO_4; $NH_3 \cdot H_2O$; Na_2CO_3	$FePO_4 \cdot 2H_2O$; Li_2CO_3	97.2% Li; 98.5% Fe

续表

正极材料	工艺	试剂	产品	回收率
LCO	无机酸浸出	H_2SO_4；H_2O_2；Na_2CO_3	$CoCO_3$	97% Co
LFP	化学沉淀	Na_2CO_3；Na_3PO_4	Li_2CO_3；Li_3PO_4	74.72% Li_2CO_3；92.21% Li_3PO_4
LFP	化学沉淀	H_3PO_4	$FePO_4 \cdot 2H_2O$；Li_3PO_4	93.05% Fe；82.55% Li
LMO110	化学沉淀	NaClO	MnO_2；Mn_3O_4；$Na_{0.55}Mn_2O_4 \cdot 1.5H_2O$	97.7% Mn

浸出剂主要有无机酸和有机酸，硫酸（H_2SO_4）被广泛认为是最常用的无机酸浸出剂之一。在工业上，H_2SO_4 广泛用于从锂矿中提取锂，证明 H_2SO_4 对锂具有良好的浸出效果。Li 等[3] 提出了一种以硫酸和丙二酸为浸出剂，从废旧锂离子电池（LIB）中提取金属的环保经济回收工艺，如图 8-1 所示。采用响应面法对回收工艺进行优化，在硫酸浓度为 0.93mol/L、丙二酸浓度为 0.85mol/L、液固比为 61g/L、H_2O_2 的体积分数为 5%、温度为 70℃、浸出时间为 81 min 的条件下，锂的回收率达到 99.79%。

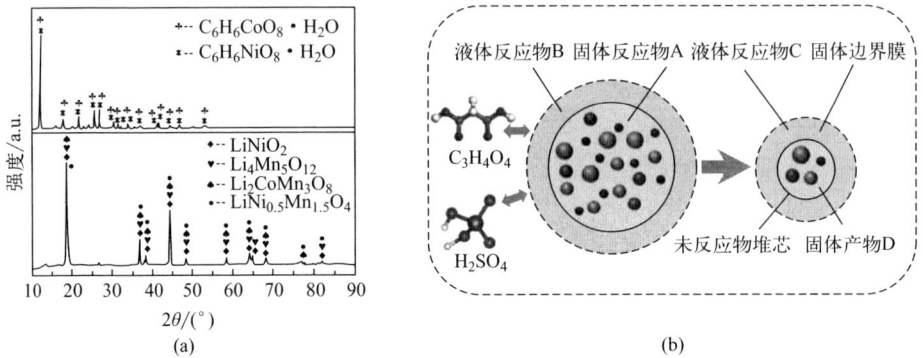

图 8-1 预处理后的废旧正极材料和过滤后的浸出渣的 XRD 图谱（a）和硫酸 – 丙二酸体系浸出金属离子的收缩核模型（b）[3]

因此，许多研究人员研究了用 H_2SO_4 作为浸出剂从 LFP 中浸出锂，并取得了一些成果。Li 等[4] 通过 H_2SO_4 和 H_2O_2 的协同浸出，分别以 Li_3PO_4 和 $FePO_4$ 的形式回收 Li 和 Fe。其他无机酸，如盐酸（HCl）和磷酸（H_3PO_4），在传统的浸出过程中常用作浸出剂。虽然无机酸作为浸出剂具有较高的浸出效率，但是该工艺仍需大量的酸碱溶液，浸出后的废液容易造成环境污染。

许多研究人员已经研究了用弱酸或有机酸代替无机酸来弥补这一缺点。柠檬酸有三个羧基，是一种强有机酸，是目前研究中最常用的有机酸之一。Qiu 等[5]利用柠檬酸与过氧化氢（双氧水）的组合，探索了该体系的浸出效果，其工艺示意图如图 8-2 所示。在双氧水浓度为 15 %、S/L 为 10g/L、50℃条件下反应 30 min，锂的浸出率达到 97.6%。两项研究中的 Li 和 Fe 分别被回收为 Li_2CO_3 和 $FePO_4$。在有机酸中，草酸表现出较高的酸度，在锂浸出中表现出较好的效果。乙酸对 Li 的溶解度高，因此在乙酸浸出中不需要单独的流体分离和收集步骤。对于其他一些有机酸（如酒石酸、抗坏血酸等），研究中这些有机酸的浸出效率也是非常有价值的[6]。有机酸的分解特性已被广泛研究，但弱酸性已成为制约其发展的因素。通过优化温度和时间等参数，预计在实际应用中可以减少酸的用量。

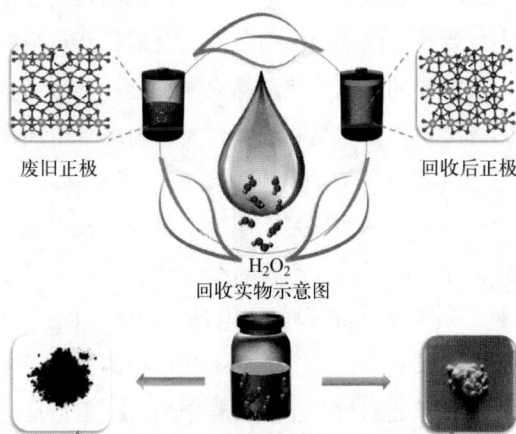

图 8-2　用双氧水浸出法再生 LFP 正极材料的示意图[5]

湿法冶金方法已经很成熟，具有铁和锂回收率高、回收产品纯度高、能耗低等优点。但工艺流程复杂，在回收过程中需要添加大量的酸，后续处理还需要大量的碱进行中和，导致回收成本高，回收的经济效益有限。为了降低回收成本，必须减少酸和碱的用量。

火法冶金和湿法冶金工艺在很多方面都有其局限性。对于火法冶金工艺，其回收率低：阳极（石墨）、隔膜、电解质和塑料在较高温度下燃烧；其回收性能低：尤其是再生的磷酸铁锂杂质较多，导致性能不稳定。湿法冶金工艺用于回收废旧 LCO 和 NCM 锂离子电池通常是有利可图的，因为其中的昂贵元素（Co、Ni）可以弥补高成本，而对于 LFP 锂离子电池，回收的元素很便宜（Fe、P），因此，它们的回收商业价值较低；并且其浸出步骤、共沉淀和洗涤步骤产生大量酸性/碱性废水，需要进一步净化。相比之下，直接再生通过修复退化的正极材料来延长电池寿命，并最大限度地保留电池能量为更优方案。直接再生技术为减少资源浪费和减少环境污染提供了新的机会。它将促进废旧锂离子电池的可持续管理，并支持未来可再生能源技术的发展。

8.2 直接再生技术

锂离子电池前驱体及材料再生制备技术是指正极材料经湿法浸出/火法焙烧后，以回收浸出液或回收产物代替反应原材料，进行前驱体及电极材料的重新合成制备的技术。其中主要技术路线包括前驱体的合成及新材料的制备。目前，回收废旧锂离子电池正极材料的主流方法包括火法冶金、湿法冶金和直接再生。锂离子电池正极材料的直接再生技术是一项针对废旧锂离子电池回收利用的先进技术。传统火法和湿法冶金提取等方法存在高能耗、高排放且经济性不高等问题。直接再生制备技术通过分子层面的修复，避免了传统回收中的材料结构破坏，显著降低了能耗和排放，并提高了回收产物的经济价值[7]。

直接再生技术是一种针对废旧锂离子电池（LIBs）的回收方法，旨在通过修复退化的正极材料来延长其使用寿命，而不是传统的通过提取有价值的金属元素进行回收。直接再生技术是通过在正极材料中加入一定量的原料，进行后处理（如再利用和退火），从而通过修复废旧材料的缺陷结构来恢复其电化学性能。这种方法的核心优势在于它能够在不破坏电极材料微观结构的前提下，恢复其电化学性能。直接再生技术包括多种策略，如固相法、水热合成法和电化学修复法等。固相法通过高温下的固相反应来修复废旧锂离子电池降解正极材料，这种方法简便、绿色、成本低。水热合成法则利用水热反应在低温条件下快速恢复正极材料的化学成分含量，避免了长时间的烧结过程。电化学修复方法则是通过施加电压来直接诱导再生过程，这种方法可以直接使用电化学系统中的废旧正极，减少了烦琐的工艺和成本。

直接再生技术相比传统的火法和湿法回收方法，显示出在成本、能耗和污染排放方面的优势。这些非破坏性的直接再生策略彻底解决了环境问题，因为没有酸性浸出过程。此外，直接再生技术的发展在很大程度上取决于对废旧锂离子电池缺陷的形成机制的理解。然而，直接再生技术的发展仍面临挑战，包括对再生机理的理论认识、实验室到工业化应用的转化以及处理混合废正极材料的能力等。未来的研究需要在这些方面进行深入探索，以实现废旧锂离子电池的高效、环保和经济的回收利用。

8.2.1 固相法

固相反应是最传统的策略之一，通过在高温下混合固态起始前驱体来合成晶体纳米材料。如今，这种方法已成功作为一种无损修复技术来直接修复废旧锂离子电池中降解的正极材料。通过固相反应，可以一步解决降解正极材料的锂损失和结构破坏问题，因此它是一种简便、绿色、低成本的再生途径。可以看出，这种固相法可以有效避免共沉淀法和溶胶凝胶法中酸浸步骤的缺点，排除二次污染问题的潜在威胁。固相法再生废正极材料涉及基于新鲜结构的原子化学计量的初步元素补偿过程以及随后的热处理关键步骤。在热处理过程中，随着温度的升高，降解的阴极颗粒最初熔融，气体通道被切断。通常在内部生成，对于后期的元素补充有很大的作用。金属盐源中的锂原子可以在高温驱动下有效扩散到废正极材料的锂空位中，修复破坏的晶体结构和成分，并恢复电化学活性。

在退役锂离子电池正极材料资源化利用中，固相合成一般指的是高温固相合成，按照化学计量比，通过向回收产物中添加缺失的金属元素，利用高温作用将相互接触的反应物活化，通过原子或离子的扩散，制备新的正极材料。值得注意的是，为了使产物均一化，在焙烧前需将反应物混合均匀。此外，在固相合成过程中，有三种因素对焙烧产物的电化学性能影响较大，分别是反应物的接触面积、产物的成核速率及固相间离子的扩散速率。这些因素的限制使得反应物必须符合这些因素的要求。因此，在电极材料合成之前，除了均匀地混合以外，还需保证原料的比表面积和活性，才可能合成出具备良好形貌和优异性能的正极材料。正极废料浸出液经化学除杂后，可以利用高温固相法直接重新合成新的电极材料。高温固相法是向浸出液中加入金属盐和含锂化合物来调控材料中的金属和锂元素的比例，通过高温煅烧的方式来原位合成电极材料[8]。高温固相法的操作简便，合成出的电极材料基本满足商业要求。但对于浸出液要求较高，容易引入杂质，该方法的不足之处是所需能耗较高。

　　三元材料钴酸锂的合成过程对反应条件和煅烧气氛等的要求比较严格。因此，在三元材料的固相合成过程中不仅要控制各种金属盐的添加比例，还要控制合成过程中的各项反应参数。对于钴酸锂正极材料的固相合成再生方法，Yang等[9]将混合正极材料$LiCoO_2$、$LiMn_2O_4$和$LiNi_xCo_yMn_{1-x-y}O_2$溶于硫酸-双氧水浸出体系，然后用10%的萃取剂E2DHPA，在pH值为4.8下将杂质离子（Al^{3+}、Fe^{3+}和Cu^{2+}）去除，然后以固定摩尔比加入硫酸盐，加入氨水和氢氧化钠共沉淀制得前驱体后，以固态烧结法制备新的正极材料。再生三元正极材料如图8-3所示，其形貌规整，且在EDXS中未发现其他杂质。正极混合材料与单一电池正极材料回收路线基本一致，均为将电极材料溶于酸性介质后将有价金属元素分离回收。由于有价金属元素的进一步分离会给回收工艺带来额外的经济投入，研究者将目光纷纷投向以前端回收浸出液为原料，有价金属元素无需分离，进行简单去除杂质后即可重新合成新的电极材料的工艺。

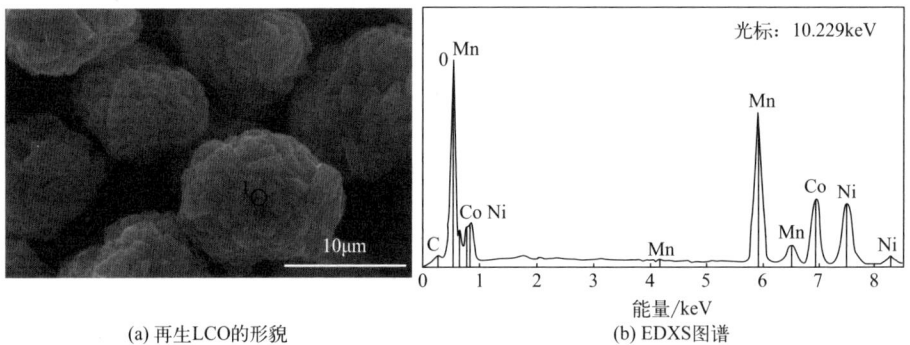

(a) 再生LCO的形貌　　　　　(b) EDXS图谱

图 8-3　再生 LCO 的形貌及 EDXS 图谱[9]

　　相比于三元材料和钴酸锂的再合成利用，磷酸铁锂的固相合成法也受到了研究人员的广泛关注[10-14]。对再生电池材料进行精准调控，合成具有特殊结构的中间产物，从而改善再生正极材料的电化学性能。Zheng等[15]提出了一种从废旧锂离子电池中回收和再生$LiFePO_4$的新工艺。这种新工艺采用溶解沉淀法从废旧$LiFePO_4$电池中回收非晶$FePO_4 \cdot 2H_2O$。首先将预处理得到的退役正极材料用硫酸溶解，然后加入NH_4OH溶液调节pH值至2，过滤干燥后得到非晶态水合$FePO_4$。为了研究不同表面活性剂对$FePO_4 \cdot 2H_2O$形貌及性能的影响，添加这些活性剂进行了实验。将得到的非晶态水合$FePO_4$在700℃下焙烧5h，以获

得 α-石英结构的 $FePO_4$。向酸浸后的滤液中加入 Na_2CO_3，沉淀得到锂的化合物 Li_2CO_3。最后，将回收得到的 Li_2CO_3 和 $FePO_4$ 以 Li、Fe、P 摩尔比为 1.05∶1∶1 的比例混合均匀，先在 300℃保温 4h，升温至 700℃保温 10h，即可得到重新合成的 $LiFePO_4$ 材料。重新制备的 $LiFePO_4$ 的电化学性能与工业级产品相当。

Pei 等[16]研究了利用退役锂离子电池回收材料制备新的 $LiFePO_4$ 中，将预处理得到的退役 $LiFePO_4$，加入 Li_2CO_3、$Fe(NO_3)_3 \cdot 9H_2O$ 和 $NH_4H_2PO_4$ 中，调整 Li、Fe 和 P 的摩尔比为 1.05∶1∶1，与酸性磷酸盐混合均匀，置于马弗炉中在 600～800℃下，煅烧 10～20 h，得到新的 $LiFePO_4$ 材料。重新合成的 $LiFePO_4$ 焙烧的最佳条件为在 N_2 气氛下煅烧 10 h，合成产品如图 8-4 所示。研究结果表明，该重新合成的 $LiFePO_4$ 为不规则颗粒，粒径在 5～10μm，分散性好，且表现出良好的电化学性能。

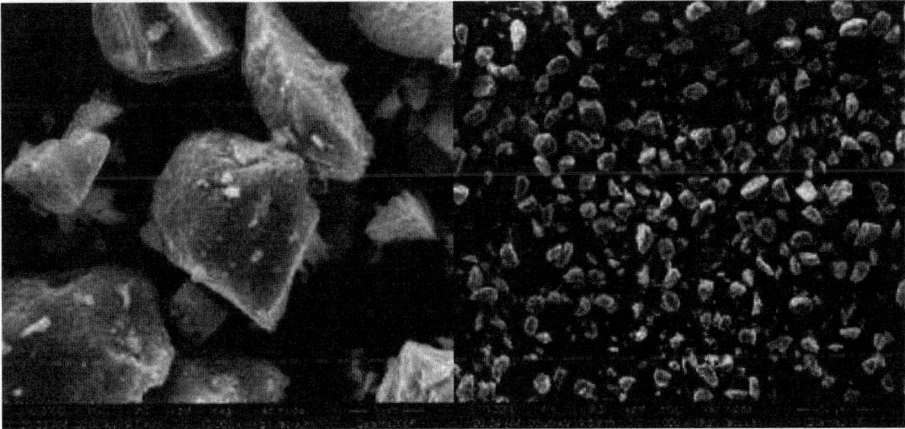

图 8-4　新合成的 $LiFePO_4$ 的扫描电镜图[16]

Kurmar 等[17]开发了一种固相烧结法再生废旧 $LiFePO_4$ 电池的工艺。回收流程包括拆解、切割、分离、热处理、再合成五个步骤。将废旧 $LiFePO_4$ 电池拆解切割，得到正极板。通过热处理去除阴极板上的黏结剂，利用超声波技术在水溶液中得到铝箔上的 $LiFePO_4$。对回收的 $LiFePO_4$ 材料进行洗涤干燥后，通过加入不同量的 $FeC_2O_4 \cdot 2H_2O$、Li_2CO_3 和 $(NH_4)_2HPO_4$，调整粉末中 Li、Fe 和 P 的摩尔比为 1.05∶1∶1。然后，在材料中加入适量的无水乙醇，在真空中高速球磨 4h 制备前驱体。前驱体在 700℃下煅烧 24h 后，成功制得橄榄石 $LiFePO_4$。结果发现在最佳条件下合成的 $LiFePO_4$ 粉体为橄榄石结构的近球形颗粒，粒径为 $10\mu m$；电化学分析表明，含 5% 碳的 $LiFePO_4$ 具有最佳的倍率性能和循环稳定性，在 $0.1C$ 倍率下放电比容量为 148.0mAh/g。以 $1C$ 的倍率循环 50 次，其循环效率可达 98.9%。该方法资源利用率高，是废 $LiFePO_4$ 电池处理研究的主要方向。但操作条件难以控制，再合成正极材料制备的电池质量一般。这可能是因为回收的阴极活性材料中的杂质没有完全去除，从而影响了材料的后期使用。

Methekar 等[18] 将分离回收得到的草酸钴与 Li_2CO_3 进行充分研磨混合后，置于马弗炉中于 800℃ 下煅烧 5h 合成正极 $LiCoO_2$ 材料。结果发现 $LiCoO_2$ 的纯度为 91%，和电池级正极材料的纯度（99.5%）仍有一定差距。为减少各金属氧化物前驱体制备所需的能耗，简化流程，有研究者直接利用废旧正极活性材料，通过补充 Li 源的方式实现正极材料的再生。Yue 等[19] 直接将 $LiNi_{0.5}Co_{0.2}Mn_{0.3}O_2$ 材料从正极废料中剥离下来并与醋酸锂以（Ni + Co + Mn）:Li=1:1.05 的摩尔比充分混合，然后将混合物置于 500℃ 下煅烧 5h，随后继续在 900℃ 下烧结 12h。在反应过程中额外添加的 Li 逐渐扩散到材料晶格中，而颗粒表面的杂质则在高温下基本被去除，裂纹和破碎的颗粒也在再生过程中消失，并且进一步打通了 Li^+ 嵌入嵌出的通道。

此外，有部分研究指出，不补充 Li 而直接对正极废料进行煅烧，同样可以实现再生正极材料的目的。Wang 等[20] 先通过机械破碎筛分分离废旧 $LiFePO_4$ 电池正极活性材料和铝箔，进而回收正极材料混合物（$LiFePO_4$/C 和乙炔黑），将混合物置于高纯氮气氛围下分两步煅烧，先在 300℃ 下煅烧 12h，然后在 750℃ 下煅烧 7h 合成再生 $LiFePO_4$ 材料（图 8-5）。该材料在 $0.2C$ 条件下的最大比容量为 150.99mAh/g，库仑效率为 95.81%；并且在 $0.5C$ 下循环充放电 1000 次后容量保持率可达 92.96%，表现出优异的电化学性能。

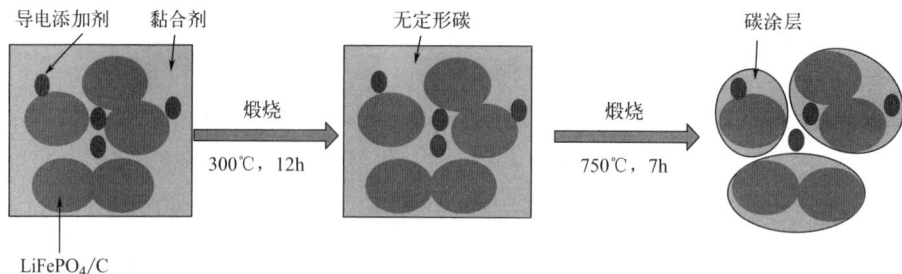

图 8-5　固相烧结法再生 $LiFePO_4$ 示意图[20]

杨秋菊等[21]采用高温固相合成法直接再生，将预处理得到的废弃 ICP-OES LiFePO$_4$ 粉末经 ICP 测试分析后，得到粉料中 Li$^+$、Fe^{2+} 和 PO$_4^{3-}$ 的含量。经碳酸锂、磷酸二氢铵、草酸亚铁调节 Li、Fe 和 P 的比例为 1.1:1:1 后进行混合均匀球磨，在氮氢混合气氛下进行一次焙烧，后升温至 700℃ 进行二次焙烧，即得到修复后的 LiFePO$_4$ 正极材料。研究结果表明，二次焙烧过程中，在空气中烧结除杂，会将混合前驱体物料中 Fe^{2+} 氧化为 Fe^{3+}，从而导致二次焙烧后得到的新 LiFePO$_4$ 正极材料晶型发生变化，使得修复的 LiFePO$_4$ 正极材料电化学性能下降。因此，如何进一步优化固相合成条件，仍有待深入研究。

8.2.2　水热合成法

水热合成法是正极材料再生的一种有效技术，它通过在水热条件下进行化学反应来合成所需的材料。其原理是指在特定的密闭反应容器（高压釜）中，以水为主要反应介质，通过加热的方式达到高温高压的反应环境，在亚临界和超临界状态下合成电极材料。通过控制反应条件如温度、压力和反应时间，可以实现对材料形貌、尺寸和结构的精确控制。在温度为 100～1000℃、压力为 1 MPa～1 GPa 时，由于此时反应处于分子水平，反应活性提高，所以水热反应可以替代某些高温固相反应，制备出具有特殊形貌的电极材料。研究表明，反应物浓度对最终产品的物理化学性能有显著影响。根据不断的探究，在制备磷酸铁锂（LiFePO$_4$）时，最佳的 Fe^{2+} 浓度为 0.5mol/L。反应体系的 pH 值也是一个重要的参数，对于 LiFePO$_4$ 的合成，控制 pH 值为弱碱性可以得到最佳结果。

使用水热合成法制备所得到的产物具有纯度高、晶粒发育良好、团聚程度轻和颗粒粒度易控制等优点。在避免了因高温煅烧或球磨等后处理产生的杂质和结构缺陷的同时，可以制备出特殊形貌与优异性能的纳米晶。这种方法在电子材料、磁性材料、光学材料等领域也得到了广泛应用。不仅如此，水热合成法所得水溶液中离子混合均匀，水可以随着温度的升高和自生压力增大变成一种气态矿化剂，具有非常大的解聚能力。在一定矿化剂的存在下，化学反应速率加快，甚至可以制备出多组分或者单一组分的超微结晶粉末。离子能够很容易地按照化学计量关系反应，并且再结晶过程中可以把有害的杂质留到溶液当中，生成纯度较高的结晶粉末。

其制备材料的过程可以分为两个主要部分，第一部分为水解和氧化：在这个阶段，金属离子在水溶液中与水分子发生反应，形成含有羟基或其他含氧官能团的化合物。这个过程通常伴随着温度的升高和压力的增加，因为高温高压条件有助于促进化学反应的进行。第二部分为混合金属氧化物的中和：这个阶段涉及含有多种金属离子的溶液在高温高压下反应生成结晶粉末。这些金属离子在水溶液中混合均匀，然后在特定的条件下通过沉淀、共沉淀或再结晶等过程形成所需的材料。此外，由于反应在密闭反应釜中进行，研究体系的反应温度、体系压力等对反应参数有重要意义。

LFP 在长期循环过程中会损失部分锂并转化为 $FePO_4$。因此，这部分损失的锂如何补充对于再生用过的 LFP 显得尤为关键，而这在热力学上是可以在水热条件下实现的。Wang 等[22]利用回收得到的 Li_3PO_4 作为锂源，通过水热合成法重新合成新的 LFP 正极材料。将回收得到的 LFP/C 混合粉末，在 600℃下煅烧，确保 Fe^{2+} 被完全氧化，这是因为氧化后的材料更容易溶解在 HCl 溶液中。将经过处理的正极材料粉末在 4mol/L 的 HCl 溶液中浸出，然后添加 6mol/L 的 $NH_3 \cdot H_2O$ 调节体系 pH 值为 2 时可得到 Fe^{3+} 沉淀物 $FePO_4$。将 $FePO_4$ 过滤后调节滤液 pH 值为 7，并添加沉淀剂 Na_3PO_4，即可得到 Li^+ 的沉淀物 Li_3PO_4。为了纯化 Li_3PO_4，将得到的 Li_3PO_4 溶解于 2mol/L H_3PO_4 溶液中，调节 pH 值为中性后用蒸馏水和乙醇对回收的 Li_3PO_4 进行多次洗涤，干燥后即可得到纯度较高的 Li_3PO_4。以摩尔比为 1:1 混合回收得到的 Li_3PO_4 和分析纯的 $FeSO_4 \cdot 7H_2O$，经水热合成法即可得到合成的 LFP 正极材料。特别是在 200℃下，采用水热反应重新合成的 LFP/C，0.2C 时可逆放电比容量为 157.2mAh/g，具有良好的倍率性能，如图 8-6 所示。

Yang 等[23]提出了一种一步水热法直接再生废 $LiFePO_4$，首先利用 *DL-* 苹果酸还原废 $LiFePO_4$ 中的 Fe^{3+}，进而通过脱碳反应将羟基氧化为醛基。研究不同锂浓度、水热时间和水热温度对再生 $LiFePO_4$ 性能的影响，结果发现，在锂浓度为 1.2mol/L、水热时间为 6 h、水热温度为 100℃的条件下，电化学性能最佳。在此条件下再生的 $LiFePO_4$ 的循环稳定性大大提高，初始放电比容量和 200 次循环后再生 LFP 的放电比容量分别为 138.4mAh·g^{-1} 和 136.6mAh·g^{-1}。再生 LFP 的库仑效率均在 97.2% 以上，容量保持率为 98.7%。根据《资源保护与恢复法案》等政策，该研究为 $LiFePO_4$ 的再生提供了一种绿色可行的方法。

Wang 等[24]使用水热法从废旧正极材料中再生了高电压特性的 $LiCoO_2$，其流程如图 8-7 所示，将适量的正极废料投加到含有 60mL 4mol/L 的 LiOH 溶液的高压反应釜中，在 220℃下保持 4 h。将水热反应产物用去离子水洗涤数次后与快离子导体 $Li_{1.4}Al_{0.4}Ti_{1.6}(PO_4)_3$（LATP）按一定化学计量比球磨制备成 LATP 包覆的 $LiCoO_2$ 样品，然后进行煅烧处理。$LiCoO_2$ 在高温（> 700℃）下能与

LATP 发生反应，生成一种混合相物质（Co_3O_4/Co_2AlO_4、$CoTiO_3$ 和 Li_3PO_4）附着在 $LiCoO_2$ 表面，这些混合相物质可以避免电解液与 $LiCoO_2$ 的界面反应，从而提高了再生 $LiCoO_2$ 的稳定性和高电压性能。在 4.4 V 下工作时，再生 $LiCoO_2$ 的放电比容量显著提高，可达 166mAh/g，在 1C 下经历 100 次循环后容量保持率达 93%。

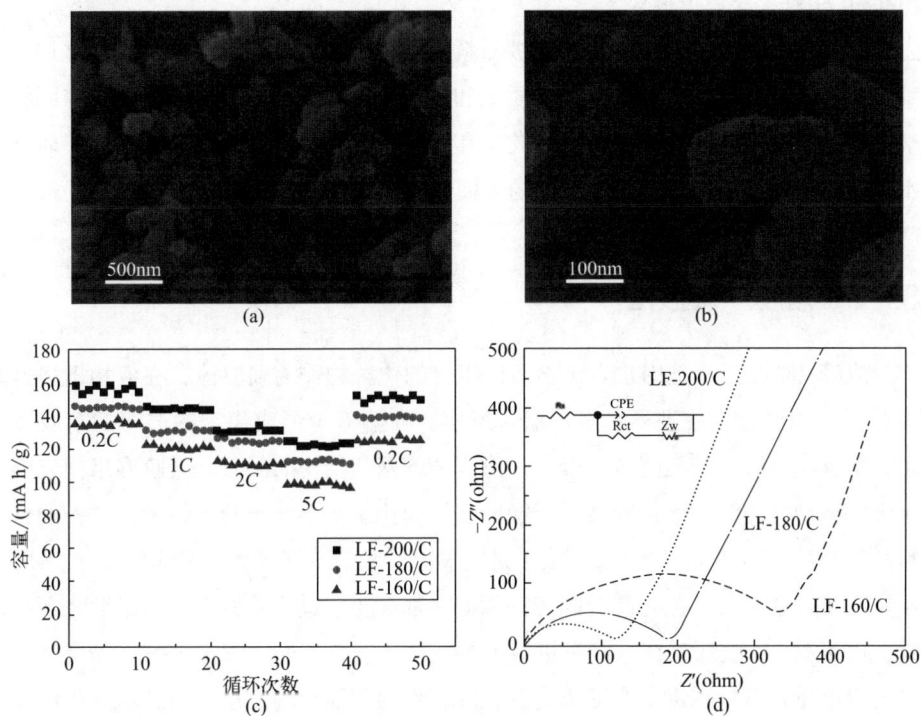

图 8-6　（a）、（b）LFP-200/C 形貌图片；（c）LFP-200/C 在 1C、2C 和 5C 下的循环性能；（d）扫描速率为 0.1mV/s 时 LFP-200/C 的 CV 曲线[22]

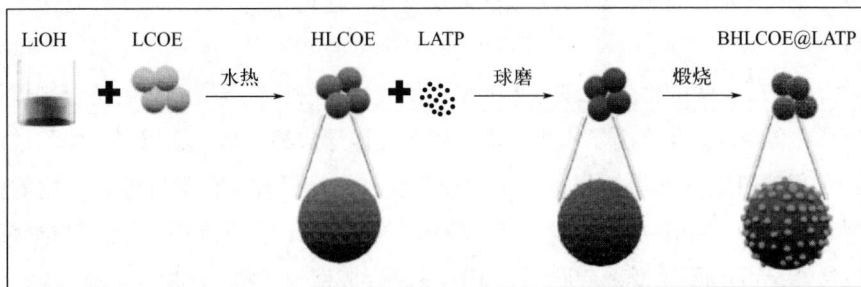

图 8-7　水热法再生 $LiCoO_2$ 示意图[24]

为了减少回收过程中的后续烧结步骤，以减小正极材料的粒径，提高后续筛分的产量，Sloop 等[25]利用含 Li^+ 和氧化剂的溶液，通过水热反应直接将正极废料锂化，其中还原剂（如碳、残留电解质或黏合剂）将 Li^+ 还原到晶格中，同时通过氧化剂保持正极材料中金属的氧化态。该团队还使用此方法对 NCM523 和 NCM622 两种 LIBs 进行修复再生，其性能和原始新电池的性能相差无几，可经历超过 2100 次充放电循环。

水热法是一种高效且环保的正极材料再生技术，通过优化合成条件和添加辅助物质，可以有效提升再生材料的质量和性能，满足了电池行业的需求。与固相法相比，其反应气氛无需调节。因此，在合成三元材料时有其独特的优点，而且水热合成法，还可以有效调控产物的表面形貌，操作更为简洁。

8.2.3　溶胶－凝胶法

溶胶-凝胶法就是用含高化学活性组分的化合物作为前驱体，在液相下将这些原料均匀混合，并进行水解、缩合反应，在溶液中形成稳定的透明的溶胶体系，溶胶经过陈化胶粒间缓慢聚合，形成三维网状结构的凝胶，凝胶网络间充满了失去流动性的溶剂。凝胶经过干燥、烧结固化制备出分子乃至纳米亚结构的材料[26]。溶胶-凝胶法（Sol-Gel 法）是实验室合成锂离子电池正极和负极材料的常用方法，其合成工艺与高温固相法相似，都需要经过均质混合和高温煅烧等步骤。而溶胶-凝胶法是在水或有机溶剂等液相环境下，通过发生水解、缩合，得到溶胶体系，然后缓慢聚合形成凝胶，以实现均匀混合的方法。与高温固相法固相间的机械混合相比，明显表现出了更为卓越的性能。采用溶胶-凝胶法制备，产物中杂质的含量得到有效降低，同时晶粒的尺寸也得到了更加均匀的分布。因此可以利用这种方法来制备各种不同形貌及大小的无机纳米颗粒。然而，由于反应在液相环境中进行，需要大量的溶剂支撑，这也限制了其实现工业化生产的能力。

溶胶-凝胶法的再生机理与共沉淀法相似，利用具有丰富配体的螯合剂促进浸出液中各金属离子在分子水平上混合均匀，以形成纯度高且金属分散均匀的前体，有利于煅烧形成均匀分布的小粒径颗粒，从而提升电化学性能。常用的螯合剂有马来酸、柠檬酸、乳酸、苹果酸和乙酸等。Li 等[26]则采用氨浸与溶胶-凝胶法相结合的环保型无杂质回收工艺重新合成富锂正极 $Li_{1.2}Mn_{0.54}Ni_{0.13}Co_{0.13}O_2$（LR）材料。氨浸出液以相应的化学计量关系添加额外的金属化合物后，以柠檬酸作为螯合剂，通过溶胶 - 凝胶法再生粒径和元素分布均匀的前体，在 800℃下煅烧 12 h 合成的 LR 在 0.1C 下表现出 246.5mA/g 的优异初始比容量，在 0.2C、2.0 ~ 4.8V 下循环 80 次后比容量为 163.3mAh/g。借助 $Li_{1.20}Mn_{0.54}Co_{0.13}Ni_{0.13}O_2$（LLO）高电压稳定性的互补优势，利用层状富锂锰基材料对废 $LiCoO_2$ 材料进行表面改性，设计出兼具高比容量和高电压循环稳定性的高性能核 - 壳结构正极材料：采用乙酸作为螯合剂，利用溶胶 - 凝胶法将 LLO 均匀地涂覆在废旧 $LiCoO_2$ 颗粒表面，优化后的再生复合正极材料表现出更高的锂存储性能，在 0.1C 条件下的初始比容量为 197.1mAh/g，在 3.0 ~ 4.5V 范围内、1C 条件下循环使用 100 次后的容量保留率高达 95.8%。

　　溶胶 - 凝胶法可使有机酸浸出液中的 Li^+ 不经分离而直接用作 Li 源，有利于缩短回收进程，再生的材料粒径细小且均匀，采用溶胶 - 凝胶法再生正极材料的粒径通常比共沉淀法的粒径小，并且对设备的要求低，反应条件相对温和，但是整个反应流程时间长、重复性较差，大量有机试剂的消耗造成其成本较高，暂不适合大规模工业生产[27,28]。

　　韩国循环回收利用研究中心的 Lee 和 Rhee[29] 研究了利用退役锂离子电池正极材料酸浸后的溶液，采用溶胶 - 凝胶法合成新的 $LiCoO_2$ 正极材料，其酸浸过程采用 HNO_3-H_2O_2 浸出体系，酸浸后向含有 Li 和 Co 的酸浸溶液中加入 $LiNO_3$，调节 Li 和 Co 的比例为 1∶1，再加入一定量的柠檬酸螯合剂，混合均匀后蒸发至凝胶态，最后在 950℃高温煅烧 24h，得到新的 $LiCoO_2$ 正极材料。再生 LCO 的 XRD 图谱及循环性能测试如图 8-8 所示，从 XRD 图谱中可以看出，产物中只有 $LiCoO_2$ 物相，无明显杂峰，且生成的正极材料晶型较好，通过对其进行电化学测试发现，其首次可逆充放电比容量分别为 165mAh/g 和 154mAh/g，但是其循环性能较差。因此，合成过程中的杂质控制、技术路线、合成条件还需进一步的研究。

　　北京理工大学课题组卞轶凡、李丽等[30] 以混合电池材料 $LiCoO_2$、$LiMn_2O_4$、$LiCo_{1/3}Ni_{1/3}Mn_{1/3}O_2$ 为原料，以柠檬酸 - 双氧水浸出液为浸出体系，采用溶胶 - 凝胶法将得到的酸浸溶液，重新合成新的 $LiNi_{1/3}Co_{1/3}Mn_{1/3}O_2$ 正极材料，浸取液中含有一定量来自预处理的 Al，而微量的 Al 掺杂可以提高材料的结构稳定性。掺杂 Al 进入正极材料主要是通过在溶胶 - 凝胶合成过程中，调控酸浸溶液的 pH 值，进而控制溶液中 Al 的含量，找到最佳掺杂量以达到提升材料电化学性能的目的，使得 Al 以掺杂元素而不是杂质元素存在于新合成的再生材料中，将除杂问题转化为掺杂改性问题，进而提高材料的电化学性能。

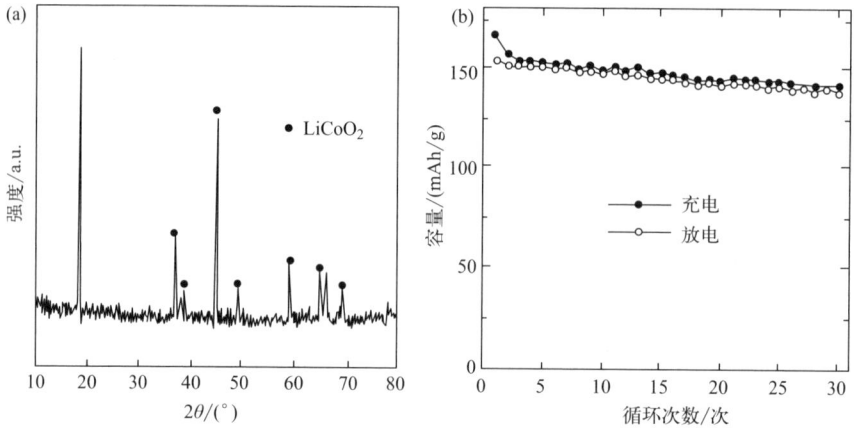

图 8-8　再生 LCO 的 XRD 图谱（a）和再生 LCO 的循环性能测试（b）[29]

首先在配备有回流冷凝器的三颈圆底烧瓶中进行酸浸实验，采用水浴用于控制反应温度，通过电动搅拌器搅拌溶液。研究温度（30 ～ 90℃）、柠檬酸浓度（0.2 ～ 1mol/L）、纸浆密度（10 ～ 50g/L）、时间（15 ～ 75min）和 H_2O_2 体积分数（0 ～ 2.0%）对浸出的影响，如图 8-9（a）所示。基于柠檬酸与过渡金属离子（元素钴）摩尔比为 1:1，加入锂、锰、钴、镍的乙酸盐调节 Mn^{2+}、Co^{2+} 和 Ni^{2+} 的摩尔比为 1:1:1，Li 的含量过量 5%（由于锂的分子量较小，在烧结过程中容易挥发损失）。均匀混合后，用氨水调节溶液 pH 值至 7，在磁力搅拌器上搅拌加快蒸发，温度设定在 80℃，待逐渐成为凝胶后，放入 80℃的干燥箱中烘 24h，之后在 450℃下预烧结 5h，研磨得到较细的颗粒，再在 900℃下烧结 12h，最后研磨均匀得到三元正极材料 $LiNi_{1/3}Co_{1/3}Mn_{1/3}O_2$，其作用机理如图 8-9（b）所示。溶胶 - 凝胶法合成的颗粒主要为纳米小颗粒团聚在一起，颗粒尺寸 <100nm，纳米尺寸的颗粒可以保证材料与电解液有充分接触，减少锂离子脱嵌路径，进而可以改善材料的电化学性能。

掺杂微量 Al 离子进入再生材料的晶格结构，使得晶胞参数 a 和 c 发生了相应的变化，a 轴减小，c 轴增大。如图 8-10 所示，再生材料比新合成材料展现出更好的放电容量、循环性能和倍率性能，在 0.2C 下循环 160 周后可逆放电比容量保持为 140.7mAh/g，容量保持率高达 93.9%，1C 倍率下经过 300 次的长循环后，可逆放电比容量稳定在 113.2mAh/g，容量保持率为 75.4%，电化学性能的提高主要是由于微量 Al 离子的掺杂，其和氧的结合能更强，稳定了材料结构，增大了锂离子脱嵌的通道。由此可以看出，Al 掺杂对材料结构的稳定性有很积极的作用，较强的 Al—O 结合能在锂离子脱嵌过程中保持结构不变，抑制脱嵌过程中晶胞参数 a 和 c 的过度变化，同时维持锂的脱嵌电位。

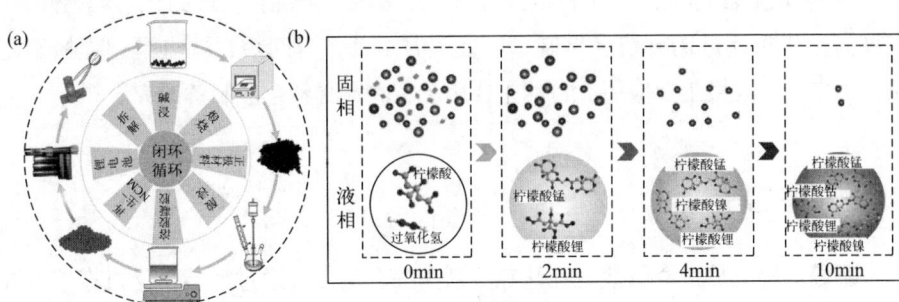

图 8-9　回收流程（a）和浸出机理（b）[30]

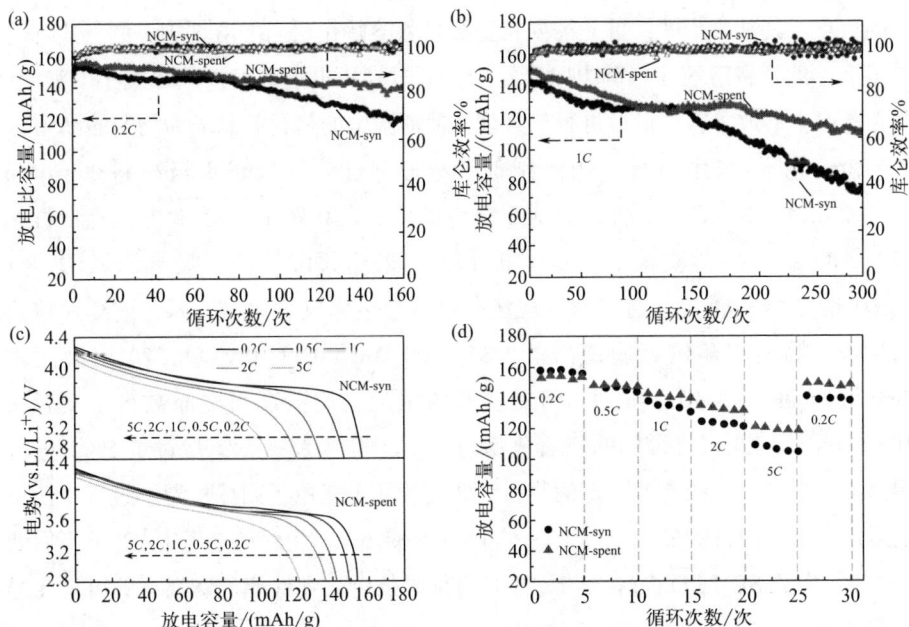

图 8-10　再生和废三元材料的电化学性能测试图[30]

NCM-spent 表示通过废旧电池回收材料制备的 NCM，NCM-syn 表示通过传统的化学方法制备的 NCM

以 *DL-* 苹果酸为浸出剂将废三元正极材料浸出后，Yao 等[31]采用 ICP-AES 对浸出液中的 Li、Ni、Co、Mn 的浓度进行了分析，以摩尔比为 1.05∶0.33∶0.33∶0.33

向浸出液添加相应的金属盐，调节体系 pH 值为 8，在 80℃水浴温度下得到胶状混合物，干燥后于 400℃下焙烧 2h，然后升温至 650～950℃焙烧 2～8h 后，即得到 NCM 正极材料。

溶胶-凝胶法的优点在于各组分可达原子级的均匀混合，产品化学均匀性好，纯度高，化学计量比可精确控制，热处理温度低且时间短，缺点是过程控制复杂，不易于大规模工业应用，目前主要用于实验室材料合成制备研究。

8.2.4　喷雾干燥法

喷雾干燥法是将金属盐与锂盐在溶剂中混合均匀，通过喷雾干燥机直接喷雾干燥获得材料的方法。其对产物的粒径分布、颗粒形貌均能有效控制。与其他方法相比，省去了先合成前驱体，后配锂盐的步骤，简化了工艺步骤，缩短了工艺周期。但是，产品收集率低，纯度不高，对喷雾干燥机要求较高等都是其不可忽视的缺点。其基本步骤：首先需要将正极材料溶解在适当的溶剂中，制备成均匀的溶液。然后将溶液注入静电喷雾器中，通过高压电场将溶液喷成细小的液滴，落在基底上形成薄膜。最后进行热处理，使薄膜中的材料结晶成为均匀的晶体。

Hou 等[32]采用喷雾干燥法制备了球形富锂三元层状正极材料 $0.5Li_2MnO_3 \cdot 0.5LiMn_{1/3}Ni_{1/3}Co_{1/3}O_2$，其合成工艺较简单，在 $0.1C$ 倍率下放电比容量可达 $270mAh \cdot g^{-1}$。浆料喷雾干燥法（SD-LLO）采用共沉淀法、喷雾干燥法、空气煅烧法合成。首先，通过共沉淀法获得混合金属氢氧化物，即在连续搅拌的情况下，将所需量的金属硫酸盐（Ni：Co：Mn¼=0.13：0.13：0.54）溶液滴入 2mol/L NaOH 溶液中。4h 后，将制备好的沉淀物用蒸馏水洗涤数次，然后在 100℃下干燥 12h，将得到的氢氧化物与 Li_2CO_3 作为锂盐（锂盐过量 5%）进行湿磨工艺混合，形成高度稳定的浆料，然后喷雾干燥用于制球。湿磨过程中使用的溶剂是水。制备的前驱体首先在 650℃下煅烧 5 h，然后在空气中 900℃下后处理 10h，生成 SD-LLO 微球。该样品具有优异的电化学性能，室温下的可逆比容量超过 270mAh/g，初始库仑效率为 80%，如图 8-11 所示。

Wang 等[33]应用喷雾干燥法制备了 $0.5Li_2MnO_3 \cdot 0.5LiMn_{0.33}Ni_{0.33}Co_{0.33}O_2$ 正极材料，其具有极高的倍率性能与极好的循环稳定性，在 $1C$ 和 $3C$ 倍率下首次放电比容量可达 $200mAh \cdot g^{-1}$，循环 600 次左右容量保持率分别为 90.2% 和 81.6%。此外，他们[34]将合成的 $0.5Li_2MnO_3 \cdot 0.5LiMn_{1/3}Ni_{1/3}Co_{1/3}O_2$ 材料与碳纳米管和石墨烯混合，再次用喷雾干燥法得到复合材料。在 $0.2C$ 的倍率下放电比容量可达 288mAh·g^{-1}, 循环 50 次后容量保持率为 88.9%。

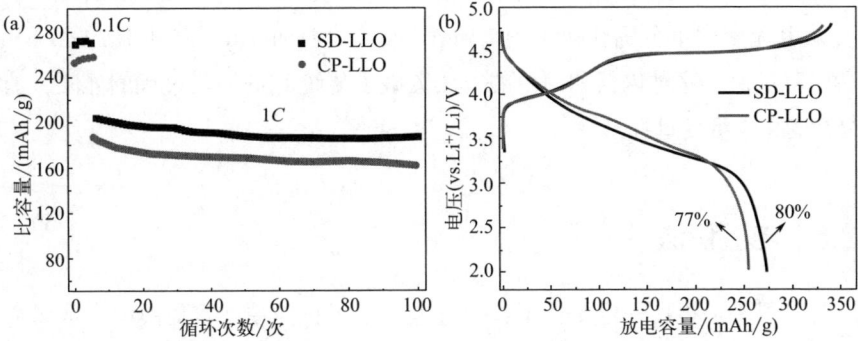

图 8-11　SD-LLO 在 2～4.8V 的循环性能（a）和 SD-LLO 的首圈充放电曲线（b）[32]

Hu 等[35]采用 H_3PO_4 和柠檬酸作为 LFP 废粉的浸出剂。以浸出液为前驱体进行喷雾干燥再生 LFP 正极材料, 锂、铁、磷的回收率均超过 95%, 如图 8-12 所示。选择 LiOH 溶液去除 LFP 粉末中的铝后, 再生的 LFP 材料表现出优异的电化学性能, 在 5C 电流密度下的放电比容量达到 123.3mAh·g^{-1}。在 1C 下循环 600 次, 容量保持率达到 97.3%。

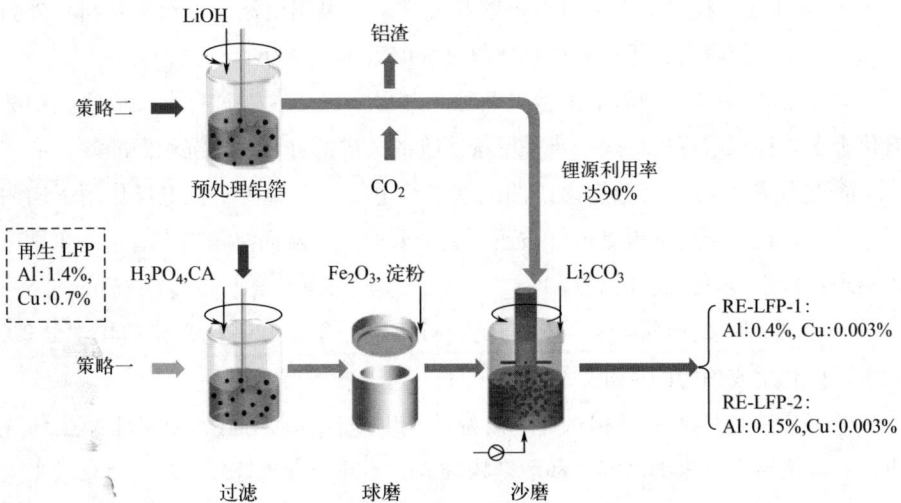

图 8-12　再生制备示意图[35]

Zhang 等[36] 将铝箔和活性物质在空气中煅烧分离，然后将 Li_2CO_3、$NH_4H_2PO_4$、蔗糖和氧化后的废 $LiFePO_4$ 粉末在 HCl 中混合制备前驱体溶液，然后进行快速喷雾干燥和煅烧，得到空心球形 $LiFePO_4/C$。该产品在 $0.1C$、$1C$ 和 $10 C$ 的电流密度下分别获得了 $147.1mAh \cdot g^{-1}$、$141.9mAh \cdot g^{-1}$ 和 $107.7mAh \cdot g^{-1}$ 的高比容量值。这种创新和简单的方法突破了传统 LFP 回收过程的界限，消除了复杂的化学沉淀过程。

8.2.5 电沉积法

电沉积法是指在一定条件下，通过电化学沉积作用将富集液中贵金属离子还原为金属，沉积在阴极上回收有价金属的方法。其原理是利用电流在液体中的电化学作用，将溶质从原液中沉积到电极上。电沉积过程中非常关键的步骤是新晶核的生成和晶体的成长，这两个步骤直接影响到镀层中生成晶粒的大小。电沉积法的应用非常广泛，可以用于制备金属薄膜、氧化物薄膜、纳米晶体薄膜等材料，也可以用于制备纳米结构、微纳米器件、芯片封装等。

同时电沉积法也是一种高效的废旧电池回收技术，它通过将废旧电池中的有价值金属元素溶解在酸碱溶液中，然后利用电流作用在阴极上沉积出纯金属，从而实现资源的回收和再利用。电沉积法在废旧电池回收中的应用可以分为以下几个步骤：

① 预处理：将废旧电池进行拆解和分类，分离出电池的正负极材料、外壳等部件。这一步骤有助于提高后续回收过程的效率和纯度。

② 浸出：将预处理后的电池材料放入酸碱溶液中，通过化学反应将其中的有价金属转移到溶液中。这一步是湿法回收的关键部分，为电沉积做准备。

③ 电沉积：将含有金属离子的溶液进行电解，金属离子在电场作用下向阴极移动，并在阴极表面得到电子被还原成金属原子，从而沉积出来。这一步骤可以实现对特定金属的高效回收。

④ 后处理：对电沉积得到的金属进行清洗、干燥和其他必要的化学处理，以满足再利用或销售的标准。

电沉积法提供了一种相对环境友好的废旧电池回收方式，有助于减少传统火法和湿法冶金带来的高能耗和污染物排放。不同于常规处理方法，北京理工大学孙风、李丽等[37] 提出了一种新的电沉积处理技术，建立了一种高效、产物纯度高、操作便利的电化学回收体系，可以直接将浸出液中的有价金属钴离子再生为电极材料。采用电化学法对退役锂离子电池浸出液中的有价金属进行回收处理，浸出液作为电解液，调整体系反应温度、电流密度、反应时间等条件，在阳极 Ni 片上制备出钴酸锂电极，其反应装置如图 8-13 所示。在适宜的反应条件下，在 Ni 片上可制备出均匀的黑褐色 LiCoO$_2$ 薄膜，薄膜用无水乙醇和去离子水清洗干燥后，即可得到再生的电极材料钴酸锂。

依据 Tao 等[38] 前期对电化学法制备 LiCoO$_2$ 薄膜的确切成膜研究，电化学法在基体 Ni 片上制备 LiCoO$_2$ 薄膜的成膜机制为反应式（8-1）～式（8-3）。LiOH 溶液中的 Co（OH）$_2$ 在高浓度 OH$^-$ 的作用下会溶解生成 HCoO$_2^-$，在电流的作用下，向正极 Ni 迁移，使得正极板附近 HCoO$_2^-$ 的浓度高于溶液原体系浓度，高浓度的 HCoO$_2^-$ 一方面会在正极板上形成 CoOOH 形式的沉积，另一方面在高浓度的 LiOH 溶液中会发生反应［式（8-4）］，生成 LiCoO$_2$。

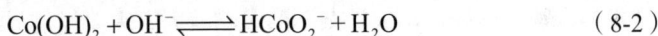

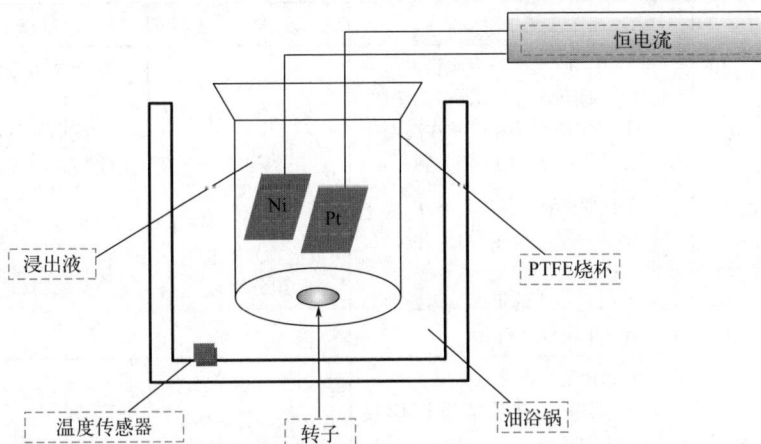

$$Co(OH)_2(悬浮) \rightarrow HCoO_2^- \longrightarrow CoOOH \rightarrow LiCoO_2 \qquad (8\text{-}1)$$

$$Co(OH)_2 + OH^- \Longleftrightarrow HCoO_2^- + H_2O \qquad (8\text{-}2)$$

$$HCoO_2^- \longrightarrow CoOOH + e^- \qquad (8\text{-}3)$$

$$Li^+ + CoOOH \longrightarrow LiCoO_2 + H^+ \qquad (8\text{-}4)$$

图 8-13　电化学技术再生钴酸锂的实验装置示意图[37]

在电沉积再生钴酸锂的过程中，电流密度是电化学反应的驱动力，随着电流密度的增加，再生材料的结晶性下降，逐渐出现无定形态。而电流密度过小，合成反应受阻碍，将会有极少量的材料生成。反应温度对成膜也有重要的影响，温度过高，阳极反应速率快，使 $LiCoO_2$ 晶核形成速度过快，致使晶型择优取向生长受阻，沉积过程中吸附了过多的杂质和结晶水，出现一定的无定形态。而反应温度过低，电化学反应不能有效地进行，致使特征峰不明显，晶型结构不好，材料的电化学性能也受到严重影响。此外，反应时间对成膜的影响也较明显。时间越长，沉积到基体上的薄膜越厚，会导致沉积到基体上的薄膜再被溶解，根据溶解-沉淀平衡，又被再次沉积到基体上，这一过程会破坏薄膜的趋向性，以致薄膜呈混乱状。

锂离子电池材料的再生技术，主要是利用电极材料的制备工艺，以正极材料回收浸出液为原料，通过常规的固相合成、水热合成等方法合成新的电极材料，也可以采用电沉积等方式进行电极材料再生，其工艺优缺点如表 8-2 所示。此外，正极材料再生技术也可以通过微波合成法、自蔓延燃烧合成法等锂离子电池正极材料合成工艺进行电极材料的再合成。但在电极材料再生过程中，也应该注意到常规的合成方法受浸出液中杂质的影响较大，需要经过提纯才能进行再合成。受原材料和合成工艺的限制，部分再生的正极材料电化学性能难以满足工业化的要求，而通过掺杂、涂覆等表面改性技术可以显著提升材料的电化学性能。

表 8-2　锂离子电池前驱体及材料再生制备技术优缺点

合成方法	工艺细节	优点	缺点
固相法	1. 利用回收浸出液为原料，添加相应缺失的金属元素后制备前驱体 2. 制得的前驱体和锂源在高温作用下合成新的再生的正极材料	合成工艺简单	1. 产物组分均匀性较差 2. 反应气氛和实验条件严格
溶胶-凝胶法	1. 将回收产物分散在溶剂中 2. 溶液内发生水解／再聚合反应，进而形成溶胶、凝胶 3. 经过进一步的干燥及热处理得到再合成的电极材料	反应物间扩散快、组分均匀	耗时、流程较长
水热合成法	1. 在密闭反应容器（高压釜）中 2. 水为主要介质，通过加热（温度，100～1000 ℃；压力，1MPa～1GPa），进行合成反应 3. 得到再合成的电极材料	具有特殊形貌	产物产量小
电沉积法	1. 通过电流作用将有价金属富集液中贵金属离子进行还原 2. 在阴极上得到再生的电极材料	短程高效	实验条件严格

Que 等人[39]通过对具有突出的 LMB 的电化学特性进行数值分析，研究负

极表面不均匀对锂枝晶生长（即电沉积）的影响，在充电过程中，与电子反应的 Li^+ 在负极上发生了自由能大于一定值的电沉积锂金属的电化学反应，反应的能垒与需求的自由能之差 ΔG 可通过反应过电位调节。与形成锂原子簇相比，在现有的锂原子核上添加一个锂原子更有利，并且具有更低的能量势垒。因此，初始成核后锂核的生长速度增加，因为反应进行过程中电极极化需求比初始阶段低。在负极中，锂离子在电解质中的输运、电极表面的电化学反应以及锂原子沿界面的扩散同时发生。在负极表面几何中心设置一个高度为 $4\,\mu m$ 的突起作为树枝晶生长的位置，以模拟其不均匀的形貌。

Yang 等[40]报道了脉冲电流（PC）和低脉冲电流（LPC）有利于成核的发生，而对表面电流均匀分布的影响较小。脉冲短且间隔宽的脉冲电镀（PP）波形改善了锂沉积形貌和循环效率，而阳极脉冲电流大的反向脉冲电镀（RPP）波形进一步提高了循环效率。然而，并不是所有的脉冲电流波形都有利于电沉积，与恒流相比，脉冲电流电镀过程中的电流分布不太均匀。此外，研究了恒电流和脉冲电流下负极表面沉积和过电位性能。研究了脉冲电流（PC）、低脉冲电流（LPC）和反向脉冲电流（RPP）不同特定波形的脉冲电流对电沉积的影响。

因此，电池级前驱体和电极材料的再生技术还有待进一步完善和提高，材料再生过程中原子及离子的迁移富集规律也有待进一步研究。

8.2.6　电化学修复法

与电沉积法的目标不同，电化学修复法的目标是恢复电池材料的性能，使其可以重新用于电池制造。大量研究表明，LIBs 主要的失效机理之一就是在循环充放电过程中 Li^+ 的不断流失和消耗[41, 42]，因此通过直接补充 Li 来达到修复正极材料的目的是十分可行的。电化学再生工艺通常采用典型的三电极或双电极体系，将退化的正极材料作为工作电极进行 Li^+ 插入和结构恢复。在废旧正极上施加的阴极电位是主要驱动力，直接诱导了再生过程，大大降低了 Li^+ 向锂空位迁移的活化能，从而实现再锂化和材料结构的修复。补 Li 后的正极材料通常需要在一定的气氛下进行退火处理，使材料的晶体结构完全恢复，从而使 Li 元素在结构中排列得更加紧密[43, 44]。

Zhang 等[45]报道了一种通过电化学再锂化方法直接再生 $LiCoO_2$ 正极材料的策略，系统地研究了电流密度和电解质 Li_2SO_4 浓度的影响，其回收流程见图 8-14。结果表明，当 Li_2SO_4 浓度较高（$1.0mol/L^{-1}$、$0.8mol/L^{-1}$、$0.5mol/L^{-1}$）时，再锂化过程受电荷转移过程控制，而当浓度较低（0.01～0.30mol/L）时，再锂化过程则为扩散控制模式。再锂化过程中，电解液中的自由 Li^+ 在外电路电子的驱动下，首先向废旧正极结构中的锂空位迁移，一旦外电路能量超过电化学插入反应的活化能，这些附着在空位上的 Li^+ 就会迅速插入到 Li_xCoO_2 的缺陷晶格中；最后，为了去除结晶水并恢复 $LiCoO_2$ 的晶格结构，样品在 700℃下进行退火处理。分析结果表明再生的 $LiCoO_2$ 正极材料表现出与新正极材料相当的循环性能。

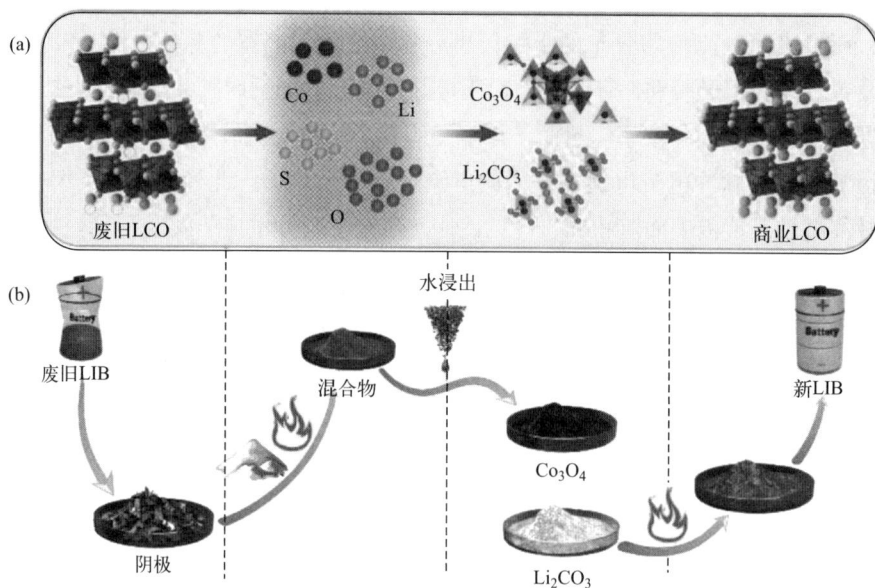

图 8-14　回收流程示意图（a）和详细的回收流程及各步骤对应的产品（b）[45]

Peng 等[46]创新地开发了一种结合自发 Li 嵌入、浓差极化驱动和定向电化学驱动方式嵌入 Li 以实现废旧 $LiFePO_4$ 修复再生的方法。该方法采用标准三电极电解池，以 Li_2SO_4 作为电解质，先在无输入电流的情况下，将组装好的三电极器件保持静置 2h，让 Li^+ 自发地进入到 $LiFePO_4$ 材料中，然后在恒定电流输入的情况下，Li^+ 可在晶格的缺陷结构中快速扩散，电化学再锂化后的 $LiFePO_4$ 电极在氩气气氛下以 500℃烧结 2h 获得翻新的 $LiFePO_4$ 正极材料。这种组合工艺在保持高电流利用率（> 90%）的同时实现了正极材料的高效再生，区别于传统的电化学修复方法，静置过程的引入一方面为电极和电解质之间的浸润过程提供了缓冲时间，降低了界面电阻，这有助于提高电流的利用效率；另一方面，由于静置过程中存在浓度梯度，溶液中的 Li^+ 可以自发地迁移到缺 Li 的 $LiFePO_4$ 中，从而减少后续施加电流的时间。此外，整个过程中的锂盐是可回收的，没有副反应发生。实验结果表明，修复后的 $LiFePO_4$ 在结构、组成和电化学性能方面均与原始 $LiFePO_4$ 相同。

考虑到铁和磷资源丰富且 $LiFePO_4$ 的生产成本低，传统的冶金工艺和其他正极再生策略由于能耗高，步骤烦琐，使得 $LiFePO_4$ 的回收再生在经济上不可行。Wang 等[47]报道了一种通过石墨预锂化策略再生 $LiFePO_4$ 的简便方法，采用预锂化石墨与废旧 $LiFePO_4$ 电极耦合组装来再生电池。嵌入石墨中的 Li 不仅弥补了固体电解质界面膜（SEI 膜）形成过程中不可逆的 Li 消耗，而且还补充了 $LiFePO_4$ 在充放电过程中的 Li 损失，这种预锂化原位修复方法不需要从铝箔上分离活性材料，最大限度地提高了废旧正极的剩余价值，既可以解决 Li 损失的问题又提高了 LIBs 的能量密度，并且避免了退火处理，降低了再生新正极的成本，为 LIB 的再循环提供了新的可能性[48]。

电化学修复法对试剂需求量小，反应条件温和，反应速率可控，废物产生量低，更加环保节能[49, 50]，在再生正极材料方面表现出一定的优越性，但由于高镍 NCM 材料对水分的敏感性，电化学法所要用到的水溶液使得其可能不适用于再生高镍 NCM 材料[51]，并且其距离批量生产和工业化应用也仍存在较大差距。

8.3　再生高附加值材料

再生高附加值材料是通过特定的技术处理，将废旧材料转化为具有更高使用价值和市场价值的新材料。再生高附加值材料的发展不仅有助于环境保护，还能为产业带来新的增长点，实现可持续发展。此外，政策层面也鼓励废旧电池的高附加值利用，提升资源化利用水平，并支持废旧电池再生利用项目建设。其中包括以下研究方法：

① 共混增容技术：通过将废旧塑料与其他塑料或物质共混，可以提高其力学性能，从而增加材料的附加值。

② 化学改性技术：利用化学反应将废塑料转化成其他类型的高附加值材料，这些材料不仅性能优良，而且具有成本优势。

③ 热分解技术：通过热分解将大分子链分解成低分子量状态，从而获得使

用价值更高的产品。

④ 转化思路：采用"碳循环"的转化思路，将聚乳酸等废塑料转化为高附加值的化学品，这种方法不仅证明了利用废塑料作为碳资源生产高价值产品的可行性，也可能激发更多废塑料升级循环工艺的发展。

将废弃的 LFP 回收利用为高附加值产品也是许多研究者的研究领域。Zou 等[52]将废 $LiFePO_4$ 制成磁性材料，并包覆二氧化硅涂层，用于吸附重金属。所制备的吸附剂具有多个孔隙和适当的比表面积。2021 年，Zou 等研究了用废 LFP 正极材料制备沸石磷的方法，如图 8-15 所示。所得晶体为微孔 AlFePO-Li 沸石，对 Pb^{2+} 的去除能力为 723.8mg/g，该沸石对 Pb^{2+} 的吸附量高于市面上大多数沸石材料。综合表征技术揭示了吸附后 Pb^{2+} 物理置换出 TREN 并在 AlFePO-Li 分子筛孔道内形成 Pb-O。这项工作展示了一种废旧电池再利用的新途径，对实现可持续发展具有重要意义。

图 8-15　废料预处理工艺流程图（a）和 AlFePO-Li 分子筛的合成过程（b）[52]

Ruan 等[53]在锂浸出液中加入 SiO_2，浸取废 LFP 后制备 Li_4SiO_4。通过结合沉淀、Na 掺杂和合成过程，并进一步优化 pH 值、Na_2CO_3 比例和升温速率等关键变量来简化制备方案，如图 8-16 所示。最佳条件为 pH=9，Na_2CO_3 质量分数 =11%，升温速率 =5℃/min，所制备的吸附剂在 80 次吸附 / 脱附循环中显示出 0.24g/g 的优异稳定 CO_2 容量。他们开发了一种有效的废旧 $LiFePO_4$ 电池制备 Li_4SiO_4 的方案，该产品用于吸附 CO_2，降低了成本，实现了废物回收和 CO_2 减排的双赢。

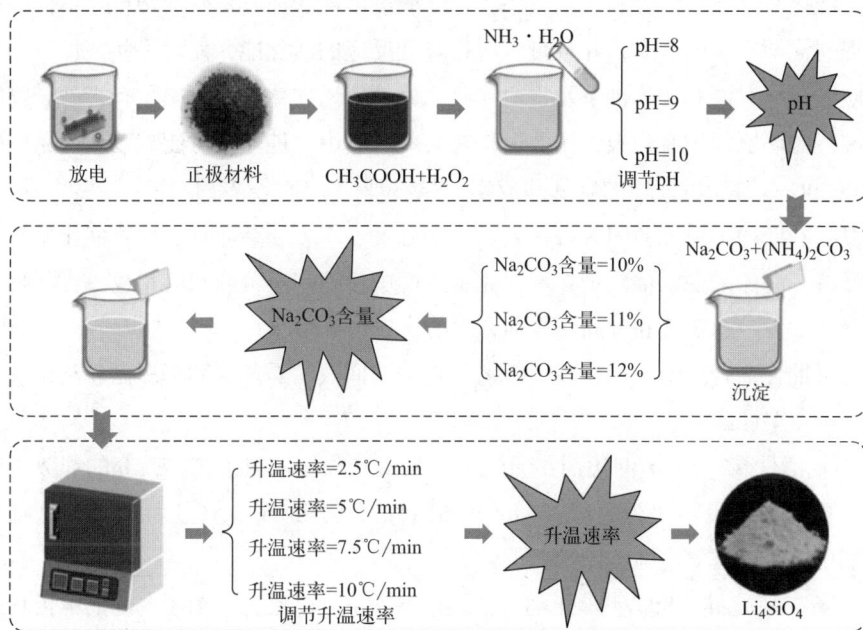

图 8-16　回收废旧 $LiFePO_4$ 电池合成 Li_4SiO_4 吸附剂的方案[53]

8.3.1　催化剂

催化剂是一种能够改变化学反应速率，但在反应过程中本身的质量和化学性质不发生变化的物质。它们在工业过程中扮演着至关重要的角色，尤其是在化工、石化、生化和环保等领域。其种类繁多，可以按照不同的标准进行分类。例如，按状态可分为液体催化剂和固体催化剂，按反应体系的相态分为均相催化剂和多相催化剂。均相催化剂包括酸、碱、可溶性过渡金属化合物和过氧化物等。催化剂的作用不仅仅是加快化学反应的速率，它也可能减慢反应速率，这取决于具体的化学反应和催化剂的性质。催化剂的三大基本性质包括：

① 催化活性：催化剂通过降低化学反应的活化能来加快反应速率，这是评价催化剂好坏的最主要指标。

② 特定反应选择性：优秀的催化剂通常对特定的化学反应具有选择性，能够针对性地加速某一反应而不影响其他反应。

③ 本身稳定性：在反应过程中，催化剂的质量和化学性质应保持不变，以确保其可以重复使用而不失去效能。

催化剂具有可以提高反应效率、降低能量消耗和环境友好等特点，不仅能显著提高化学反应的速率，并且可以通过降低反应的活化能，使得一些条件苛刻的反应能在相对温和的条件下发生。除此之外，使用催化剂可以减少有害副产物的生成，对环境保护有积极作用。但是在某些反应中，催化剂可能难以从产品中分离和回收，增加后处理的难度和成本。虽然理论上催化剂在反应中不发生变化，但在实际使用中可能会因为各种因素（如温度、压力、杂质等）导致催化剂失活或降解。总体来说，催化剂在现代化工生产中扮演着不可或缺的角色，也面临着成本、活性、稳定性和分离回收等方面的挑战。

将催化剂合理地应用在废旧锂离子电池的回收中是环保和资源循环利用领域的一个重要课题。

① 活性炭（AC）催化剂：通过结合酸浸和辐射加热工艺，废弃的锂离子电池正极材料可以转化为负载 NiMnCo 的活性炭（NiMnCo-AC）催化剂，这种催化剂可用于锌空气电池（ZABs）。

② 二氧化硅（SiO_2）催化剂：在超声条件下，将废旧锂离子电池的电极粉末与二氧化硅催化剂一起放入柠檬酸溶液中，可以实现有价金属的浸出，并且催化剂可以回收重复使用。

③ 草酸（$H_2C_2O_4$）：草酸可以作为浸出剂和沉淀剂，在热处理过程中促进孔结构的产生，有利于催化剂与反应气体的充分接触，从而提高低温 SCR 活性。

郭灏[54]将废旧 $LiCoO_2$ 正极简单处理后直接作为 SR-AOPs 中的非均相催化剂，通过活化过氧一硫酸盐来降解有机污染物。与全新的 $LiCoO_2$ 粉末相比，回收的 $LiCoO_2$ 正极由于在电池使用期间连续的锂化和脱锂过程中产生了大量的活性位点（例如，由于晶体的结构坍缩而产生的空位和金属氧化物电子结构调节），具有了优于全新材料的催化性能。回收正极在 60min 内对邻苯基苯酚的去除效率超过 98%，并且在第 10 次使用后降解效率仍高于 95%。这是因为极片独特的夹层多孔结构产生了更多的孔隙，暴露出更大的比表面积，确保了金属氧化物发挥催化效果的稳定性，也使得催化剂使用完成后方便回收。极片中的碳质黏结剂保持了极片的结构稳定，减少了金属离子的溶出，间接地促进其发挥催化效果。这项研究提出了一种将废旧锂离子电池正极简单高效地用于水处理的方法，同时也为 SR-AOPs 找到了一种高效廉价的催化剂。

　　申彦豪[55]以废旧磷酸铁锂电池正极材料为原料，经过碳化剥离分离铝箔和正极材料，再将其进行酸溶解使 LiFePO$_4$ 溶解进入溶液，经过过滤获得黏结剂和导电剂，再经过高温氮掺杂获得氮掺杂碳基 ORR 电催化剂，如图 8-17 所示。通过改变氮掺杂过程的温度和氮源的供给量，调控氮元素在碳中的含量及掺杂形式，从而得出回收碳实验成本低、实验步骤简单、电化学性能好，ZIF 衍生碳实验成本较高、合成步骤复杂、电化学性能稍差，证明了回收碳作 ORR 电催化剂的广阔前景。非金属碳基 ORR 电催化剂和非贵金属碳基 ORR 电催化剂的电化学性能均优于铁氧化物 ORR 电催化剂，证明了碳基 ORR 电催化剂在 ORR 催化领域拥有光明的未来，为 ORR 电催化剂的研究与发展提供了思路与启发。

　　将催化剂应用于废旧电池的回收技术不仅有助于提高废旧电池回收的经济效益，还能减少环境污染，推动新能源产业的可持续发展。此外，这些研究成果也展示了废旧电池材料在催化领域的再利用潜力，为电池材料的高值化利用提供了新思路。

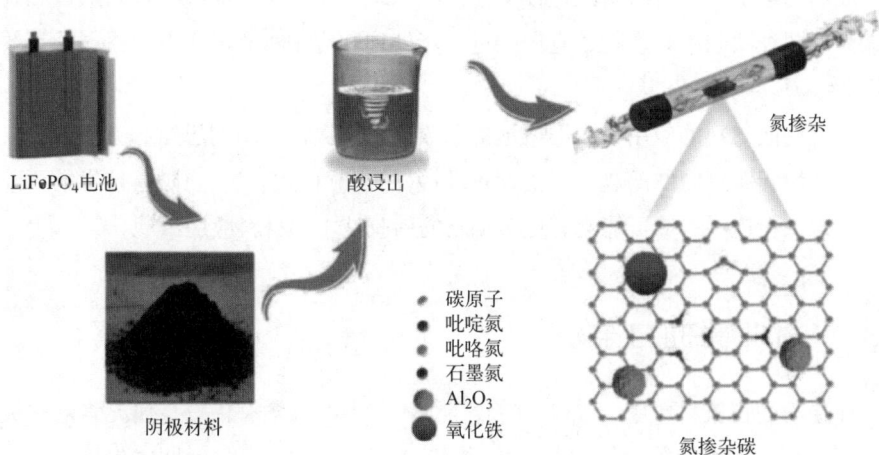

图 8-17　催化剂制备示意图[55]

8.3.2　新型功能材料

　　新型功能材料是指能够在电学、磁学、光学、热学、声学、力学、化学、生物学等方面表现出优异性能的材料。它们是新材料研究发展的热点和重点并广泛应用于各个领域。其种类包括生物医用材料、金属功能材料、功能陶瓷材料、表面功能材料、新型膜材料、生态环境材料和新型化学纤维及功能纺织材料等。此外，随着科技的发展，新型功能材料的发展趋势包括结构功能一体化、智能化以及环境友好特性的关注。例如，石墨烯以其非同寻常的导电性能、极低的电阻率和极好的透光性，成为近年来技术和资本市场的热门材料。它在光电显示、半导体、触摸屏、电子器件、储能电池、传感器等多个领域都有广阔的应用前景。

新型功能材料在废旧电池回收再利用方面的应用主要体现在以下几个方面：

① 直接回收利用：废旧锂离子电池的材料可以通过特定的化学或物理方法直接回收，然后再次用于制造新的锂离子电池。这种方法有利于资源的循环利用和环境保护，同时也能降低新电池的成本。

② 产物功能化：通过系列化学反应，可以将废旧电池中的某些成分转化为具有特定功能的新材料，如催化剂、能源存储材料等。这些新材料可以在不同的领域中获得应用，从而拓展了电池回收的经济性。

③ 构建新系统：利用废旧电池的材料，可以构建新的能源系统。例如，中国科学院北京纳米能源与系统研究所的研究团队基于摩擦纳米发电机的自驱动原理，成功构建了一种废旧磷酸铁锂电池回收系统。这种系统能够生成碳酸锂和磷酸铁锂这两种回收中间产物，它们的进一步处理和应用将有助于电池材料的高效利用。

新型功能材料的应用为废旧电池的回收再利用提供了新的思路和方法，不仅有助于缓解资源短缺的问题，还能促进环境保护和可持续发展。随着技术的不断进步，未来在这一领域可能会有更多创新的回收技术和材料应用出现。

8.3.3 材料精细加工制备

在退役的正极材料中，除了 LCO、NCM、NCA 等含有稀贵金属元素的正极材料回收再利用可获得较好的经济效益外，LFP 和 LMO 等材料回收仅可获得微薄的经济效益，甚至会出现亏损。为了提高回收退役锂离子电池的积极性、提高企业资源再利用过程的经济效益和保护生态环境可持续发展，构建高值化的综合利用技术显得尤为重要。锂离子电池正极材料的资源高值化综合利用技术主要包括材料的精细加工制备以及新型功能材料的合成。本节主要以高值化再加工技术为切入点，对现有技术体系进行梳理和归纳，并将其与退役锂离子电池正极材料回收利用技术进行联合，从而对未来废弃二次资源利用的新模式进行展望和提供可行的研究方向。

材料的精细加工制备技术，是指锂离子电池正极材料回收处理后端，通过对材料再加工过程进行进一步的精准调控，从而制备含各种有价金属的高附加值产物或具有特殊形貌的目标产物（如超细镍粉和各种纳米晶），是一种具有较高的经济效益的增值化回收技术手段。Shin 等[56]将镍酸锂作为原料，用硫酸浸出后，添加 $N_2H_4H_2O$ 为还原剂、NaOH 为沉淀剂，制得纳米级超细镍粉，其反应机制为式（8-5）～式（8-7）。

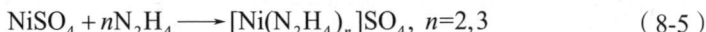

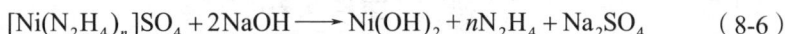

$$NiSO_4 + nN_2H_4 \longrightarrow [Ni(N_2H_4)_n]SO_4, \; n=2,3 \tag{8-5}$$

$$[Ni(N_2H_4)_n]SO_4 + 2NaOH \longrightarrow Ni(OH)_2 + nN_2H_4 + Na_2SO_4 \tag{8-6}$$

$$Ni(OH)_2 + N_2H_4 + H_2O \longrightarrow Ni + NH_3 + NH_4OH + O_2 \tag{8-7}$$

采用湿法冶金技术，以退役锂离子电池正极材料为原料，可合成具有特殊形貌的目标产物。如图 8-18 所示，Chen 等[57]采用退役正极材料钴酸锂为原料，合成了具有优异电化学性能的三维花朵状的 CoS。研究结果表明，在硫酸浓度为 1.2mol/L、还原剂双氧水体积分数为 2%、固液比为 20mL/g、浸出温度为 80℃、水浴浸出时间为 90 min 等条件下，向浸出液中加入 NaOH 调节 pH 为 7，使用萃取剂 D2EHPA 将杂质过滤，然后添加 CH_4N_2S 在 180℃下水热反应 12 h，即可得到三维花朵状的 CoS，将钴的硫化物过滤后调节 pH 值，加入沉淀剂 Na_2CO_3，得到锂的碳酸盐沉淀。

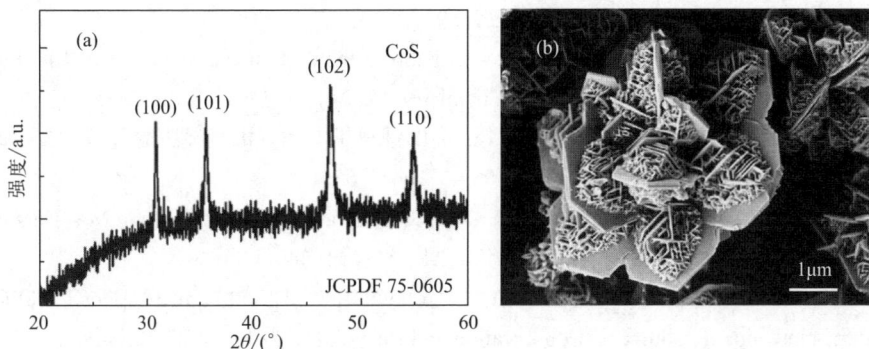

图 8-18　三维花朵状的 CoS[57]

（a）XRD 图谱；（b）SEM 图谱

除了以上处理手段，也可以通过电化学、优化浸出和焙烧工艺得到具有特殊形貌或尺寸的高附加值化工材料。获得附加值更高的回收产物，有必要探索不同处理条件下生成物的形貌演变规律和物理化学性能的变化，从而得到精细化产物与工艺流程的动态模型。对于未来的精细化再加工路线的设计，应继续深入研究，追求更高附加值产物的工艺路线，并将回收处理技术与高值化再利用技术有机结合，尽可能简化缩短反应流程，从而获得更高的经济效益。

参考文献

［1］Holzer A，Alexandra L，et al. Optimization of a pyrometallurgical process to efficiently recover valuable metals from commercially used lithium-ion battery cathode Materials LCO，NCA，NMC622，and LFP. Metals，2022，12（10）：1642.

［2］Wei D，Wang W，Jiang L，et al. Preferential lithium extraction and regeneration of $LiCoO_2$ cathodes from spent lithium-ion batteries via two-step（NH_4）$_2SO_4$ roasting approach. Separation and Purification Technology，2024，335：126168.

［3］Li P，Luo S，Su F，et al. Optimization of synergistic leaching of valuable metals from spent lithium-ion batteries by the sulfuric acid-malonic acid system using response surface methodology. ACS Applied Materials & Interfaces，2022，14（9）：11359-11374.

［4］Li H，Xing S，Liu Y，et al. Recovery of lithium，iron，and phosphorus from spent $LiFePO_4$ batteries using stoichiometric sulfuric acid leaching system. ACS sustainable chemistry & engineering，2017，5（9）：8017-8024.

［5］Qiu X，Zhang B，Xu Y，et al. Enabling the sustainable recycling of $LiFePO_4$ from spent lithium-ion batteries. Green Chemistry，2022，24（6）：2506-2515.

［6］李林林，曹林娟，麦永雄，等. 废旧锂离子电池有机酸湿法冶金回收技术研究进展. 储能科学与技术，2020，9（06）：1641-1650.

［7］Zhao X，Fei Z，Yan J，et al. Direct regeneration of spent cathode Materials by redox system. Journal of Energy Storage，2024，83：110344.

［8］Wang W，Wu Y. An overview of recycling and treatment of spent $LiFePO_4$ batteries in China. Resources，Conservation and Recycling，2017，127：233-243.

［9］Yang Y，Song S，Jiang F，et al. Short process for regenerating Mn-rich cathode Material with high voltage from mixed-type spent cathode Materials via a facile approach. Journal of Cleaner Production，2018，186：123-130.

［10］Bai Y，Zhu H，Zu L，et al. Environment-friendly，efficient process for mechanical recovery of waste lithium iron phosphate batteries. Waste Management & Research，2023，41（10）：1549-1558.

［11］Song J，Xiao M，Chen T，et al. Regeneration of degraded lithium iron phosphate by utilizing residual lithium from spent graphite anode. Materials Letters，2024，363：136333.

［12］Li R，Li Y，Dong L，et al. Study on selective recovery of lithium ions from lithium iron phosphate powder by electrochemical method. Separation and Purification Technology，2023，310：123133.

［13］Zhao T，Li W，Traversy M，et al. A review on the recycling of spent lithium iron phosphate batteries. Journal of Environmental Management，2024，351：119670.

［14］陈永珍，黎华玲，宋文吉，等. 废旧磷酸铁锂材料碳热还原固相再生方法. 化工进展，2018，37（S1）：133-140.

［15］Zheng R，Zhao L，Wang W，et al. Optimized Li and Fe recovery from spent lithium-ion batteries via a solution-precipitation method. Rsc Advances，2016，6（49）：43613-43625.

［16］Pei F，Wu Y，Zhang W H，et al. Preparing LiFePO$_4$ using recovered Materials from waste Li-ion battery. Advanced Materials Research，2013，726：2940-2944.

［17］Kumar J，Neiber R R，Park J，et al. Recent progress in sustainable recycling of LiFePO$_4$-type lithium-ion batteries：Strategies for highly selective lithium recovery. Chemical Engineering Journal，2022，431：133993.

［18］Methekar R，Anwani S. Manufacturing of lithium cobalt oxide from spent lithium-ion batteries：a cathode Material//Innovations in Infrastructure：Proceedings of ICIIF 2018. Springer Singapore，2019：233-241.

［19］Yue L P，Lou P，Xu G H，et al. Regeneration of degraded LiNi$_{0.5}$Co$_{0.2}$Mn$_{0.3}$O$_2$ from spent lithium ion batteries. Ionics，2020，26（6）：2757-2761.

［20］Wang L，Li J，Zhou H，et al. Regeneration cathode Material mixture from spent lithium iron phosphate batteries. Journal of Materials Science：Materials in Electronics，2018，29：9283-9290.

［21］Yang H，Deng B，Jing X，et al. Direct recovery of degraded LiCoO$_2$ cathodemAterial from spent lithium-ion batteries：Efficient impurity removal toward practical applications. Waste Management，2021，129：85-94.

［22］Wang X，Wang X，Zhang R，et al. Hydrothermal preparation and performance of LiFePO$_4$ by using Li$_3$PO$_4$ recovered from spent cathode scraps as Li source. Waste Management，2018，78：208-216.

［23］Yang J，Zhou K，Gong R，et al. Direct regeneration of spent LiFePO$_4$ Materials via a green and economical one-step hydrothermal process. Journal of Environmental Management，2023，348：119384.

［24］Wang Y，Yu H，Liu Y，et al. Sustainable regenerating of high-voltage performance $LiCoO_2$ from spent lithium-ion batteries by interface engineering. Electrochimica Acta，2022，407：139863.

［25］Sloop S E，Crandon L E. Electrochemically recycling a lithium-ion battery：U.S. Patent Application 17/668，257. 2022-8-25.

［26］Li D，Zhang B，Ye L，et al. Regeneration of high-performance $Li_{1.2}Mn_{0.54}$ $Ni_{0.13}Co_{0.13}O_2$ cathode material from mixed spent lithium-ion batteries through selective ammonia leaching. Journal of Cleaner Production，2022，349：131373.

［27］Lee S W，Kim M S，Jeong J H，et al. Li_3PO_4 surface coating on Ni-rich $LiNi_{0.6}Co_{0.2}Mn_{0.2}O_2$ by a citric acid assisted sol-gel method：Improved thermal stability and high-voltage performance. Journal of Power Sources，2017，360：206-214.

［28］Li L，Chen R J，Zhang X X，et al. Preparation and electrochemical properties of re-synthesized $LiCoO_2$ from spent lithium-ion batteries. Chinese Science Bulletin，2012，57：4188-4194.

［29］Lee C K，Rhee K I. Preparation of $LiCoO_2$ from spent lithium-ion batteries. Journal of Power Sources，2002，109（1）：17-21.

［30］Li L，Bian Y，Zhang X，et al. Process for recycling mixed-cathode materials from spent lithium-ion batteries and kinetics of leaching. Waste Management，2018，71：362-371.

［31］Yao L，Yao H，Xi G，et al. Recycling and synthesis of $LiNi_{1/3}Co_{1/3}Mn_{1/3}O_2$ from waste lithium ion batteries using d，l-malic acid. Rsc Advances，2016，6（22）：17947-17954.

［32］Hou M，Guo S，Liu J，et al. Preparation of lithium-rich layered oxide microspheres using a slurry spray-drying process. Journal of Power Sources，2015，287：370-376.

［33］Wang T，Chen Z，Zhao R，et al. A new high energy lithium ion batteries consisting of 0.5 Li_2MnO_3 • 0.5 $LiMn_{0.33}Ni_{0.33}Co_{0.33}O_2$ and soft carbon components. Electrochimica Acta，2016，194：1-9.

［34］Wang T，Chen Z，Zhao R，et al. Design and tailoring of a three-dimensional lithium rich layered oxide-graphene/carbon nanotubes composite for lithium-ion batteries. Electrochimica Acta，2016，211：461-468.

［35］Hu G，Gong Y，Peng Z，et al. Direct recycling strategy for spent lithium iron phosphate powder：an efficient and wastewater-free process. ACS Sustainable Chemistry & Engineering，2022，10（35）：11606-11616.

［36］Zhang Y，Shi H，Meng Q，et al. Spray drying–assisted recycling of spent $LiFePO_4$ for synthesizing hollow spherical $LiFePO_4/C$. Ionics，2020，26：4949-4960.

［37］Li L，Chen R，Sun F，et al. Preparation of $LiCoO_2$ films from spent lithiumion batteries by a combined recycling process. Hydrometallurgy, 2011, 108 (3-4): 220-225.

［38］Tao Y, Zhu B, Chen Z. Studies on the morphologies of $LiCoO_2$ films prepared by soft solution processing. Journal of Crystal Growth, 2006, 293 (2): 382-386.

［39］Que L, Chen W. Analysis of the lithium electrodeposition behavior in the charge process of lithium metal battery associated with overpotential. Journal of Power Sources, 2023, 557: 232536.

［40］Yang H, Fey E O, Trimm B D, et al. Effects of pulse plating on lithium electrodeposition, morphology and cycling efficiency. Journal of Power Sources, 2014, 272: 900-908.

［41］Tarascon J M, Armand M. Issues and challenges facing rechargeable lithium batteries. Nature, 2001, 414 (6861): 359-367.

［42］Fan M, Meng Q, Chang X, et al. In situ electrochemical regeneration of degraded $LiFePO_4$ electrode with functionalized prelithiation separator. Advanced Energy Materials, 2022, 12 (18): 2103630.

［43］Park K, Yu J, Coyle J, et al. Direct cathode recycling of end-of-life Li-ion batteries enabled by redox mediation. ACS Sustainable Chemistry & Engineering, 2021, 9 (24): 8214-8221.

［44］Yang T, Lu Y, Li L, et al. An effective relithiation process for recycling lithium-ion battery cathode materials. Advanced Sustainable Systems, 2020, 4 (1): 1900088.

［45］Wang J, Liang Z, Zhao Y, et al. Direct conversion of degraded $LiCoO_2$ cathode materials into high-performance $LiCoO_2$: a closed-loop green recycling strategy for spent lithiumion batteries. Energy Storage Materials, 2022, 45: 768-776.

［46］Peng D, Wang X, Wang S, et al. Efficient regeneration of retired $LiFePO_4$ cathode by combining spontaneous and electrically driven processes. Green Chemistry, 2022, 24 (11): 4544-4556.

［47］Wang T, Yu X, Fan M, et al. Direct regeneration of spent $LiFePO_4$ via a graphite prelithiation strategy. Chemical Communications, 2020, 56 (2): 245-248.

［48］Zhan R, Wang X, Chen Z, et al. Promises and challenges of the practical implementation of prelithiation in lithium-ion batteries. Advanced Energy Materials, 2021, 11 (35): 2101565.

［49］Larcher D, Tarascon J M. Towards greener and more sustainable batteries for electrical energy storage. Nature Chemistry, 2015, 7 (1): 19-29.

［50］Zhao Y, Pohl O, Bhatt A I, et al. A review on battery market trends, second-life reuse, and recycling. Sustainable Chemistry, 2021, 2 (1): 167-205.

［51］Xiong X, Wang Z, Yue P, et al. Washing effects on electrochemical performance and storage characteristics of $LiNi_{0.8}Co_{0.1}Mn_{0.1}O_2$ as cathode material for lithium-ion batteries. Journal of Power Sources，2013，222：318-325.

［52］Zou W，Feng X，Wei W，et al. Converting spent $LiFePO_4$ battery into zeolitic phosphate for highly efficient heavy metal adsorption. Inorganic Chemistry，2021，60（13）：9496-9503.

［53］Ruan J，Tong Y，Ran J，et al. Simplifying and optimizing Li_4SiO_4 preparation from spent $LiFePO_4$ batteries with enhanced CO_2 adsorption. ACS Sustainable Chemistry & Engineering，2023，11（38）：14158-14166.

［54］郭灏. 废旧钴酸锂电池正极材料回收制备高效水处理催化剂的研究. 上海：上海电力大学，2021.

［55］申彦豪. 废旧锂离子电池回收制备电催化剂用于铝 - 空气电池的性能研究. 桂林：广西师范大学，2022.

［56］Shin S M，Lee D W，Wang J P. Fabrication of nickel nanosized powder from linio2 from spent lithium-ion battery. Metals，2018，8（1）：79.

［57］Chen H，Zhu X，Chang Y，et al. 3D flower-like CoS hierarchitectures recycled from spent $LiCoO_2$ batteries and its application in electrochemical capacitor. Materials Letters，2018，218：40-43.

第 9 章

负极材料的
资源化利用

▲▲▲▲▲▲▲▲

　　电池负极材料的资源化利用指的是将废旧电池中的负极材料进行回收再利用的过程。废旧负极材料含有锂和石墨，其品位远高于矿石中含量，是极具回收价值的"城市矿山"，负极材料通过回收和再加工，可以用于制造新的电池或其他产品，有助于减少资源浪费和环境污染。为了纯化废旧石墨材料、回收废旧负极中除了石墨以外的离子，研究者们采用许多不同的技术方法，本章将从废旧负极材料回收再生方法以及再生材料的用途两大方面展开叙述。

9.1　负极材料的再生

　　负极由活性材料和铜箔组成，活性材料主要包含石墨、乙炔黑和黏结剂。废旧电池负极材料的再生是指通过物理或化学方法将废旧电池中的负极材料提取出来，并进行处理和加工，以重新用于制造新的电池或其他产品的过程。这种再生过程有助于节约资源、减少环境污染，并促进循环经济的发展。

9.1.1　选择性提锂

　　由于回收的负极在形成 SEI 膜和长期的循环过程中部分锂未脱出，导致其中富含锂资源,这些锂含量高达 30mg/g,远高于这些常见的锂矿石中锂的含量(表 9-1)。对负极材料选择性提锂是指通过一系列物理或化学方法,从废旧电池的负极材料中有选择性地提取出锂元素。这个过程可以帮助回收废旧电池中的锂资源,以供再利用,减少对新鲜资源的需求,同时降低环境污染和能源消耗。目前该方法在工业上已得到较好的运用[1]。

表 9-1 废旧锂离子电池活性物质的化学分析[2]

活性物质	Li^+	Cu^{2+}	Co^{2+}	Ni^+	Fe^{3+}
含量/(mg/g)	30.07	2.87	0.34	0.03	0.07

负极石墨中的锂主要存在于固体电解质界面相(solid electrolyte interphase, SEI)中,主要包含 $ROCO_2Li$(烷基碳酸盐)、CH_3OLi 和 Li_2O 等水溶性锂盐,以及 Li_2CO_3、LiF 等非水溶性锂盐。水溶性锂盐可以溶解在去离子水中,而非水溶性锂盐可以加入 HCl 使其分解,继而实现锂的回收。浸出过程主要的化学反应如下:

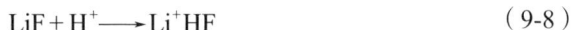

$$Li_2O + H_2O \longrightarrow 2LiOH \tag{9-1}$$

$$ROCO_2Li + H_2O \longrightarrow LiOH + ROCOOH \tag{9-2}$$

$$CH_3OLi + H_2O \longrightarrow LiOH + CH_3OH \tag{9-3}$$

$$Li_2CO_3 + 2H^+ \longrightarrow 2Li^+ + H_2O + CO_2 \uparrow \tag{9-4}$$

$$Li_2O + 2H^+ \longrightarrow 2Li^+ + H_2O \tag{9-5}$$

$$ROCO_2Li + H^+ \longrightarrow Li^+ + ROCOOH \tag{9-6}$$

$$CH_3OLi + H^+ \longrightarrow Li^+ CH_3OH \tag{9-7}$$

$$LiF + H^+ \longrightarrow Li^+ HF \tag{9-8}$$

Guo 等人[2]采用酸浸工艺,以盐酸为浸出剂、过氧化氢为还原剂,从废旧锂离子电池负极石墨中回收金属锂。实验首先将拆分出的负极材料利用刮板和镊子将活性物质分离出来,再将这些被分割的黑色活性物质在 500℃下煅烧 1h 以去除有机成分。随后采用盐酸酸浸来回收锂,以过氧化氢为还原剂可提高锂浸出率,浸出过程为固液反应,主要受盐酸浓度、盐酸与 H_2O_2 的体积比、固液比、浸出时间、温度和搅拌速率等因素的影响。浸出反应结束后,采用电感耦合等离子体原子发射光谱法(ICP-AES)分析浸出液中锂的含量。同时采用硝酸、盐酸和过氧化氢的混合物为消解液进行微波消解,用电感耦合等离子体原子发射光谱法对消解液进行定量分析,计算金属的含量。将锂的浸出效率定义为浸出液中锂含量与物料中锂含量的比值。

随着 HCl 浓度和反应温度的升高，锂离子浸出效率先升高后降低。随着浸出时间的延长和固液比的降低，锂的浸出率有所提高，并最终保持较高的浸出效率。研究结果表明，当浸出温度为 80℃、固液比为 1∶50、HCl 浓度为 3mol/L 以及浸出时间为 90min 时，材料中石墨的特征衍射峰衍射强度变强（数值越高，晶体结构越好），回收产品具有较好的循环性能。

虽然上述盐酸和过氧化氢浸出锂的方法有较好的浸出率，但是盐酸有较强的腐蚀性，会腐蚀管道设备，并产生大量废液。因此，开发出一种绿色、环境友好的提锂方法显得尤为重要。Yang 等人[3] 使用环境可降解的有机酸作为浸提液，对废旧锂离子电池负极石墨中残存的锂进行选择性提取，并采用正交实验法探索出有机酸提锂的影响因素和最佳条件。柠檬酸（$C_6H_8O_7$）是一种三羧酸化合物，具有 3 个 H^+，有很强的酸性，因此可以有效地从废石墨中提取出不溶于水的 $ROCO_2Li$ 和 LiF 等锂化物活性材料。研究结果表明，如图 9-1、图 9-2 的正交试验和条件实验结果表明，在温度为 90℃、固液比为 1g∶50mL、c_{AC}（柠檬酸浓度）为 0.2mol/L、时间为 50min 的最佳条件下，锂离子的浸出率可达 97.58%。但是与传统无机酸浸出相类似，使用柠檬酸试剂仍旧面临着大量废液难回收的问题。

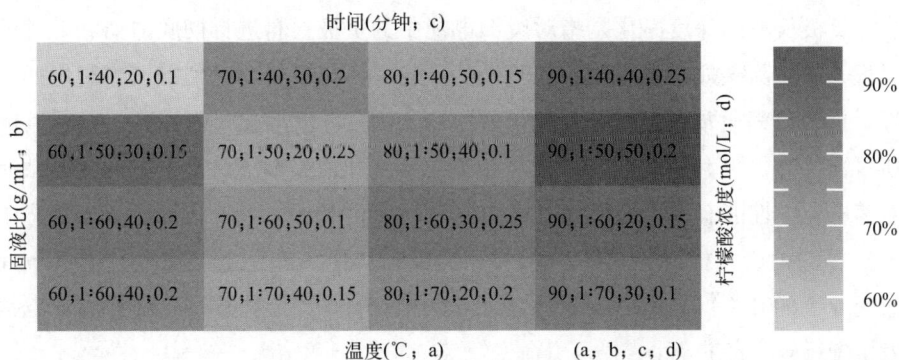

图 9-1　正交试验中浸出率与四个影响因素的关系[3]

Li 等人[4] 针对废石墨中的水溶性锂盐，开发了一种环保回收工艺。首先，利用旋转水浴装置将石墨与铜箔分离，获得含锂浸出液。接着，对浸出液进行活性炭吸附预处理以除去杂质，随后将含锂溶液蒸发浓缩，并加入沉淀剂 Na_2CO_3，最终得到 Li_2CO_3 沉淀。为优化解离与浸出效果，进行了多次试验，考察了温度、矿浆密度、转速和时间等因素的影响，并研究了活性炭用量和吸附时间对锂浸出与分离速率的影响。最终回收的碳酸锂溶液中，锂的检出率约为98.72%，其纯度可媲美商业产品。

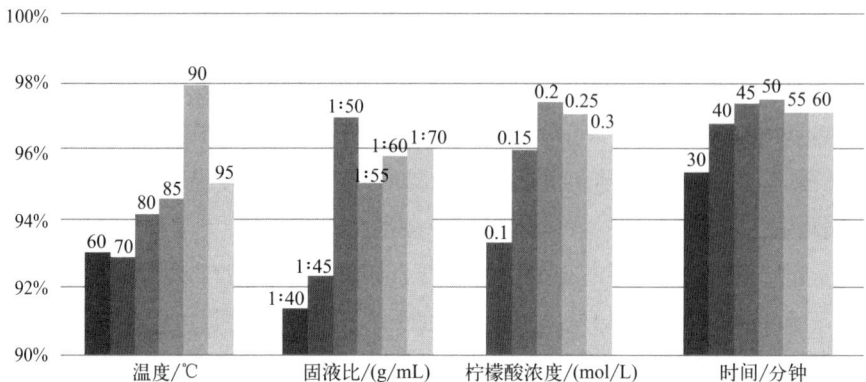

图9-2　浸出率与四个影响因素的关系[3]

9.1.2　深度净化

负极材料的深度净化是指对废旧电池中的负极材料进行彻底清洁和处理的过程，以去除杂质、有害物质和其他污染物，使负极材料达到可以再利用的标准。这个过程通常包括物理、化学或生物方法。深度净化可以提高回收材料的质量，并确保再利用后的产品符合相关的环境和健康标准。石墨中的金属杂质对其电化学性能有很大的影响，特别是 Fe 元素等磁性物质，国家标准《锂离子电池石墨类负极材料》（GB/T 24533—2019）中要求 Fe 元素的含量小于 10ppm（1ppm=0.0001%），Cu、Al、Ni 元素含量小于 5ppm。金属杂质会使锂离子电池发生副反应，容量变小，循环寿命变短[5]。

工业上，一般采用热处理、酸浸、电解等技术去除杂质，实现石墨的深度净化，最后进行结构修复和改性，得到高性能石墨负极材料，不同方法各有优缺点。

Yi 等人[6]研究了无氧焙烧对废旧锂离子电池负极石墨的纯化效果，将电池浸入氯化钠溶液中放电后手工拆卸分离正负极，从废旧负极材料中刮出的石墨称为刮石墨（SG），经 1673K 热处理后的石墨称为热处理石墨（TG），在分子筛下回收的石墨称为再生石墨（RG）。熔炼后，将粉体分散在去离子水中，用超声波对悬浮液进行 15min 的分离，以分离石墨中的铜颗粒。附着在石墨表面的单质磷也可以同时去除。采用粒径描述分析法（PSD）测定石墨粉的粒径。最后，根据铜和石墨的粒径分布差异，利用超声振动和筛分将其完全分离。实验结果如图 9-3 所示，不同目的分子筛分离的负极都有标准的石墨峰，铜峰消失，在 300G（分子筛在 300～600 目之间）的 37°处观察到杂质峰。用不同目的分子筛分离均未发现铜颗粒，石墨表面未检测到杂质，回收的石墨纯度大于 99%。该工艺简洁，在利用废石墨再生高附加值的锂离子电池方面具有广阔的前景。

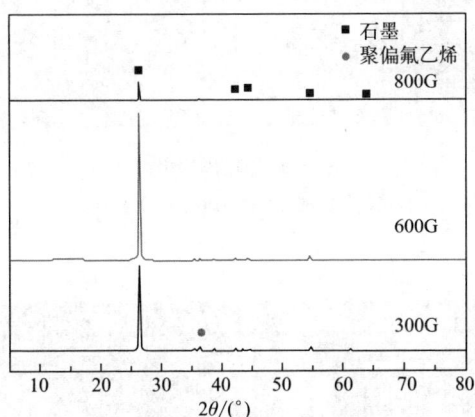

图 9-3　不同目的分子筛分离的负极的 XRD 谱图[6]

石墨负极废料经过热处理除杂并通过超声分离出石墨后，内部所含的金属杂质还未去除，还需要进一步的处理，上述实验方法在高温过程中含有锂的电解质挥发，未能实现有价金属的高效回收。酸浸相比于热处理有着更强的回收除杂效果，张程前等人[7]以三氟乙酸溶液为溶剂，对负极材料中的铜箔、石墨以及金属锂进行了综合回收。他们对比了从负极片上刮除负极活性材料后铜箔的照片 [图 9-4（a）] 以及负极片通过三氟乙酸溶液处理 3min 后过滤所得铜箔的照片 [图 9-4（b）]，可以观察到经酸浸之后的铜箔表面干净光亮，呈现出铜的本色，这是因为三氟乙酸是一种极性很强的羧酸，可降低负极活性材料与铜箔之间的黏附力，同时也说明三氟乙酸能很好地溶解铜箔表面生成的化合物。图 9-5 为刮层石墨（SG）和酸浸石墨（AG）的 SEM 图。从图中可以观察到刮层石墨仍保持着石墨完整的层状结构，但其表面不是很光滑，附着有黏性物质；而酸浸石墨呈现出石墨典型的层状结构，且表面无杂质。

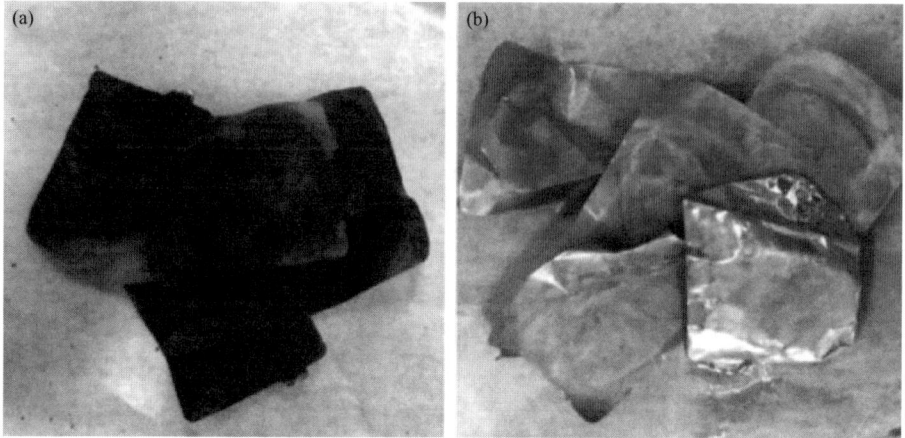

图 9-4　铜箔实物图
（a）直接刮除负极活性材料后；（b）经酸浸后[7]

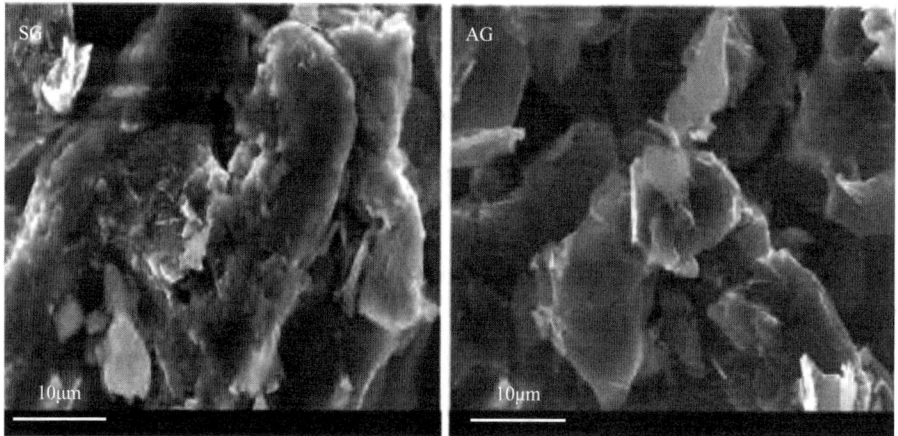

图 9-5　SG 和 AG 的 SEM 图[7]

　　实验研究了三氟乙酸分离负极活性材料与铜箔的效果，考察了三氟乙酸浓度、固液比（负极片质量与三氟乙酸体积之比）、浸出温度以及浸出时间等条件对废旧锂离子电池负极片中锂离子和铜离子浸出效果的影响，如图9-6所示，结果表明：在三氟乙酸浓度为15%（体积分数）、固液比为60g/L、浸出温度为

40℃、浸出时间为 30min 的实验条件下，浸出液中锂离子的最大浸出质量分数为1.08%。经过酸浸后，铜箔的回收率可以达到 100%，石墨纯度可以达到 96.3%。

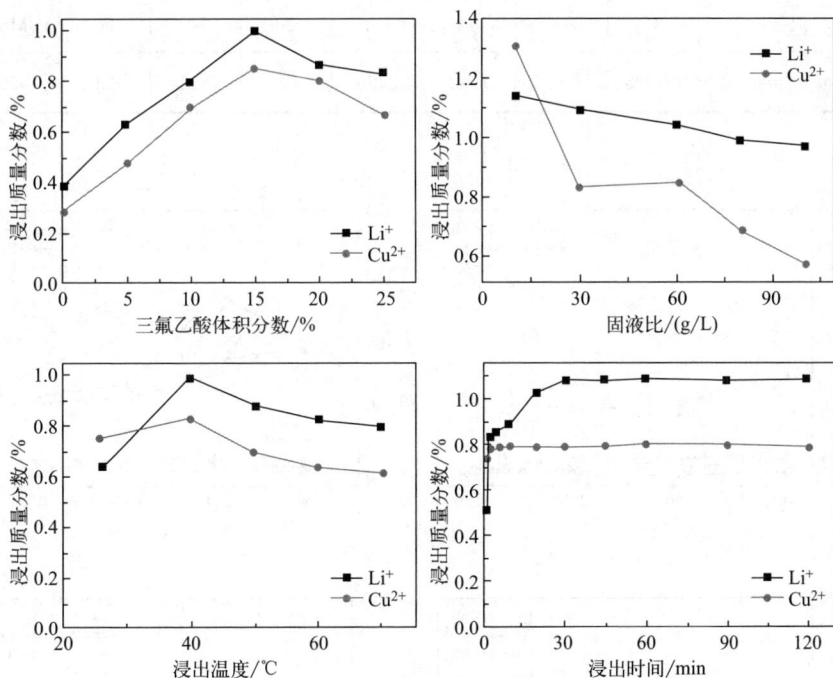

图 9-6　不同浸出参数对金属离子浸出质量分数的影响[7]

　　上述实验可以证实酸浸是相较于热处理回收净化废旧石墨更为有效的方法，但是，在回收过程中三氟乙酸具有强烈的腐蚀性和毒性，会严重污染农田土壤和地下水系统。高洋等人[8]以三元锂电池废旧石墨为原料，杂质是由以残余正极材料（$LiNi_xCo_yMn_{1-x-y}O_2$）为主的氧化物和以 Fe、Cu 和 Al（集流体或金属外壳）为主的金属构成的，如表 9-2 所示。利用氧化性酸浸结合还原性酸浸的方法增加了回收的工艺流程，并且试剂的消耗量还很大。最终借鉴工业上通过硫酸化焙烧回收正极有价金属的方法，在低温（100～250℃）的条件下通过石墨、浓硫酸和水的直接接触，可以将杂质转变成水溶性的硫酸盐，酸浸条件对浸出结果的影响如图 9-7 所示。最后，在氩气管式炉中进行高温焙烧处理，修复内部破损的结构，酸浸后焙烧前（纯化石墨）、后（再生石墨）成分如表 9-3 所示。实验结果表明，在硫酸浓度、液固比、酸浸温度和酸浸时间分别为 200g/L、

7.5mL：1g、90℃和1h的最佳条件下，进行1500℃高温焙烧杂质含量符合国家标准。

表9-2　废旧石墨的主要化学成分[8]

成分	C	Li	Al	Co	Cu	Ni	Fe	Mn
含量/（mg/kg）	96.8%	510	1340	2750	610	150	950	450

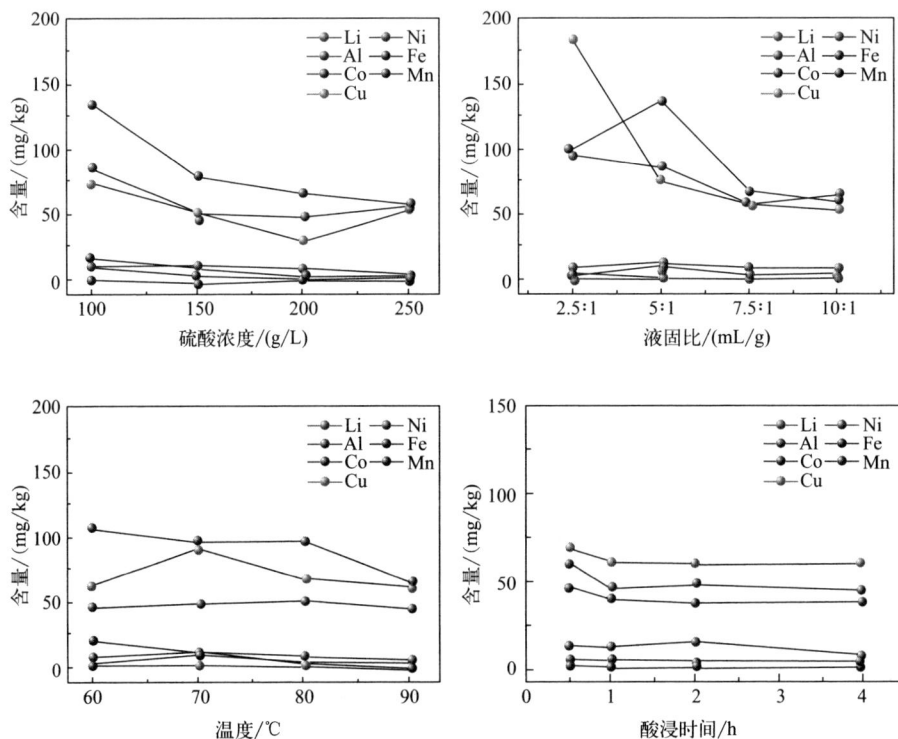

图9-7　酸浸条件对浸出结果的影响[8]

表9-3　焙烧前后石墨中固定碳和金属杂质的含量[8]

成分	C	Li	Al	Co	Cu	Ni	Fe	Mn
纯化石墨/（mg/kg）	99.4%	0	49	0	30	7	67	4.8
再生石墨/（mg/kg）	99.6%	0	35	0	23	2	46	2.4

　　由于普通的酸浸过程无法达到金属杂质去除的要求，因此采用了电解酸浸的方法来提高金属杂质去除的效率。从其他研究中可知，电解法对化学反应过程有促进作用。Cao 等人[9]利用电解法完成了回收石墨负极中铜箔和石墨的分离。电解中以回收的石墨负极片作为阴极，石墨板作为阳极，Na_2SO_4 溶液作为电解液完成电解，利用电解中阴极产生的 H_2 来减弱铜箔和石墨的黏结强度，最终将两者分离，实验流程如图 9-8 所示。采用电解法分离阳极上的石墨和铜箔，考察了电压、电极间距、电解液浓度等参数对电解过程的影响，实验结果（图 9-9）表明，在电极间距为 10cm、电解液浓度为 1.5g/L、电压为 30V 的最佳电解条件下，铜箔和石墨在 25min 左右完全分离，回收的铜箔和石墨纯度均较高。

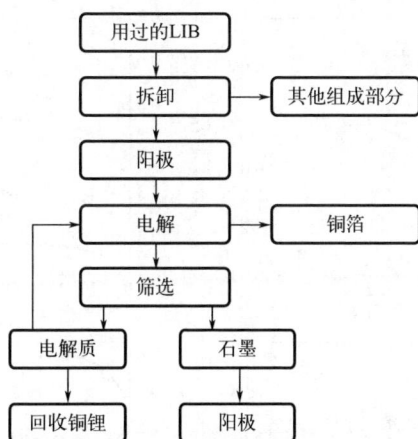

图 9-8　废旧锂离子电池负极材料回收流程[9]

　　热处理、氧化酸浸、还原酸浸、电解等都是废旧石墨净化除杂的有效方法，然而这些方法都不能达到去除废旧石墨中所有杂质的目的，因此需要针对废旧石墨中不同含量的不同元素实施多种实验方案，配合使用，步步除杂，以达到深度净化的标准。

　　张锐等人[10]为了得到石墨负极废料中精确的金属元素杂质含量，对其进行了 ICP-OES 检测，结果如表 9-4 所示。石墨负极废料中的 Li、Cu 元素含量远高于其他金属杂质元素含量，Li 元素主要来源于三个方面，首先石墨在电池中经过充放电循环后，会在其表面形成一层致密的 SEI 膜，而 SEI 膜的主要成分由含 Li 的化合物组成；其次石墨负极废料表面残余的微量电解液中也含有 Li 元素；最后，石墨负极废料在经过完全放电过程后被拆解时，内部会有部分 Li 元素留在石墨层间，这导致石墨负极废料中的 Li 元素含量较多。

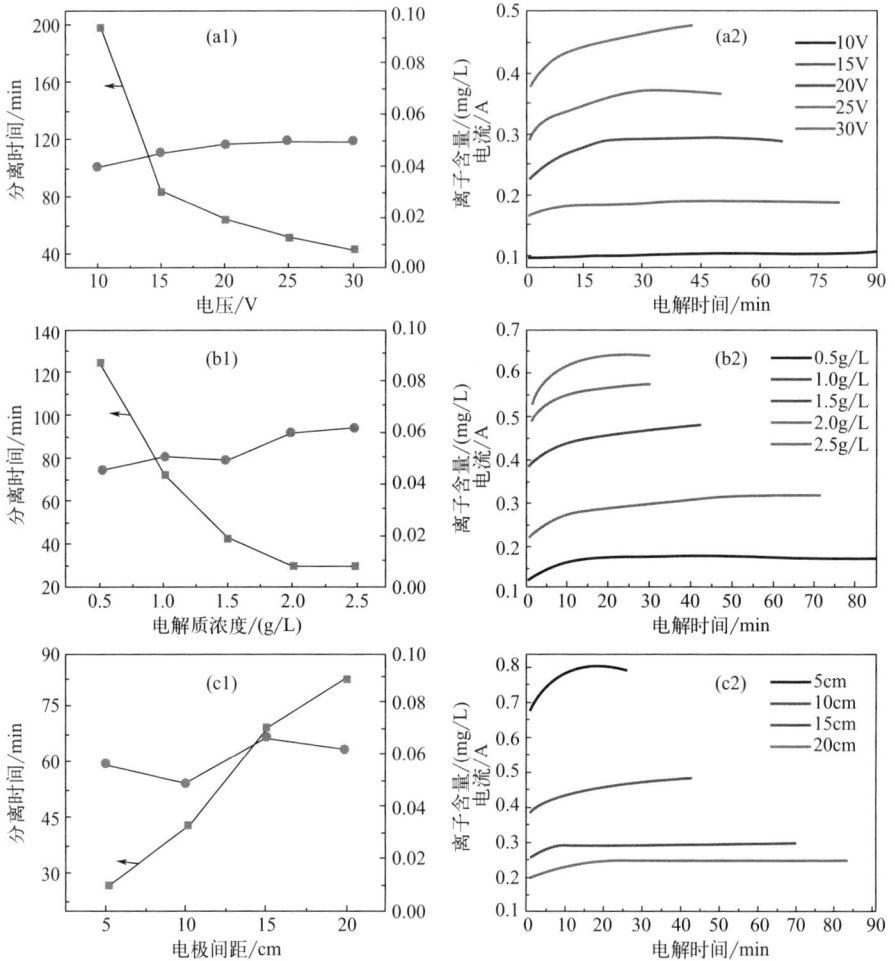

图 9-9　不同电压（a1）、不同电解液浓度（b1）、不同电极间距（c1）下石墨与铜箔分离时间及电解液中锂含量；不同电解电压（a2）、不同电解液浓度（b2）、不同电极间距（c2）下电流随电解时间的变化曲线[9]

表 9-4　石墨负极废料的 ICP-OES 检测结果[10]

元素	Li	Fe	Cu	Al	Ni	Co	Mn
含量 /（mg/kg）	13309	219	4860	521	639	231	340

石墨负极废料内部的有机类杂质主要为电池内部残留的电解液（SBR）、黏结剂（CMC），可以通过热处理的方法去除，使用 N_2 作为保护气体，实验流程如图 9-10 所示。实验证明加热过程中升温速度为 5℃ /min，当热处理温度为 500℃，热处理时间为 1h 时，电解液、黏结剂等有机类杂质可完全挥发分解，如图 9-11 所示。

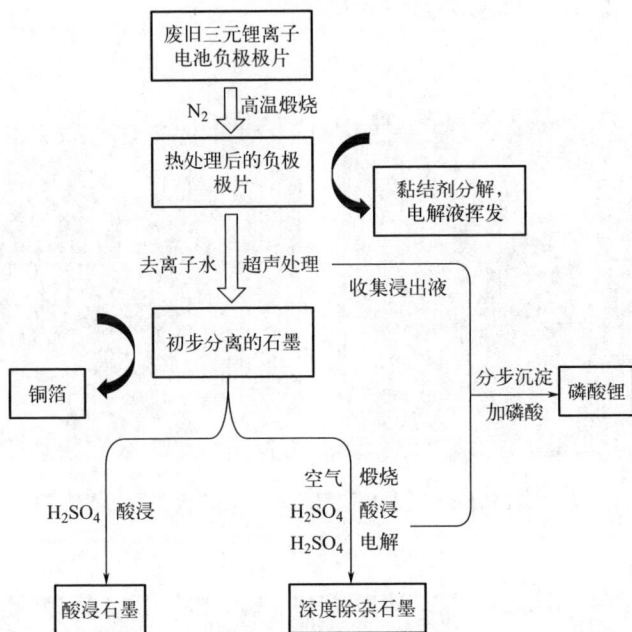

图 9-10　实验流程图[10]

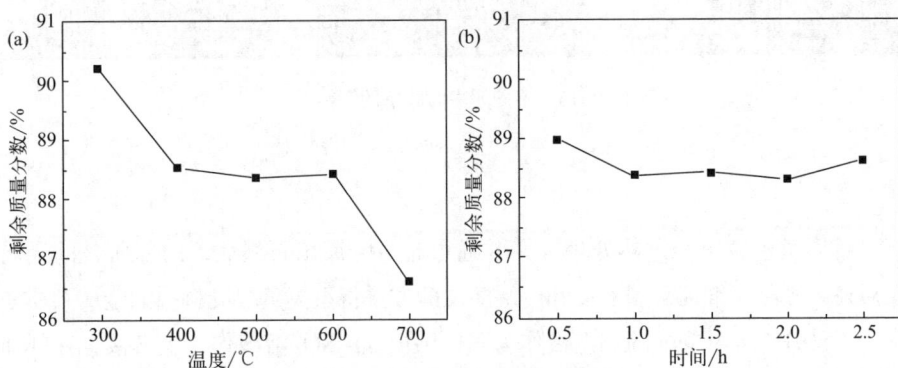

图 9-11　不同工艺参数下石墨负极废料剩余质量分数

（a）不同热处理温度；（b）不同热处理时间[10]

经过热处理初步处理后，表面的黏结剂已经初步分解，失去黏结的作用，铜箔与石墨变得易于分离。实验中采用超声分离法将石墨与铜箔分离，使用去离子水作为超声液体，超声频率为30kHz，在超声温度为30℃、超声时间为10min、超声功率为300W、液体高度为2cm和两次超声的条件下，石墨分离效率达到了93.16%。超声分离前后产物以及不同超声时间下的铜箔如图9-12、图9-13所示，超声过程中，温度对分离效果影响不大。

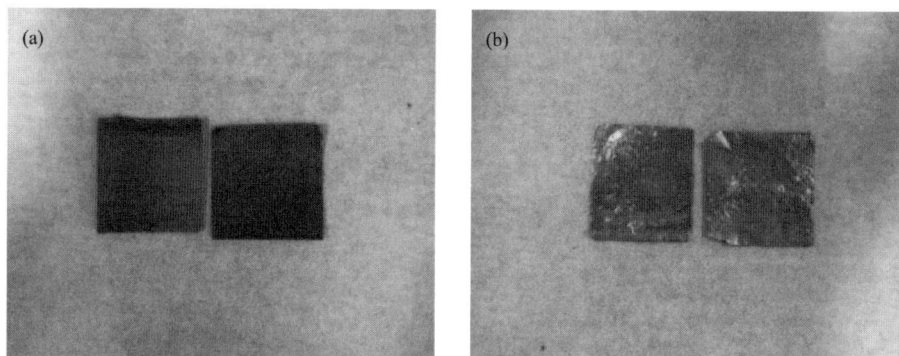

图9-12　超声分离前的石墨负极废料（a）和超声分离后的铜箔（b）[10]

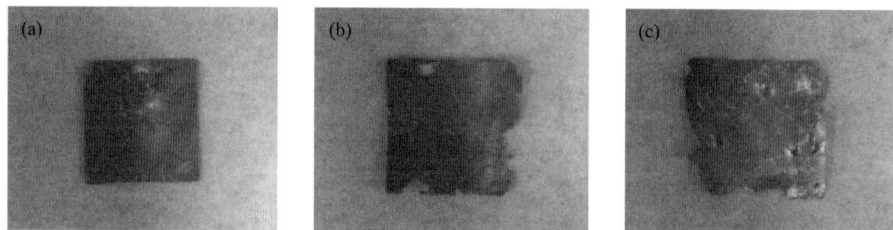

图9-13　不同超声时间下的铜箔[10]

（a）1min；（b）5min；（c）10min

石墨负极废料经过热处理除杂并通过超声分离出石墨后，内部所含的金属杂质还未去除，继而采用酸浸和电解酸浸的方法将石墨负极废料中的金属杂质去除。以两片2cm×2cm的铂电极作为阴、阳极，H_2SO_4溶液作为电解液，在外加电压为6V、电流为2.5A、电极间距为6cm的参数下对初步回收的石墨进行电解酸浸，装置示意图如图9-14所示。

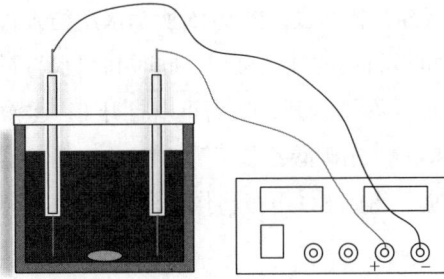

图 9-14 电解酸浸装置示意图[10]

实验结果证明，先于 400℃下热处理 1h，然后在 H_2SO_4 浓度为 0.1mol/L、固液比为 10g/L、温度为 45℃、浸出时间为 1h 的条件下初步酸浸，最后以外加电压为 9V、电极间距为 6cm 的电解参数进行电解酸浸，Fe、Al 元素浸出率在 97% 以上，Li、Cu、Ni、Co、Mn 元素浸出率在 99% 以上，深度除杂后石墨的金属杂质含量如表 9-5 所示，废旧石墨得到了深度的纯化。

表 9-5 深度除杂后石墨的金属杂质含量[10]　　　　　　单位：mg/kg

元素	Li	Fe	Cu	Al	Ni	Co	Mn
1.2mol/L	81	13	14	13	<5	<5	<5
0.1mol/L	81	16	11	14	<5	<5	<5

9.1.3 缺陷重整

废旧锂离子电池的负极材料缺陷重整技术是指通过一系列的处理方法，对废旧锂离子电池的负极材料进行修复和改造，以提高其性能和可再利用性。废旧锂离子电池的负极材料主要由石墨或其他碳基材料组成，经过长时间的循环使用后，会出现一些缺陷，如表面结构破损、颗粒聚集和电化学性能下降等。这些缺陷会导致电极材料间离子运输受阻、电池容量减小、充放电效率降低和循环寿命缩短。缺陷重整过程旨在处理材料中的缺陷，可以使废旧负极材料重新变得可用，延长其使用寿命，同时减少资源浪费和环境污染。

对废旧负极材料修复和改造包括材料内部和表面，Wang 等人[11]提出了一种简单、经济、环保的方法，并证明了该方法的可行性。该实验方案重新打开石墨的 Li^+ 运输通道。实验将完全放电后的单个圆柱形电池，通过机械分离 Cu 集流体，收集废旧石墨（SG），通过如图 9-15 所示水洗的方式去除杂质，研究水处理对废旧锂离子电池负极石墨的纯化机理，同时利用水与石墨内部残存的锂单质反应生成氢气将 SEI 层与石墨分开，从而重新打开 Li$^+$ 运输通道，将最终得到的石墨称为再生石墨（RG）。用碳酸乙基甲酯（EMC）简单清洗三次废旧锂离子电池中使用过的石墨电极，得到 SG 电极将作为参考。

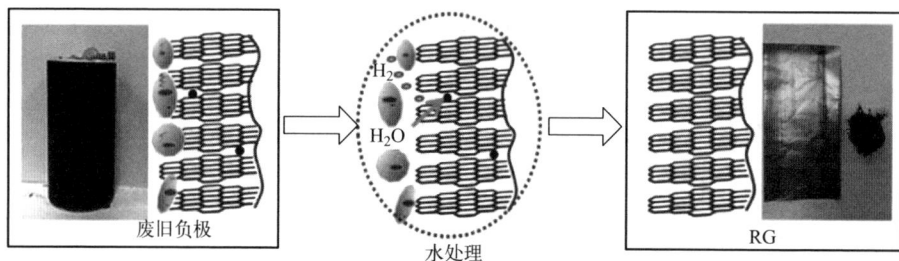

图 9-15　用水处理法回收废旧负极中的石墨[11]

图 9-16（a）所示为商用石墨 CG、RG 和 SG 电极的 XRD 图谱，明显看出所有样品均呈现石墨特征峰，对于 SG 电极，由于有铜箔的存在，在 XRD 图谱中存在明显的 Cu 衍射峰。CG、RG 和 SG 的拉曼光谱如图 9-16（b）所示，其中所有样品均出现约 1330cm^2 的 D 峰和约 1580cm^2 的 G 峰［一般来说，样品的石墨化程度可以通过 D 峰（I_D）与 G 峰（I_G）的强度比来量化］，说明该方法回收废旧石墨可行。

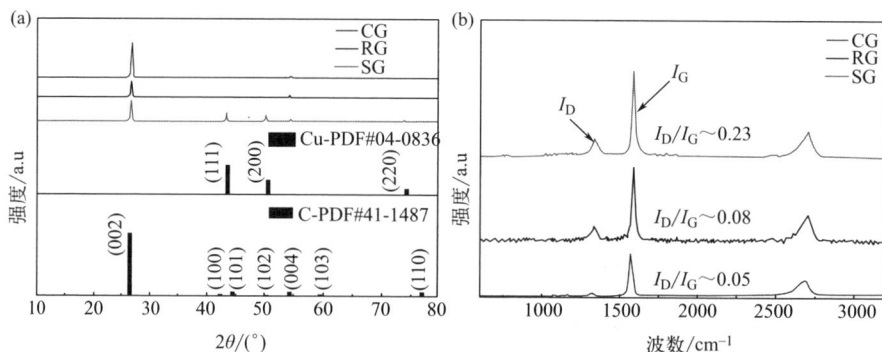

图 9-16　CG、RG 和 SG 电极的 XRD 谱图（a）和拉曼光谱（b）[11]

　　上述水洗的方法去除了机械分离产生的集流体铜杂质，重新打开 Li^+ 运输通道，使得电池中 Li^+ 运输得到一定程度的修复，然而充放电在材料表面还形成了有机层，阻碍负极的离子传输。Zhang 等人[12] 提出了用热解联合超声的方法除去电极材料表面有机物的方法，该方法可以有效地除去电极材料表面的有机膜，热解前后的石墨形貌如图 9-17、图 9-18 所示，从 SEM 图像中可以看出，热解前石墨颗粒中存在团聚现象，热解后团聚现象消失，有机黏结剂被去除，表面光滑，但表面存在残余的热解产物。

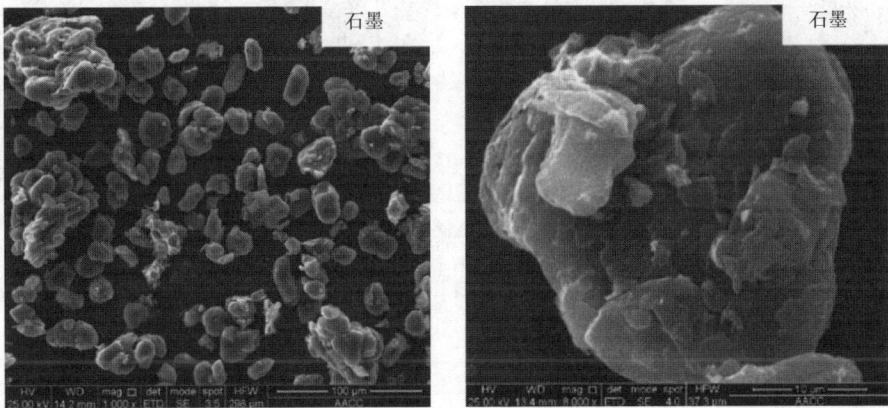

图 9-17　废旧 LIBs 热解前石墨的 SEM 图像[12]

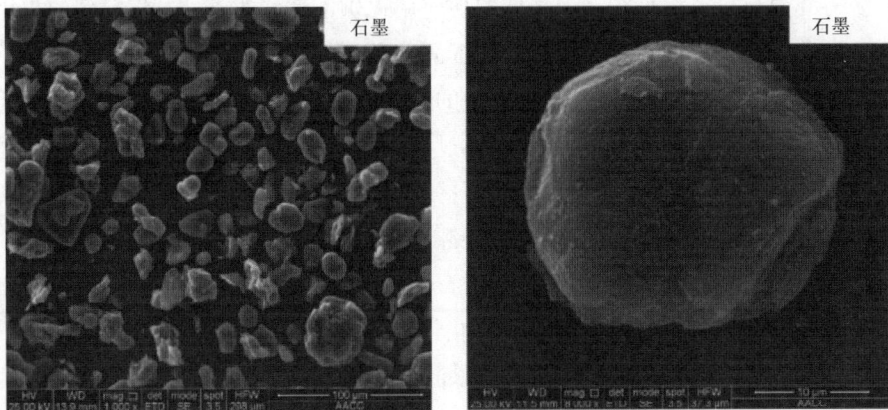

图 9-18　废旧 LIBs 热解后石墨的 SEM 图像[12]

继而对石墨颗粒进行超声波清洗，热解 - 超声处理后石墨颗粒的 SEM 图像如图 9-19 所示，可以看到，较大尺寸的残余热解碳颗粒已经去除，电极材料表面光滑。但是该方法会产生有机废气，需要专门配套的设备处理热解废气。

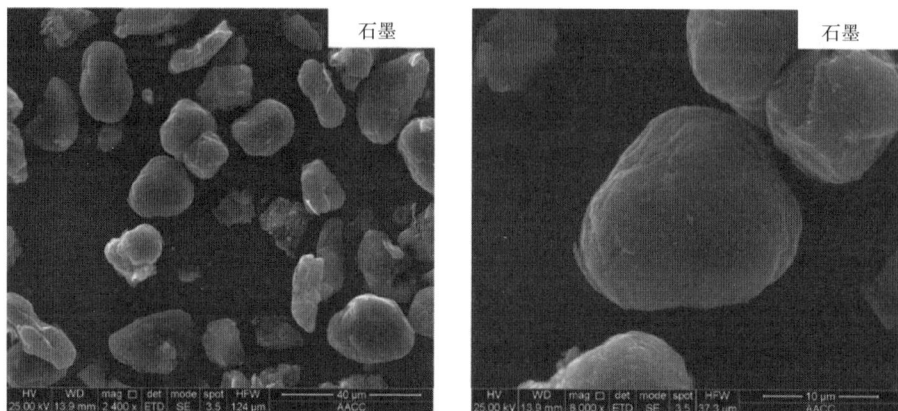

图 9-19　废旧 LIBs 热解 – 超声处理后石墨的 SEM 图像[12]

9.2　再生功能材料

退役电池中的多孔碳负极材料含碳量大，纯度较高。其巨大的比表面积和优良的结构为石墨材料在诸多领域的再应用提供了良好的条件。将得到的再生石墨投入实际应用是废弃石墨回收和资源化利用的最后一步，也是最关键的一步。一般而言，回收石墨仍然保持完整的层状结构，废旧石墨中杂质主要为有机黏结剂、金属（如锂、铜）等，能够通过简单除杂实现石墨再生。废旧锂离子电池经过放电、破碎、分离等过程得到石墨，回收石墨可以再生为锂离子或其他离子电池负极材料；也可以转化成用于能源和环境的功能性材料，如石墨烯、吸附剂、催化剂等。重复充放电循环后废旧石墨表现出不规则膨胀，这个过程使得石墨的层间范德瓦尔斯力减弱、高度氧化以及锂嵌入的特征。与商业石墨相比，具有这些特征的废旧石墨更易于制备石墨烯等材料。此外，由于废旧石墨具有多孔结构和表面官能团，一些研究人员将废旧石墨制备成吸附剂，通过增加石墨比表面积和吸附位点提高了吸附能力，对水中重金属、磷、有机污染物具有良好的吸附效果，为利用废旧石墨制备吸附剂处理废水提供可能。另外，废旧石墨的材料特性也使其成为制备催化剂有效和经济的候选材料。废旧石墨还有其他转化利用方向，如石墨基电容器[13-16]、石墨/聚合物复合材料[17]、钠钾离子电池负极[18, 19]等。

9.2.1　吸附剂

将废旧负极材料再生为吸附剂是一种有效的资源化利用方式。经过数以千计次充放电后的废旧石墨负极层间距变大，导致结构无序化程度增加，表面官能团数量以及种类增加，并且这些性质均符合吸附剂原料的要求，因此廉价的废旧石墨负极成为吸附剂原料的首选。在这个过程中，废旧负极材料经过处理和改造，可以成为具有吸附性能的材料。这种再生后的吸附剂可以用于去除水中的重金属、有机污染物等，从而达到净化水质或其他环境治理的目的。这样的再生利用方式有助于降低资源消耗、减少废物排放，并对环境产生积极影响。

随着工业化的快速发展，很多行业都产生大量含重金属污水，这是引起重金属污染的主要原因。重金属污染对生态环境和人类都具有很大的危害。重金属不能自然降解，会在生物体中富集，对人体具有毒性和致癌性。因此，工业污水在排放前一定要去除其中的重金属离子。对于重金属元素的去除，一些研究工作者做出以下相关工作。Zhao 等人[20]研究提供了利用废旧锂离子电池等"废物"合成高效吸附剂的可能性，它是一种既经济又环保的重金属污染水处理和废物回收方法。首先将电池负极浸泡在去离子水中 1h 后，分离碳粉和铜箔，用去离子水冲洗即可完全回收碳粉。然后，在鼓风烘箱中以 80℃干燥碳粉和去离子水的混合物，得到干燥碳粉。最后，将碳粉置于管式气氛炉中氮气气氛下以 600℃煅烧 1h，升温速率为 10℃/min。煅烧过程中去除碳粉表面的黏结剂和其他有机物杂质，得到的产物为人工石墨（AG）粉末。研究首先用 60℃的酸性高锰酸钾溶液对回收的碳材料进行改性处理，在其表面负载 MnO_2 微粒，制成吸附剂 MnO_2-AG。然后，对 AG 和 MnO_2-AG 进行比表面积测定、元素含量分析、X 射线衍射（XRD）表征、热重分析（TGA）、扫描电镜（SEM）和能量色散光谱分析（EDX），一系列分析结果表明制得的 MnO_2-AG 表面负载了一层均匀的 MnO_2 微粒。初步的对比吸附试验证明，改性极大地提高了 AG 对 Pb（Ⅱ）、Cd（Ⅱ）和 Ag（Ⅰ）的去除率。之后，探究了重金属离子初始浓度、吸附接触时间和溶液初始 pH 值对 MnO_2-AG 吸附重金属性能的影响。

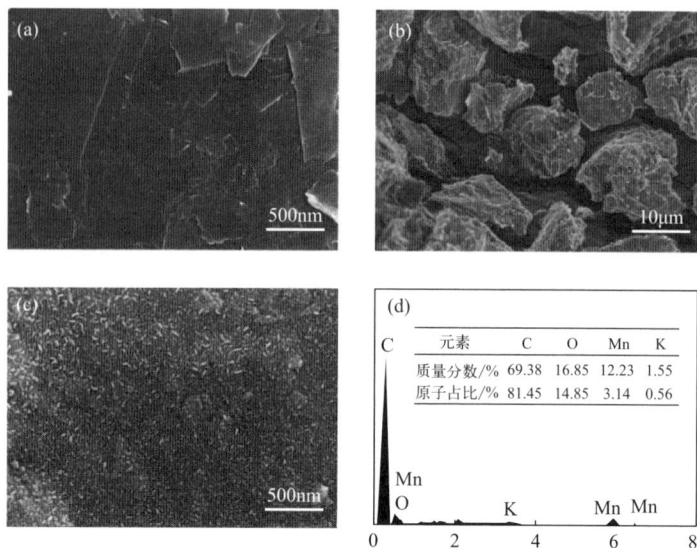

图 9-20 AG (a) 和 MnO$_2$-AG [(b)、(c)] 的 SEM 图像; (d) MnO$_2$-AG 的 EDX 谱图[20]

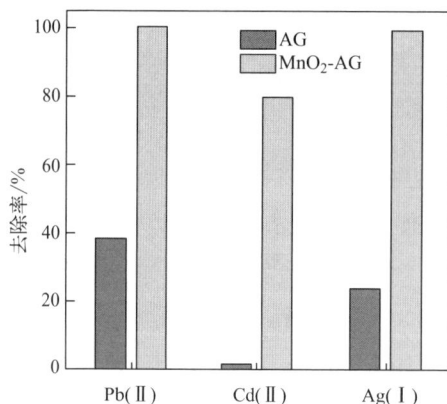

图 9-21 AG 和 MnO$_2$-AG(吸附剂剂量 =0.2g/L, 金属离子浓度 =50mg/L, 接触时间 =24h, 初始 pH=6.01) 对 Pb (Ⅱ)、Cd (Ⅱ) 和 Ag (Ⅰ) 的去除率[20]

通过对 AG 和 MnO$_2$-AG 进行物理化学性质表征, 对其相结构、表面微观结构、元素和官能团进行了分析。如图 9-20 所示, 改性后材料表面有无数的小颗粒, 与改性前相比表面的粗糙度明显提高。在 MnO$_2$-AG 去除重金属的过程中, 表面的含氧官能团和负载的 MnO$_2$ 颗粒都可能作为吸附位点吸附重金属离子, 如图 9-21 所示, MnO$_2$-AG 对 Pb (Ⅱ)、Cd (Ⅱ) 和 Ag (Ⅰ) 的去除率分别为 99.9%、79.7% 和 99.8%, 表明改性锂离子电池负极材料可以作为一种环保、经济的吸附剂, 用于处理水溶液中的重金属。这项工艺为废旧石墨负极应用开创了一个全新的思路, 但就吸附性能而言尚存在很大的提升空间。

再生为吸附剂是一种经济和环保的回收利用途径, 但是仍有利用率低、选择性差并且吸附性能不够理想等特点。

9.2.2　超级电容器

废旧负极材料再生为超级电容器是一种创新的资源回收和利用方法。通过对废旧负极材料进行适当的处理和改造，可以重新用于制造超级电容器的负极部分。这样的再生过程不仅延长了材料的使用寿命，还有助于降低超级电容器的生产成本，并减少对新鲜资源的需求。同时，这种再生利用方式还有助于减少废物排放，促进循环经济的发展。超级电容器的循环寿命长、工作温度范围广、充放电时间短、功率密度高，因此吸引了许多学者的关注。石墨烯及其衍生物具有电导率高、表面积大和机械强度大的特点，被认为是理想的超级电容器电极材料。Natarajan 等人[21] 使用回收的石墨（RGR）通过改进的 Hummer 方法合成氧化石墨，并将其剥离以获得氧化石墨烯（GO）。在室温（RT）和 70℃、HCl 存在下，回收的金属外壳（Al、SS）作为还原剂还原 GO。具体的制备流程如下：废旧锂离子电池在 NaCl 溶液中浸泡 24h，在拆卸组件之前将电池放电，从铜箔中收集石墨，在 700℃下煅烧 3h，去除黏结剂并回收石墨。用电感耦合等离子体发射光谱法（ICP-OES）测量金属外壳中金属离子的总浓度。表 9-6 为废金属壳中各种金属的组成。

表 9-6　废金属壳中各种金属的组成[21]

铝合金		不锈钢	
元素	含量 /（mg/g）	元素	含量 /（mg/g）
铝	496	铁	548
锰	102	铬	123.3
铁	4.4	锰	80.8
铜	0.8	铜	12.7
钼	0.09	镍	7.5

采用改进的 Hummer 法从废 LIB 中回收石墨，人工合成氧化石墨 GO。用金属外壳还原 GO，得到还原氧化石墨烯 rGO。用 HCl 去除多余的金属颗粒，整个还原过程如图 9-22 所示。

如图 9-23 所示，将四种制备的材料应用在超级电容器中，在制备的 rGO 样品中，由于 AlrGo 具有较高的比表面积和介孔性质，电流密度为 0.5A/g 时，具有较高的比电容，为 112F/g。此外，它还在 25A/g 的电流密度下显示出 20000 次的高循环稳定性。这些结果意味着从废旧锂离子电池中合成的这种 rGO 可成为

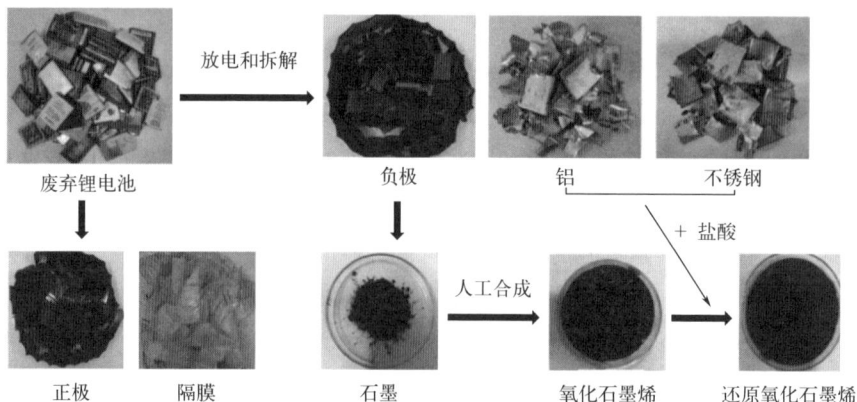

图 9-22　利用废 LIBs 回收材料合成还原氧化石墨烯的工艺流程[21]

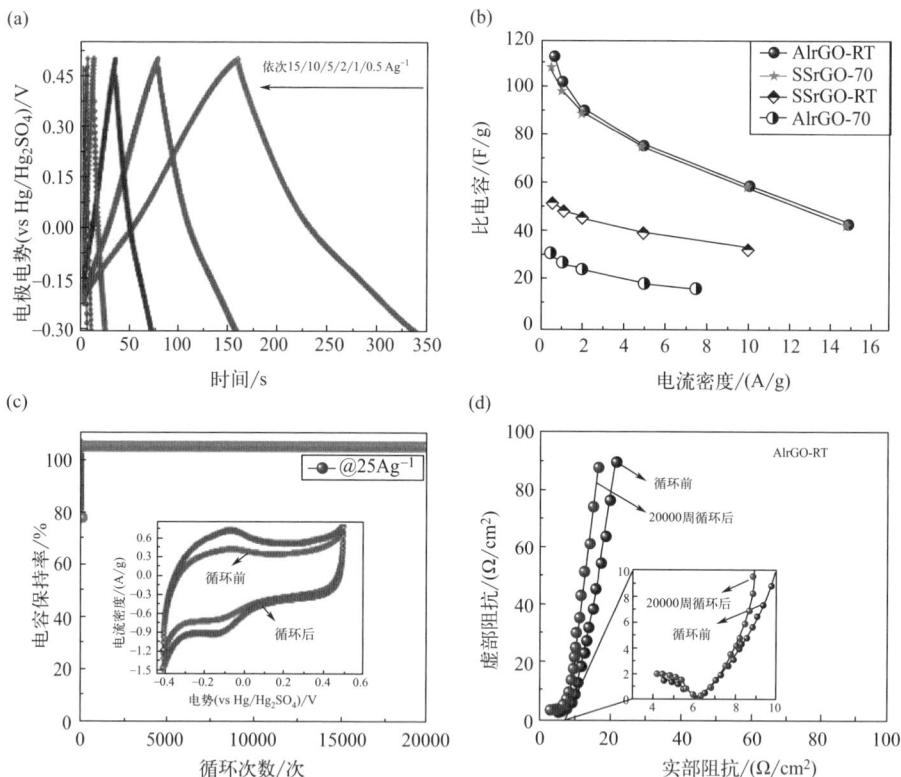

图 9-23　AlrGO-RT 电极在不同电流密度下的 GCD 曲线（a）；

AlrGO-RT、SSrGO-70、SSrGO-RT 和 AlrGO-70 电极的比电容与电流密度的关系（b）；

AlrGO-RT 电极在 25A/g 下进行 20000 次循环的耐久性测试所得最终 CV 曲线（循环前后）（c）；

循环之前和之后的 AlrGO-RT 电极的 EIS 研究（d）[21]

下一代高性能超级电容器的备选材料。此外，此种方法合成的 rGO 可以实现废物大规模再生，并可进一步扩展到其他碳基材料的合成应用中。但在制备氧化石墨烯的过程中使用了浓硫酸等强氧化性试剂，可能会造成二次污染，且整体的再生流程长，再生成本较高，不适用于价格低廉的废旧石墨。

9.2.3　其他材料

（1）再生为负极材料

废旧负极材料再生为新的负极材料是一种可持续的资源利用方法。在这个过程中，废旧负极材料经过适当的处理和改造，可以重新用于制造新的电池负极材料。功能材料制备一般利用废旧石墨自身的结构缺陷和杂质，因此合成中减少了净化与缺陷修复的过程，简化了回收流程。然而，工业生产过程对这些特殊功能材料的需求量较小，难以实现大量废旧锂离子电池负极石墨的高利用率。废石墨回收再生为电池负极材料这一循环方向，能够缓解锂离子电池技术的两大挑战：整体的生产成本和面对未来需求的长期材料供应。与石墨矿相比，废旧电池中的石墨具有有序结构，不需要再经过超高温（2000 ～ 3000℃）处理，从而降低了锂离子电池制造成本。从电动汽车的角度来看，锂离子电池的需求逐年增加，形成巨大的市场，回收废旧锂离子电池石墨再生为电池负极，能够获得长期的材料供应，形成循环经济。相比而言，将废旧石墨直接再生为锂离子电池负极材料，形成一个闭合回路更能满足工业生产的需要。研究表明回收的石墨保持良好的晶体结构，初始容量基本可以满足再利用的要求，但是判断回收石墨是否满足商用的标准要从材料的粒度、密度、比表面积、纯度以及首周库仑效率、充放电电压平台、循环稳定性等多方面进行综合评估。这种再生过程有助于降低新材料的需求，减少资源消耗和环境影响，同时延长废旧电池中的原材料的使用寿命，实现了循环经济的目标。

Divya 等人[22]提出了一种水处理 - 高温煅烧的方法，将废旧锂离子电池中的回收石墨（RG）作为负极材料。首先，通过简单的超声方法，利用去离子水收集在充放电过程中由于固体 - 电解质间相形成而在阳极部分形成的"Li"，将松散结合的石墨膏体从铜箔上分离出来。随后，用二甲基甲酰胺（DMF）溶剂处理难以分离的未回收石墨，使其完全从铜箔中分离出来。在离心后，用去离子水进一步洗涤 DMF 处理过的石墨，并在 800℃的氩气中加热 3h。为了评估回收石墨（RG）的电化学性能，在以锂金属作为反电极和参比电极的硬币电池（CR 2016）组件中研究了半电池性能。测试电化学阻抗谱（EIS）和恒流充放电研究（Li/RG 和 Li/AC）半电池，用电池测试仪检查这些电极作为正极和负极的 LICs 组装的性能。

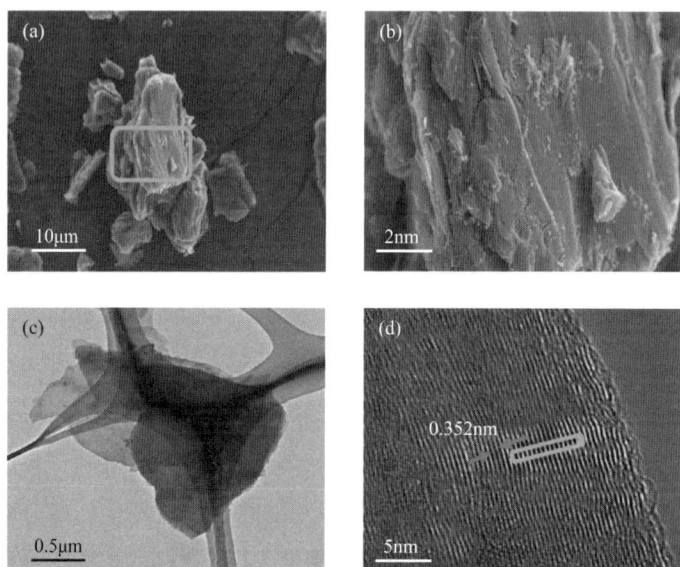

图 9-24 RG 的表面形貌特征[22]

（a）、（b）SEM 图像；（c）TEM 图像；（d）HR-TEM 图像

　　RG 的扫描电子显微镜（SEM）和透射电子显微镜（TEM）图像如图 9-24（a）～（c）所示，显示了回收石墨的形貌和微观结构。观察到片状石墨的表面形貌，发现其表面特征与天然鳞片石墨相似。一般来说，片状石墨被认为是最纯净的石墨形式之一，具有高的结晶度，并且在大多数商业 LIBs 中使用。RG 的 HR-TEM 图像证实了层状结构（多层石墨烯）的存在，具有清晰的晶格条纹，并且还检测到层间间距为 0.352nm［图 9-24（d）］，但此层间间距略大于正常石墨相（0.339nm）。这主要是由于锂基金属氧化物与石墨层之间连续的锂离子插入和萃取过程可以扩大回收石墨材料的层间间距。最重要的是，TEM 图像清楚地表明，电解液分解形成的产物在洗涤过程中被有效地去除。

　　经计算得到再生石墨在 0.319kW·kg^{-1} 的功率密度下，最大能量密度达到

$185.54\mathrm{Wh \cdot kg^{-1}}$，并且在 10℃和 25℃下连续 2000 次循环后容量保持率均为 75%（图 9-25）。此工作为回收石墨作为高能量存储设备的电极材料提供了可能性。

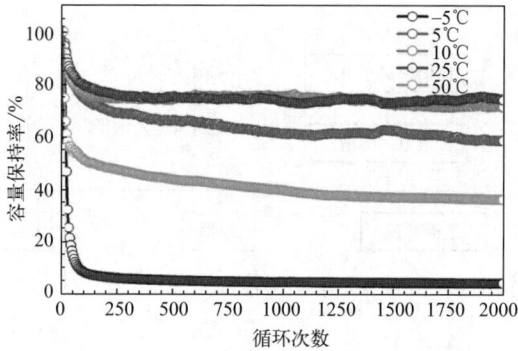

图 9-25　不同温度下的循环性能[22]

（2）再生为催化剂

将废旧负极材料再生为催化剂是一种创新的资源化利用方法。石墨也是常用的催化剂原材料，通过适当的处理和改造，废旧负极材料可以转化为具有催化活性的材料，用于促进化学反应的进行。一些学者将废旧石墨负极再生为石墨烯及其衍生物，用于臭氧催化[23]、电催化[24]、光催化[25]等。这样的再利用方式有助于减少废物排放，降低生产成本，同时促进资源循环利用和环境可持续发展。Zhang 等人[25]针对锂离子电池负极石墨、铜箔的固有缺陷结构，以及石墨烯的优异性能，制备了氧化石墨烯-铜复合材料用于亚甲基蓝的催化光降解。由于废旧石墨中存在一些含氧基团，所以在制备氧化石墨烯时，废旧石墨比天然石墨消耗更少的浓硫酸和高锰酸钾。首先对废旧的石墨粉进行提纯，煅烧去除有机杂质，去除锂。将纯化后的石墨氧化成氧化石墨，超声剥落成氧化石墨烯，再吸附 Cu^{2+}。最后，分析了氧化石墨烯-铜复合材料对亚甲基蓝的催化性能。实验过程示意图如图 9-26 所示。

表 9-7 对比分析了废石墨和天然石墨制备氧化石墨烯的氧化剂消耗情况。很明显，用废石墨制备氧化石墨烯比用天然石墨制备氧化石墨烯消耗更少的浓硫酸和 $KMnO_4$。用 1g 天然石墨制备氧化石墨烯时，需消耗 25mL 浓 H_2SO_4、3.5g$KMnO_4$。然而，当使用 1g 废石墨时，只需要 15mL 浓 H_2SO_4 和 2.5g$KMnO_4$，浓 H_2SO_4 和 $KMnO_4$ 的消耗量分别下降了 40% 和 28.6%。负极石墨中存在一些含

氧基团和结构缺陷，这在一定程度上降低了氧化剂浓 H_2SO_4 和 $KMnO_4$ 的消耗。因此，用负极石墨烯制备氧化石墨烯可以减少化学试剂的消耗，节约天然石墨，减轻环境风险。

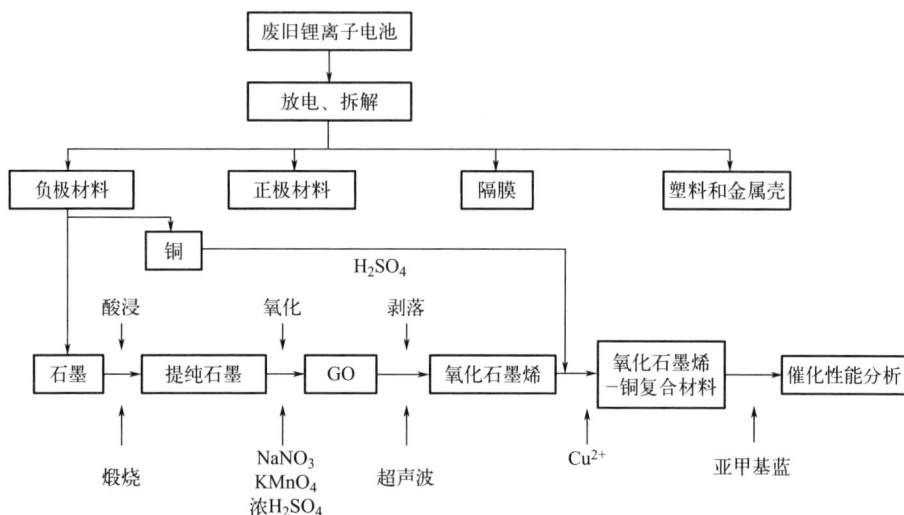

图 9-26 实验过程示意图[25]

表 9-7 氧化石墨制备的氧化剂消耗量[25]

材料	浓 H_2SO_4/mL	$KMnO_4$/g
天然石墨（1g）	25	3.5
废旧锂离子电池负极石墨（1g）	15	2.5

比较分析了氧化铜和氧化石墨烯-铜复合材料对亚甲基蓝的催化性能。从图 9-27 可以看出，CuO 的光降解催化效率随时间增长缓慢，在 300min 后达到最大值 33% 左右。氧化石墨烯-铜复合材料的光降解催化效率在 120min 后增加到 55%，稳定在 91% 左右。可见，氧化石墨烯-铜复合材料的光降解催化效率远高于 CuO。氧化石墨烯-铜复合材料的光电化学降解催化效率在 120min 后达到 80%，180min 后达到 90% 左右，之后稳定在 91%。

总体而言，氧化石墨烯-铜复合材料的降解催化效率优于 CuO。特别是电场的加入显著提高了氧化石墨烯-铜复合材料对亚甲基蓝的降解催化效率。将氧化石墨烯作为载体引入到 CuO 中，提高了催化活性，大大提高了 CuO 对亚甲基蓝的降解催化效率。

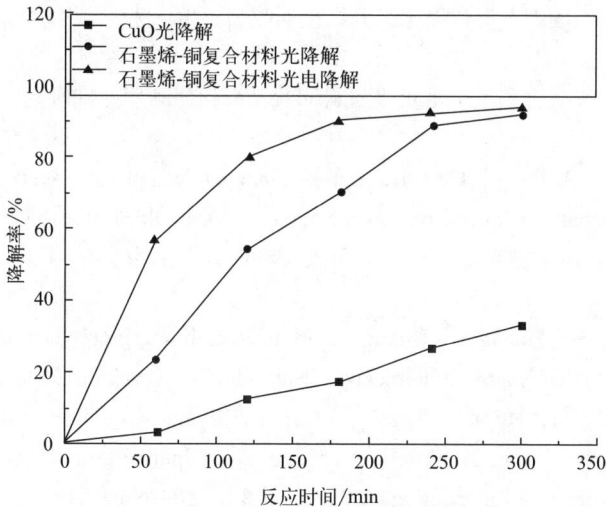

图 9-27　CuO 与氧化石墨烯 – 铜复合材料的催化性能[25]

参考文献

［1］Pagliaro M，Meneguzzo F. Lithium battery reusing and recycling：A circular economy insight. Heliyon，2019，5（6）：e01866.

［2］Guo Y，Li F，Zhu H，et al. Leaching lithium from the anode electrode materials of spent lithium-ion batteries by hydrochloric acid（HCl）. Waste Management，2016，51：227-233.

［3］Yang J，Fan E，Lin J，et al. Recovery and reuse of anode graphite from spent lithium-ion batteries via citric acid leaching.ACS Applied Energy Materials，2021，6：6261-6268.

［4］Li J，He Y，Fu Y，et al. Hydrometallurgical enhanced liberation and recovery of anode material from spent lithium-ion batteries. Waste Management，2021，126：517-526.

［5］吴世锋，徐立宏，刘琳，等 . 人造石墨粉制备锂离子电池负极材料的工艺技

术研究. 炭素技术，2020，39（4）：4.

［6］Yi C，Yang Y，Zhang T，et al. A green and facile approach for regeneration of graphite from spent lithium ion battery. Journal of Cleaner Production，2020，277：123585.

［7］张程前. 废锂电池负极全组分绿色回收与再生. 材料导报，2018，32（20）：3667-3672.

［8］高洋. 失效锂离子电池负极材料回收及高值化利用基础研究. 北京：北京科技大学，2023.

［9］Cao N，Zhang Y，Chen L，et al. An innovative approach to recover anode from spent lithium-ion battery. Journal of Power Sources，2021，483：229163.

［10］张锐. 废旧锂离子电池石墨负极废料回收再利用研究. 哈尔滨：哈尔滨工业大学，2021.

［11］Wang H，Huang Y，Huang C，et al. Reclaiming graphite from spent lithium ion batteries ecologically and economically. Electrochimica Acta，2019，313：423-431.

［12］Zhang G，He Y，Feng Y，et al. Pyrolysis-ultrasonic-assisted flotation technology for recovering graphite and $LiCoO_2$ from spent lithium-ion batteries. ACS Sustainable Chemistry & Engineering，2018，6（8）：10896-10904.

［13］Schiavi P G，Altimari P，Zanoni R，et al. Full recycling of spent lithium ion batteries with production of core-shell nanowires//exfoliated graphite asymmetric supercapacitor. Journal of Energy Chemistry，2021，58：336-344.

［14］Natarajan S，Krishnamoorthy K，Kim S-J. Effective regeneration of mixed composition of spent lithium-ion batteries electrodes towards building supercapacitor. Journal of Hazardous Materials，2022，430：128496.

［15］Aravindan V，Jayaraman S，Tedjar F，et al. From electrodes to electrodes：building high-performance Li-ion capacitors and batteries from spent lithium-ion battery carbonaceous materials. ChemElectroChem，2019，6（5）：1407-1412.

［16］Divya M L，Natarajan S，Lee Y S，et al. Highly reversible Na-intercalation into graphite recovered from spent Li-ion batteries for high-energy Na-ion capacitor. ChemSusChem，2020，13（21）：5654-5663.

［17］Iffelsberger C，Jellett C W，Pumera M. 3D printing temperature tailors electrical and electrochemical properties through changing inner eistribution of graphite/polymer. Small，2021，17（24）：2101233.

［18］Liu K，Yang S，Luo L，et al. From spent graphite to recycle graphite anode for high-performance lithium ion batteries and sodium ion batteries. Electrochimica Acta，2020，356：136856.

［19］Liang H-J，Hou B-H，Li W-H，et al. Staging Na/K-ion de-/intercalation of graphite retrieved from spent Li-ion batteries：in operando X-ray diffraction studies and an advanced anode material for Na/K-ion batteries. Energy & Environmental Science，2019，12（12）：3575-3584.

［20］Zhao T，Yao Y，Wang M，et al. Preparation of MnO_2-modified graphite sorbents from spent Li-ion batteries for the treatment of water contaminated by lead，cadmium，and silver. ACS Applied Materials & Interfaces，2017，9（30）：25369-25376.

［21］Natarajan S，Rao Ede S，Bajaj HC，et al. Environmental benign synthesis of reduced graphene oxide（rGO）from spent lithium-ion batteries（LIBs）graphite and its application in supercapacitor. Colloids and Surfaces A：Physicochemical and Engineering Aspects，2018，543：98-108.

［22］Divya M L，Natarajan S，Lee Y-S，et al. Achieving high-energy dual carbon Li-ion capacitors with unique low- and high-temperature performance from spent Li-ion batteries. Journal of Materials Chemistry A，2020，8（9）：4950-4959.

［23］Wang Y，Cao H，Chen L，et al. Tailored synthesis of active reduced graphene oxides from waste graphite：Structural defects and pollutant-dependent reactive radicals in aqueous organics decontamination. Applied Catalysis B：Environmental，2018，229：71-80.

［24］Jiao Q，Zhu X，Xiao X，et al. Carbon nano-fragments derived from the lithium-intercalated graphite. ECS Electrochemistry Letters，2013，2（8）.

［25］Zhang W，Liu Z，Xu C，et al. Preparing graphene oxide–copper composite material from spent lithium ion batteries and catalytic performance analysis. Research on Chemical Intermediates，2018，44（9）：5075-5089.

第 10 章

电池的生命
周期评估

▲▲▲▲▲▲▲

随着科学技术的不断进步可以预见的是环境的可持续发展愈发显得重要。无论包括锂离子电池生产在内的新技术如何发展，与未来被取代的发达技术相比，新兴技术的进步是否能对环境造成更低的影响，目前尚无具体说明。因此，人们对由于锂离子电池（LIB）生产和其在移动与固定储能系统中的应用而日益增加的环境后果产生了浓厚的兴趣。关于锂离子电池生产和基于锂离子电池的产品可能对环境的影响，有各种研究，结果喜忧参半，难以比较。

为了评估上述问题，并确保锂离子电池技术的持久有效性，需要一种完整的生命周期评估方法，该方法必须为锂离子电池的可持续发展提供一个整体的理解[1]。为了分析电池从原材料生产到制造、供应、运输、应用、充电、生命支持以及最终的回收和废物管理过程中潜在的生态影响，引入了生命周期评估（Life cycle assessment，LCA）方法[2]。

10.1 生命周期评估

LCA 方法始于 20 世纪 70 年代。1990 年，国际环境毒理学和化学学会（Society of Environmental Toxicology and Chemistry，SETAC）将 LCA 定义为一种通过材料使用、能源消耗和废物排放来评估产品、生产过程和活动对环境影响的方法[3]。1997 年国际标准化组织（International Standard Organization，ISO）制定了 ISO 14000 系列标准，并给出了 LCA 的标准化定义：研究从原材料采购到生产、使用和处置的整个产品生命周期的环境因素和潜在影响，环境影响一般包括资源利用、人类健康和生态结果[4]。LCA 是一种环境管理和分析工具，用于量化产品或系统在其整个生命周期（从生产到处置阶段以及回收期间）的各种潜在环境后果。它还有助于估计生态系统的质量和对人类健康的影响，并就此向工业界、政府或非政府组织的决策者提供信息。

一个彻底的生命周期评估过程可以揭示回收的每个阶段之间对环境影响的转移。产品可能在不同阶段对环境产生不同的影响，一个过程中的有益影响将补偿另一个过程的负面影响，减轻一个类别的损失可能会增加另一个类别的负面影响。LCA 可以进一步揭示 LIB 造成的消耗和利润，并提供有关生产环境问题的全面视图。此外，它还可以确定提高整个锂离子电池行业生态友好性的关键过程。由于不同的 LCA 研究采用了多种方法，因此采用的影响类别各不相同。在所有类别中，最常见的类别是全球变暖/温室气体（GHG）排放。

10.1.1　电池生命周期评估概述

电池的生命周期评估过程包括以下几个部分：

材料采集和加工：锂离子电池中使用的大部分原材料都是从各自的矿石中回收的，其中锂、钴、镍和锰是最常见的，因为它们用于制造锂离子电池中的正极材料。钴主要从其矿石中回收，其中还含有镍或铜，以及微量的砷和银。用于将原材料转化为电池所用材料的关键工艺是采矿、选矿、冶炼、浸出和精炼。无论是矿石的采集还是加工过程都可能会对生态环境和人类健康造成负面影响。因此，在评估电池生命周期时，需要考虑材料采集和加工对环境的影响。

制造和装配：在电池制造过程中涉及大量的能源消耗和化学物质使用，可能会产生涉及水污染、气体排放和危险废物的影响，这些影响对人类健康有害且对生态环境不友好[5]。锂离子电池行业面临的"温室气体排放"是关键问题之一，由于对可充电电池的需求不断增加，温室气体排放量将会进一步增加。据估计，每生产 1kg 锂离子电池将会排放 12.5kg 二氧化碳，每生产 1kg 电池需要 90MJ 能量[6]。在评估电池生命周期时，需要考虑这些过程中的能源消耗、气体排放和废弃物处理情况。

运输和配送：电池生产过程中的另一个大问题是运输造成的"空气污染"。

欧洲环境署表示，在公路运输过程中产生的温室气体排放量占全球排放量的72%，比 1990 年的排放量高出 16%。各种空气污染物，例如气态污染物［CO、SO_2、氮氧化物、臭氧、VOC（挥发性有机化合物）］、重金属（Pb、Hg）、有机污染物、颗粒物等都会对人类的器官和身体健康产生有害影响[7]。应该根据电池的使用和维护情况，通过提高往返效率，将能量消耗降至最低，减少污染物的排放[5]。

使用阶段：电池在使用过程中会逐渐损耗，直到无法正常工作为止。根据使用阶段的影响，电池在其应用过程中会受到多种因素的影响，这些因素可能会极大地改变电池的使用效率。在这个过程中，电池的充电和放电会产生一定的能量损失和二氧化碳排放。在评估电池生命周期时，需要考虑电池在使用过程中的能效和环境影响。

废弃处理和回收：电池在报废之后需要进行处理和回收。随着锂离子电池的普及和使用的增加，消耗的电池数量也有所增加，必须妥善管理并进行单独分类。电池的填埋或焚烧不当会产生严重的健康风险和火灾隐患[8]，因为它们不仅含有大量贵重金属，还含有与环境不相容的有毒和易燃成分或材料。锂离子电池的回收利用比镍镉和镍氢电池对环境的影响更小，因为它们含有较少的有害物质[9]。在电池的回收过程中，锌、镍、镉、钴和锰等有毒金属元素很容易在环境中发生改性而使电池材料变得难以回收。此外，潜在的污染源，包括固体废物残留物、废水污染物和二次有毒气体排放物，也会通过回收产生和释放。需要注意的是随着锂离子电池技术的发展，电池生产对原始材料的需求不断增加，人们面临着更高的价格和资源枯竭。因此对电池进行回收利用可以提高资源利用效率，增加可回收材料使用，并且提供了直接的环境效益[10]。

与传统的环境影响评价方式不同，LCA 主要有以下特点：① 评价面向产品系统。产品系统包括原材料采掘、原材料生产、产品制造、产品使用和后处理，在对每一个过程产生的相关环境负荷进行分析的同时，可以从对应环节找到环境影响的来源和解决措施，从而综合考量排放物的回收与资源利用。② 它是一种系统的、定量的评价方法。所有产品系统内外的物质、能量流都必须量化表达，对于生产所需资源（如水、电）不仅要得到其消耗量，更需要针对该地区的资源物质能量流（如水资源的丰富量、电力的发电方式）进行分析，得到对应的固液气废弃物的排放量，根据权重进行综合后再与其他项目清单分析结果汇总，得到整个产品的清单分析结果。③ 生命周期评价是非常重视环境影响的评价方法。在完成生命周期清单分析的基础上，LCA 注重研究系统对自然资源、非生命生态系统、人类健康和生态毒性等环境影响，从独立的、分散的清单数据中找出具有明确针对性的环境影响的关联，包括短期人类健康影响、长期人类健康影响、水体富营养化、固体废弃物填埋、全球变暖和臭氧层破坏等。每种影响都是基于清单分析数据以一定的计算模型进行的综合性评价，通过这些指标得到明确的环境影响与产品系统中物质能量流的关联度，从而找到减少环境污染、节约资源的关键。

总的来说，电池的生命周期评估是一个复杂的过程，需要考虑多个阶段的环境影响。在进行电池生命周期评估时，通常会使用特定的测试方法和模型来模拟电池的使用环境，并基于此预测电池的寿命。这些测试可能包括长期循环测试、加速衰减测试和不同环境条件下的性能测试。此外，也有计算模型和软件工具被开发出来，以帮助预测电池的行为和寿命。评估结果可以为电池的设计、使用和废弃物处理提供指导，提高电池制造过程的环境效率，实现更加可持续的电池生产和使用。

10.1.2　电池生命周期评估框架

1993 年国际环境毒理学与环境化学学会（SETAC）提出了 LCA 方法论框架，将其基本结构归纳为四个有机部分：定义目标与确定范围、清单分析、影响评价、改善评价。ISO 14040 对 SETAC 框架进行了重要改进，去掉了改善评价阶段，增加了生命周期解释环节。最终的框架基本结构为：目标与范围界定、生命周期清单（Life cycle inventory，LCI）分析、生命周期影响评估（life cycle impact assessment，LCIA）、结果与解释，并对前三个互相联系的步骤进行解释（图 10-1）[11]。而这种双向解释需要不断调整。另外，ISO 14040 框架更加细化了 LCA 的步骤，更利于开展生命周期评估研究与成果应用。

（1）目标与范围界定

根据项目研究的目的、意图和决策者所需信息，确定评价目的的定义，并依据评价目的界定研究范围，包括整个评价系统的定义与边界的确定、有关数据要求和限制条件等。在进行目的与范围界定时，主要考虑以下方面：目的、范围、系统边界和功能单元。不同的需求，评价目的各不相同。例如在设计阶段，主要是对不同方案进行比较；而在已完成设计的情况下，则是在不同操作条件下寻找对环境影响最小的方式。范围的界定在 LCA 过程中占有主要地位。LCA 往往局限于某一地区、某一时段,从而提高 LCA 相关数据的精确性,降低数据处理的难度。若是范围过大,则影响因素过多、数据分析繁杂,加之 LCA 无法完全避免的主观影响等因素,会使得评价结果偏差较大而失去意义。常见的产品生命周期范围主要包括五个阶段:原材料提取、原材料制造、产品制造、产品使用和产品废弃。系统边界要根据产品的生产工艺而定。针对生产工艺各个部分收集所需研究数据,数据要求具有代表性、准确性,从而保证物质能量流分析的准确性。数据收集时先要确定详细目录流程,确认各单元过程之间的相互关系;详细表述每一个单元过程,列出与之相关的数据类型;再针对每种数据类型,进行数据收集技术和计算技术的表述。功能单元在实际进行 LCA 相关影响量化时格外重要。功能单元通常是生产单位材料的质量或单位产品的使用年限等,选好功能单元是进行量化评估与对比的基础。

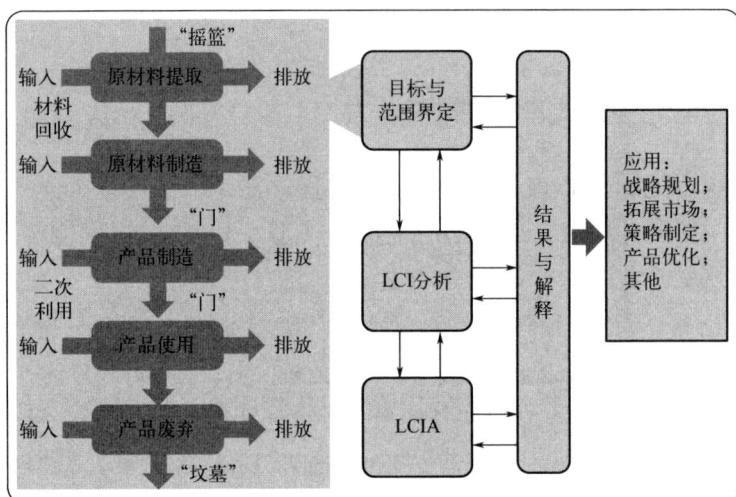

图 10-1　LCA 的基本框架[11]

(2) LCI 分析

清单分析是 LCA 基本数据的一种表达,是进行生命周期影响评价的基础。清单分析是对产品、工艺或活动在其整个生命周期的资源、能源消耗和环境排放(包括废气、废水、固体废物及其他环境释放物)进行数据量化分析,为诊断工艺流程物流、能流和废物流提供详细的数据支持。清单分析开始于原材料的获取，中间过程包括制造/加工、分配/运输、利用/再利用，结束于产品的最终处置。通常系统输入的是原材料和能源，输出的是产品和向空气、水体及土壤等排放的废弃物（如废气、废水、废渣、噪声等）。根据 LCA 的目的和范围需要，依据上述数据质量要求做出解释。进行清单分析是一个反复的过程，取得批数据并对系统进一步认识后，可能会发现存在局限性，出现新的数据要求。此时要对数据的收集程序进行适当修改，从而适应研究目的与范围。

清单分析的基本内容主要包括：① 产品系统。产品系统是由提供一定功能的产品流联系起来的单元过程的集合，对产品系统的表述包括单元过程、通过系统边界的基本流和产品流及系统内部的中间商品流。② 单元过程。单元过程是组成产品系统的基本单元，各单元过程之间通过中间产品流联系。例如，地表水属于单元过程的基本流输入，向地表水体的排放属于单元过程的基本流输出，原材料、装配组件等属于中间产品流。每个单元过程都遵守物质和能量守恒定律。③ 数据类型。通过测量、计算等方式收集到的数据，例如向空气中的排放量（如氮氧化物、一氧化碳等）、对人类健康长期影响等，要在清单分析时确定数据类型，确认其属于测算数据、模拟数据或非测算数据中哪一类，以便于进一步分析，实现单元过程输入与输出的量化。④ 建立产品系统模型。研究某产品系统中所有单元过程之间的关系难度较大，因此要根据研究的目的和范围确认建立模型中的要素，应对所用的模型加以表述，并对支持这些选择的假定加以识别。

清单分析基本过程主要包括：数据收集的准备→数据的收集→数据的确认→数据与单元过程的关联→数据与功能单元的关联→数据的合并→系统边界的修改→根据修改后的边界再次收集数据。这是一个不断重复的过程，直到完成清单。在数据收集的过程中，有可能遇到数据缺失的情况，可以适当使用代替法（如逻辑替代、平均值替代或推理替代）或权重法补偿缺失的数据，但要预见到数据补偿方法对数据收集结果可能产生的影响。

清单分析是影响评价阶段的基础。在获得初始的数据之后需进行敏感性分析，从而根据数据的重要性决定数据的取舍，确定系统边界是否合适，必要时加以修改。常见的敏感性分析包括：一条路敏感性分析、图表分析、比率分析。敏感性分析过程中，要舍去不重要的阶段和过程及其对应的输入、输出，将未纳入的重要过程纳入至清单中，得到最终的生命周期清单（LCI）。

清单分析的方法论已有大量的研究和讨论，美国环保署（EPA）制定了详细的有关操作指南。清单分析是目前 LCA 组成部分中发展最完善的一部分。

（3）LCIA

影响评估是在完成目标界定及清单分析后开展的又一工作，目的是根据清单分析后所提供的物料、能源消耗数据及各种排放数据对产品所造成的环境影响进行评估，其实质上是对清单分析结果进行定性或定量排序的一个过程。目前国际上采用的评价方法，基本上可以分为两大类："环境问题法"和"目标距离法"。前者着眼于环境影响因子和影响机理，对各种环境干扰因素采用当量因子转换，从而进行数据标准化和对比分析，如瑞典 EPS 方法、瑞士和荷兰的生态稀缺性方法（生态因子）及丹麦的 EDIP 方法等；后者则着眼于影响后果，用某种环境效应的当前水平与目标水平（标准或容量）之间的距离来表征某种环境效应的严重性，如瑞士的临界体积方法。

ISO、SETAC 和 EPA 倾向于把影响评估定义为"三步走"模型，即分类、特征化和量化。分类是将 LCI 中的输入和输出数据分类划归至不同的环境影响类型的过程。进行分类的首要工作是在确定本次研究关注的环境影响类别后，将 LCI 中会造成该类环境影响的环境负荷或污染排放因子归入该类别影响之下。从分类的方式上，SETAC 建议分为生态健康（全球变暖、臭氧层破坏、酸雨、水体富营养化等）、人体健康（中枢神经系统效应、呼吸系统效应、致癌效应等）和资源消耗（地下水资源、化石资源等）。分类很大程度上取决于分析的项目是输入还是输出，某些项目可能具有多种影响（如化石能源燃烧的资源消耗和温室气体增加），分类时应注意按照各自的基准将其归入相应类别。

特征化的主要意义是选择一种衡量影响的方式。通过特定评估工具的应用，对不同的负荷或排放因子在各形态环境问题中的潜在影响加以分析，并量化成相同的形态或同单位的数值。研究特征化的计算模型有很多，许多工作集中于不同影响类型的当量系数的开发和使用。SETAC 将特征化的表现分成五个层次，特征化的表现会随着影响评估所达到的层次不同而不同。层次一：负荷评估。仅简单罗列清单分析的相关资料，也可能根据它们的潜在影响加以分类。特征化的表现方式会根据影响的有无、相对大小或"越少越好"这样的标准来衡量。层次二：当量评估。清单分析的资料根据某一当量因子作为转换的基础来加总，如临界体积法、环境法规标准关系法、影响潜能法和环境优先策略法等均属此类。层次三：毒性、持续性和生物累积性评估。清单分析的数据应考虑特有的化学属性，例如急毒性、慢毒性和生物累积性等。层次四：一般暴露/效应评估。排放物的加总是针对某些特殊物质的排放所导致的暴露和效应作一般性的分析，有些时候会加入背景浓度的考虑。层次五：特定地址暴露 / 效应评估。排放物的加总是针对某些特殊物质的排放所导致的暴露和效应作特定位置的分析而考虑到特定位置的背景浓度。随着层次的提高，评估影响所需信息的质与量也都跟着增加。

量化是确定不同环境影响类型的相对贡献大小或权重，以期得到总的环境影响水平的过程。经过特征化之后，得到的是单项环境问题类别的影响加总值，评价则是将这些不同的各类别环境影响问题给予相对应的权重，以得到整合性的影响指导，使决策者能够完整地捕捉及衡量所有方面的影响，不会因信息的偏颇、差异或缺乏比较而被蒙蔽。

影响评估目前仍处于发展阶段，尽管许多组织发表了有关影响评估过程的理论指南，包含特征化与量化的方法，但目前尚缺乏一种普遍接受的理论模型。

（4）结果与解释

生命周期解释是根据 LCA 前几个阶段的研究或清单分析的发现，以透明的方式来分析结果、形成结论、解释局限性、提出建议并报告生命周期解释的结果，提供易于理解的、完整的和一致的研究结果说明。根据 GB/T 24043—2002 的要求，生命周期解释主要包含三部分：识别、评估和报告。

对重大问题的识别，旨在根据所确定的目的范围及其与评价要素的相互作用，对生命周期清单（LCI）或生命周期影响评估（LCIA）阶段得出的结果进行组织，以便确定重大问题。通常由两步组成：① 信息的识别与组织；② 问题的确定，即在清单分析和影响评估阶段取得的结果达到了研究目的和范围的要求后，确定这些结果的重要性。

评估主要是对生命周期评估的整个步骤进行检查，通常包括三个方面的检查：① 完整性检查。确保解释所需的所有信息和数据都已获得，若有部分信息缺失，则要考虑这些信息或数据对该目的和范围的必要性，适当地代替或调整目的与范围。② 敏感性检查。通过确定最终结果和结论是否受到数据、分配方法或类型参数结果计算等不确定性的影响，来评价其可靠性。③ 一致性检查。旨在确定假定、方法、模型和数据在产品的生命周期进程中或几种方案之间是否始终一致。

得出结论、提出建议是生命周期评估的最终步骤，旨在根据解释阶段的结果，提出符合研究目的和范围要求的初步结论及合理建议，是整个 LCA 过程中最终研究成果的体现，通常建议要面向应用层面。

对于锂离子电池的 LCA，研究对象可以是整个电池或某个部件，研究目标可以是碳足迹[12]、水足迹[13]与生态足迹[14]等，系统边界目前主要集中在电池生产[15]、电池使用[16]、电池回收[17]等。整个过程按照系统边界可以分为"从摇篮到大门"（即从资源开采到电池生产）、"从大门到大门"（即仅考虑电池制造）、"从摇篮到坟墓"（即从电池生产到电池丢弃的传统全生命周期 LCA 方法）、"从摇篮到摇篮"（即考虑电池材料回收和再制造的新型全生命周期 LCA 方法）。

随着锂离子电池的大规模生产与应用带来的资源危机，废旧电池的材料回收与再制造成为热点，从"从摇篮到坟墓"的 LCA 方法引起了广泛关注[18]。常见的功能单元为 1kg 锂离子电池或 1kWh 锂离子电池。对于 LCI，主要的数据来源于数据库、文献、调研、试验测量等。目前的 LCA 商业软件（如 GaBi、SimaPro 等）内置了众多数据库，提供了丰富的背景数据。对于前景数据，需要通过本土化数据调研等来提高数据质量。目前成熟的 LCIA 模型有 CML 2001、EDIP 2003、ReCiPe、Eco-indicator 99 与 EPS 2000 等[19]。这些模型可以分为两类：中点法与终点法[12]。中点法是早期观察的环境影响，侧重于单一的生态问题，如人体毒性与酸化等；终点法着眼于因果链末端的环境影响，得到的指标以更容易理解的方式显示更高聚合级别的环境影响，如人体健康、气候变化等[20]。中点法确定了各种类别的潜在环境影响，提供了详细、低不确定性的结果；终点法可以将广泛的影响归因于有限数量的、被公认的损害。有很多的模型同时集成了中点法与终点法，常见的有 ReCiPe 2008、ReCiPe 2016、IMPACT 2002+、CML 2002、IMPACT World+ 等[21]。例如 IMPACT 2002+ 具有 14 个中点及 4 个终点分类。这些模型给 LCA 的多个指标的综合核算与评价带来了方便。

需要注意的是，电池生命周期评估是一个复杂而综合的过程，需要跨多个学科领域进行评估和分析。评估框架可能因具体研究目的和范围而有所差异，上述框架仅作为一个一般性的参考。在实际评估中，还需要根据具体情况进行调整和补充。

10.2　LCA 在电池回收领域的实际应用

电池回收作为一种废弃资源再利用的过程，通常认为是对环境有利的。但电池回收中的能源消耗、新的污染排放与不回收直接填埋相比，是否对环境保护更加有利，还需要进行 LCA。目前，许多 LCA 软件工具和数据源已经商业化应用，例如，美国阿贡国家实验室（ANL）开发的 GREET（主要研究温室气体、受管制的排放和运输中的能源使用）软件可用于研究车辆和不同种类的二次电池在生产、使用和废弃过程中的能源消耗和污染物排放。如铅酸电池，尽管其主要材料铅回收率较高，但在回收这一环节中释放到环境中的铅占到了整个生命周期中的 95%。铅作为一种有毒重金属，释放到环境中对人体健康具有一定的危害性。因此全面评估电池回收环节，对其产生环境影响较大的操作工序进行管理是极为必要的。

　　与大多数新兴技术一样，电池回收很难比较和研究生命周期评估（LCA）[22]。科学文献中只报道了少量的 LIB 回收 LCA，这些 LCA 的目标、范围、详细程度、LIB 类型和化学成分以及所采用的评估方法差异很大。例如，Dunn 等人[11]估计了通过"闭环"回收锂锰氧化物（LMO）电池组的阴极材料和 Cu 和 Al 集流体的节能效果。他们考虑了三种替代回收途径，即火法冶金、湿法冶金和直接物理分离，确定了回收铝集流体的潜在节省途径。这与 Elwert 等人[23]的研究结果不一致，他们分析了镍锰钴氧化物（NMC）LIB 的湿法冶金回收，发现大部分环境效益来自外部钢套管的回收，以及阴极中所含的 Co 和 Ni 的回收。回收铜和铝电极板造成的排放量大于回收这些金属所提供的相应"信用额度"。然而，必须强调的是，Dunn 等人的结果是理论估计，可能具有更大的不确定性。Hendrickson 等人[24]还考虑了采用火法冶金和湿法冶金工艺的 LMO 电池组的理论"闭环"回收。在他们的研究中，大多数好处似乎都来自湿法冶金工艺的较低电力消耗，火法冶金回收没有显著减少空气污染物。Cusenza 等人[25]报告说，在闭环回收下，使用热法 - 加氢冶金工艺回收 LMO-NMC 锂离子电池组时，GWP 和 CED 有所降低。Mohr 等人[26]的报告称一项电池化学评估表明，NMC 型 LIB 对温室气体排放的回收效益最高，净影响最低。显然，使用和开发了许多工艺来从 EoL 电动汽车电池中回收材料，正如 Mohr 所表明的那样，回收效益的高低确实取决于建模的影响类别。然而，在环境评估方面仍然存在很大的知识差距。

　　电池回收产物通常会有两种利用方式，一种是闭环回收，即所有金属都以化学形式和纯度水平回收，使其无需任何进一步加工即可用于锂离子电池生产，这是最好的情况。另一种为开环回收，回收的金属取代来自各自主要供应链（即矿石开采和选矿）的金属，而不是直接进入锂离子电池生产供应链，在这种情况下，回收的金属必须经过一系列精炼过程才能再次使用，这种为最差的情况。在闭环回收中回收材料形式与属性不发生变化，用于同种产品的再制造；开环回收是指回收材料发生改变，一般降级用于其他产品的再制造。研究结果表明，提取具有最高质量的有价值成分进行闭环回收将带来显著的温室气体减排。闭环回收的温室气体减排显著是由于回收的金属盐以尽可能少的额外处理重新进入锂离子电池制造链，而在开环回收中，金属的替代要经过许多阶段才能回到"原始"金属提取，这些阶段增加了气体的排放量。Mohr 的研究表明没有任何回收技术可以生产出足够纯净的元素用于锂离子电池的制造。因此，闭环回收在技术上还是不可行的，只能存在于假设中。而回收的锂大多用于生产润滑剂、玻璃、陶瓷和其他产品[27]。

　　一般来说，当回收过程造成的环境影响被回收材料的相应环境信用额度所抵消时，回收可能被认为是有利的[28]。Li 等人[29]发现锂离子电池回收需要一系列物理或化学过程，包括中间和直接物理过程、火法冶金（热）处理和各种湿法冶金处理，如浸出（包括生物浸出）、化学和生物沉淀以及溶剂萃取。也可以组合不同的工艺，例如浸出和沉淀工艺，或热处理、浸出和沉淀工艺的组合，以最大限度地提高有价值材料的回收效率。

　　根据 LCA 研究，正极的利用被确定为 LIB 制造中对环境影响最大的阶段，这表明回收正极材料的巨大好处。此外，以全球变暖潜能值（GWP）为例，对锂离子电池寿命末期的环境补偿进行了评估，表明了锂离子电池回收利用的可持续性的益处。此外，回收锂离子电池不仅可以减轻污染，包括重金属和有机溶剂，还可以减少初级矿产资源的消耗。从可持续性的角度来看，随着原生矿产资源消耗的减少，采矿需求减少，对环境的影响将得到缓解。

　　为了处理预期的废电池，并最大限度地减少与锂离子电池生产相关的环境影响和相应的潜在资源限制，废电池的回收利用至关重要。另外，锂离子电池的回收是复杂的，并且与大量的能源和 / 或化学品投入有关，这引发了对其实际环境净效益的质疑。已经对锂离子电池的制造和使用阶段进行了大量生命周期评估（LCA）研究，但其报废（EoL）电池的 pH 值，经常被忽视[30]。虽然这与组装和使用阶段通常是电池整个生命周期中贡献最大的阶段相对应，但适当的回收和相应减少对原始材料的需求有可能减少电池生命周期对环境的总体影响。

　　这些研究表明，在电池回收领域，LCA 可以帮助识别各种电池回收工艺的环境和资源效益，并指导电池回收过程的改进和优化。然而，需要注意的是，实际应用 LCA 时需要考虑到电池的类型、回收规模和地域差异等因素，并结合政策和市场需求等综合因素进行评估和决策。

10.2.1　磷酸铁锂电池回收的 LCA 分析

（1）磷酸铁锂电池简介

　　磷酸铁锂电池是指正极材料使用磷酸铁锂的锂离子电池。典型的磷酸铁锂电池单体的组成成分与比例如表 10-1 所示[31]。目前磷酸铁锂电池在插电式混合动力汽车以及大型电动客车中应用广泛，如比亚迪、宇通客车等品牌在新能源车型中多采用磷酸铁锂电池。

表 10-1　磷酸铁锂电池单体的组成成分与比例

电池组分	比例 /%
正极材料	22.2
负极材料	15.3
电解液	14.1
黏合剂	3.4
铜箔	13.7
铝箔	13.4
碳	2.2
塑料	1.6
热绝缘体	1.3
铁	0.1
铝壳	9.4
电子部分	0.3

（2）目标与范围确定

　　本研究的功能单元的定义为 1 kWh 的磷酸铁锂电池系统。对梯次利用回收、再生利用回收（湿法回收、分组法、"物理法"）得到的磷酸铁锂电池材料进行生命周期评估，分析各种方法对环境造成的影响。参考文献［32］得到磷酸铁锂电池系统及单体的具体参数如表 10-2 所示。

表 10-2　磷酸铁锂电池系统和单体参数表

参数名称	单位	数值
动力电池系统容量	kWh	57.00
动力电池系统质量	kg	600.00
动力电池系统能量密度	Wh/kg	95.00
电池单体个数	个	96.00
电池单体质量	kg	4.31
电池单体能量密度	Wh/kg	137.00

（3）清单分析

磷酸铁锂电池的回收利用技术也分为梯次利用和再生利用两大类。磷酸铁锂电池的正极材料中不含镍、钴、锰等贵金属，不适用于三元锂电池的再生利用技术。因此本研究中磷酸铁锂电池的再生利用技术除了传统的湿法回收以外，还增加了以北京赛德美公司为代表的全组分"物理法"回收新技术。需要指出这里的"物理法"并不是严格意义上不发生任何化学反应的方法，而是一种材料修复的方法。回收阶段的清单分析数据同样依据功能单元进行了相应的换算。

磷酸铁锂电池的梯次利用技术与三元锂电池相似，过程如图 10-2 所示。以比亚迪公司的磷酸铁锂电池梯次利用项目为参考，废磷酸铁锂电池系统经过外观检查、更换部件束线、静态测量、容量测量、单体匹配、装配连接片、激光焊接、单体调节、性能检验、装配外壳、检验包装得到梯次利用电池包成品。整个过程中只有在激光焊接时产生很少量的废气。同样本研究所指的梯次利用技术不包括梯次利用电池包在下一个生命周期中的具体用途。清单如表 10-3 和表 10-4 所示。

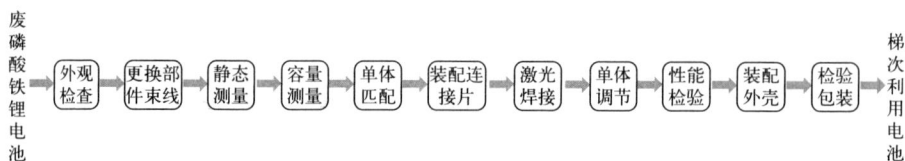

废磷酸铁锂电池 → 外观检查 → 更换部件束线 → 静态测量 → 容量测量 → 单体匹配 → 装配连接片 → 激光焊接 → 单体调节 → 性能检验 → 装配外壳 → 检验包装 → 梯次利用电池

图 10-2　磷酸铁锂电池梯次利用技术示意图

表 10-3　磷酸铁锂电池梯次利用技术物质清单

项目	物质名称		单位	数值
输入	能源动力	电	kWh	2.27
	材料试剂	废磷酸铁锂电池	个	1.75×10^{-2}
		铝排	个	2.73×10^{-2}
		壳体	个	2.73×10^{-2}
		钣金件	个	2.73×10^{-2}
输出	产品	梯次磷酸铁锂电池	个	1.69×10^{-2}

表 10-4　磷酸铁锂电池湿法回收技术物质清单

项目	物质名称		单位	数值
输入	能源动力	天然气	kg	3.4×10^{-2}
	材料试剂	废磷酸铁锂电池	个	1.75×10^{-2}
		盐酸	kg	4.04
		氢氧化镁	kg	0.585
		氢氧化钠	kg	0.426
		浓水	kg	5.61
输出	大气污染物	粉尘	g	0.303
		氯化氢	g	0.0543
		硫酸雾	g	8.10×10^{-2}
	产品	镍钴粉末	kg	8.90

　　磷酸铁锂电池的第二种再生利用技术是全组分"物理法"回收技术。如图 10-3 所示，废磷酸铁锂电池经过放电后进行精细化的自动拆解，分别回收其中的金属元件、塑料件等；将电芯的正负极分离、粉碎和分选得到铜粉、铝粉和正负极材料粉；再通过材料修复的方法对正极粉末进行成分调整，高温合成为新的正极材料；负极粉末也修复为新的负极材料，并回收再利用隔膜和电解液，从而实现了废磷酸铁锂电池全组分的回收利用。该技术可以有效解决废磷酸铁锂电池不适用于湿法回收的问题，而且没有只回收高价值成分，在资源节约和环境保护方面更有优势。清单如表 10-5 所示。

废磷酸铁锂电池 → 放电 ➡ 拆解 ➡ 正负极分离 ➡ 粉碎 ➡ 分选 ➡ 调整成分 ➡ 高温合成 → 再生电池材料

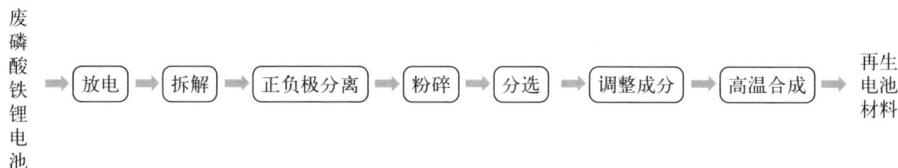

图 10-3　磷酸铁锂电池全组分"物理法"回收技术示意图

表 10-5　磷酸铁锂电池全组分"物理法"回收技术物质清单

项目	物质名称		单位	数值
输入	能源动力	电	kWh	36.5
	材料试剂	废磷酸铁锂电池	个	1.57×10^{-2}
		液氮	kg	38.0
		DMC 溶剂	kg	1.93
		碳酸锂	kg	0.153
		氮气	kg	1.09
		葡萄糖	kg	0.492
输出	大气污染物	氟化氢	g	0.210
		粉尘	g	6.51
		挥发性有机物	g	2.44
	产品	石墨	kg	1.05
		铝箔	kg	0.526
		铜箔	kg	0.842
		隔膜	kg	0.452
		铝壳	个	1.75×10^{-2}
		电解液	kg	1.04
		正极材料	kg	2.32

（4）不同回收利用技术的环境影响分析（即 LCIA 评估）

与三元锂电池的分析过程相似，磷酸铁锂电池不同回收利用技术在对应的生命周期的回收阶段中对总环境影响的削减作用也由两部分决定，分别是回收利用技术本身在各环节中产生的环境影响和再生产品可以抵消的生产阶段环境影响。因此，下面将对磷酸铁锂电池不同回收利用技术在以上两方面的具体表现进行对比分析。本小节同样借助 LCA 软件 eBalance 对以上三种不同回收利用技术所构成的磷酸铁锂电池生命周期进行生命周期影响评估。

1）非生物资源消耗潜值

前两个环节的非生物资源消耗潜值的主要来源是盐酸试剂的使用，热处理环节的主要来源是天然气的使用。梯次利用技术在回收过程中的非生物资源消耗潜值最小，主要来源于电能的使用。所以，磷酸铁锂电池的不同回收利用技术在回收过程中的非生物资源消耗潜值主要是材料试剂的使用以及能源消耗所带来的间接环境影响。

图 10-4 所示的是磷酸铁锂电池生产阶段各个环节以及三种回收利用技术再生产品替代对应生产原料的非生物资源消耗潜值。磷酸铁锂电池生产阶段的非生物资源消耗潜值中铜箔的生产过程贡献最大（72.44%）。对于不同的回收利用技术来说，梯次利用技术的再生产品为磷酸铁锂电池包，可以代替整个电池系统的生产过程，因此对生产阶段非生物资源消耗潜值的抵消比例最高（96.65%）。其次是全组分"物理法"回收技术，再生产品为多种电池材料，累计可以抵消生产阶段 93.13% 的非生物资源消耗潜值，其中铜箔的回收可以替代生产阶段中的最大贡献环节，因此贡献的抵消比例最大（67.74%）。整体而言，梯次利用技术在回收过程中的非生物资源消耗潜值最小，再生产品又能抵消最大比例生产阶段中的环境影响，因此是回收阶段对总非生物资源消耗潜值削减量最大的技术。全组分"物理法"回收技术虽然在回收过程中的非生物资源消耗潜值最大，但再生产

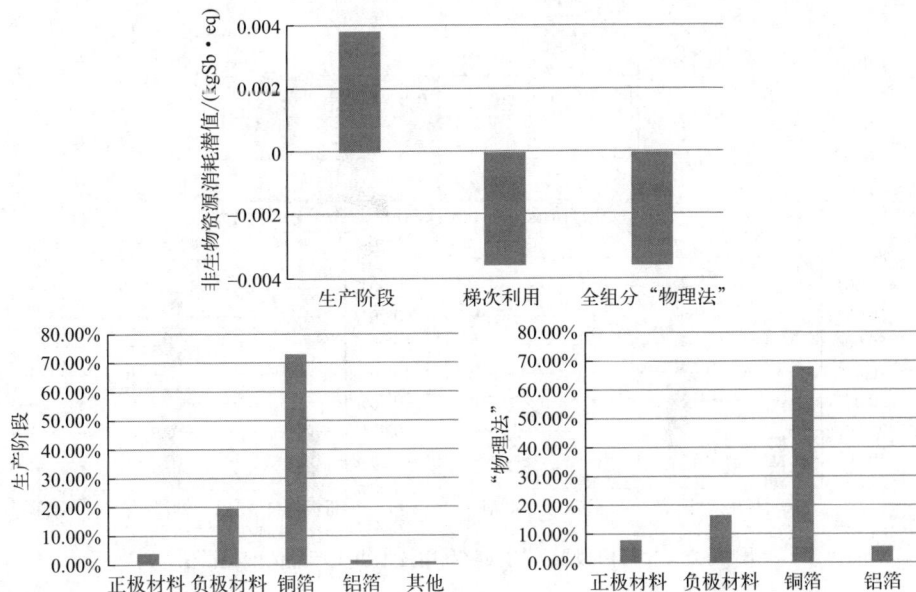

图 10-4　生产阶段及不同回收利用技术再生产品的非生物资源消耗潜值

品对生产阶段环境影响的抵消量更加显著，综合来看其回收阶段对总非生物资源消耗潜值的削减量位于梯次利用技术之后。

2）酸化潜值

磷酸铁锂电池生产阶段中铜箔的生产过程是酸化潜值的最大贡献环节（73.44%），其中金属铜原料的使用是最主要贡献因素（96.44%）；此外正极材料的生产过程也贡献了生产阶段中 18.86% 的酸化潜值，主要来源于磷酸铁的使用（图 10-5）。不同回收利用技术中梯次利用技术的再生产品可以抵消最大比例的生产阶段酸化潜值（96.64%）。全组分"物理法"回收技术的再生产品也可以累计抵消生产阶段 91.17% 的酸化潜值，其中铜箔的回收所贡献的比例最大（68.68%）。整体而言，梯次利用技术由于回收过程中最小的酸化潜值和再生产品对生产阶段中的环境影响最大的削减作用，表现为回收阶段对总酸化潜值的削减量最大。湿法回收技术虽然在回收过程中的酸化潜值远小于全组分"物理法"回收技术，但再生产品可以抵消生产阶段的酸化潜值较小。综合来看全组分"物理法"回收技术在回收阶段对总酸化潜值的削减量仅次于梯次利用技术，湿法回收技术在三种技术中削减量最小。

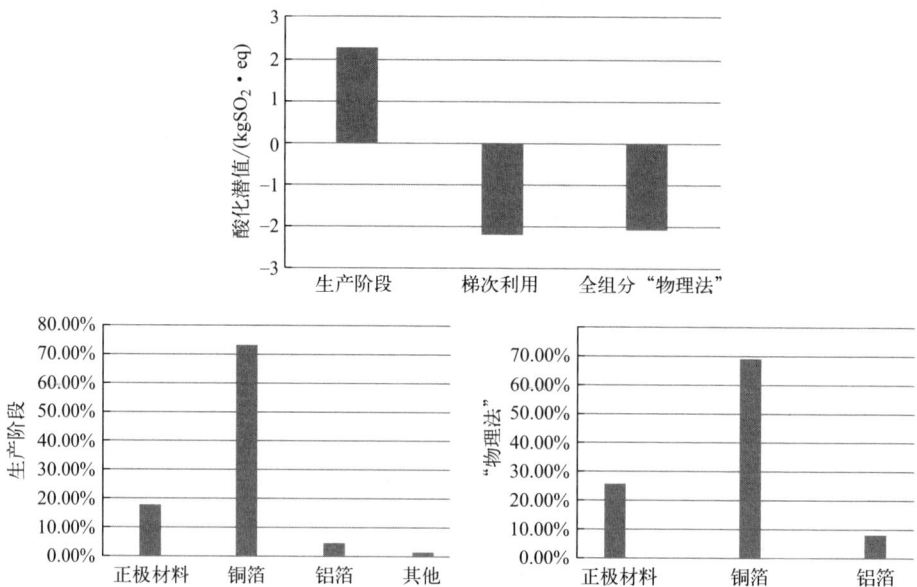

图 10-5 生产阶段及不同回收利用技术再生产品的酸化潜值

3）全球变暖潜值

图 10-6 所示的是磷酸铁锂电池生产阶段各个环节以及三种回收利用技术再生产品替代对应生产原料的全球变暖潜值。磷酸铁锂电池生产阶段中正极材料的生产过程是全球变暖潜值的最大贡献环节（53.38%），其中磷酸铁的使用是主要来源（89.98%）；铝箔、铜箔的生产环节也对生产阶段的全球变暖潜值分别贡献了 16.89% 和 12.16%。不同回收利用技术中，梯次利用技术的再生产品对生产阶段全球变暖潜值的抵消比例最大（96.63%）。其次为全组分"物理法"回收技术，再生产品对生产阶段全球变暖潜值的累计抵消比例为 82.20%，其中再生正极材料贡献了最大比例（51.41%），铝箔和铜箔的回收也分别贡献了 14.81% 和 10.38%。

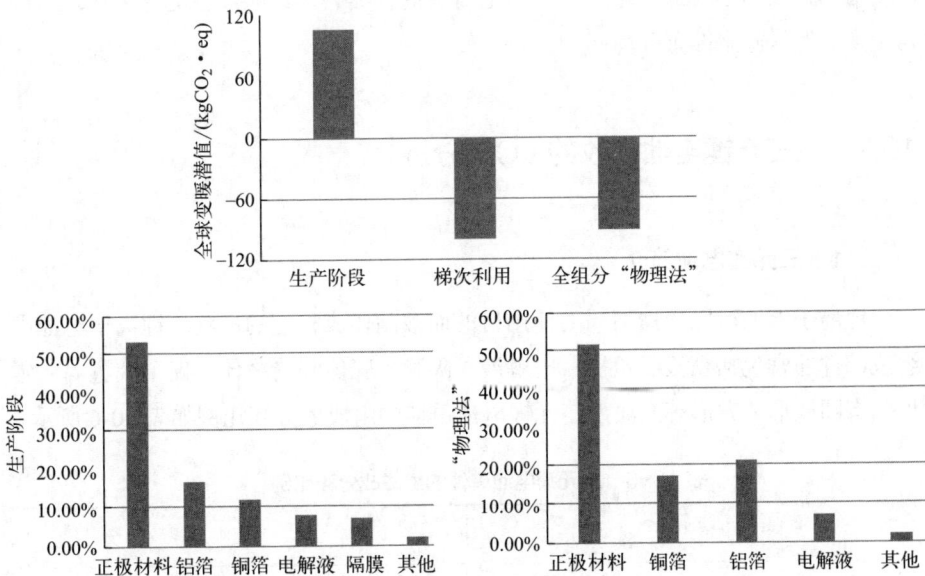

图 10-6　生产阶段及不同回收利用技术再生产品的全球变暖潜值

整体而言，梯次利用技术在回收过程中的全球变暖潜值最小，同时再生产品可以抵消最大比例生产阶段的环境影响，因此回收阶段对总全球变暖潜值的削减量最大。全组分"物理法"回收技术的再生产品对生产阶段全球变暖潜值的抵消作用大于回收过程中的环境影响，综合来看回收阶段对总全球变暖潜值的削减量也较大。湿法回收技术再生产品可以抵消的生产阶段全球变暖潜值仅为回收过程中环境影响的一半左右，最终回收阶段反而增加了总全球变暖潜值。

（5）结果与解释

不同回收利用技术回收过程的环境影响由大到小依次为：全组分"物理法"回收技术和梯次利用技术。其中全组分"物理法"回收技术的关键环节为材料修复，主要贡献物质是电能；再生产品对生产阶段环境影响的削减作用由小到大依次为：全组分"物理法"回收技术和梯次利用技术。综合来看，梯次利用技术是对总环境影响削减作用最大的技术，全组分"物理法"回收技术的总环境影响削减作用最小。

回收阶段中通过优先梯次利用、提高回收率、减少回收过程中关键环节的能源资源消耗及污染排放、增加回收电池材料的种类、选择能代替更多生产环节的再生产品等措施来改善环境影响。

10.2.2　三元锂电池回收的 LCA 分析

（1）三元锂电池简介

锂离子电池可以依据不同的使用目的而被制作成相应的形状。锂离子电池的组成部件通常包括正极、负极、电解液、隔膜、壳体和绝缘体、安全装置等，常见的有圆柱形、方形等。典型三元锂电池单体的组成成分和比例如表 10-6 所示。

表 10-6　三元锂电池单体的组成成分和比例

电池组分	比例
正极材料	24.7%
负极材料	16.6%
碳	2.4%
黏合剂	3.8%
铝箔	12.8%
铜箔	13.2%

续表

电池组分	比例
铁	0.1%
电解液	11.8%
电子部分	0.3%
塑料	4.2%
铝壳	8.9%
热绝缘体	1.1%

（2）目标与范围界定

本节选取功能单元为 1kg 的三元锂电池系统。动力电池系统的结构如图 10-7 所示，包括了电池单体组成的电池模组、电池箱体、电池管理系统、热管理系统等。

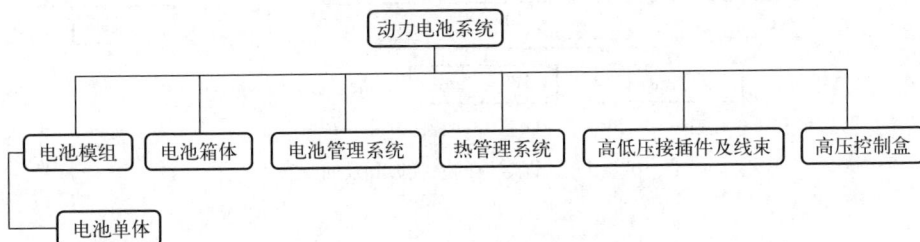

图 10-7 动力电池系统结构

三元锂电池的系统边界及回收流程如图 10-8 所示，系统边界包括预处理到最终分解的过程，主要回收过程为预处理、首次破碎、二次破碎、萃取、最终筛选。

（3）LCI 分析

采用 SimPro 软件进行 LCA 分析，该软件支持多种数据库，在 LCA 研究中应用广泛。数据分为背景数据和前景数据，其中较难收集的背景数据主要源于 Ecoinvent 数据库，前景数据中的电池回收工艺和各项过程的参数来自安徽道明能源科技有限公司。清单如表 10-7 所示。

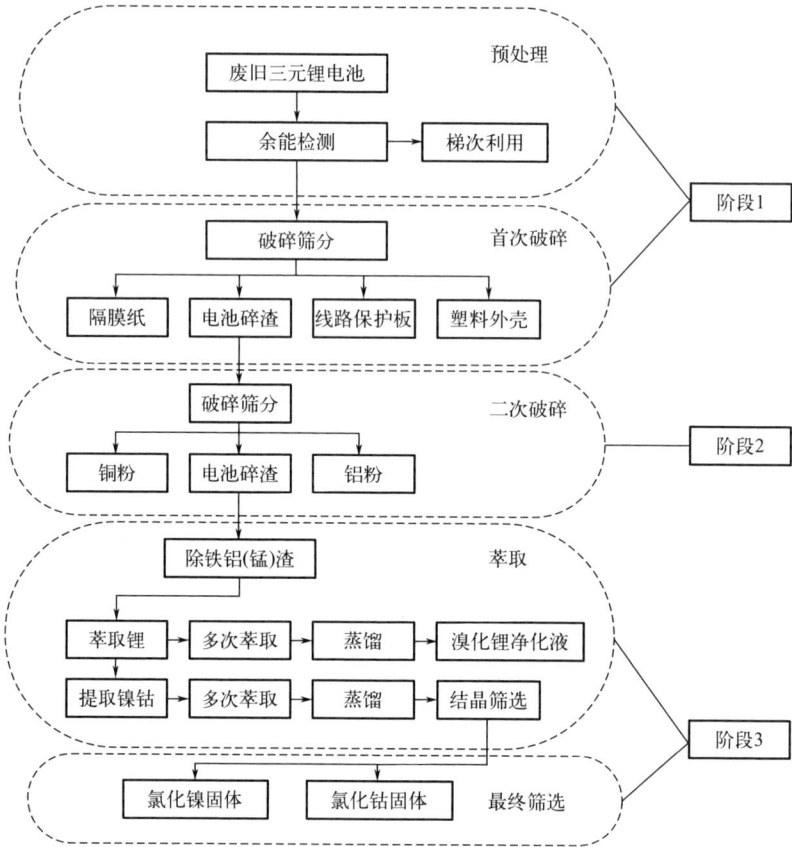

图 10-8 三元锂电池的系统边界及回收流程

表 10-7 三元锂电池湿法回收技术物质清单

过程	材料类型	物质名称	数值	单位
输入	试剂	废三元锂电池	1.00	kg
		磺化煤油	5.61×10^{-4}	kg
		水	1.88×10^{-1}	kg
		盐酸	4.23×10^{-1}	kg
		氯化钙	1.55×10^{-1}	kg
		铁粉	1.58×10^{-3}	kg
		过氧化氢	7.60×10^{-2}	kg
		P507	2.09×10^{-4}	kg
		氢氧化钠	2.42×10^{-1}	kg
	能源	电	2.00	kWh

续表

过程	材料类型	物质名称	数值	单位
输出	大气污染物	颗粒物	2.65×10^{-1}	mg/m³
		挥发性有机化合物	1.71×10^{-1}	mg/m³
		氟化物	1.46×10^{-3}	mg/m³
		盐酸雾	2.21×10^{-3}	mg/m³
	水体污染物	化学需氧量	6.38×10^{-2}	mg/L
		石油类	1.11×10^{-3}	mg/L
		Ni	1.47×10^{-3}	mg/L
		Co	1.52×10^{-3}	mg/L
		Li	1.89×10^{-4}	mg/L
		氟化物	7.36×10^{-2}	mg/L
	产品	氯化锂净化液	3.91×10^{-1}	kg
		镍钴盐	1.88×10^{-1}	kg
		梯级利用电池	1.30×10^{-1}	kg

（4）不同回收阶段的环境影响分析

GWP 是研究碳足迹的重要指标，与二氧化碳（CO_2）的排放息息相关。NCA 电池在回收阶段的 GWP 为 4.77kgCO_2·eq，比 NCM 电池的 4.81kgCO_2·eq 低 1%。可以看出 NCA 电池在回收阶段（拆解筛分、非稀有金属回收和稀有金属回收三个阶段）相较于 NCM 电池具有更低的碳排放，如表 10-8 所示。

SOD 通常与氟利昂（chlorofluorocarbon，CFC）类的排放相关，煤燃烧产生电力过程和金属铜回收过程也会产生和 CFC 类似效果的物质从而导致 SOD 升高，而 NCM 电池的三个回收阶段产生的 SOD 分别为 11.5mg CFC-11·eq、5.3mg CFC-11·eq、3.0mg CFC-11·eq，高于 NCA 电池的 11.2mg CFC-11·eq、5.2mg CFC-11·eq、2.9mg CFC-11·eq。由于 NCM 电池含铜量约为 22.7%，相比于 NCA 电池的 15.7% 要高很多，更高的含铜量导致了更高的 SOD。在阶段一和阶段二，NCA 电池的 SOD 比 NCM 电池低 2.6% 和 2.5%，到了阶段三降低至 2%。又因阶段二到阶段三不含金属铜的回收，因此 NCA 电池回收镍、钴、锂要比 NCM 电池耗费更多的电力。

PMFP 是回收过程中电池组件破碎产生的颗粒物间接排放而产生的环境效益，雾霾的产生通常与之相关。在电池回收过程的阶段三中，NCM 电池的 PMFP 为 14.67g PM$_{2.5}$•eq，大于 NCA 电池的 14.6g PM$_{2.5}$•eq，说明回收 NCM 电池产生的烟尘比回收 NCA 电池多。

TAP 的数值通常与硫氧化合物或者氮氧化物相关。空气中的硫氧化合物、氮氧化物等酸性物质经过各种氧化反应后和空中水汽相结合形成酸雾或酸雨，这些灾害会造成 TAP 明显增加。在阶段三，NCM 电池的 TAP 为 38.46g SO$_2$•eq，高于 NCA 电池的 38.09g SO$_2$•eq，说明用相同工艺回收 NCM 电池泄漏的二氧化硫比 NCA 电池多。

FEP 主要与磷元素（P）的排放相关联。加入含有 LiPF$_6$ 电解质的电池与碳阳极具有更好的兼容性、更长的寿命周期和更稳定的放电特性。在阶段三，NCA 电池的 FEP 为 4.18g P•eq，高于 NCM 电池的 4.13g P•eq。说明回收 NCA 电池泄漏的电解质中的磷元素比 NCM 电池多。

MEP 主要与氮元素（N）的排放相关联，氮元素通常被用在电池的电解质和负极中。在阶段三，NCM 电池 MEP 为 0.47g N•eq，比 NCA 电池的 0.45g N•eq 高。说明 NCA 电池的氮元素的排放要低于 NCM 电池。

TETP、FETP、METP、HTPnc 这几个指标与电池中的金属物质泄漏有关。从表 10-8 中看出使用相同的工艺和设备回收 NCA 电池产生的金属物质泄漏要高于 NCM 电池。

表 10-8　NCA 电池与 NCM 电池三个阶段不同影响因素比较

影响类别	单位	阶段一		阶段二		阶段三	
		NCA	NCM	NCA	NCM	NCA	NCM
GWP	kgCO$_2$•eq	20.38	20.56	9.22	9.29	4.77	4.81
SOD	mg CFC11•eq	11.20	11.50	5.15	5.28	2.91	2.97
IR	kBq Co-60•eq	2.40	2.55	1.07	1.14	0.56	0.59
OF-HH	g NO$_x$•eq	68.61	68.34	30.75	30.63	15.98	15.92
PMFP	g PM$_{2.5}$•eq	64.62	64.97	28.98	29.13	14.60	14.67
OF-TE	g NO$_x$•eq	68.90	68.59	30.88	30.75	16.02	15.95
TAP	g SO$_2$•eq	173.55	175.34	77.23	78.01	38.09	38.46
FEP	g P•eq	18.78	18.51	8.36	8.24	4.18	4.13
MEP	g N•eq	2.01	2.14	0.89	0.95	0.45	0.47

续表

影响 类别	单位	阶段一		阶段二		阶段三	
		NCA	NCM	NCA	NCM	NCA	NCM
TETP	kg 1，4- 二氯苯	852.27	842.01	369.64	374.11	177.08	179.21
FETP	kg 1，4- 二氯苯	7.78	7.47	3.42	3.29	1.64	1.58
METP	kg 1，4- 二氯苯	10.20	9.82	4.48	4.32	2.16	2.08
LU	dm^2 农作物	84.85	82.92	37.93	37.09	19.07	18.67
HTPc	kg 1，4- 二氯苯	2.79	2.74	1.24	1.22	0.62	0.61
HTPnc	kg 1，4- 二氯苯	144.84	141.82	63.74	62.42	30.72	30.09
MRS	kg Cu·eq	1.97	2.14	0.86	0.94	0.41	0.45
FRS	kg 油类·eq	5.70	5.78	2.57	2.61	1.32	1.34
WC	m^3	1.04	1.15	0.46	0.51	0.23	0.25

HTPc 指标与电池中的部分会致癌的金属如镍、钴、锰、铜、铅、汞等相关。NCA 电池中含有的致癌金属占所有金属质量的约 31.8%，NCM 电池中约 43.2%。在阶段三，NCA 电池的 HTPc 为 0.62kg1，4- 二氯苯，高于 NCM 电池的 0.61kg1，4- 二氯苯。说明在使用同种工艺和设备回收 NCM 电池时，致癌金属的回收率要高于 NCA 电池。

MRS、FRS 指标与电力的消耗和材料的使用相关，NCA 电池的优点之一是减少了矿石资源的使用，因此 NCA 电池的 MRS 和 FRS 均低于 NCM。

同样，由于 NCM 电池中各种金属的含量更高而需要更多的溶液来浸取金属盐，NCM 电池的耗水量要高于 NCA 电池。

（5）结果与解释

通过详细的生命周期评估，分析对比了传统湿法冶金回收 NCA 电池和 NCM 电池过程中的拆解筛分、非稀有金属回收和稀有金属回收三个阶段所产生的环境影响。与非稀有金属回收阶段和稀有金属回收阶段相比，电池在拆解筛分阶段对环境的影响最大。在 18 个影响因子中，NCA 电池有 8 个影响因子高于 NCM 电池，分别是 OF-HH、OF-TE、FEP、FETP、METP、HTPc、HTPnc 和 LU。这些因子大部分和毒性相关，可见 NCA 电池在回收过程会产生更大的毒性。标准化后的结果显示，电池的回收过程中，全球变暖和细颗粒物形成等空气类指标要低于淡水生态毒性和海洋生态毒性等水体类指标。说明电池在回收过程中对水源的危害要大于对空气的危害。

10.3　电池生命周期评估案例分析

现有的 LCA 分析大多集中于电池从生产到使用、废弃过程的全生命周期评价，涉及回收过程。在专门将回收过程单独进行 LCA 分析的相关资料较少的情况下，本节中所举出的锂离子动力电池回收 LCA 分析实例在完整性和全面性上难免有欠缺。有些 LCA 分析案例中只将锂离子回收过程作为 LCA 分析中的一部分，但仍有可以借鉴之处。下面将补充一些案例对上述内容进行稍加补充和完善。

Mousavinezhad 等人[33]的研究中采用生命周期评估方法评估了锂离子电池阴极粉末关键材料回收中各种湿法冶金工艺对环境的影响。这项工作的主要目的是填补有关锂离子电池回收中各种工艺的环境可持续性的知识空白，并对多种湿法冶金方法造成的环境影响进行全面比较。根据这项研究，与乳酸、抗坏血酸、琥珀酸、柠檬酸、三氯乙酸和酒石酸相比，用醋酸、甲酸、马来酸和 DL- 苹果酸浸出对环境的影响较小。在无机酸中，硝酸和盐酸对环境的影响高于硫酸。此外，本研究的结果表明，与硫酸和盐酸等无机酸相比，用柠檬酸、琥珀酸、抗坏血酸、三氯乙酸和酒石酸等一些有机酸浸出在大多数环境类别中会产生更突出的负面环境影响。因此，并非所有用于从阴极粉末中浸出关键和战略材料的有机酸都可以提高回收过程中的环境可持续性。溶剂萃取作为浸出下游工艺的结果表明，氢氧化钠、有机试剂和煤油对环境的影响最大。一般来说，与浸出工艺相比，溶剂萃取对环境的影响更大。

Rajaeifar 等人[34]以阴极类型为 NMC111（镍:锰:钴 =1∶1∶1）的锂离子电池为研究对象。在这项研究中，使用了生命周期评估方法，从全球变暖潜值（GWP）和累积能源需求（CED）的角度分析和比较了三种火法冶金技术，即：新兴的直流（DC）等离子体冶炼技术（Sc-1），相同的直流等离子体技术，但增加了一个预处理阶段（Sc-2），以及商业上更成熟的超高温灭菌（UHT）炉技术（Sc-3）。回收金属的净影响是使用"开环"和"闭环"回收选项计算的。结果表明，从超高温灭菌炉技术（Sc-3）转向直流等离子体技术可以将回收过程的 GWP降低多达 80%（采用预处理时，如 Sc-2）。结果也因因素而异，例如，不同的金属回收率、电网的碳 / 能源强度（Sc-1 和 Sc-2）、铝回收率（Sc-2）和焦炭来源（Sc-3）。然而，敏感性分析表明，这些因素不会改变之前确定的最佳方案（如 Sc-2），除非在 CED 的少数情况下。总体而言，该生命周期评估提出的研究方法和应用为未来的能源和环境影响评估研究提供了信息，这些研究希望评估 LIB 或其他新兴技术的现有回收过程。

10.4　电池生命周期评估的不确定性与改进

　　LCA 作为一种环境影响评价方法，也存在局限性。其只针对生态环境、能源利用和人体健康等方面进行评价，对经济成本、企业生产质量及社会文化等方面涉及较少，且 LCA 往往针对某一地域某阶段的具体情况进行评估，不适用于其他发展程度或各方面生产条件存在差异的区域。从方法上来说，尽管国际标准化组织对 LCA 过程进行了规定，但实际操作中，由于一些难以量化的参数、权重因子的确定以及现场检测试验的精度影响，LCA 很难完全避免主观因素的影响。从数据来源的角度出发，尽管国际上建立了 LCA 数据库，但这些数据不一定直接适用于具体情况的分析，且数据来源与时效性等问题依旧突出。

　　对于 LCA 方法在锂离子电池上的应用，目前最主要的问题是清单数据的不透明与缺失导致 LCA 结果的不准确。锂离子电池生产涉及多种原材料，它们可能来源于不同的国家与地区，导致数据收集十分困难。同时电池生产与使用可能涉及技术机密，对相关数据披露有限。因此，建立统一的碳计算标准及高质量数据披露十分关键。对于背景数据，国外数据库的直接引入可能造成较大误差，建立标准统一的高质量、本土化的数据库十分关键。此外，LCA 的质量主要取决于数据，这对于减少不确定性至关重要。

　　大多数电池生命周期评估研究的另一个弱点是缺乏原始数据（原始和当前），由于对被调查的商品缺乏了解，原始数据存在很多不确定性，这可能导致基于结果得出错误的结论，并且难以弄清楚如何减少 LIB 的环境影响。然而，LCA 通常从包括模型、LCA 数据库和先前对上游过程的研究在内的来源收集二手数据[35]。因此，重要的是要注意这个问题。因此需要鼓励开发新的锂离子电池生命周期评估，以便在快速发展的技术可能导致错误结果和结论的领域获得当前和可靠的原始数据，而不是过时的数据。在从现有文献中获得的影响类别方面，也发现了非常不同的情况。尽管更常用的影响类别是全球变暖（GWP）、酸化（AP）、富营养化（EP），但由于从 ICEV 转向 EV 而导致的金属、矿物、化石和资源的使用在最近的 LCA 研究中尚未得到有效勘探。对于电池，分析最多的化学物质是磷酸铁锂（LFP）、锰酸锂（LMO）和镍钴锰（NCM），如果它们发展得更广泛，未来将实现对更多种化学物质的电池的分析。早期的 LCA 研究发现，与新电池相比，二次电池对环境的影响较小。然而，这些研究不涉及从电动汽车电池组到用于固定储能应用的更大电池形成二次电池所需的再制造过程的主要新库存数据，因为大多数 LIB 的 LCA 研究都依赖于二手数据。

对于二次电池的 LCA 研究，许多研究主要集中于从电池的原材料生产、电池加工到使用这一范围，由于早期研究中关于回收过程中的数据相对较少，许多二次电池的 LCA 研究中没有包含电池回收这一环节。一般 LCA 的研究范围可概括为"从摇篮到坟墓"，而对于电池的全生命周期评估，初期的研究则往往仅分析"从摇篮到门"这一区间。尽管一部分二次电池的 LCA 研究中提到了电池使用结束后的后处理环节，但仅是简单的废弃物填埋或是焚烧处理，导致得出后处理环节相对于二次电池整个生命周期而言，对能源消耗和环境影响的贡献较小的结论。但如果将二次电池的回收环节纳入到整个二次电池生命周期中，可以大大降低二次电池对环境的影响。

电池生命周期评估的改进主要可以通过以下几个方向进行：

① 改进材料和制造工艺。通过使用更高纯度的材料、提高电解质的质量和优化电池组装工艺，可以减少电池性能的变异性，从而提高生命周期评估的准确性。

② 精确的使用条件监测和控制。通过更精确地监测和控制电池的使用环境（如温度、湿度）和使用模式（如充放电频率和深度），可以更好地理解和预测电池寿命。

③ 深入研究老化机制。深入研究和理解不同类型电池的老化机制，包括电极材料的结构变化、电解液的分解等，可以帮助开发更精确的寿命预测模型。

④ 改进测试和建模方法。开发更先进的测试技术和更精确的数学模型来模拟电池在实际使用中的表现，可以提高生命周期评估的准确性。

⑤ 数据分析和人工智能技术的应用。利用大数据分析和人工智能算法来分析电池使用数据，可以提供更准确的寿命预测，并帮助识别影响电池寿命的关键因素。

⑥ 标准化测试和评估方法。制定统一的电池测试和评估标准，可以减少不同研究和生产中的差异，使得生命周期评估更加标准化和可比较。

通过这些方法的改进和结合，可以有效地减少电池生命周期评估的不确定性，提高评估结果的可靠性，从而更准确地预测电池的实际使用寿命。

10.5　电池生命周期评估与绿色电池设计

传统电池（如锌锰电池、铅酸电池等）以重金属为原料，易形成环境污染，且电池容量低，已经不能满足当今社会的需求。通过目前已有的电池生命周期评估案例不难发现，电池在制造和回过程中也会造成相当程度的环境污染和资源浪费。开发高容量、无污染的现代绿色电池迫在眉睫[36]。绿色电池是指近年来已投入使用或正在研制、开发的一类高性能、无污染电池。目前已经大量使用的金属氢化物镍蓄电池、锂离子蓄电池和正在推广使用的无汞碱性锌锰原电池和燃料电池等都属于这一范畴[37]。其中锂离子电池具有工作温度范围大、循环性能好、可快速充放电、充电效率高达 100%、使用寿命长、不含有毒有害物质等特点，是目前手机、笔记本电脑等数码产品中应用最广泛的电池[38]。此外，目前已广泛应用且利用太阳能进行光电转换的太阳能电池（又称光伏发电），也可列入这一范畴。

绿色电池设计是指在电池的设计和生产过程中采用环保的方法和材料，以减少对环境的影响。绿色电池设计可以着重于以下几个方面：

① 能源减碳：能源绿色化是锂离子电池全生命周期碳减排的基础与源头。电池生产阶段的烘烤、干燥、分容、化成等环节都需消耗大量的能源，具有很大的减碳潜力。在电池使用阶段，所用电力的清洁程度直接决定了电动汽车的碳排放收益。

② 体系创新：通过实现电池材料体系的创新，提升电池的能量密度与循环寿命，可降低锂离子电池的全生命周期的碳排放，在电池设计时把碳排放作为重要约束条件进行体系创新与工艺设计。此外，一些新型电池技术的发展也能有效降低碳排放。例如，钠离子电池与锂离子电池相比，价格便宜了 18%，几乎所有类别的环境指标都更低。

③ 智能制造：电池生产与制造的智能化程度的提高可使生产效率提升、能耗降低、良品率提高与原材料损耗降低，有利于锂离子电池的碳排放的降低；创新低碳的电池生产新工艺，降低电池生产的能耗。此外，一些新兴技术的发展能提高电池回收的效率，促进电池回收过程的碳减排。例如：大数据技术使得电池回收能准确溯源；机器人技术可以应用于废旧电池的拆解与检测，提升电池回收

的效率。

④ 优化管理：通过锂离子电池的全生命周期精细化管理，延长电池寿命，从而降低电池成本及碳排放。经研究，通过对电池进行有效热管理，电池生命周期成本和碳排放分别降低 27% 和 25%。

目前，工艺工程、纳米技术和材料科学的进步逐渐使生物质锂二次电池（LSB）等新型储能技术的潜在应用成为可能。值得注意的是，从无机多维碳到可再生有机生物分子或生物聚合物的生物质衍生材料都可以作为可持续的电池组件，为"绿色电池"系统作出贡献[39]。国内关于绿色阴极材料的研究之一是以高铁酸盐作为高容量电池的阴极材料。研究表明高铁酸钾的纯度越高、表面积越大，其放电效果越好；在阴极添加添加剂、改变电池阳极材料使高铁酸钾的放电性能得到了明显提高。通过分别添加二氧化硅和二氧化钛使高铁酸钡的稳定性得到了明显提高，并且放电性能也得到了明显改善[40]。

绿色电池设计不仅有助于减少环境污染和资源消耗，还能促进电池行业的可持续发展。随着技术的进步和环境保护意识的提高，绿色电池设计将成为电池研发的重要方向。

参考文献

［1］Singh S，Weeber M，Birke K P，et al. Development and utilization of a framework for data-driven life cycle management of battery cells. Procedia Manufacturing，2020，43：431-438.

［2］Tolomeo R，De Feo G，Adami R，et al. Application of life cycle assessment to lithium ion batteries in the automotive sector. Sustainability，2020，12（11）：4628.

［3］Jeswani H K，Azapagic A，Schepelmann P，et al. Options for broadening and deepening the LCA approaches. Journal of Cleaner Production，2010，18（2）：120-127.

［4］Guinée J B，Heijungs R，Huppes G，et al. Life cycle assessment：past，present，and future. Environmental Science & Technology，2011，45（1）：90-96.

［5］Meshram P，Mishra A，Sahu R. Environmental impact of spent lithium ion batteries and green recycling perspectives by organic acids–A review. Chemosphere，2020，242：125291.

［6］McManus M C. Environmental consequences of the use of batteries in low carbon systems：The impact of battery production. Applied Energy，2012，93：288-295.

［7］Petrauskienė K，Skvarnavičiūtė M，Dvarionienė J. Comparative environmental life cycle assessment of electric and conventional vehicles in Lithuania. Journal of cleaner production, 2020, 246: 119042

［8］Winslow K M, Laux S J, Townsend T G. A review on the growing concern and potential management strategies of waste lithium-ion batteries. Resources, Conservation and Recycling, 2018, 129: 263-277.

［9］Ellis T W, Mirza A H. Battery recycling: defining the market and identifying the technology required to keep high value materials in the economy and out of the waste dump. Research Gate, 2014: 1188-1204.

［10］Dunn J B, Gaines L, Sullivan J, et al. Impact of recycling on cradle-to-gate energy consumption and greenhouse gas emissions of automotive lithium-ion batteries. Environmental Science & Technology, 2012, 46（22）: 12704-12710.

［11］Lai X, Chen Q, Tang X, et al. Critical review of life cycle assessment of lithium-ion batteries for electric vehicles: A lifespan perspective. Etransportation, 2022, 12: 100169.

［12］Parlikar A, Truong C N, Jossen A, et al. The carbon footprint of island grids with lithium-ion battery systems: An analysis based on levelized emissions of energy supply. Renewable and Sustainable Energy Reviews, 2021, 149: 111353.

［13］Madaka H, Babbitt C W, Ryen E G. Opportunities for reducing the supply chain water footprint of metals used in consumer electronics. Resources, Conservation and Recycling, 2022, 176: 105926.

［14］Xue B, Hu Y, Wu H, et al. Environmental characteristics of Lithium-ion battery pack in electric vehicles. Environmental Chemistry, 2022, 41（2）: 600-608.

［15］Bouter A, Guichet X. The greenhouse gas emissions of automotive lithium-ion batteries: a statistical review of life cycle assessment studies. Journal of Cleaner Production, 2022, 344: 130994.

［16］Ma R, Deng Y. The electrochemical model coupled parameterized life cycle assessment for the optimized design of EV battery pack. The International Journal of Life Cycle Assessment, 2022, 27（2）: 267-280.

［17］Shekhar A R, Parekh M H, Pol V G. Worldwide ubiquitous utilization of lithium-ion batteries: What we have done, are doing, and could do safely once they are dead? Journal of Power Sources, 2022, 523: 231015.

［18］Ferg E E, Schuldt F, Schmidt J. The challenges of a Li-ion starter lighting and ignition battery: A review from cradle to grave. Journal of Power Sources, 2019, 423: 380-403.

［19］Khanna N, Wadhwa J, Pitroda A, et al. Life cycle assessment of environmentally friendly initiatives for sustainable machining: A short review of current knowledge and a case study. Sustainable materials and Technologies, 2022, 32: e00413.

［20］Shafique M，Luo X. Environmental life cycle assessment of battery electric vehicles from the current and future energy mix perspective. Journal of Environmental Management，2022，303：114050.

［21］Bueno C，Hauschild M Z，Rossignolo J A，et al. Sensitivity analysis of the use of life cycle impact assessment methods：a case study on building materials. Journal of Cleaner Production，2016，112：2208-2220.

［22］Bergerson J A，Brandt A，Cresko J，et al. Life cycle assessment of emerging technologies：Evaluation techniques at different stages of market and technical maturity. Journal of Industrial Ecology，2020，24（1）：11-25.

［23］Elwert T，Goldmann D，Römer F，et al. Current developments and challenges in the recycling of key components of（hybrid）electric vehicles. Recycling, 2015, 1（1）：25-60.

［24］Hendrickson T P，Kavvada O，Shah N，et al. Life-cycle implications and supply chain logistics of electric vehicle battery recycling in California. Environmental Research Letters，2015，10（1）：014011.

［25］Cusenza M A，Bobba S，Ardente F，et al. Energy and environmental assessment of a traction lithium-ion battery pack for plug-in hybrid electric vehicles. Journal of Cleaner Production，2019，215：634-649.

［26］Mohr M，Peters J F，Baumann M，et al. Toward a cell-chemistry specific life cycle assessment of lithium-ion battery recycling processes. Journal of Industrial Ecology，2020，24（6）：1310-1322.

［27］Oberschelp C，Pfister S. Regionalized life cycle assessment of present and future lithium production for Li-ion batteries. Resources，Conservation and Recycling，2022，187：106611.

［28］Baars J，Domenech T，Bleischwitz R，et al. Circular economy strategies for electric vehicle batteries reduce reliance on raw materials. Nature Sustainability，2021，4（1）：71-79.

［29］Li L，Zhang X，Li M，et al. The recycling of spent lithium-ion batteries：a review of current processes and technologies. Electrochemical Energy Reviews，2018，1：461-482.

［30］Ding A，Zhang R，Ngo H H，et al. Life cycle assessment of sewage sludge treatment and disposal based on nutrient and energy recovery：A review. Science of the Total Environment，2021，769：144451.

［31］Gaines L，Sullivan J，Burnham A，et al. Life-cycle analysis for lithium-ion battery production and recycling//Transportation Research Board 90th Annual Meeting，Washington，DC. 2011：23-27.

［32］刘凯辉. 比亚迪 E6 纯电动汽车全生命周期评价. 福州：福建农林大学，

2016.

［33］Mousavinezhad S，Kadivar S，Vahidi E. Comparative life cycle analysis of critical materials recovery from spent Li-ion batteries. Journal of Environmental Management，2023，339：117887.

［34］Rajaeifar M A，Raugei M，Steubing B，et al. Life cycle assessment of lithium-ion battery recycling using pyrometallurgical technologies. Journal of Industrial Ecology，2021，25（6）：1560-1571.

［35］Ellingsen L A W，Hung C R，Strømman A H. Identifying key assumptions and differences in life cycle assessment studies of lithium-ion traction batteries with focus on greenhouse gas emissions. Transportation Research Part D：Transport and Environment，2017，55：82-90.

［36］罗志勇，张胜涛，郑泽根 . 高容量绿色电池材料高铁酸盐的研究进展 . 材料导报，2014，28（23）：123-127.

［37］杨时巧 . 试论绿色化学在新能源电池中的应用 . 科学技术创新，2018（21）：180-181.

［38］锂离子电池：充电电池中的绿色电池 . 军民两用技术与产品，2012（06）：8-9.

［39］Nai J，Sheng O，et al. Biomass-basedmAterials for green lithium secondary batteries. Energy & Environmental Science，2021，14（3）：1326-1379.

［40］张丽华，王西蕊，刘佳刚，等 . 绿色电池阴极材料高铁酸盐的电化学性能研究 . 材料导报，2008，22（S3）：200-203+210.

第 11 章

电池回收的效益
成本和实例分析

本章将从效益成本和回收实例对电池回收做一个系统性的分析，验证电池回收的工业以及市场可行性，同时举出具体的回收实例来描述电池回收的未来前景。

11.1 电池回收的经济性分析

我国锂离子电池产量巨大，是世界锂离子电池生产第一大国。根据调查统计数据，2023 年我国的锂离子电池产量超 940 GWh。本节将从回收环节的经济性分析出发，结合现有的锂离子电池回收工艺，对锂离子回收过程中的成本与经济收益进行数据统计，综合评价锂离子电池回收环节的经济效益。

11.1.1 废旧锂离子电池的种类和构成

电动车产业发展迅猛，虽然其销售规模不断扩大，但每年仍有大量废旧电池被废弃。截至 2023 年底，我国的电动汽车保有量达到 800 万辆，早期投入使用的电动汽车中的动力电池即将面临报废。根据相关统计数据，2023 年我国锂离子动力电池的报废量可达 58 万吨[1]。

锂离子动力电池的主要构成包括壳体、正极活性材料、正极集流体（铝箔）、负极活性材料（一般为石墨）、负极集流体（铜箔）、电解液、隔膜以及黏结剂。从现有的回收技术及经济性分析的角度出发，具有较高回收价值的主要是电池中包含的金属材料（表 11-1），包括壳体与正极集流体中的金属铝，负极集流体中的铜，正极活性材料中的锂、镍、钴、锰，等等；电解液中的碳酸酯及六氟磷酸锂具有较高的经济价值，然而回收相对较为困难；负极的石墨材料相对价格较为便宜，目前回收较少。

表 11-1 锂离子电池中的金属材料含量[2]

电池类型	金属含量 /%			
	Ni	Co	Mn	Li
磷酸铁锂	—	—	—	1.1
三元材料	12.1	2.3	7.0	1.9

动力电池在容量低于初始容量 80% 后，将无法满足电动汽车的使用要求。这部分电池由于尚有一定的容量，仍可用于储能系统等其他应用方面，这称为电池的梯次利用。梯次利用的电池在容量降至 50% 后再进行回收，以达到对废旧动力电池的充分利用。梯次利用的方式可以从另一个方面增加锂离子电池的使用价值，降低其回收成本。

11.1.2 锂离子电池回收的经济性分析

本节的电池回收经济性分析，主要针对磷酸铁锂电池和三元材料锂离子电池，回收工艺选取常见的火法回收工艺，进行成本核算与利润的评估。

（1）火法回收工艺

火法回收磷酸铁锂电池典型的工艺过程主要是在拆除电池外壳获得电极材料后，在高温环境下加入石灰石进行烘焙，烘焙后的锂和铝形成炉渣，不被回收；形成合金的铜、镍、钴、锰通过进一步处理分离提取出来，如图 11-1 所示。

对于磷酸铁锂电池来说，由于电极材料中不含镍、钴、锰等贵重金属，该火法回收工艺并不适用。根据传统的火法回收，逐渐设计出了针对磷酸铁锂电池的回收路线。

在拆解外壳分离出正极电极粉末后，将磷酸铁锂氧化为 $Li_3Fe_2(PO_4)_3$ 及氧化铁，并将其作为再生反应的原料，用还原剂在高温条件下还原为磷酸铁锂。尽管该过程无法回收镍、钴、锰等贵重金属，但壳体及集流体中的金属铝可以进行有效的回收。

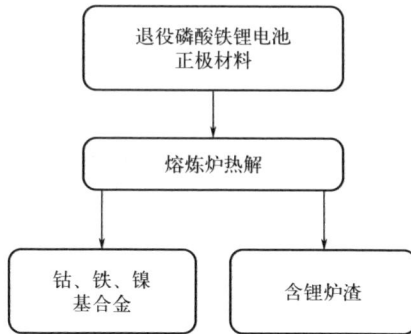

图 11-1　火法回收流程示意图

（2）火法回收工艺的经济性分析

由于火法回收过程中没有酸碱等溶液参与反应，减少了回收过程中废液的产生和化学试剂的成本，但高温过程需要消耗大量的能量，会增加废气、废渣等废弃物排放及供能所需的相应成本。综合回收过程中的各项成本及回收得到的各项产品之后，计算得到回收锂离子电池的利润：

$$E=R-C \tag{11-1}$$

式中　　E——回收总利润；

　　　　R——回收总收入；

　　　　C——回收电池处理成本。

回收电池的处理成本主要包括：① 原材料成本。即动力电池的回收及运输过程中的成本，采用收购公司的相应报价。② 辅助材料成本。即报废的动力电池在处理过程中应用到的酸或有机溶剂、沉淀剂等，不同的工艺使用的辅助材料也会有所差别。③ 能源消耗成本。即处理过程中用到的天然气燃烧或电力功能等消耗的费用。④ 环境治理成本。回收过程中产生的废气、废液等排放物，在进行无害化处理后才能排放，此过程中消耗的费用为环境治理成本。⑤ 拆解成本。废旧电池需要通过物理方式拆解后再进行后续处理，使用的拆解工序不同，成本也有所差异。⑥ 人工成本。即根据所需的工位和劳动力水平消耗相应的人工成本。⑦ 设备成本。设备的费用包括维护费和折旧费两部分，维护费是设备正常运行定期消耗的费用，折旧费按照式（11-2）计算。⑧ 其他费用。包括场地费、税费等。

$$D=C_0\,(1-r)\,/n \tag{11-2}$$

式中　D——设备折旧费；

$\quad\quad C_0$——总固定资产值，包括厂房的建设、设备购买与安装；

$\quad\quad r$——固定资产残值率，一般取 5%；

$\quad\quad n$——设备使用年数，取 10 年。

计算过程中，以回收 1t 为基本单元，计算回收过程的成本与利润。在火法回收的经济性分析计算过程中，三元材料按照传统的火法回收工艺计算，成本与利润记为 $C_{三元火法}$ 与 $E_{三元火法}$；磷酸铁锂的电池计算分为传统工艺与改进工艺两类，成本与利润分别记为 $C_{LFP火法1}$、$C_{LFP火法2}$ 与 $E_{LFP火法1}$、$E_{LFP火法2}$。

这个报废电池中单体电池重量约为 60%，正极活性材料占单体电池重量约 30%，铝箔占 6%，铜箔占 9%。按照回收率 90% 计算，每吨电池中可回收正极活性材料 162kg、铜 48.6kg、铝 32.4kg。传统火法中金属铝在炉渣内，回收价格相对较低。

根据表 11-2 和表 11-3 可以计算得到每回收一吨废旧锂离子电池，传统火法回收磷酸铁锂电池会亏损 993.2 元，回收三元材料锂离子电池可盈利 918.8 元，而使用改进的火法回收磷酸铁锂电池可盈利 2314.8 元。鉴于我国即将有大量磷酸铁锂电池进入报废回收阶段，使用改进的火法回收磷酸铁锂电池具有更高的经济效益。

表 11-2　锂离子电池火法回收成本

项目名称	成本消耗相关	$C_{LFP火法1}$/（元/吨）	$C_{LFP火法2}$/（元/吨）	$C_{三元火法}$/（元/吨）
原材料	购买废旧电池	1000	1000	8000
辅助原料	各类化学试剂	0	2000	0
能源消耗	电力、天然气	900	1500	1000
环境治理	废弃物处理	1200	1000	1200
拆解成本	电池拆解	500	800	500
人工成本	工人工资	700	900	700
设备成本	维护费	100	100	100
	折旧费	500	600	500
其他费用	场地费、税费	2000	2000	2000
合计		6900	9900	14000

表 11-3　锂离子电池火法回收总收入

电池回收方法	回收所得产品	价格 /（元 /kg）	质量 /kg	回收收入 /（元 / 吨）
LFP 电池火法 1	铁铜化合物	23	140	5906.8
	氢氧化锂	100	24.6	
	铝渣	7.0	32.4	
LFP 电池火法 2	废铜	25.0	48.6	12214.8
	铝渣	7.0	32.4	
	再生磷酸铁锂	66.5	162	
三元材料火法回收	镍钴锰铜合金	58.0	184.0	14918.8
	氢氧化锂	100.0	40.2	
	铝渣	7.0	32.4	

11.2　电池回收的工业可行性

电池回收的主要环节在于工业化。废旧电池能否又快又好地集中于工厂、工厂是否具有性价比较高的技术来处理废旧电池、处理完的废旧电池能给工厂带来多大收益、工厂获得的收益能否持续并且进一步发展？电池回收技术在我国全面普及应用的关键，在于工业上能否突破以上这些障碍。

11.2.1　动力电池回收现状

（1）美国动力电池回收利用经验

层层立法，构建完整的电池回收法律制度。美国在电池回收方面制定的法律最多，早在数年前，美国的废旧电池回收率就已经接近 100%。在落实生产者责任延伸制方面，美国规定电池制造商出资，并配合消费者押金缴纳制度。

消费者在购买电池时缴纳押金，电池制造商负责出资，从电池回收机构采购回收处理后的重金属原材料，进行电池再生产，如图 11-2 所示。这种模式既能让电池生产企业承担回收责任，又保证了电池回收机构的可盈利性。商业模式方面，美国成立了便携式充电电池协会（PRBA），该协会通过电池企业和机构自愿参与的方式，构建电池回收渠道，回收后的原材料免费提供给第三方回收企业进行处理和再制造，并依靠消费者押金制度维持运转，形成了完整的动力电池全生命周期闭环。政策法规方面，美国层层立法，从联邦法规开始，颁布了《资源保护和再生法》《清洁水法》等，规划电池回收产业的整体监管和部署；到州政府层面，制定了多个电池回收法规，如美国加州政府公布的《可充电电池回收与再利用法案》，主要侧重于分配产业链各环节企业的责任义务；最后落实到地方层面，颁布了如《纽约市垃圾分类回收法》等，细化政策的具体实施方案，侧重环保意识宣传和公民的回收知识普及[3]。同时美国鼓励电池材料生产商、技术开发商、回收公司等之间的合作，共同建立电池价值链。例如，德国巴斯夫与Nanotech Energy 合作，为北美客户生产使用回收材料制造的锂离子电池，并与美国电池技术公司（ABTC）和加拿大 TODA 先进材料公司合作，建立本地化电池价值链[4]。

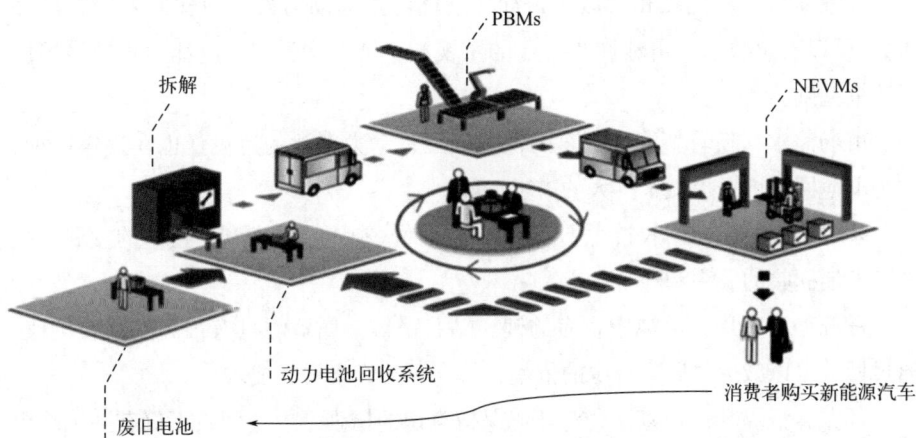

图 11-2　动力电池回收流程图

（2）我国动力电池回收现状

近几年，在新能源汽车及储能市场高速增长带动下，我国锂电池出货量不断增加。据 GGII 数据，2022 年我国锂电池出货量达到 658 GWh，同比增长101.2%。受锂电池出货量规模大幅增长带动，锂电池回收量也不断增长。在原材料价格大幅上涨的背景下，2022 年废旧锂离子电池回收拆解与梯次利用行业呈现出价量齐升的爆发式增长局面，市场规模增长至 154.4 亿元。预计到 2030 年，整个行业的市场规模将超过 1000 亿元，达到 1053.6 亿元。随着全球能源和环境问题的不断加剧，人们越来越意识到资源的宝贵性和可持续性发展的重要性。而作为新能源汽车、电子设备等重要组成部分的锂电池，其回收利用已经成为一项重要的工作。我国废旧锂电池回收量保持高速增长，2022 年中国废旧锂电池回收量达到 41.5 万吨，同比上涨 75.85%[5]。

11.2.2 动力电池回收的工业可行性分析

（1）我国在工业上建立电池回收网络的可行性

关于我国在工业上建立电池回收网络的可行性，可以从以下几个方面进行分析：

政策支持：从国家相关政策，如《新能源汽车动力蓄电池梯次利用管理办法》，可以看出政府对电池回收行业的重视和支持，这为建立电池回收网络提供了政策基础。

市场需求：随着新能源汽车的快速发展，动力电池的退役量也在逐年增加，这为电池回收市场提供了巨大的需求空间。

技术进步：电池回收技术不断进步，如梯次利用和再生利用技术的发展，提高了电池回收的效率和经济性。

资源循环利用：电池中含有的锂、钴、镍等金属资源具有很高的回收价值，通过回收可以减少对原生资源的依赖，符合可持续发展的要求。

环保意识提升：随着社会对环境保护意识的增强，电池回收不仅有助于减少环境污染，还能促进绿色发展。

产业链协同：汽车生产企业、电池生产企业、报废汽车拆解企业及综合利用企业等可以通过合作共建共享动力电池回收渠道，实现产业链的协同发展。

标准体系建立：加快动力电池回收利用行业标准化体系的建立，有助于规范回收市场，提高回收效率。

经济性考量：电池回收的成本效益分析也是决定其可行性的重要因素。随着技术的进步和规模的扩大，电池回收的经济性将逐渐提高。

国际合作与交流：通过国际合作，引进先进的回收技术和管理经验，可以提升国内电池回收网络的建设和运营水平。

公众参与：提高公众对电池回收重要性的认识，鼓励和引导公众参与电池回收，形成良好的回收氛围。

综上所述，从政策、市场、技术、资源、环保、产业链、标准、经济性、国际合作和公众参与等多个角度来看，我国在工业上建立电池回收网络是完全可行的，并且具有重要的现实意义和长远价值。

（2）工业上的电池处理技术可行性

国内外工业上的动力电池处理技术分为若干类，包括火法、湿法、物理法等，前述章节中已有较多介绍，此处不再赘述。从现有技术层面来看，动力电池的回收方法仍处于发展时期，动力电池的种类、回收原料的用途不同，采用的回收处理方式各有不同，对环境的影响大小也存在一定差异。现有的回收技术已经可以满足工业化的需求，但仍有待进一步发展。

11.2.3　电池回收工业处理现状

本节参照国内外电池处理厂家，对工业上的电池处理现状进行简要说明。

（1）国内现状

东华鑫馨废旧电池再生处理厂成立于 2000 年，是中国第一家规模化废电池处理厂，其回收方式工艺流程为：物理分解—化学提纯—废水处理，最终回收各种金属物质，通过电解加工获得高质量的金属产品。处理后的废水可达到国家环保标准，而且能循环使用。

深圳市格林美高新技术股份有限公司（简称格林美）主要处理废旧电池、报废电子仪器、报废汽车，其年处理废弃物总量可达 100 万吨。处理废旧电池方面，格林美研发了由废旧电池、含钴废料循环再造超细钴粉的关键技术，攻克了废弃资源再利用的原生化和高技术材料再制备的技术难关，废旧电池的含钴废料可以直接生产类球状钴粉。

邦普循环科技有限公司创立于 2005 年，电池循环产业的主要回收处理对象是车用动力电池和数码产品电池，回收电池中镍、钴、锰等元素，再通过"定向循环"模式、"逆向产品定位设计"工艺和配方还原技术，调节多元素成分配比，控制合成溶液的热力学和动力学 pH 值，进而生产高端锂动力电池前驱体材料，实现从废旧电池到电池材料的"定向循环"，将电池的生产、消费、回收处理整个环节有机结合在一起，如图 11-3 所示。

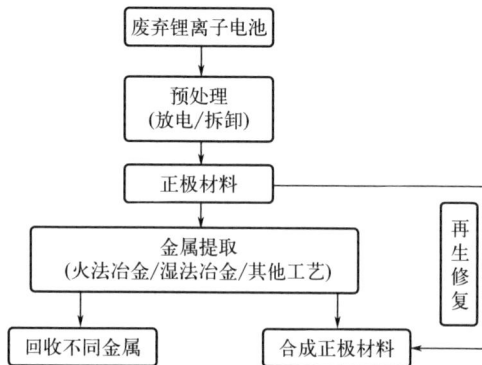

图 11-3　回收退役动力电池的简要流程和方法的示意图

泰力废旧电池回收技术有限公司于 2007 年在深圳市成立，以能源循环再利用和低碳环保为主导，对废旧锂离子电池、镍电池、一次性干电池进行回收，分离提取电池中各种金属，通过深加工将其变成原材料。同时采用全封闭式自动回收设备，将电池中重金属、电解液和其他有害物质造成的污染降到最低，最大限度地进行安全的无害化处理及循环再利用。

杭州赐翔环保科技有限公司成立于 2012 年，公司按照环保部门相关法律法规的要求，开展废铅酸蓄电池、废锂电池回收、储存工作。建设符合环保规范的储存场所、应急安全系统、环保治理设施，配备专用回收运输车，为规范回收、储存废铅酸蓄电池和废锂电池提供各项环保安全保障。

与此同时，一些省市的"作坊式"拆解处理和翻新方式已经形成产业链。这些方法虽然对废旧电池进行了回收和再利用，但流程工艺大多没有按照危险废物和科学规范来进行管理和实施，回收和处理环节充满安全隐患并以牺牲环境利益为代价，不利于中国的长久发展。

（2）国外现状

2024 年 1 月 9 日，德国巴斯夫公司宣布与瑞典回收公司 Stena Recycling 达成合作关系，在欧洲进行锂电池回收。双方合作重点是开发改进黑色粉末的生产工艺，以实现锂、镍和钴等金属更高的回收率，从而为欧洲电动汽车电池市场构建闭环提供解决方案。此外，巴斯夫还在德国东部勃兰登堡州的施瓦茨海德建立了负责黑色粉末商业化生产及回收的工厂，计划 2024 年投产。黑色粉末含有大量用于生产正极活性材料的重要金属，包括锂、镍、钴和锰，是回收废旧电池和在电池生产过程中产生的基础废料。

美国有很多家废旧电池回收公司，其中规模最大的是 American Battery Technology Company（ABTC）。ABTC 是一家专注于锂离子电池回收的公司，它与德国巴斯夫（BASF）和石墨烯技术开发商 Nanotech Energy 合作，为北美客户生产使用回收材料制造的锂离子电池。ABTC 负责回收利用电池废料和非标材料，如镍、钴、锰和锂，并将回收的金属转化为电化学活性材料[6]。

11.2.4　电池回收工业的成本分析

废旧电池资源的再生利用不仅能够缓解资源紧张，减少一次资源的开采，还能通过回收利用过程中所得材料的销售收入带来一定的经济效益。东风汽车集团有限公司所建立的经济性评估模型针对动力电池回收过程中投入成本和回收材料产出的收益，以数学模型的形式表达出来，便于经济性的定量化分析。

按成本分析法建立的废旧动力电池的收益数学模型可用下式进行表示：

$$B_{\text{pro}}=C_{\text{total}}-C_{\text{depreciation}}-C_{\text{use}}-C_{\text{tax}} \tag{11-3}$$

式中　　　B_{pro}——废旧动力电池回收的利润；

　　　　　C_{total}——废旧动力电池回收的总收益；

　　$C_{\text{depreciation}}$——废旧动力电池设备的折旧成本；

　　　　　C_{use}——废旧动力电池回收过程的使用成本；

　　　　　C_{tax}——废旧动力电池回收企业的税费。

设备的折旧费用采用（美国）财务会计准则（FAS）方法进行计算，见式（11-4），还贷方式为由最初成本（总固定资产）决定的等额还贷。

$$R = C_0 \frac{1}{1-(1+I)^{-n}} \tag{11-4}$$

式中　C_0——总固定资产；

　　　I——利率，定为 10%；

　　　n——有效寿命，一般定为 10 年。

总固定资产通常可以分为直接固定资产和间接固定资产。其中，购买设备机器、厂房建设、设备安装等成本属于直接固定资产，设计费属于间接固定资产。废旧锂离子电池和镍氢电池回收处理成本见表 11-4 和表 11-5。

废旧动力电池回收和再资源化过程的使用成本主要包括以下几项。

① 原材料成本，是指动力电池回收企业从众多消费者手中或回收点收购废

旧动力电池的费用。

② 辅助材料成本，是指废旧动力电池回收过程中，使用辅助材料的成本，如酸、碱、萃取剂、沉淀剂和自来水等。辅助材料成本根据废旧动力电池的类型和回收工艺的不同而不同。

③ 燃料动力成本，是指回收过程中设备运行所需的电力、天然气、燃油、水等费用。

④ 人工费用，用于支付工人的工资。

表 11-4　废旧锂离子电池回收处理成本[7]

项目名称	成本消耗相关	成本/（元/吨）
原材料	废旧锂离子电池	25000
辅助材料成本	酸碱溶液、萃取剂等	3600
燃料动力成本	电能、天然气等	600
预处理费用	破碎分选	700
废水处理费用	废水排放	370
废弃物处理费用	残渣和灰烬	100
设备费用	设备维护费用	80
	设备折旧费用	1200
人工费用	人工费用	450
缴纳税金费用	缴纳国家税费	1200
再生材料	铜、铝、钢等	35000

表 11-5　废旧镍氢电池回收处理成本

项目名称	成本消耗相关	成本/（元/吨）
原材料	废旧镍氢电池	25000
辅助材料成本	酸碱溶液、萃取剂等	32300
燃料动力成本	电能、天然气等	570
预处理费用	破碎分选	700
废水处理费用	废水排放	400
废弃物处理费用	残渣和灰烬	100
设备费用	设备维护费用	80
	设备折旧费用	1200
人工费用	人工费用	450
缴纳税金费用	缴纳国家税费	2800
再生材料	铜、铝、钢等	64900

综上所述，废旧动力电池回收的投入成本的数学表达式如下：

$$C_{use}=C_{battery}+C_{environment}+C_{material}+C_{power}+C_{labor}+C_{maintenance} \tag{11-5}$$

式中　　$C_{battery}$——原材料成本（收购废旧动力电池的成本）；

$C_{environment}$——环境处理成本；

$C_{material}$——辅助材料成本；

C_{power}——燃料动力成本；

C_{labor}——人工成本；

$C_{maintenance}$——设备维护成本。

根据 FAS 方法，可以由以下公式计算设备维护费：

$$C_{maintenance}=C_{equipment} \times 0.5 \tag{11-6}$$

式中　　$C_{equipment}$——设备购买费。

当前，动力锂电池的回收流程主要是：动力电池生产商利用电动汽车生产商完善的销售网络，以逆向物流的方式回收废旧电池。消费者将报废的动力电池交回附近的新能源汽车销售服务网点，依据电池生产商和新能源汽车生产商的合作协议，新能源汽车生产商以协议价格转运给电池生产企业，再由电池生产企业进行专业化的回收处理。

在政策、利益、责任等多重动力下，已经有越来越多的企业开始着手于布局动力电池市场的回收网络。除深圳格林美、赣锋锂业等成立专业动力电池回收公司外，包括 BYD、沃特玛、国轩高科、CATL、中航锂电、比克等在内的动力电池企业，均在动力电池回收领域展开了积极的市场布局。除了这种动力电池企业主导的回收方式外，也有企业成立专业的电池回收平台。例如，邦普公司在湖南长沙宁乡投资 12 亿元，设立专业的电池回收工厂。邦普公司副总裁余海军认为，大部分整车厂和电池厂在回收领域存在三方面的问题：首先是不具备电池回收的经验和专业能力；其次是不具备电池回收处理的专业技术装备；最后是回收处理领域与汽车和电池行业相比仅是个很小的微利行业。因此，大多数整车和电池生产企业会选择同邦普公司这样的第三方专业的回收处理机构进行合作，对废旧电池进行专业回收。尽管市场前景不错，但涉足电池回收业务的企业并不多，而涉足其中的企业也多出于责任的考虑，真正能够实现营利的少之又少。

据了解，目前市场上具备回收和利用资质的企业不多，且由于各个动力电池企业产品各异，暂时还没有一个可对所有动力电池均行之有效的检测方式，给检测过程也带来了一定的难度。对于动力电池行业来说，虽然回收利用工程有诸多复杂性，短期内营利比较困难，但是随着越来越多的电池即将退役，电池回收也将形成 100 亿元人民币级的市场规模。提前布局动力电池回收，不仅是为了延长电池使用寿命，也是为企业创造新的利润增长极。不可否认，动力电池回收将迎来快速的成长期。

因此，工业上建立电池回收体系是可行的。我国完全可以借鉴他国经验，结合自身国情，健全电池回收网络，同时进一步改进工业上可行的电池处理技术，在国家的调控与补助下，率先发展一批电池处理企业，使其发挥领头作用，让电池回收这个行业逐步发展壮大，以解决废旧电池污染的问题，为我国的可持续发展、绿色发展、又好又快发展打下坚固的基础。

11.3 回收的市场可行性

锂离子电池的回收是否能够做到成熟化、产业化，不仅仅取决于技术层面的支持、工业方面的可行性，还取决于市场可行性。对锂离子电池回收行业市场可行性的分析，可以判断其在经济上是否合理，在财务上是否营利，为投资决策提供科学依据，这对项目具有十分重要的作用。对锂离子电池回收过程的市场可行性分析主要包括四部分：动力电池回收供给与需求平衡、动力电池回收市场规模、动力电池回收市场的宏观政策支持、未来动力电池回收市场趋势。

11.3.1 动力电池回收供给与需求平衡

对日益增长的废旧锂离子电池回收最主要的原因有两点：一是废电池中含有大量有价成分，特别是正极材料中包含高纯度的金属和金属化合物，若是将其随意弃置，将造成资源的极大浪费；二是废旧锂离子电池的不当处理将造成环境污染[8]。大量的退役电池将对环境带来潜在威胁，尤其是动力电池中的重金属、电解质、溶剂以及各类有机物辅料，如果不经合理处置而废弃，将会对土壤、水等造成巨大危害，且修复过程时间长、成本高昂。回收和恢复废旧锂离子电池的主要组成成分是一种防止环境污染和资源消耗的有益方法[9]。如今世界各国对环境保护的重视程度越来越高，环境处理刻不容缓，回收电池作为对环境友好的一大行业，更是肩负着重大的责任。因此，我国的环境压力和回收动力电池的巨大需求量使动力电池回收迫在眉睫。

目前世界各国纷纷出台政策推动新能源汽车的发展，电动汽车替代燃油汽车已经成为全球共识，发展电动汽车将是大势所趋。受电池使用寿命的限制，未来几年将有大量动力电池报废。根据相关标准，电池应在能量衰减至原值的 70%～80% 时更换。磷酸铁锂电池循环寿命可达到 2000 次左右，由于磷酸铁锂电池目前多用于商用车及客车，其日行驶里程通常较多，因此其使用寿命一般在 5 年左右。三元锂电池循环使用寿命约 1500 次，实际使用时完全充放电循环在 800 次以上，按照 1 次完整循环可以行驶 180 km 计算，800 次循环能够行驶 14.4 万 km，保守估计可达 9 万～10 万 km。以我国私家车年平均行驶里程约 1.6 万 km 计算，三元锂电池组的使用寿命约在 6 年，而私人乘用车平均报废年限在 12～15 年，因此，三元锂电池在汽车使用寿命周期内至少报废 1 次。动力锂离子电池报废市场已经开始形成，回收市场的规模将进一步增长。

11.3.2　动力电池回收市场规模

随着动力电池退役量的不断上涨，以及镍钴锰锂等金属资源价格的飙升，中国动力电池回收行业市场规模不断扩大，由 2018 年的 58.3 亿元上涨至 2022 年的 204 亿元，预计到 2027 年将增长至 550 亿元。2018 年至 2022 年，中国动力电池理论回收量由 24.1 万吨上涨至 75 万吨，实际回收量由 11.2 万吨上涨至 30 万吨，涨幅偏低；2022 年废旧动力电池中有 70% 回收后用于梯次利用场景。2022 年上半年，受春节、镍价波动及疫情的影响，中国废旧锂电池回收量较低，下半年回收量上涨并趋于平稳。随着新能源汽车行业规模的不断扩大，动力电池回收市场空间巨大。梯次利用未来将以基站通信与储能应用为主，从磷酸铁锂电池与三元锂电池的属性看，磷酸铁锂电池更适合梯次利用。假设梯次利用市场均使用磷酸铁锂报废电池，按照 70% 的退役容量及 60% 的梯次利用成组率，2025～2030 年预计合计可用磷酸铁锂梯次电池容量为 79GWh。梯次利用电池回购价格约为新电池的 30%，2018 年磷酸铁锂电池组价格在 1.1～1.2 元/(W·h)，计算梯次利用电池回购价格在 0.33～0.36 元/(W·h)，考虑车企补贴及电池行业产能释放，动力电池存在降价趋势，梯次利用电池回购价格也有望相应下降。

三元锂电池回收的有价金属主要是镍、钴、锰、锂等，质量分数分别为 12%、5%、7%、1.2%。根据《新能源汽车废旧动力蓄电池综合利用行业规范条件》，湿法冶炼条件下，镍、钴、锰的综合回收率应不低于 98%；火法冶炼条件下，镍、稀土的综合回收率应不低于 97%。随着近几年钴、镍、锰、锂等材料价格的上涨，在未来电池单体成本中，三元材料电池正极材料占比将呈现急剧上升状态，而废旧动力电池内含有大量贵重金属，若将有价值金属提取出来应用于电池再制造，将会获得较大收益。

11.3.3 动力电池回收市场的宏观政策支持

　　近年来，我国政府出台了一系列关于废旧动力电池管理和回收的相关政策。通过对欧盟、美国和日本等经济体的动力电池回收利用政策制定与实施模式的研究，借鉴国际先进经验，我国在建立健全相关法律法规体系、明确产业链主体责任、优化回收利用机制、加速产业技术升级等方面取得了积极进展，推动了我国动力电池产业的绿色、可持续发展[6]。新能源汽车的快速发展，正在有效地缓解对化石能源的消耗、减少温室气体排放，但同时也带来大量即将退役的动力电池。废旧的动力电池一方面会产生严重的环境隐患，另一方面也富含可再生和可利用的宝贵资源。确保动力电池能够得到有效回收是实现资源循环利用的前提条件，同时也可避免因处置不当造成的环境污染和资源浪费。结合我国现行的车辆废旧动力电池回收管理政策和措施，对如何提高车辆废旧动力电池的回收总量和回收效率进行了探讨，为推动废旧动力电池的绿色高效利用提供了理论依据[10]。我国政府一向高度重视动力电池回收利用产业的发展，构建了涵盖回收责任落实、回收网络构建、资源平台搭建和行业规范化管理等一系列的政策体系。2018年1月，工业和信息化部等7个部门共同发布了《新能源汽车动力蓄电池回收利用管理暂行办法》，正式实行生产者责任延伸制度，旨在强化源头管控。2019年11月，工业和信息化部发布《新能源汽车动力蓄电池回收服务网点建设和运营指南》，积极倡导新能源汽车的生产及循环利用企业设立回收服务网络，并鼓励企业资源共享，共建回收服务体系。2021年8月，工业和信息化部等进一步出台了《新能源汽车动力电蓄电池梯次利用管理办法》，鼓励梯次利用企业与新能源汽车制造商、动力电池制造商、报废汽车回收拆解企业紧密协作，加强信息交流，充分利用回收渠道，提高资源利用率。2021年3月，国务院在其发布的《2021年政府工作报告》中明确提出要大力发展新能源汽车，加强停车场、充电桩、充电站等配套基础设施的建设，加快动力电池循环利用系统的建设步伐。2022年1月，工业和信息化部等8个部门联合发布了《关于加快推动工业资源综合利用的实施方案》，进一步完善废动力电池回收制度，健全管理体系。同年12月，工业和信息化部公布《新能源汽车废旧动力蓄电池综合利用行业规范条件》第四批企业名单，该名单涵盖全国17个省份共计41家企业，旨在充分发挥优秀企业的示范引领作用，促进动力电池回收产业健康发展[11]。

　　废旧动力电池的有效回收和循环再利用是实现绿色发展的重要途径，具有重要的经济效益和社会效益。面对我国动力电池回收产业的发展需求，在借鉴发达国家成功经验的同时，亟须加快推进相关法律法规和制度体系的建设，不断细化完善各类标准体系；此外，应加强废旧动力电池回收利用关键技术设备的研发，以科技创新提升其循环利用能力；加大对该产业的监督和执法力度，营造公平公正的市场环境，并通过一系列政策措施促进我国动力电池回收产业健康、可持续发展。

11.3.4　未来动力电池回收市场趋势

（1）中国动力电池回收行业价格走势

　　动力电池回收利用技术的进步为电池厂和主机厂提供了新的原料供应渠道，这成为促使电池成本下降的重要途径。当前包括宝马、大众、本田、丰田、日产优美科、Fortum 等企业都在积极开展电池回收利用，从中获取有价值的钴、锂等电池原料。随着动力电池回收技术的不断进步，动力电池回收价格将会逐渐降低。预计到 2027 年，磷酸铁锂电池梯次利用价格将下降到 0.18 元 /Wh，三元锂电池梯次利用价格将下降到 0.12 元 /Wh。

　　在退役动力电池梯次利用领域，退役磷酸铁锂电池是梯次利用电池的主要来源，当电池循环寿命高于 400 次时，开始产生盈利，随着未来电池技术的成熟，动力电池的退役循环寿命必将呈现增长态势，因此，磷酸铁锂电池的梯次利用将有更广阔的盈利前景。在报废动力电池拆解回收方面，目前三元锂电池的物理回收工艺具有较高的收益，2023 年底市场上累计报废动力电池量达到 58 万吨，按三元锂电池占 35%、磷酸铁锂电池占 65% 来算，在回收效率及成本基本不变的情况下，通过拆解回收这两类动力电池，产生丰厚的利润。目前，主流锂电池回收工艺以湿法工艺和高温热解为主，且很大一部分已经投入到了工业生产阶段，当前回收效率更高也相对成熟的湿法回收工艺正日渐成为专业化处理阶段的主流技术。随着电池正极材料价格的上涨，湿法回收工艺具有较大的材料回收效率，因此，湿法回收工艺在三元锂电池回收方面呈现出较大盈利潜力，而对于磷酸铁锂电池的回收，选择物理回收工艺更为合适。此外，将磷酸铁锂电池退役后梯次利用和拆解回收结合起来看，不难发现，磷酸铁锂电池退役后的再循环利用也处于盈利状态。随着我国新能源汽车行业的快速发展，未来将有大量动力电池退役和报废，若这些电池得到充分循环利用，动力电池回收市场将具有更广阔的经济前景。

（2）退役动力电池梯次利用未来发展领域

1）退役动力电池在通信基站领域的梯次利用

随着我国通信技术的快速发展，通信基站对电池的需求量也逐年上升，而通信基站对电池寿命和安全性又有较高要求。考虑铅酸电池成本低，目前我国通信基站多采用铅酸电池作为备用电源，而锂离子电池在循环寿命、能量密度、高温性能等方面具有比铅酸电池更大的优势，此外，退役动力电池在成本上又大大低于新电池，特别是磷酸铁锂电池退役后仍在各方面表现出很强优势，因此将退役磷酸铁锂电池应用在通信基站领域，具有很大优势。

目前，铅酸电池的循环寿命为 400 ～ 600 次，能量密度 40 ～ 45Wh/kg，市场价格约为 10000 元。磷酸铁锂电池的循环寿命可达 4000 ～ 5000 次，成组之后循环寿命虽有一定下降，但也可以达到 1000 ～ 2000 次，即使在汽车上退役下来的动力电池，容量低于 80%，但重组之后的循环寿命也在 400 ～ 1000 次。此外，随着技术的成熟，电池循环寿命也将不断提升。根据调研数据，目前市场上回收的磷酸铁锂电池价格随电池的性能差别很大，在 4000 ～ 10000 元不等。以剩余能量密度为 6090Wh/kg 且具有较高使用价值的磷酸铁锂电池为例，此类电池若要得到梯次利用，必须对回收的电池进行拆包、检测及重组处理，最终得到一致性较好的梯次电池，将电池回收费用、预处理费用、检测重组费用及人工费用加起来为 10000 ～ 16000 元，此类梯次电池再循环寿命约为 400 次。若将循环寿命为 500 次、能量密度为 40Wh/kg、市场价格为 10000 元/吨的铅酸电池的性价比视为 1，则具有 400 次循环寿命、能量密度为 60Wh/kg 的梯次重组磷酸铁锂电池的性价比约为 1.2，以此可得到铅酸电池和梯次利用磷酸铁锂电池的对比数据。由对比数据可知，梯次利用电池随着循环寿命的增加，性价比得到快速增长，当梯次利用电池循环寿命大于 400 次时，开始产生较大盈利。就我国铁塔基站而言，单座基站约需要备用电池容量 30kWh，按照车用动力电池容量低于 80% 退役及低于 60% 报废来算，需要约 60kWh 的退役动力电池，相当于一辆纯电动乘用车的动力电池容量。为保证重组电池的一致性，可将同一辆纯电动汽车退役下来的动力电池模组进行单个或多个重组，重组后的电池模块即可满足铁塔基站的供电需求。若检测到一个模组出现问题，对此模组进行单独替换即可解决电池模块一致性的问题，有效地避免了退役动力电池一致性差的难题。

2）退役动力电池在低速电动车领域的梯次利用

近年来，我国低速车领域也发展迅速，2023 年低速车新增 150 万辆，保有量达到 800 万辆；三轮车新增 900 万辆，保有量达到 6000 万辆。面对前景广阔的低速车市场，若将电动汽车上退役下来的动力电池用于低速车领域，将获得较快发展。

11.4　磷酸铁锂电池的回收

11.4.1　国内回收实例

北京赛德美资源再利用研究院有限公司，成立于 2016 年，是北京地区一家以资源回收再利用技术开发和产业化为主要业务的公司。赛德美与中南大学共同建立 500m^2 中试生产线，并在天津滨海高新区筹建万吨级产业化动力电池综合利用回收基地，2018 年废旧动力电池处理量达到 1000t。预计三元锂电池和磷酸铁锂电池的拆解生产线建成以后，将形成 1200 吨 / 年的电池回收能力。

赛德美使用废旧动力电池单体自动化拆解线，实现了原材料自动化分类收集，拆解过程中不产生二次污染。此外，赛德美利用其先进的材料修复技术，将废旧正、负极材料修复再生。在修复的同时与精细化拆解相结合，使报废的磷酸铁锂电池回收具有了良好的经济性。

11.4.2　国外回收实例

RedwoodMaterial，成立于 2017 年，由特斯拉联合创始人 JBStraubel 创立，是一家电池回收和材料公司。该公司致力于通过回收电池材料来支持可持续的能源转型，旨在为电池创建循环供应链，并在美国建立了强大的电池供应链。

11.5　钴酸锂电池的回收

11.5.1　国内回收实例

格林美股份有限公司，2001 年格林美由创始人许开华教授基于绿色生态制造的理想在深圳设立。公司在中国 11 个省市以及在南非、韩国、印尼等地建设了 19 个废物循环处理工厂与新能源材料制造基地，绿色发展的足迹覆盖中国 40% 以上国土面积，与超过 5 亿人口建立废物处理合作关系，循环再造钴、镍、锂、铜、钨、金、银、铂、钯、铑、镓、锗、铟、稀土等 30 余种稀缺资源，回收处理的退役动力电池与电子废弃物各占中国总量的 10% 以上，回收的镍资源占中国原镍开采量的 13%，回收利用的钴资源超过中国原钴开采量的 340%，回收的钨资源占中国原钨开采量的 6%。公司核心产品动力电池用三元前驱体材料出货量居全球市场前二，3C 数码电池用四氧化三钴出货量居全球市场前三，超细钴粉位居世界市场第一。

通过构建镍钴钨城市矿山，化解镍钴钨战略供应矛盾。历经长达 20 年的努力，公司构建千万吨级别的镍钴钨城市矿山，攻克了低品位、难处理钴、镍金属废料高效、绿色全流程资源化回收利用技术，开发了高低温催化活化"原生化"技术、晶格修复技术等创新技术，实现失效镍钴钨元素的"性能修复"与材料再制造，制备超细钴粉、高性能碳化钨数控材料，系统解决了镍钴钨资源回收及高品质产品再造行业技术难题，打造了国内镍钴钨资源高效循环利用的技术与产业高地，建成了从镍钴钨废物回收到硬质合金再造的完整产业链，支撑国家镍钴钨战略资源需要。

11.5.2　国外回收实例

日本 Mitsubishi 公司起初在锂离子动力电池制造方面进行了大量的投资。但由于锂离子动力电池产量的增加，日本相关法律法规的出台以及废旧锂离子动力电池中大量有价金属回收的高经济效益，Mitsubishi 对电池的回收进行了研发，并开展了工业化应用。针对锂离子动力电池回收大幅度增加的需求，2018 年 Mitsubishi 与日本磁力选矿株式会社在原有的稀有金属湿法精炼技术上共同开发新能源汽车用锂离子动力电池等所含钴、镍等材料的回收利用技术。

Mitsubishi 公司在预处理过程中采用液氮将废旧锂离子动力电池冷冻后拆解，以降低拆解过程中可能出现的危险。拆解后将电池进行破碎和分选，得到铜箔及正极活性材料，将活性材料进行高温烘焙，钴酸锂燃烧生成的气体由氢氧化钙吸收以降低环境污染。

11.6　镍钴锰酸锂电池的回收

11.6.1　国内回收实例

广东芳源环保股份有限公司简称芳源环保，成立于 2002 年，主营业务是镍、钴、铜等有色金属工业废物的回收利用，生产镍、钴、铜等高品质化工原料，镍氢电池正极材料和锂电正极材料。2018 年与威利雅中国控股有限公司和深圳市贝特瑞新能源材料股份有限公司就锂离子动力电池回收拆解和生产签订合作协议，制定每年 3 万吨三元材料产能及 5 万吨废旧动力电池回收利用处理的目标。

芳源环保将废旧锂离子动力电池经预处理、机械拆解破碎后，得到的正极材料用硫酸浸出，浸出的同时加入氧化剂，从而抑制混合物中锰的浸出，将浸出液过滤得到含二氧化锰的锰渣及含镍、钴和其他杂质离子的滤液，在滤液中加入萃取剂，将其中的杂质离子去除。萃余液为富含镍和钴的溶液；将得到的锰渣中加入还原剂后，用硫酸进行浸出。由于锰渣中可能含有镍和钴，所以浸出后得到镍、钴、锰的硫酸盐。然后加入萃取剂将混合溶液中的镍、钴进行萃取，得到含镍、钴的萃取液及硫酸锰的萃余液。通过硫酸反萃，最后得到富含镍、钴的溶液和硫酸锰溶液。然后依据市场需求，以此为原料生产不同的三元材料。

11.6.2　国外回收实例

Umicore 总部位于比利时，是一个全球性的材料制造和回收再利用的科技集团。该企业回收锂离子动力电池的主要方法为高温冶炼法，实现了锂离子动力电池的回收利用及再制造。目前废旧电池的年处理规模在 7000t 左右，预计到 2030 年将建立更大规模的工业回收设施。

Umicore 公司通过独特的高温冶金处理技术和湿法冶金工艺，能够以可持续的方式回收所有类型和所有尺寸的锂离子电池和镍氢电池。该公司利用 UHT 高温冶金法，将不经过拆解的锂离子动力电池直接高温还原，电池的外壳、铝集流体、负极材料石墨、黏结剂及隔膜塑料等材料为高温还原过程中提供能量和还原剂。将镍和钴以合金的形式回收，而且在回收流程中使用气体净化系统，确保锂离子动力电池中所有有机化合物完全分解，不会产生有害的二噁英或挥发性有机化合物。氟也以粉尘的形式在高温处理中被安全回收。高温还原得到的金属合金在硫酸为浸出剂的环境下，经酸浸和萃取剂萃取，最后得到硫酸镍和氯化钴。高温还原处理后得到的炉渣可以用于建筑业，或将含锂炉渣进一步回收，达到整个锂离子电池的闭环回收利用。

参考文献

［1］https：//www.tsinghua.edu.cn/info/1182/111555.htm.

［2］黎华玲，陈永珍，宋文吉.锂离子动力电池的电极材料回收模式及经济性分析.新能源进展，2018，6（6）：47-53.

［3］https：//www.sohu.com/a/677784741_378413.

［4］https：//new.qq.com/rain/a/20230913A04W8A00.

［5］https：//www.huaon.com/channel/trend/901770.html.

［6］韩帅帅，邓毅，侯贵光，等.废旧动力锂电池回收利用的国际经验及借鉴意义.环境保护，2023，51（11）：83-86.

［7］黎宇科，郭淼，严傲.车用动力电池回收利用经济性研究.汽车与配件，2014，24：48-51.

［8］Meshram P , Abhilash, Pandey B D, et al. Acid baking of spent lithium ion batteries foselective recovery of major metals：a two-step process. Journal of Industrial and Engineering Chemistry，2016，43：117-126.

［9］Nayaka G P, Pai K V, Santhosh G, et al. Dissolution of cathode active material of spent Li-ion batteries using tartaric acid and ascorbic acid mixture to recover co. Hydrometallurgy，2016，161：54-57.

［10］王艺博，阮久莉，郭玉文.发达国家退役汽车动力电池回收立法启示.环境工程，2023，41（增刊1）：425-429.

［11］陈益庆，查文珂，张希，等.新能源汽车动力电池回收利用的现状及建议.电池，2023，12（10）：1-4.

附　录

附录Ⅰ　国内退役 LIBs 梯次利用相关政策

序号	发布时间	发文部门	政策名称	主要内容	网址
1	2012 年 6 月	国务院	《节能与新能源汽车产业发展规划（2012—2020）》	五大重点任务之一：加强动力的电池梯次利用和回收管理	https://www.gov.cn/zwgk/2012-07/09/content_2179032.htm
2	2016 年 1 月	发改委、工信部等	《电动汽车动力蓄电池回收利用技术政策（2015 年版）》	废旧动力蓄电池的利用应遵循先梯次利用后再生利用的原则，提高资源利用率	https://www.ndrc.gov.cn/xxgk/zcfb/gg/201601/t20160128_961147.html
3	2016 年 12 月	国务院	《生产者责任延伸制度推行方案》	将生产者对其产品承担的资源环境责任从生产环节延伸到产品设计、流通消费、回收利用、废物处置等全生命周期的制度	https://www.gov.cn/gongbao/content/2017/content_5163453.htm
4	2018 年 1 月	工信部、科技部、环境保护部等 7 个部门	《新能源汽车动力蓄电池回收利用管理暂行办法》	鼓励电池生产企业与综合利用企业合作，在保证安全可控的前提下，按照先梯次利用后再生利用的原则，对废旧动力蓄电池开展多层次、多用途的合理利用	https://www.gov.cn/xinwen/2018-02/26/content_5268875.htm
5	2018 年 7 月	工信部	《新能源汽车动力蓄电池回收利用溯源管理暂行规定》	对梯次利用电池产品实施溯源管理。规定电池生产、梯次利用企业进行厂商代码申请和编码规则备案，对本企业生产的动力蓄电池或梯次利用电池产品进行编码标识	https://www.miit.gov.cn/jgsj/jns/gzdt/art/2020/art_c1a708247cc54b068ea60ceaff0b044d.html

序号	发布时间	发文部门	政策名称	主要内容	网址
6	2018 年 9 月	工信部	《新能源汽车废旧动力蓄电池综合利用行业规范条件》企业名单（第一批）	体现出国家对提高回收利用退役车用电池相关企业的规范程度的要求，同时要求回收电池的行业加快商业化进程	https：//www.miit.gov.cn/n1146285/n1146352/n3054355/n3057542/n3057544/c6365545/part/6365560.pdf
7	2019 年 11 月	工信部	《新能源汽车动力蓄电池回收服务网点建设和运营指南》	要求完善退役车用电池以及梯次利用的服务站建设，同时还要考虑到安全问题	https：//www.gov.cn/xinwen/2019-11/08/content_5450006.htm
8	2019 年 12 月	工信部	《新能源汽车废旧动力蓄电池综合利用行业规范公告管理暂行办法》	鼓励退役车用电池实施梯次利用，以更好地适应新能源行业发展新形势	https：//www.miit.gov.cn/n1146285/n1146352/n3054355/n3057542/n3057544/c7595145/part/7595161.pdf
9	2019 年 12 月	工信部	《新能源汽车废旧动力蓄电池综合利用行业规范条件》	对关于梯次利用的检测技术和设备进行创新	https：//www.miit.gov.cn/jgsj/jns/zyjy/art/2020/art_39d68409c6b14178b9ddcf34cf693a03.html
10	2021 年 8 月	工信部、科技部、生态环境部等 5 个部门	《新能源汽车动力蓄电池梯次利用管理办法》	梯次利用企业应依法履行主体责任，遵循全生命周期理念，落实生产者责任延伸制度，保障本企业生产梯次产品质量，以及报废后的规范回收和环保处置；动力蓄电池生产企业应采取易梯次利用的产品结构设计，利于高效梯次利用	https：//www.gov.cn/zhengce/zhengceku/2021-08/28/content_5633897.htm
11	2021 年 9 月	国家能源局	《新型储能项目管理规范（暂行）》	新建动力电池梯次利用储能项目，必须遵循全生命周期理念，建立电池一致性管理和溯源系统，梯次利用电池均要取得相应资质机构出具的安全评估报告	https：//www.gov.cn/gongbao/content/2021/content_5662016.htm

续表

序号	发布时间	发文部门	政策名称	主要内容	网址
12	2023 年 3 月	工信部、市场监管总局	《关于开展新能源汽车动力电池梯次利用产品认证工作的公告》	鼓励有条件的地方加快构建资源循环利用体系，在政府投资工程、重点工程、市政公用工程中使用获证梯次利用产品	https：//www.samr.gov.cn/rzjgs/tzgg/art/2023/art_efbd9e390acb4ea082a85325217e5e73.html

附录 II　退役动力电池梯次利用地方政策

序号	试点地区	政策	要点	网址
1	京津冀	《京津冀地区新能源汽车动力蓄电池回收利用试点实施方案》	支持企业开展动力蓄电池梯次利用在通信基站备用电源领域的商业化示范工程建设，在电力储能系统领域的示范验证，在移动充电、家庭储能、风光互补路灯等其他领域的探索应用	https：//jxj.beijing.gov.cn/zmhd/yjzj/201911/t20191113_507141.html
2	福建	《福建省新能源汽车动力蓄电池回收利用体系建设实施方案》	鼓励开展退役电池梯次利用；开展异形异容电池组合梯次利用技术及模式研究，加强大数据、物联网等信息化技术应用，创新梯次利用商业模式，建设商业化服务平台，探索线上交易、线下交货的电池残值交易	https：//gxt.fujian.gov.cn/zwgk/zdjcygk/ndzdjcsxml/202002/t20200227_5204363.html
3	湖南	《湖南省新能源汽车动力蓄电池回收利用系统集成攻关实施方案》	重点支持全产业链共享的回收网络体系建设、梯级利用与有价组分再生利用关键技术突破、产业化示范工程建设三个方向	https：//gxt.hunan.gov.cn/gxt/xxgk_71033/tzgg/201911/t20191129_10782432.html

续表

序号	试点地区	政策	要点	网址
4	海南	《关于进一步做好新能源汽车动力蓄电池回收利用工作的指导意见》	构建动力蓄电池溯源监管机制和责任惩罚制度；探索梯次利用商业模式并建设动力蓄电池梯次利用商业化试点和示范工程；支持中国铁塔等企业参与大规模集中梯次利用	https：//www.hainan.gov.cn/data/zfgb/2020/01/8527/
5	宁波	《宁波市新能源汽车动力蓄电池回收利用试点实施方案》	前期重点推进0.6MW·h/3MW·h梯次利用储能系统等项目，市能源局负责指导和鼓励梯次利用企业开展储能项目试点，配合做好各类单一电池来源单一型号的储能电站技术开发和多种电池混合系统的研发应用工作	https：//www.nbstartup.cn/view-5682.html
6	四川	《四川省新能源汽车动力蓄电池回收利用试点工作方案》	积极推动中国铁塔四川公司0.28GW·h/年动力蓄电池梯级利用项目。扩大梯次利用范围，打造四川省动力电池光伏电站梯次利用产业基地。创新梯级利用商业模式，开展动力电池梯级利用商业化试点示范工作	https：//www.sc.gov.cn/10462/10464/10797/2019/4/3/81ca858b72e74effb7eafd5d54e5f03d.shtml
7	安徽	《安徽省新能源汽车动力蓄电池回收利用试点方案》	推动废旧动力蓄电池的大规模梯次利用；以能量型退役动力电池为基础，加入功率型或调频型的储能系统构建混合型多功能智慧储能电站；以用户侧分布式储能为基础，借助电动汽车等移动储能装置，使电能共享及储能电池共享成为可能	https：//jx.ah.gov.cn/public/6991/146419191.html

附录Ⅲ　动力电池梯次利用行业标准

序号	发布时间	标准号	标准名称
1	2017年5月	GB/T 33598—2017	车用动力电池回收利用　拆解规范
2	2017年7月	GB/T 34015—2017	车用动力电池回收利用　余能检测
3	2019年3月	GB/T 37281—2019	废铅酸蓄电池回收技术规范
4	2020年3月	GB/T 38698.1—2020	车用动力电池回收利用管理规范　第1部分：包装运输

续表

续表

序号	发布时间	标准号	标准名称
5	2020 年 3 月	GB/T 34015.2—2020	车用动力电池回收利用　梯次利用　第 2 部分：拆卸要求
6	2020 年 3 月	GB/T 33598.2—2020	车用动力电池回收利用　再生利用　第 2 部分：材料回收要求
7	2020 年 11 月	GB/T 39224—2020	废旧电池回收技术规范
8	2021 年 8 月	GB/T 34015.3—2021	车用动力电池回收利用　梯次利用　第 3 部分：梯次利用要求
9	2021 年 8 月	GB/T 34015.4—2021	车用动力电池回收利用　梯次利用　第 4 部分：梯次利用产品标识
10	2021 年 10 月	GB/T 33598.3—2021	车用动力电池回收利用　再生利用　第 3 部分：放电规范
11	2023 年 9 月	GB/T 38698.2—2023	车用动力电池回收利用　管理规范　第 2 部分：回收服务网点

附录Ⅳ　退役动力电池梯次利用地方标准

序号	试点地区	实施时间	标准号	标准名称
1	广东省	2014 年 11 月	DB44/T 1371—2014	电动汽车用动力蓄电池回收利用技术条件
2	上海市	2017 年 10 月	DB31/T 1053—2017	电动汽车动力蓄电池回收利用规范
3	安徽省	2018 年 05 月	DB34/T 3077—2018	车用锂离子动力电池回收利用放电技术规范
4	安徽省	2019 年 12 月	DB34/T 3437—2019	车用动力电池回收利用低速动力车梯次利用要求
5	安徽省	2020 年 07 月	DB34/T 3590—2020	废旧锂离子动力蓄电池单体拆解技术规范
6	江苏省	2023 年 10 月	DB32/T 4533—2023	动力电池梯次利用储能电站验收及运行维护规程
7	江苏省	2023 年 10 月	DB32/T 4534—2023	动力电池梯次利用储能系统应用技术规范